普通高等院校环境科学与工程类系列规划教材

环境治理功能材料

主　编　廖润华

副主编　梁华银　鲁　莽　徐玉欣

U0188754

中国建材工业出版社

图书在版编目（CIP）数据

环境治理功能材料/廖润华主编. —北京：中国
建材工业出版社，2017.4（2019.9 重印）

普通高等院校环境科学与工程类系列规划教材

ISBN 978-7-5160-1814-9

Ⅰ. ①环⋯　Ⅱ. ①廖⋯　Ⅲ. ①污染治理-功能材料

Ⅳ. ①X506

中国版本图书馆 CIP 数据核字（2017）第 053738 号

内 容 简 介

　　本书系统总结了国内外学者在环境治理功能材料领域的研究方向、研究成果以及工程应用。全书介绍了包括水污染、大气污染、固体废弃物污染、噪声污染、热污染、光污染、电磁波辐射以及重金属污染等方面的防治材料。

　　本书适合广大材料科学与工程、环境工程及相关专业的科研人员、工程技术人员、高等院校师生阅读和参考。

环境治理功能材料

主　编　廖润华

副主编　梁华银　鲁　莽　徐玉欣

出版发行：中国建材工业出版社

地　　址：北京市海淀区三里河路 1 号

邮　　编：100044

经　　销：全国各地新华书店

印　　刷：北京雁林吉兆印刷有限公司

开　　本：787mm×1092mm　1/16

印　　张：18

字　　数：440 千字

版　　次：2017 年 4 月第 1 版

印　　次：2019 年 9 月第 2 次

定　　价：49.80 元

本社网址：www.jccbs.com　本社微信公众号：zgjcgycbs

本书如出现印装质量问题，由我社网络直销部负责调换。联系电话：（010）88386906

前　言

环境污染物的降解与环境治理技术在很大程度上都要依赖于各种材料的性能研究与应用，而各种材料在环境治理方面得到充分、有效的利用是目前环境科学与工程专业研究的热点问题之一，特别是用于环境治理的功能材料，目前正越来越引起广泛关注。环境治理功能材料所涵盖的范围很广，包括大气污染、水体污染、噪声控制、电磁波防护、土地沙漠化以及重金属污染等方面的防治材料。

近年来，对于环境治理功能材料的研发，经过广大科研工作者的不懈努力，取得了丰硕成果。许多环境污染治理和控制方面的著作都涉及这方面的内容，发表的有关环境治理功能材料的学术文献也越来越多，但迄今为止尚没有一本能较为全面、系统、深入地反映国内外环境治理功能材料方面研究成果的参考书，这不能不说是个遗憾。

为了更好地研究和开发环境治理功能材料，系统总结国内外同行在这一领域的研究方向、研究成果以及工程应用，本书在深入浅出地介绍环境治理功能材料相关基础知识的前提下，力求全面、系统地反映国内外最新研究成果，以便适合广大材料科学与工程、环境工程及相关专业的科研人员、工程技术人员、高等院校师生阅读和参考。

本书的整体写作思路和具体编写方法由景德镇陶瓷大学廖润华副教授提出和拟定，经成岳教授、夏光华教授共同参与讨论后最终确定。全书的编写工作主要由廖润华副教授完成，梁华银老师编写了第4章，徐玉欣老师参与编写了第5章，鲁莽副教授编写了第8章，全书的审稿工作由廖润华副教授统一完成。

由于时间仓促，作者水平有限，书中难免存在缺憾之处，敬请广大读者批评指正，以便使之日臻完善。

编　者
2017年2月

环境治理功能材料

目　录

环境治理功能材料

1

环境治理功能材料

环境治理功能材料

环境治理功能材料

第1章 绪 论

1.1 引 言

  人类在创造社会文明的同时，也在不断破坏人类赖以生存的环境空间，人口膨胀、资源短缺、环境恶化成了当今社会经济发展面临的三大问题。资源枯竭、环境恶化正对人类社会生存和社会经济稳定发展造成严重威胁。在现代文明社会，人类既期望获得大量高性能或高功能的各种材料，又迫切要求一个良好的生存环境，以提高人类的生存质量，并使文明社会可持续发展。从资源、能源和环境的角度出发，材料的提取、制备、生产、使用、再生和废弃的过程，实际上是个资源消耗和能源消耗及环境污染的过程。材料一方面推动着人类社会的物质文明，而另一方面人类又大量消耗资源和能源，并在生产、使用和废弃过程中排放大量的污染物，污染环境和恶化人类赖以生存的空间，显然材料及其产品生产是导致能源短缺、资源消耗乃至枯竭和环境污染的主要原因之一。这促使各国材料研究者从头审视材料的环境负担性，研究材料与环境的相互作用，定量评价材料生命周期对环境的影响，研究开发环境协调性的新型材料。20 世纪 90 年代初，在材料科学与环境科学之间诞生了一门交叉学科——环境材料学。1990 ~ 1999 年，日本学者山本良一针对复杂的全球性资源环境问题提出了"环境调和型材料"的概念，通常简称为环境材料，并指出环境材料是指那些具有较低环境负荷和较大再生率的材料。他认为，环境材料是一个指导性的原则，目的是防止对环境的损坏，在人类活动中对自然资源的保护和保证材料有较好的性能等。他也承认环境材料本身不是一个确定的概念，而是一个动态和发展的概念。我国学者提出，环境材料可以定义为同时具有满意的使用性能和优良的环境协调性，或者是能够改善环境的材料，即指那些具有良好使用性能或功能，并对资源和能源消耗少，对生态与环境污染小，有利于人类健康，再生利用率高或可降解循环利用，在制备、使用、废弃直至再生循环利用的整个过程中，都与环境协调共存的一大类材料。环境材料并不是一种完全独立的材料种类，也不全是高新技术材料，有许多传统材料本身就具有环境材料特征或可以发展成环境材料。事实上现存的任何一种材料，一旦引入环境意识加以改造，使之与环境有良好的协调性，就应列为"环境材料"。另外从发展观点看，环境材料是可持续发展的，可持续发展概念应贯穿于材料的开发、使用和废弃的全过程。显然，环境材料应该具备三个特性：一是在今后开发新材料时，必须考虑到其优异的使用性能，这是与传统材料相一致的地方，称之为材料的先进性；二是在材料的生产环节中资源和能源的消耗少，工艺流程中有害排放少，废弃后易于再生循环，即材料在制备、流通、使用和废弃的全过程中必须保持与地球生态环境的协调性；三是材料的感官性质，要求对材料的感觉舒服，用户乐于采用，这是材料的一种新性能，称之为舒适性。可见，环境材料的研究具有两重性：一方面，环境材料是一大类具体的物质材料，其研究与开发有助于减轻材料对环境的不良影响；另一方面，环境材料涉及材料的环境负荷评价体系与方法，其研究与应用有助于人们客观地评价材料，为发展新材料和改造传统材料提供新的思路。总之，环境材料的研究目的在于研究材料与环境的相互作用，强调材料与环境的相容性、协调性。

环境材料是一类能改善生态条件、治理环境污染、净化和修复环境的材料。它在传统材料的基础上加上一种环境协调性，如可降解性、环境相容性。倡导绿色材料技术的环境材料学，提出了材料产业界可持续发展的基本方向，同时它希望将许多传统材料的组合体系所具备的综合性能集中体现在一种材料上。在这个意义上，环境材料就成为一种具有系统功能的知识集约型材料，其最大的创新之处就是使复杂的材料系统简单化。

针对越来越严重的污染问题，开发门类齐全的环境污染控制工程材料，对环境进行修复、净化或替代处理，逐渐改善地球的生态环境，使之可持续发展，也是环境材料的一个重要方面。环境污染控制工程材料一般指防止或治理环境污染过程中所用的材料。废水中各种重金属离子吸附材料的开发，是水治理的一个重要组成部分。采用某种天然黏土吸收重金属、多环芳烃、碳氢化合物和苯酚，可用于石油化工厂的污水净化。大气污染治理的典型材料为 TiO_2 系列的光催化材料。从资源状况和利用效率来看，废物回收利用对缓解资源匮乏的压力有着重要的作用。近年来，综合利用工业固体废物（如钢渣、废铁、废玻璃、废塑料、橡胶、纸等）一直是研究的重点。废弃塑料等严重污染环境，白色垃圾问题是一直困扰着城市的环境问题，因此，塑料的回收对环境保护来说，具有很重要的意义。目前塑料的回收方法很多，如气化、水解等。固体废物的回收也是研究的重点。固体废物数量大，废弃物处理占用大量土地资源。在欧洲，建筑拆迁的固体废物每年就有 2.21 亿~3.35 亿吨；在中国，2015 年，246 个大、中城市一般工业固体废物产生量达 19.1 亿吨，其中，综合利用量 11.8 亿吨，处置量 4.4 亿吨，贮存量 3.4 亿吨，倾倒丢弃量 17.0 万吨；一般工业固体废物综合利用量占利用处置总量的 60.2%，处置量和贮存量分别占比 22.5% 和 17.3%。将建材工业和废物利用结合起来将是一个很好的解决途径，如在水泥混凝土中加入粉煤灰、矿渣和硅灰；利用炉渣、粉煤灰和铁矿石为主要材料制作新型墙体材料。最大限度地利用废材，达到最小环境危害。综上所述，环境材料的研究已经深入到工业的各个领域。环境材料在资源和能源的有效利用、减少环境负荷上具有很大优势，是实现材料产业可持续发展的重要发展方向。

1.2　生态环境与材料产业

什么是生态环境？在环境科学中，生态环境指的是以人类为主体的外部世界，主要是地球表面与人类发生相互作用的自然要素及其总体。它是人类生存发展的基础，也是人类开发利用的对象。中心事物与环境是既相互对立，又相互依存、相互制约、相互作用和相互转化的，在它们之间存在着对立统一的相互关系。

材料是国民经济和社会发展的基础和先导，与能源、信息并列为现代高科技的三大支柱。随着世界经济的快速发展和人类生活水平的提高，对材料及其产品的需求日益增长。对于我国这样一个人口大国，材料产业历来都被列入国民经济的基础性、关键性的支柱产业之一，受到国家政府的重视，得到了大力的发展。

中国的材料产业，包括钢铁、有色金属、化工、建材等主要行业，自新中国成立以来得到迅速发展，成为支持国民经济发展和国防现代化的基础产业，也成为发展高新技术的支柱和关键。从资源和环境的角度分析，在材料的采矿、提取、制备、生产加工、运输、使用和废弃的过程中，一方面推动着社会经济发展和人类文明进步，另一方面又消耗着大量的资源和能源，并排放出大量的废气、废水和废渣，污染着人类生存的环境。

我国是个材料生产和消费大国，由于资金、技术、管理等原因造成资源不合理的开发和利用，使资源利用效率低下、浪费严重，同时造成工业废气、废水和固态废物的排放量急剧增加，加速了环境恶化和生态失衡。因此，面对非再生资源和能源枯竭的威胁以及日益严重的环境污染，应当积极探索既保证材料性能、数量需求，又节约资源、能量并和环境协调的材料生产技术，制定材料可持续发展战略，开发资源和能源消耗少、使用性能好、可再生循环、对环境污染少的新材料、新工艺和新产品。

生态环境材料就是在人类认识到生态环境保护的重要战略意义和世界各国纷纷走可持续发展道路的背景下提出来的，是国内外材料科学与工程研究发展的必然趋势。生态环境材料是指同时具有满意的使用性能和优良的环境协调性，或者能够改善环境的材料，即指那些具有良好使用性能或功能、并对资源和能源消耗少、对生态与环境污染小，有利于人类健康、再生利用率高或可降解循环利用，在制备、使用、废弃直至再生循环利用的整个过程中，都与环境协调共存的一大类材料。主要包括：①直接面临的与环境问题相关的材料技术，如生物可降解材料技术，CO_2 气体的固化技术，SO_x、NO_x 催化转化技术，废物的再资源化技术，环境污染修复技术，材料制备加工中的洁净技术以及节省资源、节省能源的技术；②开发能使经济可持续发展的环境协调性材料，如仿生材料，环境保护材料，氟利昂、石棉等有害物质的替代材料，绿色新材料，生态建材等。

今后生态环境材料研究热点和发展方向包括再生聚合物（塑料）的设计，材料环境协调性评价的理论体系，降低材料环境负荷的新工艺、新技术和新方法等。新概念从理论上反思和总结了人类在社会发展过程中所开发的材料的合理性和科学性，将地球生态环境引入了材料科学。环境材料学将材料的开采、制备、加工、使用和再生过程与生态环境问题统一于一体，力求两者相互协调、相互促进。未来的生态环境材料因为具有可循环再生性的特点，所以废弃材料的有效、合理利用也将成为材料发展的热门。而且，材料结构功能一体化将会成为环境材料发展的一个方向。

1.2.1 生态环境基础和环境工程

国际材料界在审视材料发展与资源和环境关系时发现过去的材料科学与工程是以追求最大限度发挥材料的性能和功能为出发点，而对资源、环境问题没有足够重视，这反映在1979 年美国材料科学与工程调查委员会给"材料科学与工程"所下的定义："材料科学与工程是关于材料成分、结构、工艺及其性能与用途之间的有关知识的开发和应用的科学。"这一传统的材料四要素体系没有充分考虑材料的环境协调性问题，或者说环境协调性在当时还没那么尖锐突出。

在近 40 年后的今天，我们认为在理解上述定义的内涵时应予以拓宽乃至修订补充，应该更明确地要求材料科学与工程工作者认识到：

① 在尽可能满足用户对材料性能要求的同时，必须考虑尽可能节约资源和能源，尽可

能减少对环境的污染，要改变片面追求性能的观点；

② 在研究、设计、制备材料以及使用、废弃材料产品时，一定要把材料及其产品整个寿命周期中，对环境的协调性作为重要评价指标，改变只管设计生产，而不顾使用和废弃后资源再生利用及环境污染的观点；

③ "材料科学与工程"的定义拓宽将涉及多学科的交叉，不仅是理工科交叉，而且具有更宽的知识基础和更强的实践性，不仅讲科学技术效益、经济效益，还要讲社会效益，把材料科学技术工业的具体发展目标和全球、各国可持续发展的大目标结合起来。

生态环境材料不仅是一个具体的材料研究与开发的问题，也是一个材料科学与工程学领域的问题，它的研究与开发涉及自然科学与社会科学问题，涉及多学科知识基础问题，涉及一代又一代材料工作者的资源、环境观念和意识的教育与培养问题等。因此，要求对这一新概念、新领域开展深入的基础研究，使其成为指导生态环境材料研究开发及发展相关技术的基础。

开展对材料、产品及其生产、制备、使用直到被废弃整个寿命周期或某个环节的环境负荷评估研究，是改造乃至淘汰该材料、产品或生产工艺的基础性工作，是世界各国研究的热点。但是，国际上关于环境协调性（LCA）的方法及应用尚有许多局限性，关于 LCA 的数字物理方法，关于材料的环境负荷的表征及其量化指标，关于 LCA 的评价范围及生态循环的编目分析，关于材料生产和使用过程的环境影响评价、环境改善等还有许多基础性研究工作要做。加强生态环境材料的基础性研究，对开发新的生态环境材料具有重要的指导意义。通过对 LCA 评价方法的学习和示范性研究，为制定材料的环境负荷评估标准提供了基本数据和范例。研究材料的环境负荷评价标准，推动 ISO 14000 标准化进程，也是中国材料科学工作者努力的目标。国家 "863" 计划中已经立项研究，建立金属材料、无机非金属材料、高分子材料中典型材料的环境负荷的基础数据库，并开发相应的软件。

要弄清现有具体材料的主要生产工艺和流程的环境负荷问题，以典型材料的生产工艺流程和使用、废弃及再生过程为评估研究示范体系，通过分析材料生产中环境影响的特点，得出环境份额和流动结构。要将传统的材料和产品设计方法与 LCA 方法结合，从环境协调性的角度对材料和产品进行设计（及环境协调性设计），并结合 LCA 思想，从实际生产过程出发，提出切实可行的生产工艺的改进措施和建议。要对量大面广的传统材料产业的生产等过程进行环境协调性改造，从根本上提高资源、能源利用率，减少和消除污染以实现零排放工程和绿色工程，这是材料产业环境协调性发展的治本之道。要针对整个（或局部）工艺流程进行技术改造，降低材料生产过程的资源和能源消耗，减少废物污染排放。另一方面要积极开发治理污染的材料和技术。对已经产生的污染，采取避害技术和治害补救技术（如汽车尾气净化技术和装置），虽是治标之道，却是非常必要的。将进入环境的有害物质转换为无害物质或减轻其危害程度，改善由于人工或自然原因而失衡的生态系统，其中包括通过改变人们的生活方式以减少对环境的破坏及产品替代或重新设计生产工艺流程等。

1.2.2　材料中主要元素的环境和资源特征

根据环境材料的性质和应用领域的不同可以把环境材料的应用性研究分为三大类：①环保功能材料设计。设计意图为解决日益严峻的环境问题，包括大气、水以及固体废物处理材料等。②减少材料的环境负荷。这类材料具有较高的资源利用效率以及对生态环境负荷较小的特点，如各种天然材料、清洁能源、绿色建材以及绿色包装材料等，同时采用新工艺以降低加工和使用过程中的环境负荷。③材料的再生和循环利用。这是降低材料的环境负荷同时提高资源利用效率的重要手段，其重点是研究各种先进的再生、再循环利用工艺及系统。

1）纯天然材料 纯天然材料包括木材、竹材、石材、稻壳、棉秆麦秸等。

（1）木材主要由纤维素、半纤维素和木质素组成。木材具有优异的环境性能，在树木的生长、木材的加工和使用过程中对环境具有非常友好的特性。木材是有机体，在生长过程中，大量的碳以固体形态储存其内部，对生态环境而言，起着调节温度的作用。从成分上看，木材具有生物降解性，经加工使用后，其废弃物可通过自然生物过程进行降解，对环境无不良影响。另外，废旧木材还可以作为二次资源，进行再循环利用。最后，废弃的木材还可以进行焚烧处理，获取能量，且无固态废物遗留。木材与高分子树脂复合，经高温或表面激光处理，在表面形成一层薄的碳纤维结构，可明显提高木材的使用性能及装饰性能，特别是树节处的力学性能。木材经树脂浸渍后，放入炉中进行高温真空处理、烧结处理，表面形成炭化木纤维及炭化酚醛树脂的各种结构，制成木材陶瓷，可用作汽车摩擦垫及其他耐磨部件。

（2）我国竹子种类繁多，资源丰富。天然竹材是典型的长纤维增强复合材料。主要用于制浆、各种竹质人造板、竹编制品、竹凉席等。

（3）石材由于其纯天然成分、资源丰富、对人体及生物体无毒无害，而且来源方便、成本低廉，是一类环境优异的材料，常用于建筑和装饰材料。

（4）稻壳可加工为木糖醇，生产出高纯 SiO_2、活性炭，残余物焚烧后可获得热能，无固体废物遗留，还可生产环保型一次性餐盒。

（5）农作物秸秆分两大类：粮食作物秸秆（麦秸、稻秸、玉米秸秆和高粱秸秆等）和经济作物秸秆（棉秆、麻秆、蓖麻秆、芦苇秆、豆秸和油菜秆等）。我国每年产生的秸秆总量约 7 亿吨，其中 60% 为麦/稻秸秆。对麦/稻秸秆的细胞结构和化学组成的分析发现，麦/稻秸秆与木材的组分相似，只是各组分所占比例有所差异，表明农作物秸秆具备用作人造板原料的条件。已成功开发出麦秸刨花板、稻草 MDF、麦秸纤维板、草/木复合 MDF、软质秸秆板、轻质复合墙体材料、秸秆炭、秸秆/塑料复合材料等多种秸秆产品。目前农作物秸秆材料已在家具制造、建筑装修和包装等行业找到了用武之地。最近，中科院过程所采用肥料与纸浆联产的清洁生产技术工艺，用造纸黑液肥料化的制浆工艺对棉秆进行蒸煮，用含有大量植物养分的造纸黑液制备腐殖酸滴灌液体肥料，利用新疆棉区丰富的棉秆资源和大规模滴灌的优势，在生产纸浆的同时，生产滴灌液体肥料，彻底消除了造纸过程的黑液污染，实现棉秆资源的清洁高值化利用，构建了棉秆资源的循环经济利用模式。该项技术为新疆丰富的棉秆资源清洁高值化利用提供一种新模式，解决了肥料和造纸两大行业的重大经济、环境和社会问题。

2）生态建筑材料 是指有利于保护生态环境、提高居住质量、性能优异、多功能的建筑材料，是一类对人体、周边环境无害的健康型、环保型、安全型的建筑材料，是相对于传统建筑材料而言的一类新型建筑材料，是生态环境材料在建筑材料领域的延伸。从广义上讲，生态建筑材料不是一种单独的建材产品，而是对建材"健康、环保、安全"等属性的一种要求，对原料、生产、施工、使用及废弃物处理等环节贯彻环保意识并实施环保技术，保证社会经济的可持续发展。目前主要研究与开发的生态建筑材料有：利废环保型生态建材，如利用电厂固体废物生产高性能新型墙体材料等；节能型生态建材，如光电化学电池玻璃窗、太阳能贮热住宅等；保健型生态建材，如远红外陶瓷可活化空气和水；抗菌材料，如采用光催化剂的抗菌面砖和卫生陶瓷等。生态建筑材料有如下基本特点：①有优异的使用性能。②生产时少用或不用天然资源，大量使用废弃物作为再生资源；在资源与能源的使用方面，有效利用天然资源，尽量减少能耗，尽量使用废弃物作为再生资源或能源。③采用清洁的生产技术，保持清洁的原料、清洁的工艺和清洁的产品。④使用过程中对人体健康及环境有益无害，并且功能复合化。⑤废弃之后作为再生资源或能源加以利用，或能做净化处理。

3）环境降解材料 一般指可被环境自然吸收、消化、分解，从而不产生固体废物的一类材料。一些天然成分的材料（如木材、竹材）以及一些天然纤维加工的纸制品，一些天然提取物（如甲壳素、玉米蛋白等）是自然的环境降解材料。人工合成的环境降解材料，一类是仿生材料的生物降解磷酸盐陶瓷材料，另一类是生物降解塑料。

生物降解塑料是土壤中微生物能分解的塑料，借助于细菌或其水解酶素将材料分解为二氧化碳、水、蜂巢状多孔材质和盐类，使之成为自然界中碳素循环的一个组成部分的一类高分子材料。严格地说，生物降解塑料是在特定的环境条件下，其化学结构发生显著变化并造成某些性能下降的塑料。生物降解塑料包括天然树脂和合成树脂。天然的可降解塑料是由可再生资源（例如淀粉）以及由可再生资源天然或者人工合成制得的一种可降解高分子材料；不可再生合成可降解塑料是以石油化工产品为基础制得的。运用生物化工技术，国内外生产生物降解塑料的技术已经趋向成熟，推出了多种完全生物降解的塑料产品，主要包括淀粉类以及聚酯类。芳香族聚酯虽然有很好的材料性能，但是很难被微生物降解；对于脂肪族聚酯来说，其通常是由二醇和二羟基通过缩聚反应而成，可以在土壤和水中完全被生物降解，但是提高其物理机械性能和降低成本成为当务之急。

天然多糖类（如淀粉、甲壳素、纤维素和木质素）由于其化学结构的稳定性和可加工性而在生物降解材料中占有重要的地位。由淀粉为主要成分的降解材料，包括淀粉添加（填充）型、改进淀粉型、热塑性淀粉型以及热塑性淀粉填充型等生物降解塑料。由于淀粉分子含有大量羟基，分子间及分子内氢键作用很强，从而导致其分解温度低于熔融温度。因热塑性差，较难通过传统塑料机械来进行热塑性成型加工，因此要制得淀粉基完全生物降解材料，必须使天然淀粉具有较好的热塑性，改变其分子内部结构，使淀粉分子变构且无序化，破坏分子内氢键，使结晶的双螺旋构象变成无规构象，使大分子呈无序状线团结构，从而降低淀粉的玻璃化温度和熔融温度，由不可塑性转变为可塑性，便于加工。由于普通淀粉的大量羟基基团可以吸附水，从而引起淀粉聚合物的过早降解。如果采用酯基团或者是醚基团取代了这些羟基基团，则会使这种聚合物的防水侵蚀能力大大提高。通过特殊的化学处理方法可以将淀粉聚合物进行交联以提高其耐热、耐酸和耐剪切特性。通过这些化学处理后，改性淀粉聚合物同时兼具可降解性能和一般商用热塑性塑料的功能。

聚乳酸（PLA）最早由美国著名高分子化学家 Carothers 发现。聚乳酸也称为聚丙交酯，聚乳酸纤维以地球上不断再生的玉米等为原料（国内也称玉米纤维），原料来源充分而且可以再生。聚乳酸在常温下性能稳定，但在温度高于55℃的弱碱性或富氧条件下在微生物的作用下会自动降解。使用后它能被自然界中微生物完全降解，最终生成二氧化碳和水，而且不像传统的石油基塑料会增加二氧化碳的释放，聚乳酸在分解过程中产生的二氧化碳，可再次被使用成为植物进行光合作用所需的碳原子。聚乳酸的热稳定性好，适用于吹塑、吸塑、挤出纺丝、注塑和发泡等多种加工方法，可加工成薄膜、包装袋、包装盒、一次性快餐盒、饮料用瓶以及医用材料，使得其在服装、包装、玩具和医疗卫生等领域拥有广泛的应用前景。

聚羟基烷酸酯（PHAs）是一种脂肪族聚酯，于 1962 年由 J·N·Baptist 发现，生物聚酯（PHAs）是由微生物或者植物生产的新型高分子材料，可以通过植物糖（如葡萄糖）经细菌发酵得到。生物聚酯（PHAs）分子结构多样性强，因此其性能也具有很强的可变性和操作性，通过基因工程技术开发各种超强微生物合成平台，目前已发现的聚合物组成单体超过 150 种，各种单体的不同结构将为生物聚酯材料带来许多功能以及应用，并且新的单体被不断地发现出来。由微生物合成的 PHAs 有一些特殊的性能，包括生物可降解性、生物相容性、压电性和光学活性等。另外，根据单体结构或含量的不同，PHAs 的性能可从坚硬到柔软到弹性变化。PHAs 的生物相容性和生物降解性使其可以作为体内植入材料，包括组织工程材料和药物控制释放载体等。这种特性也可用于农业上包裹肥料或农药的载体，使被包裹的物质在 PHAs 降解的过程中缓慢释放出来，从而保持长期的肥效或药效，同时减少用药量，延长作用时间，保护耕地的长期可种植性。PHAs 在外科领域的典型应用是做生物材料，如手术试纸、绷带及手术用手套的润滑粉；也可做与血液相容的膜制品；还可用做血管移植物或脉管待替代物以及骨裂固定盘等。

4）金属类生态环境材料 从环境材料的角度出发，材料强化强调在保持金属材料性能指标基本不变的前提下，尽量采用地球储量丰富或对生态环境影响小的元素或物质作为强化组元，同时，尽量降低金属材料中强化元素的含量或减少合金元素的种类；另一方面，尽量采用同类元素或物质作为复合强化的第二相，即在设计材料的强化性能时，不仅考虑材料的使用性能，而且要充分考虑材料对环境的影响。如 F-M 双相钢，是一种极有前途的发展方向。双相钢的合金成分相对比较简单，易于再生利用。这种 F-M 双相钢是通过工艺控制使铁素体与马氏体两种不同的组织交替共存，从而改善材料的性能，使传统材料得以优化。与普通低合金高强度钢相比，在相同等级抗拉强度水平下，铁素体-马氏体双相钢具有屈强比低、加工硬化能力强、冷变形性能好、无屈服点等特点。

从环境的角度讲，要求人们在材料设计时，除了考虑材料的成分、性能、工艺外，还应当充分考虑材料的再循环，也就是在设计材料时必须从材料资源（资源容量）—材料成分—工艺—结构和性能—循环使用—生态平衡（环境容量）等诸环节进行综合考虑。

从环境材料的角度出发，目前金属材料的生态化改造主要强调在保持金属材料的加工性能和使用性能基本不变或有所提高的前提下，尽量使金属材料加工过程消耗较低的资源和能源，排放较少的三废，并且在废弃之后易于分解、回收与再生。

1.3 环境污染控制工程材料的研究内容

材料产业为人类带来了便利和好处，但同时在材料的生产、处理、循环、消耗、使用、回收和废弃的过程中也带来了沉重的环境负担。这促使各国材料研究者从头审视材料的环境负担性，研究材料与环境的相互作用，定量评价材料生命周期对环境的影响，研究开发环境协调性的新型材料。这就产生了一门新兴学科——环境材料。环境材料的研究引起了各国政府的普遍重视，在国家的高科技发展计划中，环境材料都是一个重要的主题。环境污染控制工程材料从控制对象来分主要包括：水污染控制工程材料、大气污染控制工程材料、噪声污染控制工程材料、固体废弃物治理与利用材料、光污染防护材料、电磁波防护材料、热污染防护材料、放射性污染防护材料 8 类。

大气污染控制材料一般有吸附、吸收和催化转化材料，水污染控制材料有沉淀、中和以及氧化还原材料，减少有害固体废物污染的有固体隔离材料，其他的环境治理材料有过滤、分离、杀菌、消毒材料等。另外，还有减少噪声污染的防噪、吸声材料以及减少电磁波污染的防护材料等。

总之，环境污染控制工程材料集可持续发展、资源再生利用、清洁生产等于一体，将成为 21 世纪人类文明的重要交撑。

1.3.1 环境污染控制材料的新技术新工艺概述

随着人们环境保护意识的增强和全球环境污染的严重问题，各国研究者和政府投入大量的人力、物力、财力进行环境污染控制工程材料的研究和新技术工艺的开发。例如废水中各种重金属离子吸附材料的开发，是水治理的一个重要组成部分。如 Cr（Ⅵ）离子的光催化型，采用吸附有 Zr 的多孔性高聚物，在合适的 pH 值范围内 As（Ⅲ）、As（Ⅴ）和 Se（Ⅴ）被显著去除；采用某些天然黏土吸收重金属、多环芳烃、碳氢化合物和苯酚，可用于石油化工的污水净化等。新开发的厌氧生物反应器处理高浓度有机废水，生物脱氮除磷工艺可以去除氮、磷等无机营养物，厌氧与好氧结合的生物处理工艺对含难降解有机物工业废水有良好的处理效果，生物滤池等生物膜法可以有效地处理微污染水源水，废水生物处理技术与其他处理工艺相配合可以满足废水回用的要求。炭法烟气脱硫技术是一种比较可行的烟气脱硫技术而且可以反复进行再生利用；其他的烟气脱硫技术还有磷氨肥法烟气脱硫技术和软锰矿法烟气脱硫技术等。重复利用是现阶段处理固体废物最切实可行的一步，如啤酒、饮料、酱油、醋等玻璃瓶的多次使用。在国外，瑞典等国家实行聚酯 DET 饮料瓶和 PC 奶瓶的重复使用可达 20 次以上。因此，再生利用是解决固体废物的好办法，并且在部分国家已成为解决材料来源，缓解环境污染的有效途径。

1.3.2 水污染控制材料

2007 年，水污染形势依然严峻。长江、黄河、珠江、松花江、淮河、海河和辽河七大水系总体水质与上年持平。197 条河流 407 个断面中，Ⅰ～Ⅲ类、Ⅳ～Ⅴ类和劣Ⅴ类水质的断面比例分别为 49.9%、26.5% 和 23.6%。珠江、长江总体水质良好，松花江为轻度污染，黄河、淮河为中度污染，辽河、海河为重度污染，湖泊富营养化问题突出。全国近岸海域Ⅰ、Ⅱ类海水比例为 62.8%，比上年下降 4.9 个百分点；Ⅲ类为 11.8%，上升 3.8 个百分点；Ⅳ类、劣Ⅳ类为 25.4%，上升 1.1 个百分点。四大海区近岸海域中，南海、黄海近岸海域水质良，渤海为轻度污染，东海为重度污染。面对日益严重的水污染，先进的水处理方法、高效水处理材料以及相应的理论研究对实现水质控制是不可缺少的，尤其是水处理材料的研究是实现有效处理废水的基础，新型材料的成功应用将极大推动水处理技术的不断优化。常用的废水处理方法可分为以下 3 类：①分离处理，即通过各种外力的作用使污染物从废水中分离出来，通常在分离过程中并不改变污染物的化学性质；②转化处理，即通过化学或生化的作用，改变污染物的化学性质，使其转化为无害物或可分离的物质，再经分离处理予以除去；③稀释处理，即将废水进行稀释混合，降低污染物的浓度，减少危害。针对不同的水处理方法，开发了不同用途的环境工程材料。目前，用于废水分离工艺的主要包括用于过滤、吸附的滤料、吸附剂、膜分离材料等；用于废水生化处理的主要有用于固定微生物的金属或陶瓷载体；用于废水化学处理的主要有高效率并且不产生二次污染的各种催化剂，如二氧化钛光催化剂等。

氧化还原属于一种污水化学转化处理工艺。用于氧化还原处理的材料包括氧化剂、还原剂和催化剂等。常用的氧化还原材料有活泼非金属材料（如臭氧、氯气）和含氧酸盐（如高氯酸盐、高锰酸盐）。常用的还原材料有活泼金属原子或离子。常用的催化剂有活性炭、黏土、金属氧化物及高能射线等。

臭氧是种理想的环境友好型水处理剂。臭氧的氧化性很强，对水中有机污染物有较好的氧化分解作用。此外，对污水中的有害微生物，臭氧还有强烈的消毒杀菌作用。用臭氧处理难以生物降解的有机污染物，使其转化成容易降解的有机化合物，在污水处理中已开始广泛应用。例如，用臭氧分解污水中的聚羟基壬基酚，通过电子传递反应，氧化除去部分聚合物的侧链，经解聚，进而生化降解。将臭氧与活性炭吸附材料相结合，可以使废水中的芳烃降到 0.002 μg/L。

超临界水氧化技术是湿式空气氧化技术的强化和改进，利用超临界水作为液相主体，以空气中的氧为氧化剂，于高温高压下反应，其改进之处在于利用水在超临界状态下的特殊性质。在超临界条件下，温度和压力的小范围变化均会引起超临界水密度值的大幅度改变，超临界水的可压缩性变大。在 400 ℃、41.5 MPa 时，超临界水的介电常数是 10.5；而在 600 ℃、24.6 MPa 时则为 1.2。超临界水的介电常数类似于常温常压下极性有机物的介电常数值。在这种条件下，水表现得更像是一种非极性溶剂，能与非极性物质如烃类和其他有机物完全互溶，也能与空气、氧气、二氧化氮、氮气等完全互溶，而无机物特别是无机盐类在超临界水中的溶解度却很低。在超临界状态，水的黏度系数与通常条件下的空气接近，使得溶质分子在超临界水中的扩散变得极为容易。气相和液相的区别已不存在，使本来发生的多相反应转化为单相氧化分解反应，有机物的氧化可以在富氧的均相中进行，反应不会因相间转移而受限制，同时，高的反应温度（如 400～600 ℃）可以在几秒钟内对有机物达到很高的破坏效率，有机物的去除率一般在 99% 以上。超临界水氧化技术具有污染物适用范围广、占地面积小、反应快速、处理效率高、过程封闭性好、无二次污染、处理复杂体系更具优势等优点，在处理有害废物方面越来越受到重视，具有广阔的市场应用前景。

UV-TiO_2 技术可迅速降解有机卤化物、芳香族化合物、有机酸、醇类、含硫、含磷等杂原子的有机物、表面活性剂、染料等，对有机物的氧化无选择性，使其最终完全矿化为 CO_2、HX、H_2O 等。但从 UV-TiO_2 利用太阳光的效率来看，仍存在以下一些缺陷：如半导体的光吸收波长范围狭窄，主要在紫外区；利用太阳光的比例低，光生电子与空穴又极易复合，使光量子利用率较低。为此，许多学者将目光投向了 TiO_2 改性的研究，以长期实现其光响应波长向长波方向移动及减少光生电子与光生空穴的复合机会，延长光生空穴的寿命，提高光量子的利用率及其光催化活性。在众多的改性方法中，往 TiO_2 半导体中掺入金属离子的研究最为突出。利用金属离子捕获光生电子，减少电子与空穴在半导体表面的复合机会，可提高其光催化活性，同时，由于金属离子的引入，特别是过渡金属离子的引入，形成杂质能级，使催化剂的光响应波长向可见光区移动，提高对太阳光的利用率，有可能实现 TiO_2 光催化氧化技术的实际应用。张峰例等采用共溶液掺杂法掺入 Rh、V、Ni、Cr、Cu、Fe 等金属元素时。在 400～600 nm 范围内光响应普遍有所增强，其中 V 的影响最为显著，如未掺 V 的 Pt/Q-TiO_2（Q-TiO_2 指纳米 TiO_2，下同）催化剂在可见光照射下，对 H_2S 的反应转化率为33%/h，而掺V的催化剂［Pt/1%（质量分数）V+Q-TiO$_2$］在相同的条件下对H$_2$S的反应转化率高达96.9%/h，而同样条件下，Q-TiO$_2$对H$_2$S的转化率近似为零。光催化氧化技术具有设备结构简单、反应条件温和、操作条件容易控制、氧化能力强、基本上无二次污染等优点。日本已有用光催化氧化法与活性污泥法相结合处理印染废水的应用实例。

在TiO$_2$光催化剂作用下，只要具有一半反应标准的还原电势高于3V的金属（正常氢电极的函数）如Hg^{2+}、Ag$^+$和Cr^{6+}等可被吸附于TiO$_2$表面并吸收电子完成光催化剂的氧化还原循环。Hg^{2+}和Ag$^+$被转化为细小的金属晶体；Cr^{6+}被转化为Cr^{3+}，在高pH值条件下Cr^{3+}水解并析出。付宏样等人以工业污染物Cr^{6+}为研究对象，对于其在TiO$_2$表面的光催化还原反应机理做了研究。结果表明，在酸性条件下，TiO$_2$对Cr^{6+}具有明显的光催化还原效果。在pH值为2.5的体系中，光照1h后，Cr^{6+}被还原为Cr^{3+}的还原效率高达85%。

纳米铁颗粒小，比表面积大，反应活性高，因而对水中氯代脂肪族及氯代芳香族化合物，如氯乙烯、氯仿、氯酚、多氯联苯、有机氯农药等均有良好的脱氯效果。纳米铁对水中氯代有机物的脱氯过程有三种反应途径：一是金属表面直接的电子转移，Fe^{0}直接将电子转移到吸附在其表面的氯代有机物上而使之脱氯：Fe^0 + RCl + H$^+$ —→ Fe^{2+} + RH + Cl$^-$。二是Fe^{0}的腐蚀产物Fe^{2+}起还原作用，使氯代有机物被还原脱氯：H$_2$ + RCl + H$^+$ —→ Fe^{3+} + RH + Cl$^-$。三是Fe^{0}腐蚀产生的H$_2$起还原作用使氯代有机物被还原脱氯 H$_2$ + RCl —→ RH + H$^+$ + Cl$^-$。Deng等人证实氯代有机物脱氯时Fe^{2+}的还原作用可以忽略并且在Fe^{0}系统中若无催化剂，单纯的H$_2$很难起作用，因此纳米Fe^{0}对氯代有机物的脱氯主要通过第一种反应途径进行。纳米Fe^{0}颗粒对水中氯代有机物进行脱氯迅速且彻底，主要产物为烷烃、烯烃等低毒性甚至完全无毒的产物。

沸石是一簇呈架状结构的多孔性含水铝硅酸盐晶体的总称。沸石硅氧四面体通过桥氧连接，可形成多环结构，并在三维空间上形成形状规则的环状空穴，能够吸附和截留不同大小的分子，因此又叫分子筛。沸石既是微生物的载体，又是氨氮的吸附剂，沸石对氨氮的吸附和硝化可以同时在沸石表面发生。B·Gisvold采用生物滤池处理生活污水，当进水氨氮浓度30 mg/L，滤池容积负荷0.4 kg/（m^3·d），连续运行10个月之后，出水氨氮浓度在10mg/L以下。而普通滤料生物滤池的出水氨氮浓度起伏很大，最高时可达50mg/L。B·Gisvold等利用沸石作生物滤池的滤料，在高NH$_4^+$—N负荷率时，沸石滤料对NH$_4^+$—N的去除率高于对比组；在低NH$_4^+$—N负荷率时，沸石滤料吸附的NH$_4^+$—N发生了硝化作用，沸石得到了再生。生物沸石滤柱处理微污染源水，能去除93%的氨氮、90%的亚硝酸氮、30%的高锰酸盐指数以及色度和浊度，其最佳过滤速度为8～10 m/h，最佳填充高度为0.6～0.8m。Y-C·Chung等采用改良型A/O工艺处理制革废水和印染废水，当进水氨氮浓度300～400 mg/L，氨氮和总氮的去除率分别为92%和86%，且生物再生后沸石的吸附容量与吸附前的吸附容量没有明显变化。

沉淀分离方法也是水处理中经常使用的分离工艺。治理水污染的沉淀分离工艺过程用材料，包括用于絮凝沉淀的絮凝剂和化学沉淀的沉淀剂两种。

在絮凝沉淀分离过程中，常用的絮凝沉淀材料有混凝剂和助凝剂两大类。混凝剂是在混凝过程中投加的主要化学药剂。常用的混凝剂有铝盐（硫酸铝、明矾和聚合氯化铝）、铁盐（硫酸亚铁、三氯化铁、聚合硫酸铁）以及聚丙烯酰胺及其变性物。例如高铁酸盐絮凝剂是水处理中已广泛使用的絮凝剂，能够有效降解有机物，去除悬浮颗粒及凝胶，其瓶颈在于产率比较低，前处理工艺对其治理效果有一定的影响。因此，研究主要集中在改善制备工艺、提高产率以及产物的稳定性、寻找替代次氯酸盐以及氯化物的氧化剂等方面。为了促进混凝效果加速絮凝体的形成和沉降速度，在投加混凝剂的同时，一般还投加一些辅助药剂，称为助凝剂，包括酸、碱、水玻璃、活性炭、活化硅胶以及一些氧化剂等。

化学沉淀主要是利用投加的化学物质与水中的污染物进行化学反应沉淀，形成难溶的固体沉淀物，然后进行固液分离，从而除去水中的污染物。化学沉淀法中沉淀剂包括氢氧化物沉淀剂、硫化物沉淀剂、铬酸盐沉淀剂、碳酸盐沉淀剂等。氢氧化物沉淀剂包括各种碱性材料常用的有石灰、碳酸钠、苛性钠、石灰石、白云石等对重金属的去除范围广，沉淀剂来源丰富，价格低而又不造成二次污染。常用的硫化物沉淀剂有硫化氢、硫化钠、硫化铵、硫化锰、硫化铁等，但硫化氢是种有毒的气体，使用时必须注意安全。硫化物沉淀法处理重金属废水，具有去除率高、沉淀泥渣中金属品位高、便于回收利用、pH 值适应范围大等优点。铬酸盐沉淀剂主要除去六价铬离子，沉淀剂有碳酸钡、氯化钡及硫化钡等。优点是出水清澈透明，可回收利用；缺点是钡盐来源少，沉渣中的铬毒性大，并引进了二次污染物钡离子。另外，处理过程中要求较严格，要兼顾两种毒物的处理效果，工业上很少采用这种处理方法。

1.4　环境污染控制材料的发展趋势

环境材料的研究引起了各国政府的普遍重视，国家的高科技发展计划中，环境材料是一个重要的主题。在我国目前和未来的相当一段时期内，环境材料的研究应分为几个层次，主要有：全民特别是材料界的观念意识改变（如宣传与教育问题）；宏观上的国家行为（如立法立规等问题）；国家就有关环境材料的科学计划问题（包括基础研究、高技术研究、攻关等科技和经济发展计划，都需要支持生态环境的发展）；在教育、学科建设等方面，要培养交叉学科人才；建立相应的组织和学术团体，加强生态环境材料方面的交流合作等。在国家863 计划、国家自然科学基金、国家高新技术产业化示范工程等科技计划的大力支持下，我国在各类生态环境材料及材料的环境协调性评价的研究与开发等方面都取得了重要进展。如在"十五"国家 863 计划中，设立了生态环境材料专题，该专题围绕"西部大开发"发展战略和"科技、人文、绿色"奥运工程，重点突破固沙植被材料和应用技术，研制适应我国高效农业技术的环境友好、可完全降解地膜材料；在废弃物治理、可再生资源的综合利用及清洁剂制备技术方面取得有自主知识产权的新技术，研究和建设材料环境协调性评价体系，发展设计方法，研制和开发几类环境协调材料，包括纳米环境材料与技术、生态建筑材料等，促进传统材料产业的协调改造升级。在"十五"前三年先后共安排了固沙植被用新材料及其低成本制备技术，二氧化碳共聚物的工业化合成及其在医学领域的应用，光催化自洁净玻璃的制造方法，环境功能型建筑材料，材料环境协调性评价技术及其应用，环境协调材料（无铅焊料、环境友好涂料等）及清洁制备技术（高效清洁催化剂），低成本全降解农用地膜，以及降低废弃物排放及综合利用的新型功能材料与技术方面的 20 多个研究项目。2003 年，离子束改良植被与新材料联用固沙技术取得重大进展，该项目摸索出能明显提高甘草、沙棘成苗率和缩短萌芽过程的注入离子种类、能量和剂量范围，建立了微生物与植物根共生并与吸水剂材料组成的生态系统模型。

但总体而言，我国与发达国家相比还存在较大的差距，主要表现在我国完善的工业化体系尚未形成，仍然是一种粗放型投入产出的模式。目前，我国生态环境材料产业处于起步阶段，还只是少数企业零星生产销售一些绿色产品，主要集中在环境污染治理类的功能材料和产品方面，以废水、废气处理为主，包括少部分建筑材料，尚未形成规模产业。

相对发达国家而言，我国生态环境材料的研发、产业化过程进步较慢，环境材料即生态产品的市场占有不够，竞争性不强。我国各类材料与制品生产企业中，得到出口免检"环保证书"的产品和产业极少。近两年我国出口商因遭遇"绿色壁垒"而受阻的商品价值超过 200 亿美元。随着经济的国际循环化及材料和制品的国际市场化，尤其是中国自然资源、人口、环境等方面的突出矛盾，促进包括环境材料和生态产品在内的环境产业的发展已是非常迫切的任务。

作为自然资源人均占有量不足世界平均水平一半的国家，我国主要资源的回收利用率也很低，而且再生资源还远远没有形成一个产业，企业经营规模小、效益低，大量的固体废物没有得到利用，同时又污染环境。因此必须突破原有的思路，利用废弃物为原料制备新型的大宗材料，才能同时综合解决资源、环境可持续发展的问题。

我国在环境材料的科技发展上，目前主要局限于政府的科技投入，急需企业的参与和技术市场的完善。虽然也有一些企业开始认识到这类问题及其今后的发展前景，但尚未开始正式全面介入和开展相关科技活动。在我国这样一个人均资源和环境问题突出的国家，环境材料的科技及产业发展面临巨大的机遇，同时也将面临经济全球化的挑战。

材料在设计阶段就对材料整个生命周期进行综合考虑，即减少原料使用量，尽可能使用可再生原料，生产和使用过程能耗低，使用后易于回收在利用，使用安全、寿命长。ISO 14021—99 环境标志和环境宣言对"可拆卸设计"定义为"产品设计的一种特性，可使该产品在其有效寿命终结时以一种允许其零部件再使用、再循环、能量回收或以某种方式由废物流转移的方式进行拆除"。

天然材料开发，从生态观点看，天然材料加工的能耗低，可再生循环利用，易于处理，对天然材料进行高附加值开发，所得材料具有先进的环境协调性能并具有优良的使用性能。将热塑性塑料（如 LDPE 等）和木材纤维、木屑等共混，利用传统的注射成型法得到的多孔性人工木材（PEW），能充分利用废弃的塑料和木屑，并且具有生物降解性。木材陶瓷化也是有效利用木质材料的重要形式。以酚醛树脂填充木材，经高温真空烧制后得到木材陶瓷，可作温度传感器等。

今后，要大力提倡和积极支持开发新型的生态环境材料，取代那些资源和能源消耗高、污染重的传统材料。还应该指出，从发展的观点看，生态环境材料是可持续发展的，应贯穿于开发、制造和使用材料的整个过程。

 **思考题**

1. 简述材料学及材料在当前人类社会解决膨胀、资源短缺和环境恶化三大问题中的作用和意义。

2. 讨论并举例说明开发环境污染控制工程材料时应该遵循的原则和方法。

3. 环境污染控制工程材料的研究内容有哪些？材料的分类及特性是什么？

4. 大气处理工程材料主要有哪些？简述这些材料在大气处理工程中的作用与应用实例。

5. 活性碳纤维有哪些结构特征？它在环境工程中作为吸附剂、催化剂、催化剂载体上的应用实例有哪些？

参考文献

[1] 王天民. 生态环境材料[J]. 天津：生态环境材料，2000.

[2] 翁端. 环境材料学[M]. 北京：清华大学出版社，2001.

[3] 杨敏，舒锋. 环境材料的发展现状[J]. 中国非金属矿业导报，2006，54：137-142.

[4] 滕可祖，丁立波. 生态环境材料的研究及进展[J]. 现代技术陶瓷，2006，107：40-44.

[5] 李佳，翁端. 环境工程材料的研究现状及发展趋势[J]. 科技导报，2006，24(7)：8-12.

[6] 王洪涛，翁端. 环境材料研究的基本理论问题[J]. 材料导报，2006，20(4)：1-3.

[7] 于慧. 大气污染的成因及治理措施[J]. 辽宁化工，2008，37(2)：142-144.

[8] 席胜伟. 大气污染危害性分析及治理途径[J]. 科技情报开发与经济，2006，16(12)：153.

[9] 朱天乐. 室内空气污染控制[M]. 北京：化学工业出版社，2003.

[10] 唐永康，郭双生，艾为党. 载人航天器座舱内生物空气过滤器研究进展[J]. 航天医学与医学工程，2005，18(3)：230-234.

[11] 陈祥国. 可治理空气污染并提升涂料特种性能的多功能助剂[J]. 建材发展导向，2003，(2)：46-50.

[12] 卓成林，伍明华. 纳米材料在环境保护方面的最新应用进展[J]. 化工时刊，2004，18(3)：5-9.

[13] 刘朝晖，缪菊红，沈新元. 纳米 TiO_2 的多相光催化应用研究进展[J]. 郑州轻工业学院学报(自然科学版)，2002，17(3)：43-46.

[14] H. 凯利，E. 巴德. 魏同成，译. 活性炭及其工业应用[M]. 北京：中国环境科学出版社，1990.

[15] 谢崇禹. 活性炭吸附在环保中的应用[J]. 煤化工，2006，5(126)：33-35.

[16] 向波涛，王涛，杨基础，等. 一种新兴的高效废水处理技术——超临界水氧化[J]. 化工进展，1997，16(3)：39-44.

[17] Lien H L，Zhang W X. Nanoscale iron particles for complete reduction of chlorinated ethenes[J]. Colloids and Surfaces，2001，191：97-105.

[18] 邹晓东，叶以富. 金属材料的水处理技术中的应用现状及发展趋势[J]. 工业水处理，2002，22(10)：48.

[19] B Gisvold，H Odegaard. Enhanced removal of ammonium by combined nitrification/adsorption inpanded clay aggregate filters[J]. Wat. Sci. Tech，2000，41：409-416.

[20] Y C Chung，D H Son，Ahn D H. Nitrogenand organics removal from industrial waste water using natural zeolite media[J]. Water Sci. Tech，2000，42：5-6：127-134.

[21] 甄晓夏. 我国固体废弃物的现状及存在的问题[J]. 山西建筑，2008，24(8)：349-350.

[22] 邹向荣，翁端. 汽车尾气精华催化剂研究进展——催化剂材料与性能[J]. 材料导报，1997，11(4)：22-24.

[23] 宋沐，赵云庄. 无磷洗涤剂的开发与应用[J]. 辽宁化工，1999，28(4)：229-231.

[24] 中华人民共和国环境保护部. 2016 年全国大、中城市固体废弃物污染环境防治年报[J]. 中国资源综合利用，2016，34(11).

第2章 材料的环境协调性评价

在环境材料研究中，一个首要的问题是什么样的材料才称得上是环境材料。这涉及如何评价材料的环境协调性，即环境表现或环境性能，并由此产生了材料的环境协调性评价研究。目前通常采用生命周期评价（Life Cycle Assess-ment，LCA）的基本概念、原则和方法对材料或产品进行环境行为评估。应用于材料的生命周期评价通常称为 MLCA（Materials LCA）。

2.1 LCA 方法的起源与发展

2.1.1 概述

单就 LCA 方法而言，已有 50 多年的研究发展历史，最早可追溯至 20 世纪 60 年代，当时人类已经意识到资源和能源的有限，从保护原材料和能源的角度出发，以各种方法计算资源和能量的供应和消耗情况。例如美国能源署就开展了数项诸如"燃料循环"（fuel cycle）之类的研究。这些研究对 LCA 方法，尤其是生命周期清单分析（Life cycle Inventory Analysis）方法的发展，起到了最初的推动作用。

将 LCA 思想首先用于资源、能源和环境影响综合评价的是美国可口可乐公司（Coca-Cola Company）。1969 年，该公司委托美国中西研究（Midwest Reserch Institute）对不同包装材料的总体环境影响进行了研究。在此基础之上，又对使用塑料饮料容器的可行性进行考虑，并比较了复用式容器与二次性容器的整体环境影响。这种正式的分析方案便是 LCA 方法的起源和基础。

在此之后，美国和欧洲各国其他公司也开展了多项以包装纸、包装盒等包装材料和容器为中心的产品评价。同期，在日本也开展了类似的研究与应用。1975 年，东京野村研究所为日本利乐公司进行了首次包装材料 LCA 研究，通过各种不同的销售方案对纸盒与玻璃瓶进行了比较。

当时，对这种将产品生成过程中资源消耗与环境排放定量化方法的名称，各国叫法还不统一。在美国，自 1970 年起，通常称为资源和环境概貌分析（Resource and Environmental Profile Analysis，REPA），而在欧洲则大多称为生态平衡（Ecobalance）。

20 世纪 70 年代，现代 REPA/LCA 方法开始成形，生命周期影响评价的框架也有了一定进展。20 世纪 80 年代中期之后，LCA 的发展进入了一个高潮，"临界值法"分别在瑞士和荷兰独立形成，环境优先级方法（Environmental Priority Strategies，EPS）也在瑞典发展起来。其中，EPS 方法主要由沃尔沃（volvo）公司等单位负责开发，直至今天，仍然具有广泛的应用范围。

进入 20 世纪 90 年代，由于环境问题渗透到国际政治、经济、贸易和文化各个领域，LCA 得到显著发展，其中国际环境毒理学和化学学会（SETAC）和国际标准化组织（ISO）起着举足轻重的作用。

SETAC 是第一个认识到 LCA 潜在价值的国际组织。在 20 世纪 90 年代早期，SETAC 就成立了一个 LCA 顾问组，专门负责 LCA 方法论和应用方面的工作。1990 年 8 月在美国 Vermont 召开的 SETAC 研讨会中，与会者就 LCA 的概念和理论框架取得了广泛的一致，并确定使用 Life Cycle Assessment（LCA）这个术语，从而统一了国际上的 LCA 研究。SETAC 发表了大量具有重要指导意义的文献。如在 1991 年出版了《产品生命周期分析技术框架》，将对材料或产品全过程的能耗评价思路扩展到对其全过程的能耗、物耗、废弃物排放等多方面的综合评价。1993 年，SETAC 出版了《生命周期评价指南：实践准则》（Guidelines for Life-cycle assessment：A "Code of practice"），取得了 ISO 组织和欧洲标准化委员会（CEN）的共识，为 LCA 的规范化提供了重要的依据，对 LCA 方法论的发展、完善及应用作出了巨大贡献。

国际标准化组织（ISO）从 1992 年开始筹划包括 LCA 标准在内的 ISO 14000 环境管理系列标准的制定，并于 1993 年 6 月正式成立了"环境管理标准技术委员会"，即 TC-207 委员会，负责环境管理工具及体系的国际标准化工作，而其中 SC5 分委员会则专门负责 LCA 标准的制定。TC-207 委员会在 ISO 14000 系列标准中为 LCA 保留了 10 个标准号，即 ISO 14040 ~ ISO 14049，包括 ISO 14040（原则与框架）、ISO 14041（清单分析）、ISO 14042（影响评价）、ISO 14043（结果解释）和 ISO 14048（指标格式）等，成为 ISO 14000 系列标准中产品评价标准的核心和确定环境标志和产品环境标准的基础。1994、1995 年，ISO 组织分别制定了《生命周期评价———一般原则与实践》和《生命周期评价———原则与准则》（草案），并分别于 1997 年和 1998 年正式公布了 ISO 14040《生命周期评价———原则与框架》和 ISO 14041《生命周期评价——目的与范围的确定和清单分析》标准。2000 年，又正式公布了 ISO 14042《生命周期评价———生命周期影响评价》和 ISO 14043《生命周期评价———生命周期解释》。

与此同时，欧洲、美国、日本等国家还制定了一些促进 LCA 的政策和法规，如"生态标志计划""生态管理与审计法规""包装及包装废物管理准则"等。因此，这一阶段出现了大量 LCA 案例，如日本已完成数十种产品的 LCA，丹麦用 3 年时间对 10 种产品类型进行了 LCA 等。

1996 年，国际上正式出版了有关 LCA 的专业刊物《国际生命周期评价学报》（International Journal of Life Cycle Assessment），表明生命周期评价研究在国际上已占有很重要的位置。

2.1.2 LCA 在国外的研究进展

在 LCA 方法的研究方面，由国际标准化组织制定的环境管理标准（ISO 14000 系列）中的相关研究最有影响，体现了世界范围内 LCA 研究的共识。目前，LCA 方法的主要研究方向包括生命周期清单分析方法和生命周期影响评价方法，LCA 分析方法的开发则主要包括基础数据库的研究和 LCA 评估软件的开发等。

其中，生命周期清单分析方法包括制定数据收集规范、整理各工业清单内容、建立统计模型、用统计方法和输入输出法整理数据。由于有关 LCA 的基本原则（ISO 14040）和生命周期清单分析的标准（ISO 14041）已经基本定型，所以该研究方向的理论方法已趋于完善，主要工作则侧重于结合工业应用要求而对数据的规范化。

生命周期评价方法研究包括指标体系研究（包括分类方法、表征方法研究）、结果解释及案例分析和结果的报告形式规范化。国际上对环境影响评估（Impact Assessment）的实施提出了多种方法，如单位消耗的物质强度方法（MIPS）、环境分数方法（Eco-points）、环境指数方法（Eco-Indicator）和环境优先级方法（EPS）等。主要进展体现在系列环境损害类型的提出和寿命损害数学模型的建立，以及污染物对人体健康和生态系统毒性的衡量与确定。

LCA 的研究与应用极大地依赖于评估数据与结果的积累。在绝大多数的 LCA 个案研究中，都需要一些基本的生命周期清单分析数据，例如与能源、运输和基础材料相关的清单数据，这方面的工作量十分巨大。不断积累评估数据，并将这些数据组织为数据库的形式，在 LCA 研究中是非常重要的工作。数据库方面的研究包括数据库框架、功能函数定义、数据组织结构研究、界面定义和数据转化，主要侧重于应用性与通用性，强调与工业设计结合。目前世界上已有十多个著名的 LCA 研究发挥着重要作用。

大多数国家或组织的 LCA 研究都经历了从个案研究到建立数据库这样一个过程。以日本国家资源与环境研究所（National Institute for Resources and Environ-ment，NIRE）的 LCA 研究工作为例，在 1993~1996 年期间，主要集中在家用电器的 LCA 评估以及基础数据的收集上，而从 1997 年起着手建立了一个 LCA 公共数据库系统。荷兰的 PRe 咨询公司根据环境指数计算的清单数据库目前已包括近 600 多种污染排放物、资源和土地消耗的环境数据。英国、法国、荷兰的一些公司也分别开发了 LCA 评价计算机软件和相关的数据库。

完整的 LCA 通常需要大量时间，因而明显不适用于一些变化速度比较快的 LCA 产品，尤其在产品的整体设计阶段。为了增加 LCA 分析方法在产品开发中的可行性和适用性，寻找一种在保持 LCA 方法精确性的同时能显著减少建模评估所需时间的方法就非常重要了。相关研究人员开展了许多工作，也提出了各种解决办法，例如适用于产品整体设计阶段的近似 LCA 方法等。但最有效的一个办法应该是 LCA 基础数据库的建立及相应评估软件的开发。如今，国际上已经开发出多种 LCA 或 LCI 评价工具软件，其中最著名的包括 ECO-it、EcoManager、EcoPro、GaBi、IDEMAT、SimaPro、TEAM 和 Umberto 等。

2.1.3 LCA 在国内的研究进展

在中国，LCA 研究起步较早，发展也非常迅速，已成为学术界关注的焦点和研究热点。在政府的引导和支持下，国内大量研究人员围绕 LCA 方法开展了卓有成效的研究工作，包括生命周期清单分析中的分配方法、环境影响类型分配体系、中国环境影响特征因子和权重因子的确定等。1999 年，国家质量技术监督局发布等同于 ISO 14040 的《生命周期评价——原则与框架》国家标准（CB/T 24040），2000 年发布等同于 ISO 14041 的《生命周期评价——目的与范围的确定和清单分析》国家标准（GB/T 24041），2002 年又发布了分别等同于 ISO 14042 和 ISO 14043 的《生命周期评价——生命周期影响评价》国家标准（GB/T 24042）与《生命周期评价——生命周期解释》国家标准（GB/T 24043）。

在国内的 LCA 研究方面，材料生命周期评价（MLCA）方面的研究及应用是目前最主要的研究方向之一，也一直是环境材料研究中的重要组成部分。

1998 年起，国家"九五"高技术研究计划（863 计划）支持了首个"材料的环境协调性评价研究"项目，由北京工业大学等几所大学联合承担，与国内一些主要材料企业合作，对国内几大类主要基础材料进行了全面的 MLCA 评估。该项目对我国钢铁、水泥、铝、工程塑料、建筑涂料、陶瓷等七类典型量大面广的代表性材料进行了生命周期评价研究，初步获得了以上代表性材料的环境负荷基础数据。在大量系统工作的基础上，总结了材料环境负荷分析的方法，创新地提出了上述典型材料生命周期评价的新方案和定量方法，构建和设计了材料的环境负荷基础数据库框架，并自主开发了数据库管理软件和材料的生命周期评价软件。

中国材料生命周期评价研究取得了很大的进展，已经深入到材料工业的各个领域，有望为材料产业的可持续发展和清洁生产的实现提供明确的依据。目前就环境材料研究和 MLCA 研究已同欧洲、加拿大、日本等国的一些大学和研究机构建立了各种国际合作关系，并已开展了大量的学术交流与合作研究。

2.2　LCA 的概念和方法学框架

2.2.1　LCA 的基本概念

生命周期评价（Life Cycle Assessment，LCA）方法又称为环境协调性评价、生命周期评估、寿命周期评估等，已经成为对材料或产品进行环境表现分析的一种重要方法。

所谓生命周期（life cycle），又称生命循环或者寿命周期，是指产品从自然中去的全部过程，即从"摇篮到坟墓"（from cradle to grave）的整个生命周期各阶段的总和，具体包括从自然中获取最初的资源、能源，经过开采、原材料加工、产品生产、包装运输、产品销售、产品使用、再使用以及产品废弃处置等过程，从而构成了一个完整的物质转化的生命周期。

由于 LCA 方法本身的复杂性和历史承袭的原因以及实施 LCA 的目的不尽相同，对 LCA 的概念和方法历来有着不同的理解，甚至在 SETAC 和 ISO 的文件中，LCA 的定义也在不断地修改和变化。

在 1993 年，SETAC 对 LCA 定义如下：

Life Cycle Assessment is a process to evaluate the environmental burdens associated with a product, process or activity by identifying and quantifying energy and materials used and wastes released to the environment; to assess the impact of those energy and material uses and releases to the environment ; and to identify and evaluate opportunities to affect environmental improvements. The assessment includes the entire life cycle of the product, process or activity, encompassing extracting and processing raw materials manufacturing, transportation and distribution; use, reuse, maintenance; recycling and final disposal.

根据上述原文，LCA 被描述为这样一种评价方法：通过确定和量化与评估对象相关的能源消耗、物质消耗和废弃物排放，来评估某一产品、过程或事件的环境负荷；定量评价由于这些能源、物质消耗和废弃物排放所造成的环境影响；辨别和评估改善环境（表现）的机会。评价过程应包括该产品、过程或事件的寿命全过程，包括原材料的提取与加工、制造、运输与销售、使用、再使用、维持、循环回收，直至最终的废弃。

在 1997 年 ISO 修订的 LCA 标准（ISO 14040）中给出了 LCA 和一些相关概念的定义：

Life cycle assessment（LCA）：Compilation and evaluation of the inputs, outputs and the potential environmental impacts of a product system throughout its life cycle.

Product system：Collection of materially and energetically connected unit processes which performs one or more defined functions.（NOTE：In this International Standard, the term：product used alone includes not only product system but also include service system.）

Life cycle：Consecutive and interlinked stages of a product system, from raw material acquisition or generation of natural resources to the final disposal.

根据上述原文，LCA 是对一个产品系统的生命周期中输入、输出及其潜在环境影响的汇编和评价。这里的产品系统是通过物质和能量联系起来的，具有一种或多种特定功能的单元过程的集合。在 LCA 标准中，"产品"既可以指（一般制造业的）产品系统，也可以指（服务业提供的）服务系统。生命周期是指产品系统中前后衔接的一系列阶段，从原材料的获取或自然资源的生成，直至最终处置。

从 SETAC 和 ISO 对 LCA 定义的阐述可以看到，在 LCA 发展过程中，其定义不断地得到完善和充实，对定义的描述发生了明显的变化，但基本的思想和方法却都保留和固定了下来。我们可以从 LCA 的评价对象、方法、应用目的、特点等各个方面去理解 LCA 的概念、定义以及该评价方法的内涵。

2.2.2 LCA 的方法学框架

以往方法的实施框架习惯以 1990 年 SETAC 研讨会上确定的三角形模型为基础。该研讨会的一个主要决定是将 LCA 定义为一种分阶段评价方法，主要包括生命周期清单、生命周期影响评价和环境改善评价。后来，又添加了一个部分：目的与范围的确定。这样，LCA 的四个主要实施阶段就包括目的与范围的确定、生命周期清单分析、生命周期影响评价和环境改善评价。如图 2-1 所示，范围界定、数据收集和评价结果的描述都必须与实现预定的目的相一致。

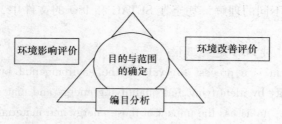

图 2-1　SETAC 三角形模型

随着 LCA 方法的进一步发展，整体技术框架又有了新的表述形式。图 2-2 所示为 1997 年 ISO 14040 标准定义的技术框架，它包含了目的与范围的确定（goal and scope definition）、清单分析（inventory analysis）、影响评价（impact assessment）和结果解释（life cycle interpretation）4 个组成部分。其中，目的与范围的确定和生命周期清单分析这两个部分的发展相对比较完善。

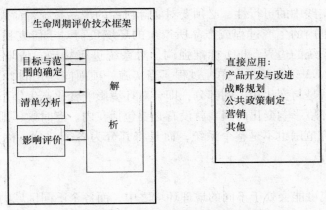

图 2-2 LCA 的评估过程及技术框架

2.3 LCA 目的与范围的确定

在开始进行 LCA 评估之前，必须明确地表述评估的目的与范围，并使之适合于应用意图。这是清单分析、影响评价和结果解释所依赖的出发点和立足点。

2.3.1 研究目的

LCA 研究目的中须明确陈述其应用意图、开展该项研究的理由以及它的使用对象，即研究结果的接收者或预期交流对象。

2.3.2 研究范围

根据为评价所确定的目标，LCA 可能非常综合，也可能非常粗略。LCA 的范围应该根据需要达到的既定目标来确定。应妥善规定研究范围，以保证研究的广度、深度和详尽程度与之相符，并足以适应所确定的研究目的。LCA 本身是一个反复的过程，在研究过程中，可能由于收集到新的信息而要对研究范围加以修正。

关于研究范围的定义，需要对以下几个概念加以说明。

1. 功能与功能单位

由于 LCA 方法是一种基于定量计算的评价方法，所以产品系统各方面情况的描述就需要以一定的功能为基准，这便是功能单位的选取。功能单位是对产品系统输出功能的量度，关系到环境清单数据的具体数值。在目的与范围确定阶段，如何选取适当的功能单位是一个至关重要的问题，其基本作用是为有关的输入和输出提供参照基准，以保证 LCA 结果的可比性。在评估不同系统时，LCA 结果的可比性是必不可少的，否则无法在同一基础上进行比较。例如，在记录一个火电厂因发电而产生的二氧化碳排放量时，需要事先明确这种排放量是针对多少发电量而言的。

2. 初始系统边界

理论上讲，LCA 应分析对环境的所有影响方面。但这样的系统将是过于开放的，而且通常也没有充足的时间、数据或资源来进行这样全面的研究。因此，为了实现生产和产品系统环境负荷评价在实践中的可行性，必须要对实际研究的产品系统寿命周期做一定限制，假设不包括在研究范围内的生产过程或产品所产生的环境负荷对于研究目的来说可以忽略不计，即确定所研究系统的边界、ISO 标准强调，对系统进行精确、清晰地定义是极为重要的。系统边界决定 LCA 须包括哪些单元过程。当实施一项面向变化的 LCA 评价时，系统边界划分的准则可能就是与变化相关的部分，即会对环境影响变化产生作用的那些生产或处理过程，而不会影响环境影响变化的因素就没有必要包括在内。有时候，即使在一个小型产品系统之内，LCA 研究范围也不是整个系统，而是将其分为各个部分，称为生命周期内的过程分割。

3. 地理边界

不同的产品系统可能会处于不同的地理环境之中，而各个不同区域的电力生产、污染物管理与处置、运输系统等具体情况会有很大不同，因此其污染物排放等因素的相对重要性，甚至是实际效应，必然会随地域变更而变化。例如，由于废弃物掩埋地点的不同，重金属效应危害的延滞期可能会在短短几天到几千年之间变动。

4. 时间边界

时间边界的选择也依赖于事先确定的 LCA 评价目标。如果目的在于研究产品系统应当为哪些环境影响承担责任，普通的 LCA 评价及回顾式判断便可满足要求。但是，如果研究目的在于生产过程或原料变化对于环境影响造成的变化，那么最好采用面向变化的 LCA 方法。也就是说，要能做到及时预测，并找到可以选择的生产方式。这样的评价结果还依赖于采集到的数据所代表的时间段。比如说，如果生产方式已经发生了变化，那么就应该将变化前后的数据区别开来。另外，有些环境影响类型，例如全球变暖潜在影响（Global Warming Potentials）和臭氧层损害潜力（Ozone Depletion Potentials），对于潜在影响的计算也依赖于时间上的选择。

5. 数据质量要求

数据质量要求是 LCA 评估可信度的保障。这里的数据是指在 LCA 评估中用到的所有定性和定量的数值或信息。这些数据可能来自测量到的环境清单数据，也可以是中间的处理结果。数据质量要求规定研究中所需数据的总体特征，这些要求须保证 LCA 研究的目的与范围得到满足。数据质量要求应考虑数据的时间跨度、地域广度、技术覆盖面、准确性、覆盖率、代表性、一致性及可再现性等。

2.4　生命周期清单分析

研究目的与范围的确定为开展 LCA 研究提供了一个初步计划。生命周期清单分析（Life Cycle Inventroy，LCI）则涉及数据的收集和计算程序。

生命周期清单分析是生命周期评价中对所研究产品系统整个生命周期中输入和输出进行汇编和量化的阶段，即收集产品系统中定量或定性的输入输出数据、计算并量化的过程。后面介绍的环境影响评价阶段就是建立在清单分析的数据结果基础上的。另外，LCA 实践者也可以直接从生命周期清单分析中得到评估结论，并作出解释。

清单分析的目的是对产品系统的有关输入和输出进行量化。输入和输出可包括与该系统有关的对资源的使用以及向空气、水体和土地的排放。可根据预先确定的 LCA 目的和范围需要，依据上述数据作出解释。同时这些数据还是进行生命周期影响评价输入的组成部分。

生命周期清单分析是 LCA 四个组成部分中研究最成熟、理解最深入和应用最充分的一个，其主要步骤和基本原则简述如下：

1. 数据收集的准备

在 LCA 研究中，数据收集程序会因不同系统模型中的各单元过程而变，同时也可能因参与研究人员的组成和资格，以及满足产权和保密要求的需要而有所不同。数据收集需要对每个单元过程进行透彻了解。为了避免重复计算或断档，需要对每个单元过程进行明确表述，包括对输入和输出进行定量和定性表述，确定过程的起始点和终止点，以及对单元过程功能的定量和定性表述。

2. 计算程序

收集数据后，要根据计算程序对该产品系统由每一单元过程和功能单位求得清单分析结果。

（1）数据的确认　在数据收集过程中，必须检查数据的有效性。有效性的确认可包括建立物质和能量平衡和（或）进行排放因子的比较分析。

（2）数据与单元过程的关联　必须对每一单元过程确定适宜的基准流（如 1 kg 材料或 1 MJ 能量），并据此计算出单元过程的定量输入和输出数据。

（3）数据与功能单位的关联和数据的合并　根据流程图和系统边界可以将各单元过程相互关联，从而对整个系统进行计算。这一计算是以统一的功能单位作为该系统所有单元过程中物流、能量流的共同基础，求得系统中所有的输入和输出数据。

（4）系统边界的修改　反复性是 LCA 的固有特性，必须根据由敏感性分析所判定的数据重要性来决定数据的取舍。初始产品系统边界必须依据确定范围时规定的边界准则进行适当的修改。

（5）数据缺失（data gaps）的处理　在清单数据计算过程中，经常会遇到数据缺失。其最简单的处理方法就是合理的情况下，将其假设为零，亦即忽略不计。但另一可能更为合理的方式，就是找寻替代数据予以填补。替代数据的重要性可依据敏感性分析来判断，如果替代数据对输入输出最后结果的影响不大时，就不必要找寻更为准确的数据；反之，若替代数据对最后的结果具有显著影响时，则不应使用替代数据。

3. 物流、能量流和排放物的分配

生命周期清单分析有赖于将产品系统中的单元过程以简单的物流或能量流相联系。实际上，只产出单一产品或者其原材料输入与输出仅体现为一种线性关系的工业过程极为少见。大部分工业过程都是产出多种产品，并将中间产品和弃置的产品通过再循环用作原材料。当环境负荷要用其中一种或部分产品来表征时，就产生了输入输出数据如何在多个产品或多个系统之间分配的问题。因此，必须根据既定的方案将物流、能量流和环境排放分配到各个产品中去。

2.5　生命周期影响评价

生命周期影响评价（Life Cycle Impact Assessment，LCIA）是生命周期评价的第三个阶段，是其中理解和评价产品系统潜在环境影响的大小和重要性的阶段。

其目的是评估产品系统的生命周期清单分析结果，将 LCI 结果转化为资源消耗、人类健康影响和生态影响等方面的潜在环境影响，以便更能了解该产品系统影响程度。LCIA 阶段将所选择的环境问题（称之为影响类型）模型化，并使用类型参数来精简与解释生命周期清单分析结果。类型参数用于表示每项影响类型的总污染排放或资源消耗量。这些类型参数代表潜在的环境影响。

2.5.1 LCIA 概述

1. LCIA 的目的

LCIA 的目的是从环境的角度，应用与生命周期清单分析（LCI）结果相关的影响类型和类型参数来考察产品系统，也为生命周期解释阶段提供信息。

2. LCIA 的主要特征

由 LCA 方法的定义及其研究目的与范围的确定和生命周期清单分析过程，可以知道LCA 方法与其他的影响评价方法相比较，通常具有以下特点：

（1）由"从摇篮到坟墓"的角度出发，考虑了产品或生产的全过程。

（2）运用多种方式的分析手段，涉及资源利用和污染物排放的各个方面。

（3）利用功能单位的方式对各种环境影响项目进行标准化。

因而，LCIA 阶段同 LCA 中的其他阶段一样，都是针对一项或多项产品系统的环境与资源问题提供整体系统的评价并且只关注特定功能单位基础上的系统环境负荷的相对程度，而不量度或预测实际影响，也不能进行风险分析。环境影响评估建立在生命周期清单分析的基础上，其目的是为了更好地理解生命周期清单分析数据与环境的相关性，评价各种环境损害造成的总的环境影响的严重程度。

3. LCIA 的主要步骤

根据 ISO 14042 的规定，LCIA 阶段的一般程序由几个将 LCI 结果转换为指标结果的必备要素组成。此外，还有指标结果的归一化、分组或加权，以及数据质量分析技术等可选要素。LCIA 阶段的各个要素如图 2-3 所示。

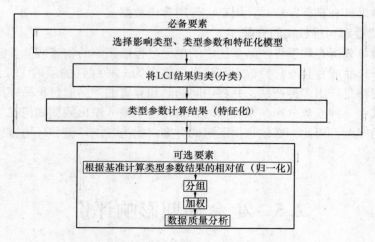

图 2-3　生命周期影响评价阶段的各个要素

2.5.2　必备要素

对于 LCIA 阶段而言，必备要素的结果是不同影响类型、类型参数结果的汇总。

1. 不同影响类型、类型参数和特征化模型的选择

该步骤中，需要辨识与选择环境影响类型、相关类型参数特征化模型、类型终点及与其相关的 LCI 结果。环境影响类型的选择既可以与传统类型相一致，如温室效应、酸雨、资源消耗等，也可以由决策者根据实际需要用代表性的特殊问题来确定影响类型。

2. 生命周期清单分析结果的分配（分类）

分类是一个将清单分析条目与环境影响类型相联系并分组排列的过程，它是一个定性的、基于自然科学知识的过程。当 LCI 结果分配至环境影响类型时，与 LCI 结果相关的环境问题就能被更清晰地显现出来。

3. 类型参数结果的计算（特征化）

该步骤中，将利用不同影响类型的参数结果来共同展现产品系统的 LCIA 特征。其计算过程包括将利用特征化因子将 LCI 结果换算成通用单位，并把同一影响类型的换算结果累加，得到量化的指标结果。

不同清单种类造成同一种环境损害效果的程度不同。例如二氧化硫和二氧化氮都可能引起酸雨，但同样的量引起的酸雨含量并不相同。特征化就是对比分析和量化这种程度的过程，是一个定量的、基本上基于自然科学的过程。

在特征化阶段，清单分析数据被转化为各个环境影响类型的指标结果。其转化过程在原理上基于用环境问题因果关系体系中包含的环境影响机制来构建影响类型特征模型，具体内容包括用相关的物理、化学、生物和毒性数据来描述与清单分析参数相关的潜在影响，然后将这种信息与分类的清单分析数据联系起来描述每一影响种类潜在的或实际的影响。

目前国际上常用的特征化模型主要有：

（1）负荷评估（Loading assessment）模型

在这类模型中，清单分析的相关资料只是简单地罗列出来，也可以根据它们的潜在影响加以分类，仅根据物理量大小来评价生命周期清单分析提供的数据。特征化的方式为视各影响因子所造成的环境影响重要性相同，依据是否存在影响、环境影响相对大小或是"越少越好（Less is Best）"等方式来表现。如一个制造系统产生的二氧化硫为 1 kg，另一个系统生产等效量的产品时释放二氧化硫 2 kg，则认为前者对大气的影响更小。这种方法并不考虑各影响因子间的替代效应（trade-off effect），也无法完全反映各影响因子的含量或排放量的差异。

（2）当量评价（Equivalency assessment）模型

这类模型使用当量系数（如 1 kg 甲烷相当于 11 kg 二氧化碳产生的全球变暖潜力）来汇总生命周期清单分价提供的数据。前提是汇总的当量系数能量度潜在的环境影响。其原理是在质量相同的情况下，利用不同环境压力因子（environmental stressor）对同一种环境影响类型（如臭氧破坏）的贡献量差异，以其中某一种压力因子为基准，把其影响潜力看作 1，然后将等量的其他污染物与其作比较，这样就可以得到各类压力因子相对于基准物的影响潜力大小（即当量系数），最后可根据各压力因子间的当量关系，汇总得到以基准物质量为单位的影响潜力大小。比如，人们根据某种产品生命周期全过程所排放的二氧化碳量和甲烷量，就可将两种温室气体间的当量关系进行汇总，最后得到总的全球变暖潜力大小。这种方法的优势在于它是建立在科学研究基础上，同一种压力因子，无论其暴露途径、暴露地点等条件如何不同，它所能产生的潜在环境影响都认为是一样的。因此其结果不受时间和地理因素的影响。

（3）毒性、持续性及生物累积性评估（Toxicity, Persistence and Bioaccumulation Assessment）模型

这类模型以释放物的化学特性，如毒性、可燃性、致癌性和生物富集等为基础来汇总生命周期清单分析数据。前提是这些标准能将生命周期清单分析数据归一化，以测度潜在的环境影响。

危害排序法（Hazard Ranking）即属于此类评估方法。危害排序法是根据产品在生命周期中所排放的污染物，考查其致癌性、生物累积性、生物降解速度及程度，或是根据生物急性毒性（LC50）、慢性毒性（NOEL）等试验数据，进行定性评估，以其危害性低、中、高的方式加以排序。但此方法对尚未建立毒性资料的排放物并不适用。目前此方法主要用于人体健康影响评估。

（4）总体暴露效应（Generic Exposure/Effects Assessment）模型

这类模型中，排放物的加入总是针对某些特殊物质的排放所导致的暴露和效应作一般性（而非特定）的分析，来估计潜在的环境影响，有些时候也会加入对背景含量的考查，荷兰莱顿大学（Leiden University）环境科学中心（Center for Environmental Science，CML）所发展的面向效应（Effect-oriented Method）即采用了此种模型。面向效应法是以面向问题的方式，将清单分析项目中的各影响因子，根据其可能有的环境影响赋予一单位排放量的影响指数。应用此模型，每类环境影响专题皆可得到总体性的效应值，很容易理解。但并非所有类别的环境影响都可得到一般性的暴露效应值，而且利用现有科学知识所确定的相应指标值，在准确性方面存在相当的困难。

（5）点源暴露效应（Site-Specific Exposure/Effects）模型

这类模型以点源相关区域或场所的影响信息为基础，针对某些特殊物质的排放所导致的暴露和效应作特定位置的分析，来确定产品系统实际的影响。在此模型中，排放物影响的加和必须考虑到待定位置的背景含量。

上述五种模型中，负荷评估方法只是应用了"小就是好"这样的原则，而不针对系统的输入和输出所造成的环境后果来加以分析，这样不符合进行影响评估的目的，事实上只是汇总了清单分析中的数据，而不去作进一步的分析。至于点源暴露效应模型，在众多不同流程的 LCA 分析中并不实际，而更适合用在毒性、持续性及生物累积性评估模型中。

2.5.3　可选要素

为了更进一步从总体上概括系统对环境的影响，LCIA 阶段还包括归一化、分组和加权等三个选择性步骤，其目的在于试图比较和量化不同种类的环境损害。为实现量化，通常对生命周期清单分析和特征化结果数据采用加权或分级的方法进行处理。由于对不同环境影响类型之间相对重要性的主观判断的引入，影响评价结果就必然受到社会和个人舆论导向与价值判断的直接影响，因此成为 LCA 方法中最受争议的环节。直至目前，关于如何对各种影响进行综合累加，仍然没有一种共同认可的方法，就连各类影响的累加在概念上和哲学上是否合理这样的基本问题，也尚未达成共识。因此，如果使用了评价过程，必须要清楚地描述出在过程中用到的假设和价值判断。

LCIA 阶段的选择性步骤，包括归一化、分组和加权，可能会使用到 LCIA 框架以外的信息。通常情况下，归一化采用基准和（或）参照信息，群组化和加权采用价值选择方法。

1. 根据基准计算类型参数结果的相对值（归一化）

对于基准信息而言，根据基准计算类型参数结果的相对值的过程通常称为归一化，是一个选择性步骤。指标结果归一化的目的在于增加对所研究产品系统中每一项指标结果相对值的了解，使来自于不同影响目录的影响值具有可比较性。该步骤是以类型参数计算结果除以选定的基准值来加以转换。一些该类基准值的范例有：

（1）特定地域范围内总排放量或资源消耗量，这样的地域范围可能是全球、区域、国家或当地。

（2）特定地域范围内以单位人口或类似量度为基准的总排放量或资源消耗量。

（3）基准方案，如某特定的替代产品系统。

2. 分组

分组是把影响类型划分到在目的和范围确定阶段预先规定的一个或若干个影响类型中去，其中可以包括分类和（或）排序。分组是一个可选要素，包括以下两个可能的步骤：

（1）根据性质对影响类型进行排序，例如属于排放还是资源消耗，是全球性、区域性还是局地性的。

（2）根据预定的等级规则对影响类型进行排序，例如属于高级、中级、低级。

对于分组的方式，SETAC 建议可分为以下四组：

（1）生态健康，如生态系统的结构、功能、歧异度等。

（2）人类健康，如急性后果（如意外、暴露和火灾）和慢性后果（如疾病）。

（3）资源耗竭，如可更新资源（流量）和不可更新资源（存量）。

（4）社会福利，如环境质量、自然资源生产力的降低等。

也有其他的学者提到不同的分类方式，如以下三种类型：

（1）耗竭性问题。系统输入方面有关的环境问题，如生物性资源和非生物性资源。

（2）污染性问题。系统输出方面有关的环境问题，如臭氧层破坏、全球暖化、酸雨、光化学烟雾、富营养化、噪声、对人类毒性、对生态毒性等。

（3）扰动性问题。与系统输入及输出方面无关的问题，如沙漠化、废弃物掩埋等。

分组过程中的排序则需要基于价值选择。由于不同的个人、组织与社会可能会有不同的优先选择，所以不同的当事者根据相同的指标结果或标准化指标结果，可能会得到不同的排序结果。

3. 加权

加权是使用基于价值选择的数值系数，将不同的影响类型指标结果进行换算的过程，还可包括加权本参数结果的合并。加权是一个可选要素，包括以下两个可能的步骤：

（1）用选定的加权因子对参数结果或归一化的结果进行转换。

（2）可能对各个影响类型中转换后的参数结果或归一化的结果进行合并。

加权是基于价值选择而不是基于自然科学。

加权方法的应用应与生命周期评价中目的与范围的确定保持一致，且应完全透明。不同的个人、组织与社会可能会有不同的优先选择。因此，不同当事者根据相同的指标结果或标准化指标结果，可能会产生不同的加权结果。在生命周期评价过程中，可能会需要使用数种不同的加权因子与加权方法，并进行敏感性分析以评估由不同价值选择与加权方法而对

LCIA 结果所造成的影响。权重因子反映了社会价值和偏好，可通过专家打分、危害的经济价值和相关的环境标准等给出，也可以结合多属性价值函数理论，结合具体的产品来确定。

4. 数据质量分析

为了更了解 LCIA 结果的显著性、不确定性与敏感性，可能需要其他技术与信息，以利于协助辨别是否存在显著差异、删除可忽略的 LCI 结果以及指导 LCIA 的反复性过程。

数据质量分析所需技术的需求与选择，应视达到 LCA 目的与范围确定所需的准确性与详尽程度而定。对于这些特定技术及其目的，可简述如下：

（1）重要性分析（例如帕雷托分析），是一个识别那些对指标结果有最重要影响的数据统计过程。这些条目可能会随着优先性的提高而被研究调查，以确保作出正确的决策。

（2）不确定性分析，是用来判定与量化由于输入的不确定性和数据变动的积累给 LCI 结果带来不确定性的系统化步骤。该程序描述在数据组中统计变异，以决定从相同影响类型所得到的指标结果彼此间是否存在显著差异。

（3）敏感性分析，是用来估计所选用方法和数据对研究结果影响的系统化步骤。该程序量度某些变化（如 LCI 结果、特征化模型等）达何种程度时会影响指标结果。同样地，在计算过程中修正的程度对 LCIA 特征描述所产生的影响也可得到检查。由于 LCA 的反复性，数据质量分析的结果可进一步指导 LCI 阶段，例如修正取舍准则或收集曾被忽略或排除的数据。

2.6　生命周期解释

生命周期解释是生命周期评价中根据规定的目的和范围的要求对清单分析和（或）影响评价的结果进行归纳以形成结论和建议的阶段。

2.6.1　生命周期解释概述

1. 生命周期解释的目的

生命周期解释的目的是基于生命周期清单分析和（或）影响评价的发现，分析结果、形成结论、解释局限及提出建议，并以透明化方式报告解释结果。

解释环节中可包括根据研究目的对 LCA 研究范围、收集数据的性质和质量进行评审与修正的反复过程，解释发现应能反映所做的所有敏感性分析的结果。

2. 生命周期解释的主要特征

（1）为了满足研究目的和范围的要求，在清单分析和（或）影响评价结果基础之上采取系统化的方法辨识、限定、检查、评价与提交最终解释结果。

（2）无论是生命周期解释阶段内部还是与生命周期评价或清单分析研究其他阶段之间，都是一种反复的过程。

（3）就确定的目的和范围，针对 LCA 或 LCI 研究的长处和局限，来说明 LCA 和其他环境管理技术之间的联系。

3. 生命周期解释的主要步骤

（1）在生命周期评价或清单分析研究结果基础上对重大环境问题的辨识。

（2）在完整性、敏感性和一致性分析基础上对生命周期评价或清单分析研究结果进行评价。

（3）得出解释结论、建议和最终报告。

2.6.2　重大环境问题的辨识

1. 目的

该步骤的目的在于整理 LCA 或 LCI 阶段的分析结果，在与研究目的和范围保持一致并与评价部分进行交互作用的前提下，确定环境影响重大议题。与评价部分进行交互作用的目的在于充分考虑并修正前面阶段所用方法与所作假设等产生的内涵与推论，如分配原则、边界划定准则、影响类型选择、类型参数及模型等。

2. 相关信息的选择与组织

该步骤需要 LCA 或 LCI 研究前面阶段四个方面的信息。

（1）LCI 和（或）LCIA 阶段的发现，并需要与数据质量信息汇集与组织。其结果需以适当的方式来组织，比如按照生命周期的各个阶段、产品系统的不同工序或单元过程、运输、能量提供以及废弃物管理。这样的结果可用数据清单、表格、柱状图、输入输出和（或）类型参数结果的其他适当形式表现。

（2）方法选择信息，例如分配原则和产品系统界限。

（3）研究中所采用的价值选择。

（4）该研究所涉及不同团体的任务和职责以及相关的鉴定评审结果。

3. 重大问题的确定

如果 LCI 和（或）LCIA 阶段的结果确实与已确定的研究目的和范围保持一致，就可以确定这些评价结果的相对重要性，从而确定影响显著的重大问题。这个过程同接下来的评价过程一起，都应当是不断反复的过程。

重大议题可以包括：

（1）清单数据类别，如能源、排放、废弃物等。

（2）影响类型，如资源消耗、温室效应潜力等。

（3）各生命周期阶段，例如个别操作单元或运输、电力生产之类过程的组合对 LCI 或 LCIA 结果的主要贡献。

确定产品系统的重大议题，可以比较简单，也可以非常复杂，需根据实现确定的研究目的与范围来决定。

2.6.3　评价

1. 目的与要求

评价步骤的目的是建立并加强 LCA 或 LCI 实施结果，包括所鉴别出重大问题的置信度和可靠性。评价步骤应与 LCA 或 LCI 实施的范围和目的相吻合，并考查其最终的预期用途。评价的结果则须以一种清楚易懂的方式来展现。在评价过程中，通常应考虑采用完整性检查、敏感性检查和一致性检查。不确定分析及数据质量评价的结果，应当能够支持上述几项检查。

2. 完整性检查

完整性检查的目的是确保生命周期解释阶段所需资料都是可提供而且完整的。如果任何相关信息有所遗失或不完整，则应其对满足 LCA 或 LCI 实施所设定的目的与范围的必要性予以考虑。如经考虑后发现这项信息并非必要，则应在明确记录之后，开始下一步的评价阶段。如果这项信息对于重大问题的确定非常必要，则必须重新回到之前的 LCI（或）LCIA 实施阶段，或者重新调整事先设定好的研究目的与范围。

3. 敏感性检查

敏感性检查的目的是通过确定最终结果及结论是否受到数据不确定性、分配方法或类型参数计算结果等因素的影响，来评估这些结果或结论的可靠性。

敏感性检查的结果将用来决定是否需要更全面和（或）更精确的敏感性分析的需求性，及其对 LCA 或 LCI 实施结果的明显效应。

在敏感性检查无法体现不同实施方案间的重大差异时，并不能断言各方案间的差异一定不存在。这种差异可能确实存在，只不过因为数据和方法的不确定性而使其无法被鉴别。

4. 一致性检查

一致性检查的目的是检查实施过程中所采用的假设、方法和数据是否能与实施目的和范围保持一致。

如果与 LCA 和（或）LCI 实施相关，或是基于实施目的与范围的要求，下列问题应予以考虑：

（1）产品系统内部各生命周期之间及不同产品系统间的数据质量差异，是否与实施的目的与范围一致？

（2）区域和（或）时间上有差异时，是否一致性地被应用了？

（3）分配规则及系统范畴是否一致性地应用于所有的产品系统？

（4）影响评价的步骤是否一致性地被应用？

2.6.4 结论与建议

项目实施最终结论的得出与生命周期解释阶段其他步骤之间应该是相互影响并且不断反复的过程。结论提出的合理顺序应该是这样：

（1）辨识出重大问题。

（2）评估方法与结果的完整性、敏感性及一致性分析。

（3）提出初步结论并检查其各步骤与实施目的及范围的要求是否一致。

（4）结论如果具有一致性，则可以作为完整结论；否则应视具体状况，返回前述步骤（1）、（2）或者（3）。

只要适合实施的目的与范围，应当对决策者提出具体的建议。该建议应当依据项目实施的最后结论，并应反映由结论所引申的合理结果。

2.6.5 报告

最终报告应遵照 ISO 14040 的要求，完整、客观地叙述整个 LCA 或 LCI 实施过程。在对生命周期阶段进行报告时，应严格遵循在价值选择、理论依据及专家判断方面的公开透明性。

2.7　LCA 数据库与 LCA 评估软件

LCA 的整个评价过程，主要是对环境影响数据的处理过程。按应用系统的数据处理分类，可以分为 LCI 数据和评价软件分析（计算）数据。LCI 数据是对环境负荷数据的采集、分析、建模等生成的 LCA 评价的基础数据。评价软件分析数据则是在 LCI 数据的基础上，应用评价方法生成的评价数据，可以是文本文字、数据表、图形、图像，也可以是一些中间过程数据。

对 LCI 数据、评价方法数据和分析数据的管理，应用数据库技术是最有效的数据管理和处理方法。基于数据库基础的数据管理软件和评价的开发，是当今 LCA 的主要应用开发领域之一，这些 LCA 软件在促进 LCA 的发展和数据交流方面，起到了非常重要的作用。

2.7.1　LCA 数据库

LCA 的研究与应用不仅依赖于标准的制定，也依赖于评估数据与结果的积累。在绝大多数的 LCA 个案研究中，都需要一些基本的生命周期清单分析数据，例如与能源、运输和基础材料相关的清单分析数据。对于一般的研究小组或中小型的企业而言，如果 LCA 评估总是要从产品寿命周期的原材料开采阶段开始评估的话，其工作量将是非常巨大而难以承受的。所以不断积累评估数据，并将这些数据组织为数据库的形式，在 LCA 研究中是非常重要的工作。这些数据库的功能在于将生命周期清单分析所获取的相关数据，如空气污染方面 SO_x 的排放、水污染方面重金属的排放、臭氧层破坏气体的排放量、温室效应方面 CO_2 的排放量及化石燃料的消耗等，进行冗长的计算，包括标准化、平均、总计等，再将计算结果换算成对各种环境影响，或针对某种特定环境负荷，为设计或决策人员提供参考。

事实上，大多数国家或组织的 LCA 研究都经历了从个案研究到建立数据库这样两个过程。以日本国家资源与环境研究所（NIRE）的 LCA 研究工作为例，在 1993～1996 年期间主要集中在家用电器的 LCA 评估以及基础数据的收集上，从 1997 年起则开始着手建立一个 LCA 公共数据库系统。

1. LCA 数据库的发展现状

LCA 的研究基本上经历了从具体的 LCA 个案分析到建立环境影响数据库这样一个过程，从 LCA 的出现到今天的广泛开展，全世界围绕 LCA 研究建立的环境影响数据库已超过 1000 个，著名的也有十几个。到目前为止，材料类别及其用途等方面的 LCA 数据库，几乎都在不断建立和完善。不同国家和地区的资源、能源占有量各不相同，各自的科技水平也不平衡，这些体现在 LCA 数据上，表现为很强的地域性，几乎各个国家和地区都需要建立自己的环境影响数据库。目前，发达国家在 LCA 研究中占据了重要地位，著名的 LCA 数据库几乎都是它们建立的，并且这些数据库中的数据在不断地更新，得到了很好的维护，而发展中国家，由于客观因素，对环境问题还存在认识上的不足，对 LCA 研究还处于较低的水平，其相应数据库的建立也较少。

2. 典型 LCA 数据库简介

（1）SPOLD 数据格式　由于 LCA 数据具有很强的地域性，因此几乎各个国家和地区都需要建立自己的 LCA 数据库。为了便于 LCA 数据的交流和使用，1995 年，生命周期评价发展促进会（Society for Promotion of Life-cycle Assessment Development，SPOLD）提出了一种统一的清单分析数据格式——SPOLD 格式，并得到了比较广泛的认同。

（2）Boustead Model 数据库　Boustead 数据库在设计上并不对各种环境系统的输出输入作任何的价值判断（例如空气中二氧化硫的排放如何与废水中 BOD 的排放比较，不在该数据库中讨论，亦即不进行生命周期评价），只着重于客观量化生命周期清单的数字，为后续研究（或设计）人员进行相关判断提供依据，Boustead 数据库储存了各种工业过程的生命周期清单分析数据，包含燃料、电力、基础设施、基本材料及其他热门生命周期评估主题，如纸、饮料容器等，并经常更新相关内容。

（3）Weston Model 数据库　Weston Model 数据库也是应用比较广泛的一个 LCA 数据库。它包含两个部分：一个是生命周期清单分析数据库；另一个是生命周期影响评价数据库。Weston Model 的生命周期清单分析数据库将系统分为三级：第一级为工业系统，为主产品的总流程。第二级再分为原系统；第三级则追溯至原料的开采，形成完整的生命周期生产流程。

2.7.2　LCA 评估软件

由于 LCA 评估中需要处理大量的数据，借助于计算机可以更好地完成 LCA 评估。近年来已经开发出数十个用于 LCA、LCI 的计算机软件，以及用于环境管理系统（EMS）的管理软件。其中最著名的有 SimaPro®、GaBi®、EcoPro® 和 KCL-ECO® 等。它们支持用户管理大量的数据，为产品系统建立模型，能够进行不同类型的计算，并帮助生成评估报告，但评估质量仍取决于用户。

大多数 LCA 评估软件的功能都符合 ISO 14040 对 LCA 方法的定义。首先，在软件中用户可以定义评估的目的与范围，主要包括产品系统以及系统边界的定义。在 SPOLD 格式中，目的与范围的确定被细分为多个部分，一些评估软件也采用了这种格式，要求评估者输入各项的内容，接着是生命周期清单分析的部分。评估者将整个产品系统分解为多个连续的处理过程，部分评估软件支持画出一个相应的流程图，这样更利于理解各处理过程之间的关系。然后评估者收集相关的清单分析数据，并填入一个数据表中。通常如果评估软件自身带有常见的基本清单分析数据，例如有关能量、基础材料、运输等方面的清单分析数据，可以大大减少评估的工作量，并得出较完整的评估结果。像 SimaPro® 和 GaBi® 这些商业化的评估软件都带有这样的基础数据库。在收集的清单分析数据的基础上，可以计算并显示出系统及各部分的输入输出，部分软件还支持用户进行环境影响评估。最后，评估者可以通过软件生成一个评估报告，打印出评估的主要内容和结果。

下面将主要介绍 SimaPro® 软件。作为比较，对 GaBi®、EcoPro® 的特色及应用也作了简要介绍。

1. SimaPro® 软件

SimaPro® 软件由荷兰 Leiden 大学环境科学中心（CML）开发与发展，可完整地应用于生命周期评估—清单分析及影响评估的各个要素（phases），亦可做不同生命周期工序阶段（stages），简要分述如下：

（1）清单分析　软件中清单分析阶段先不管排放对环境的影响，而只针对排放及资源的使用，将制造产品所需的能源与物料进行分解并开始收集资料，亦可以直接利用该公司自带的数据库，输入每种产品的相关环境信息。

（2）分类及特征化（具体）　清单分析中所完成的资料，如单位产品所耗费的能源、物质，产生的污染等，只是一大堆数字，很难由此判断其对环境的影响，因此必须对这些清单分析结果加以分类。SimaPro®可以提供数据库，供用户做特征化运算。

（3）评价 SimaPro®　至少已有三种评估模式，可根据权重计算出最终评价结果。总体来讲，SimaPro®是一套功能比较强大的软件，虽然计算严谨程度及资料的完整性不及 Boustead Model，但对于整个生命周期评估而言，远比 Boustead Model 清楚许多，是目前 LCA 软件中较好的软件。

2. GaBi®软件与 EcoPro®软件

GaBi®软件由德国斯图加特大学 IKP 研究所发展，其数据库主要由 BUWAL 与 APME 发展而得，是结合工业企业与研究单位的清单分析数据库。GaBi®的模块结构可分为面向对象的模块单位与考察生命周期各阶段的模块两种，其操作分析主要以 Windows 窗口为界面，菜单式的指令与交互式对话框，让用户容易了解。

EcoPro®软件内含一套由瑞士环境、森林及景观联邦办公室（Swiss Federal Office for Environmental, Forest and landscape, EMPA）所建立的数据库，包含三种影响评价模式（临界体积、面向效应模式及生态稀缺值）供选择。EcoPro®主要将系统分为五种形式，即一般系统、原料系统、废弃物系统、热能源系统以及电力系统，并可针对不同形式的产品进行系统建构。

综合上述各软件之特色，相对而言，SimaPro®是一种"小而巧"的 LCA 软件，功能齐全且数据库不断更新；GaBi®是数据管理完整与分析严谨的软件，较适用于企业内部对产品的评估或改良设计；至于 EcoPro®，由于数据库略嫌薄弱，故常用作学术研究的范例说明或教学练习。

2.8　材料生命周期评价方法

2.8.1　环境材料与材料生命周期评价

材料的生产和使用是维持社会发展的基础之一，可以说现代人类社会是建立在大量生产和大量消耗材料的基础之上的。但与此同时，材料的生产过程也是一个消耗大量资源、能源，产生大量环境污染的过程，所以，研究如何减少与材料相关的环境污染是一个十分重要的课题。正是基于这样的原因，日本东京大学的山本良一教授等人提出了环境材料（Ecomaterials）的概念。

在环境材料研究中的一个重要问题是什么样的材料才称得上是环境材料。这涉及如何评价材料的环境表现和环境性能，并由此产生了对材料的生命周期评价的研究，即将 LCA 的基本概念、原则和方法应用到对材料寿命周期的评估中去。材料的生命周期通常称为 MLCA（Materials LCA），而一般产品的生命周期评价称为产品生命周期评价（Products LCA, PLCA）。

MLCA 概念提出以后迅速得到了国际材料界的认同。MLCA 的研究范围不断扩大，从传统的包装材料、容器等产品领域转向各种金属、高分子、无机非金属和生物材料，从传统上侧重于结构材料的评价转向对功能材料的研究。

2.8.2 材料生命周期评价研究的重要性

材料生命周期评价是一个多学科交叉的研究领域，它涉及材料科学、环境科学和管理科学等多个方面，对材料的设计、生产都有重要影响。加强材料生命周期评价的研究是一个刻不容缓的课题。

材料生命周期评价研究的重要性体现在三个方面。首先，从环境污染总量上看，与材料相关的环境污染占到了很大的比例，所以充分研究材料生产与环境之间的关系，进而改进材料的设计、控制材料的生产过程对于保护环境有重要的意义。

其次，从 LCA 的研究体系来看，几乎所有产品的寿命周期都包含了材料生产的阶段，所以选择典型的常用材料进行评估，可以为众多的产品评估打下基础，减少评估中的重复，有利于 LCA 方法的应用和推广。事实上，就是因为这个原因，国外多数的 LCA 数据库中都包含有能源生产、运输和基础材料的评估数据。

最后，材料生命周期评价和环境材料的研究代表着材料科学研究的一个思路和方向，材料研究者应该在传统的材料成分、结构、性能、工艺和成本等诸问题中加入对材料环境性能的考虑，尽量不断地降低材料造成的环境负担，为实现社会和经济的持续发展做出努力，这是每个材料研究者所肩负的责任。

2.8.3 材料生命周期评价的特点

在很多 LCA 的研究中，单从评估的对象来看，有时难以区分材料和产品之间的区别。从材料生产者的角度看，生产出来的材料就是产品，例如钢铁厂生产的钢材是一种典型的材料，但对钢铁厂而言是一种产品。另一方面，一些由单一材料构成的产品也与材料本身没有明显差别，例如在研究塑料制品的环境表现时，也几乎就是在研究这种塑料材料的环境表现。

但这并不意味着 MLCA 等同于 PLCA。首先，从研究的范围来看，MLCA 侧重于产品寿命周期中与材料相关过程的研究，包括从自然资源中制备材料和材料加工成形过程，以及产品废弃后特定材料的处理过程，它们与产品的制造、分发、使用和废弃过程共同构成产品的整个寿命周期。其次，从研究的目的来看，通过 MLCA 的研究希望能够改进材料的设计，这个过程通常比通过 PLCA 的研究改进产品设计要复杂得多。因为在产品设计中主要的改进方向是在满足性能要求的前提下，尽可能减少材料的使用（相应地也就能减少成本和环境负担），这个准则相对而言是比较具体和明确的。而在材料设计中，材料的改进方向涉及在满足材料性能要求的前提下，改进材料的制备和加工技术，这是一个材料科学的问题，无法从 MLCA 中直接得到答案，相对来讲就要复杂得多了。

可以看到，MLCA 研究与 PLCA 并不相同，它应该包括以下四个方面的内容：

（1）性能要求　要明确作为研究目标的材料所要求的特性及其允许的范围、表面处理等技术操作的要求以及使用寿命的影响。

（2）技术系统　建立与材料对应的技术系统，包括材料的制备、加工成形和再生处理技术以及相应的副产品、排放物等基本情况。

（3）材料流向　着眼于分析资源的使用和流向，特别是作为微量添加元素的使用，因为这些元素很难再被循环使用。

（4）统计分析　对技术流程中各阶段的能源和资源的消耗、废弃物的产生和去向，进行分析和跟踪。

为了建立包含上述四种要素的材料生命周期评价体系，需要建立相应的资料库，并研究相关的方法论，引入相应的指标体系。其中资料库大致可以分为有关材料性能的材料特性资料库和有关材料环境表现的资料库两大类，环境表现资料库应包含相关材料的资源储量、探测采掘、制造技术、循环利用、废弃排放等资料，并用计算机数据库的形式保存起来，便于数据的查询和获取。

2.9　LCA 方法的主要问题及其发展前景

2.9.1　LCA 方法的局限性与困难

1. LCA 的局限性

（1）应用范围的局限性　作为一种环境管理工具，LCA 只考虑生态环境、人体健康、资源消耗等方面的环境问题，而不涉及技术、经济或社会效果方面，目前仅仅是众多有助于做出决策的工具［如风险评价、环境表现（行为）评价、环境审核、生命周期影响评价］中的一种，所以还必须结合其他方面的信息来确定方案并采取行动。

（2）评估范围的局限性　LCA 的评估范围没有包括所有与环境相关的问题。例如，LCA 只考虑发生了的或一定会发生的环境影响，一般不考虑可能发生的环境风险及其必要的预防和应急措施。LCA 方法也没有要求必须考虑环境法律的规定和限制，但在企业的环境政策和决策过程中，这些都是十分重要的方面。这种情况下应考虑结合其他的环境管理方法。

（3）评估方法的局限性　LCA 的评估方法既包括了客观，也包括了主观的成分，因此它并不完全是一个科学问题。在 LCA 方法中主观性的选择、假设和价值判断涉及多个方面，所以 LCA 的结论需要完整的解释说明。

（4）时间和地域的局限性　无论 LCA 中的原始数据还是评估结果，都存在时间和地域上的限制。在不同的时间和地域范围内，会有不同的环境清单数据，相应的评估结果也只适用于某个时间段和某个区域。由于研究结果通常针对于全球和区域，所以可能不适用于一些具体地方，同时，某些地区或区域的实际情况也并不能完全代表全球或区域的状况。

2. LCA 理论上的困难

（1）客观性问题　LCA 作为一种评价产品环境影响的方法，最重要的是保证结论的客观性，但 LCA 所处理的环境问题以及所采用的量化方法，都对 LCA 的客观性有着极大的影响。

首先，LCA 方法在许多环节的实施中，既依赖于 LCA 的标准，也依赖于实施者对 LCA 方法的理解和对被评估系统的认识，以及自身积累的评估经验和习惯，这些难以完全避免的非标准化的因素都有损于 LCA 的客观性。

其次，LCA 中所作出的大量选择和假定，包括功能单元的定义、系统边界的设置、数据收集渠道和影响类型的选择等，在本质上无法脱离主观因素的影响，所以必然会存在误差。

最后，环境影响评估在量化过程必然要引入像权重因子这样的主观因素，其评估结果必然因人而异，没有重复性并且难以验证，使得其客观性受到损害。

（2）计算模型的局限性　用于生命周期清单分析或评价环境影响的模型实际上存在很大局限性，因为它们的假定条件可能对某些潜在影响或运行是不可行的。由于目前尚不存在一种在科学上可接受的、对各种不同的污染物作权重的方法，因此，对不同类型的污染进行比较还存在着困难，至于在同一单元中的污染影响也没有测定过。所以，将清单分析数据转换为环境损害的计算方法通常非常复杂和不确定，其简化处理公式如"临界容量"等存在着根本上的缺陷，精确度很受影响。

（3）数据采集及质量分析方法的标准化问题　LCA 的数据收集标准化差异源自于系统边界定义不同、产品系统间的输入输出分配不同、收集的数据质量参差不齐等，评价方法的标准化问题将直接影响评价结果的比较和交流。另外，对于数据质量的分析也非常重要。但直至目前，基础数据可靠性和全面性的评判仍不存在标准的方法。

（4）研究结果的不确定性　由于许多参数还不能简化到用一个指标来概括的程度，数据更新的速度又相当快，而且在确定权重过程中使用的假设也可能有问题，因此不能为消费者提供关于某一特定产品在环境方面具有绝对优势的结论。

3. 实际应用中的问题

（1）数据完整性和精度问题　由于 LCA 需要大量的数据，这就不可避免地产生数据资料可得性的问题（如数据断档、数据类型、数据综合、数据平均、现场特性等），研究人员必须经常依据典型的生产工艺、全国平均水平、工艺的工程估计或专业判断等来获取数据，所以其结果可能造成数据不准确、误差或偏差较大，甚至会得出错误结论。

（2）完成费用较高　为了进行生命周期评价，对于许多产品来说，评价研究工作复杂，费用支出很高。因为不同地区的产品或工艺对环境有不同的影响，所以 LCA 必须符合具体情况，并对不同的情况进行重复评价，这样就需要许多费用。目前，进行一项 LCA 通常需花费 10000～100000 美元，并且其价格随着所要求的精确度的提高而大幅度增长。由于产品（甚至产品类别）数量众多，如此高的费用使得 LCA 仅能有选择地应用于某些产品。

（3）时间花费长　对许多产品来说，由于生命周期评价研究工作复杂，在所花费用高昂的同时，花费的时间通常也很长。在国外，完成一个 LCA，一般要 6～18 个月，因此用 LCA 结果对产品作设计，尤其对电子、计算机等变化快的产品作设计是不切实际的。

（4）计算机辅助评价问题　适当的 LCA 软件工具和 LCA 基础数据库可以使 LCA 的应用得以简化。虽然目前这个领域发展非常迅速，可大大缩短开发设计方案的分析时间，但存在的问题仍相当多，其评价结果的质量非常有限。

2.9.2　LCA 方法的用途及其发展前景

1. LCA 应用于工业企业部门

LCA 起源于企业内部，也最先在企业部门得到了广泛的应用。以一些国际著名的跨国企业为龙头，如 HP、IBM、AT&T、德国西门子公司等，一方面开展 LCA 方法论的研究，另一方面积极对其产品进行 LCA。主要应用领域可归结为 4 个方面：

（1）产品系统的生态辨识与诊断　通过从摇篮到坟墓的分析，识别对环境影响最大的工艺过程和产品寿命阶段，从而找出改善目标。也可评估产品（包括新产品）的资源效益，即对能耗、物耗进行全面平衡，一方面降低能耗、物耗从而降低产品成本，另一方面，帮助设计人员尽可能采用利于环境的原材料和能源。

（2）产品生命周期影响评价与比较　以环境影响最小化为目标，分析比较某一产品系统内的不同方案或者对替代产品（或工艺）进行比较，可以在不增加成本或不降低产品质量的前提下，选择最优化工艺和原材料，大大降低产品生产过程对环境的影响。

（3）产品改进效果的评价　基本用同一生产工艺进行生产的情况下，在进行材料选择、生产工艺改进时用于评价其环境负担性的变化。与没有进行严格审查的产品比较，运用 LCA 技术设计出的产品对环境具有较低的影响。由于厂家可以利用生产过程生命周期清单分析的数据以及自己所掌握的生产工艺数据来进行解析，所获得的结果又能够通过厂家所能选择的范围反馈和处理，所以这是 LCA 最有效的用途之一。

（4）生态产品设计与新产品　开发至今，作为 LCA 方法在环境协调性产品设计和开发方面的直接应用，生命周期设计（LCD，life cycle design）或生命周期工程（LCE，life cycle engineering）已成为 LCA 方法最重要的一个分支。生态设计基于对产品的最初设想，涉及产品和市场研究、设计阶段、生产过程、技术指标审查、可靠性分析、客户服务等环节，需要在设计阶段便对生产过程的所有工序进行全盘分析和考虑，从而在满足技术要求的前提下，提出对整个系统和各个环节的经济合理的环境改善方案与措施。

（5）循环回收管理及工艺设计　大量的 LCA 研究结果表明，产品使用后处理阶段的问题十分严重。解决这一问题需要从产品的设计阶段就考虑产品废弃后的处理和资源的回收利用。

（6）清洁生产审计　将 LCA 思想和方法引入建设项目的清洁生产审计，可向前延伸到原料的勘探、开采、加工、利用、运输、储存过程中资源的利用和废物产生的合理性，向后延伸到产品消费使用过程及废弃后的废物排放最少化。这样的拓展不仅在生产环节寻求废物产生量最少，而且构成资源—生产—消费—环境系统的全过程清洁生产审计。

2. LCA 应用于政府环境管理部门和国际组织

社会产品体系之间相互作用、相互影响，都受到经济规律和生态规律的制约。由于 LCA 已经涉及社会生产的各个方面，运用 LCA 思想，可以了解产业结构与社会环境问题间的关系，从而为地区和行业发展政策的制定提供依据；也可寻找到产品的所有、回用、再生和处置等各生命过程在社会产品中的合理布置，以便制定相应的税收、信贷、投资、环保政策、促进废物回收、再生行业的发展等。

（1）制定环境政策与建立环境产品标准　在环境政策与立法上，很多发达国家已经借助于 LCA 制定"面向产品的环境政策"。近年来，一些国家相继在环境立法上开始反映产品和产品系统相关联的环境影响。目前，比较有影响的环境管理标准有英国 BS7750、欧盟生态管理和审计计划（EMAS）。

（2）实施生态标志计划　在 ISO 14000 系列国际标准中，ISO 14020 系列是关于环境标志的标准，但在这个标准制定以前，世界上很多国家都制定了各自的环境标志，用于产品的认证和声明。环境标志表明一个产品符合一定的环境标准，在一定程度上环境表现优于其他同类产品。这有利于树立良好的产品市场形象，也是对生产厂家关注环境问题的支持和鼓励。各国的环境标志计划中都应用和体现了产品寿命周期的概念和方法。尤其是在 ISO 14000 系列国际标准颁布后，采用 LCA 方法评估产品的环境表现已经成为了大家的共识。

（3）优化政府的能源、运输和废物管理方案　LCA 能够很好地支持政府的环境规划。在美国，为了经济、有效地管理和处置城市固体废弃物（Muniripal Solid Waste，MSW），美国环保署研究与发展办公室等单位，自 1994 年开始实施用 LCA 方法对 MSW 管理体系进行分析。研究结果将有助于 MSW 处理者在综合性的管理策略之间进行鉴别，以使整个系统的环境负荷与经济成本最小化。

（4）向公众提供有关产品和原材料的资源信息　与产品有关的环境数据和信息全球化无统一的来源，各国都在积极开展有关数据的收集、整理工作。美国国家环保局开展了大量的 LCA 研究，已经积累的一些主要化学品的大量数据，成为产品设计和使用的第一手科学背景资料。荷兰资源环境部开展了"生态指标"计划，目前已经提出了 100 种原材料和工艺的生态指标，直接为设计人员选择原材料和生态工艺提供定量化的支持。

（5）国际环境管理体系的建立　产品 LCA 直接促进了国际环境管理体系的制定。以 1992 年联合国环境与发展大会所通过的国际环境管理纲要为契机，ISO 组织于 1993 年 6 月成立了 ISO/TC207 "环境管理委员会"，开始起草一份称为 ISO 14000 的环境管理体系标准。与已被 80 多个国家和地区所广泛采用的 ISO 9000 标准不同，ISO 14000 体系不是仅仅关注产品的质量，而是对组织的活动（产品和服务），从原材料的选择、设计、加工、销售、运输、使用到最终废弃物的处理，进行全过程的管理。该标准旨在促进全球经济发展的同时，通过环境管理国际标准来协调全球环境问题，试图从全方位着手，通过标准化手段来有效地改善和保护环境，满足经济持续增长的需求。

3. LCA 应用于消费者组织

产品的生产是以其产品的出售而实现其价值的。消费者逐渐对存在环境污染问题的产品或企业予以排斥，即增加了企业对污染问题的重视，促进其环境改善。世界各国新兴起的绿色消费，或可持续消费，更使得公众舆论成为解决企业环境问题的重要动力，消费者团体开始考虑他们在帮助消费者做出环境无害选择方面的作用。而 LCA 分析可以帮助发展中国家建立生态产品基准和改进生态消费基准，帮助发展中国家通过利用清洁生产技术，保持进入国际市场的通道，广泛传播清洁生产方法论和思维过程，进而促进社会的可持续消费和可持续发展。

思考题

1. 简述生命周期评价的定义。
2. 如何确定生命周期评价的应用范围？
3. 试简述生命周期评价的优缺点。

参考文献

［1］Allan Astrup Jensen，John Elkington，etal. Life Cycle Assessment（LCA）：A Guide to Approaches，Experiences and Information sources［J］. Report to the European Environment Agency，Copenhagen，1997：13.

［2］Åsa Ekdahl. Life Cycle Assessment on SKF's Spherical Roller Bearing［J］. Department of Environmental Systems Analysis. REPORT 2001：1.

［3］B. W. Vigon. Life-cycle assessment：Inventory Guidelines and Principles ［J］. Florida：Lewis pubhshers，1994.

［4］　Bonifaz Oberbacher, Hansjörg Nikodem, Walter Klöpffer. LCA-How it Came About：An Early Systems Analysis of Packaging for Liquids［J］. The International Journal of Life Cycle Assessment, 1996, 1（2）：62-65.

［5］　Edgar G. Hertwich, Thomas E. McKone, William S. Pease. Parameter Uncertainty and Variability in Evaluative Fate and Exposure Models［J］. Risk Analysis, 1999, 19（6）：1193-1204.

［6］　Mary Ann Gurran. Environmental Life-Cycle Assessment［J］. The United Ststes of America McGraw-Hiu Companies, Inc. , 1996.

［7］　Mary H. Saunders. ISO Environmental-Management Standardization Efforts［J］. U. S. Department Of Commerce, Technology Administration, National Institute of Standards and Technology. NISTIR 5638-1. February 1996.

［8］　Nie Zuoren, Di xianghua, Li Guiqi, etal. The International Journal of Life Cycle Assessment, 2001, 6（1）：47.

［9］　Paul L. Bishop. Pollution Prevention：Fundamentals and practice［J］. McGraw-Hill Companies, lnc. 2000.

［10］　Per H. Nielsen, Jianxin Yang. Chinese Normalization References and Weighting Factors［J］. Eco-com-patibility of industrial processes for the production of primary goods. EU Project no：IC18-CT96-0095（DC12-MUYS）. DTU/IPT/KPD-19-99.

［11］　SETAC（North American）Workgroup on Life Cycle Impact Assessment and SETAC（Europe）Work Group on Life Cycle Impact Assessment. Evolution and Development of the Conceptual Framework and Methodology of Life-cycle Impact Assessment［J］. SETAC（Society of Environmental Toxicology and Chemistry）Press, January 1998.

［12］　Stefanie Hellweg. Time-and Site-Dependent Life Cycle Assessment of Thermal Waste Treatment Processes［J］. The International Journal of Life Cycle Assessment. 2001, 6（1）：46.

［13］　联合国环境与发展大会（里约热内卢，1992），国家环境保护局译. 21 世纪议程［M］. 北京：中国环境科学出版社，1993.

［14］　刘顺妮，林宗寿，张小伟. 硅酸盐水泥的生命周期评价方法初探［J］. 中国环境科学，1998，18（4）：328-332.

［15］　孙璐. 环境影响评价中的清洁生产审计研究［C］. 上海：同济大学，1995.

［16］　孙胜龙. 环境材料［M］. 北京：化学工业出版社，2002.

［17］　（加）汤姆·康韦，叶汝求等，译. ISO 14000 标准和中国：贸易与可持续发展展望［M］. 北京：中国环境科学出版社，1997.

［18］　王天民. 生态环境材料［M］. 天津：天津大学出版社，2000.

［19］　王祥荣. 生态与环境：城市可持续发展与生态环境调控新论［M］. 南京：东南大学出版社，2000.

［20］　杨建新，徐成. 生命周期环境类型分类体系研究［J］. 上海环境科学，1999，18（6）246-248.

［21］　杨君玲. 材料的环境负荷评价［D］. 兰州：兰州大学，1997.

［22］　张坤民. 可持续发展论［M］. 北京：中国环境科学出版社，1997.

［23］　中华人民共和国国家标准. GB/T 24041—2000 环境管理—生命周期评价—目的与范围的确定和清单分析［M］. 北京：中国标准出版社，2002.

［24］　中华人民共和国国家标准. GB/T 24040—1999 环境管理—生命周期评价—原则与框架［M］. 北京：中国标准出版社，2002.

［25］　中华人民共和国国家标准. GB/T 24042—2002 环境管理—生命周期评价—生命周期影响评价［M］. 北京：中国标准出版社，2002.

［26］　中华人民共和国国家标准. GB/T 24043—2002 环境管理—生命周期评价—生命周期解释［M］. 北京：中国标准出版社，2002.

［27］　左铁镛. 生态环境材料的研究与发展动态［J］. 稀有金属材料与工程，2000，29（增刊 1）：36-40.

第3章 水污染控制工程材料与应用

环境问题是国民经济发展中备受瞩目的重大问题之一，正在全面、深刻地影响着人们的社会生活。环境恶化已经成为导致人类疾病和死亡的主要因素，因而21世纪将是人类与环境污染和生态破坏决战的世纪。在众多的环境问题中，水体污染和水资源短缺将是今后相当长一段时间内全球最严重的问题之一，本章介绍了水污染控制工程的常用技术及材料：污水物理处理技术、化学处理技术和生物处理技术及材料。

3.1 水污染控制工程及其常用方法

1984年颁布的《中华人民共和国水污染防治法》中说明：水污染即指"水体因某种物质的介入而导致其物理、化学、生物或者放射性等方面特性的改变，从而影响水的有效利用，危害人体健康或破坏生态环境，造成水质恶化的现象"。

水污染控制工程是环境工程学科中的一个重要分支，它研究污水中污染物质物理、化学和生物特性，并以此采用相适应的物理、化学、生物方法或多种复合工艺技术使污染物的含量降低、总量减少，以使之达到相应的排放标准和回收标准。

废水处理的目的就是将废水中的污染物以某种方法分离出来，或者将其分解转化为无害、稳定物质，从而使污水得到净化，最终应使处理后的水质达到相应的国家或地方标准。

废水处理相当复杂，处理方法的选择必须根据废水的水质、数量、排入水域的性质、用途进行考虑。

一般废水的处理方法可以概括为以下三大类：

（1）物理处理 通过各种外力的作用，使污染物从废水中分离出来。

（2）化学处理 通过化学或生物化学的作用，改变污染物的化学本性，使其转化为无害或可分离的物质，后者再经分离除去。

（3）生物处理 使废水与微生物混合接触，利用微生物在自然环境中的代谢作用，使不稳定的有机和无机毒物转化为稳定无毒物质的一种污水处理方法。

3.1.1 物理处理

物理处理方法是借助物理作用分离和除去污水中不溶性悬浮物体或固体的方法，如利用机械力或其他物理作用将污染物从水中分离出去，在分离过程中不改变其性质，但达到了废水处理净化的目的。重力分离、离心分离、筛滤、截留、蒸发、结晶等都是物理处理方法。

（1）筛滤分离法 它是去除废水中粗大的悬浮物和杂物，以保护后续处理设施能正常运行的一种预处理方法。筛滤的构件包括平行的棒、条、金属丝织物、格网或穿孔板。其中由平行的棒和条构成的称为格栅；由金属丝织物、格网或穿孔板构成的称为筛网。它们所去除的物质则称为筛余物。其中格栅去除的是那些可能堵塞水泵机组及管道阀门的较粗大的悬浮物；而筛网去除的是用格栅难以去除的呈悬浮态的细小纤维。

（2）重力分离法　它利用重力作用把悬浮物与水分离开。由于废水中的悬浮物密度与水密度不同，从而所受的重力也就不同，当悬浮物的密度大于废水密度时，它在重力作用下发生沉降；当悬浮物密度小于废水密度时，则上浮。对于呈乳化状态或密度与废水相近的物质，难以自然沉降或上浮，往往需要与其他方法相结合，迫使其沉降或上浮。

（3）离心分离法　借助设备高速旋转形成的离心作用将废水中的悬浮物与水分离的过程叫做离心分离法。物体高速旋转产生比其本身重力大得多的离心力，所以当含有悬浮物的废水高速旋转时，由于悬浮固体与废水质量不同会产生受力的差异，质量大的悬浮固体就被甩到废水外侧，悬浮物和废水从各自的出口排出，达到固液分离的目的，使废水得以净化。

（4）过滤法　过滤是一种简单、有效、应用普遍的方法，经常用于废水处理的预处理，目的是去除废水中粗大的悬浮颗粒，以防止其损坏水泵、堵塞管道和管件。根据悬浮颗粒的大小和性质可以选择不同的过滤介质和设备，以格栅、滤布、滤料、筛网为过滤介质的设备都属于常用的过滤设备。过滤有时用作污水的预处理，有时则作为最终处理，其出水供循环使用或重复利用。

（5）超过滤法和反渗透法　超过滤法是使水流在加压下流过膜材料，过滤除去相对分子质量大于 500 的有机物、胶体颗粒或细菌等。对于被截留污染物的相对分子质量不大于水的相对分子质量 10 倍时所用的方法，称为反渗透法。

物理处理法的优点：设备大都较简单，操作方便，分离效果良好，故使用极为广泛。

3.1.2　化学处理

污水化学处理法是通过中和、氧化还原、混凝、传质等作用来分离、去除废水中呈溶解、胶体状态的污染物或将其转化为无害物质的废水处理法。

（1）氧化还原法　溶于水中的有毒有害物质，可利用它能在化学反应过程中被氧化或被还原的特点，向废水中投加强氧化剂或强还原剂，使之转化为无毒无害物质，从而达到治理的目的，此即为氧化还原法。其中氧化法根据氧化剂的种类及反应器的类型，可分为化学氧化法、催化氧化法、光催化氧化法、超临界氧化法、电化学氧化法等。化学氧化法是最终除去水中污染物的有效方法之一，它能使废水中有机物、无机物氧化分解，特别适宜处理难以生物降解的有机物，如染料、酚、氰、大部分农药及臭味物质。

（2）中和法　工业企业常常会有酸性废水和碱性废水，当这些废水含酸或含碱的量很高时，应尽量加以回收，对质量分数低于 4% 的含酸废水和质量分数在 2% 以下的含碱废水，在没有有效的利用方法，又无回收利用价值时，均应用中和法进行无害化处理，将废水的 pH 值调整到工业废水允许排放的标准后再排放。对于含酸、碱废水，常用的处理方法有酸性废水和碱性废水互相中和，也可利用石灰石、电石渣等中和剂。

（3）混凝法　化学混凝法通过向废水中投加混凝剂，使细小悬浮颗粒和胶体微粒聚集成较大的颗粒而沉淀，得以与水分离，使废水得到净化。目前常用的混凝剂主要有无机混凝剂、有机混凝剂和高分子混凝剂三类。

（4）化学沉淀法　向废水中投加某些化学药剂，使之与废水中的污染物发生化学反应并形成难溶的沉淀物，然后进行固液分离，从而除去废水中污染物质的方法叫化学沉淀法。目前，化学沉淀主要用于提高初级沉淀设施的效果，除氮除磷，去除重金属。

化学方法处理效果较好，但运行费用较高，有些化学药剂具有生物毒性，易造成二次污染。

3.1.3　生物处理

生物处理方法是利用自然界中各种微生物的代谢作用将污水中的有机污染物分解、转化为无机物，使污水得到净化。生物处理是目前应用最广泛且有效的一种方法，分为好氧处理和厌氧处理两大类。好氧处理又包括活性污泥法和生物膜法，活性污泥法中的微生物无附着载体，呈悬浮状态；而生物膜法的微生物有固定的附着载体，微生物可以附着在上面形成生物膜。

（1）活性污泥法　活性污泥法是以活性污泥为主体的废水生物处理的主要方法。活性污泥法是向废水中连续通入空气，经一定时间后因好氧性微生物繁殖而形成污泥状絮凝物，其上栖息着以菌胶团为主的微生物群，具有很强的吸附与氧化有机物的能力。利用活性污泥的生物凝聚、吸附和氧化作用，以分解去除污水中的有机污染物，然后使污泥与水分离，大部分污泥再回流到曝气池，多余部分则排出活性污泥系统。

（2）生物膜法　生物膜法是利用附着生长于某些固体物表面的微生物（即生物膜）进行有机污水处理的方法。生物膜是由高度密集的好氧菌、厌氧菌、兼性菌、真菌、原生动物以及藻类等组成的生态系统，其附着的固体介质称为滤料或载体。生物膜自滤料向外可分为厌氧层、好氧层、附着水层、运动水层。生物膜法的原理是：生物膜首先吸附附着水层的有机物，由好氧层的好氧菌将其分解，再进入厌氧层进行厌氧分解，流动水层则将老化的生物膜冲掉以生长新的生物膜，如此往复以达到净化污水的目的。

（3）厌氧生物处理法　厌氧生物处理法是利用兼性厌氧菌和专性厌氧菌将污水中的大分子有机物降解为低分子化合物，进而转化为甲烷、二氧化碳的有机污水处理方法，分为酸性消化和碱性消化两个阶段。在酸性消化阶段，由产酸菌分泌的外酶作用，使大分子有机物变成简单的有机酸和醇类、醛类氨、二氧化碳等；在碱性消化阶段，酸性消化的代谢产物在甲烷菌作用下进一步分解成甲烷、二氧化碳等气体。这种处理方法主要用于对高含量的有机废水和粪便污水等进行处理。

（4）生物塘　生物塘是一种利用天然净化能力对污水进行处理的构筑物的总称。其净化过程与自然水体的自净过程相似。通常是将土地进行适当的人工修整，建成池塘，并设置围堤和防渗层，依靠塘内生长的微生物来处理污水。主要利用菌藻的共同作用处理废水中的有机污染物。稳定塘污水处理系统具有基建投资和运转费用低、维护和维修简单、便于操作、能有效去除污水中的有机物和病原体、无需污泥处理等优点。

污水生物处理效果好，费用低，技术较简单，应用也比较简单。当简单的沉淀和化学处理不能保证达到足够的净化程度时，就要用生物的方法作进一步处理。

3.2　污水物理处理材料

3.2.1　过滤分离材料

过滤是指将一种分散相从一种连续相中分离出来的过程，连续相是载流相，而分散相是粒子状的分散材料，也就是分离、捕集分散于气体、液体或较大颗粒状物质中的颗粒状物质或粒子的一种方法或技术。过滤材料是一种用于过滤的具有较大内表面和适当孔隙的物质，它能有效地捕获和吸附固体颗粒或液体粒子，使之从混合物质中分离出来。如从工业窑炉中排放出来的粉尘烟灰的分离，从印染、造纸、电镀等工业中排放的废水的净化，饮料食品工业中去除杂质，以及油水分离等。常用的过滤材料有低温滤布材料、耐高温滤布材料、金属烧结毡材料、多孔陶瓷过滤材料、膜过滤材料等。

1. 低温滤布材料

工业用常规低温滤布材料有尼龙 PA、涤纶 PET、丙纶 PP、聚乙烯 PE 等。此类材料的长纤维、短纤维产品已广泛应用于制药、食品、化工、冶金、橡胶、陶瓷等各个行业。

（1）涤纶　涤纶（学名聚酯）耐强酸和弱碱，不溶于有机酸，在低温下对于低含量的无机酸性能很稳定，但能溶于浓硫酸和加热的苯甲酚，在强碱中易水解。此外，耐腐蚀性、回复性很好，导电性能很差。过滤性能：涤纶长纤滤布表面光滑、耐磨性好、强力高，通过拼捻后，强度更高，耐磨性更好，从而使织物透气性能好，漏水快，清洗方便。涤纶滤布主要用途：制药、食品、化工、冶金、工业压滤机、离心机滤布等。

（2）维纶　维纶（学名聚乙烯醇）强度比涤纶要低，仅为 $5.32 \sim 5.72 cN/dtex$。断裂伸长率为 12% ～25%。弹性差，织物保形性差，耐磨性较好，耐用性是纯棉的 1～2 倍。但有一个最大的优点就是能够经受强碱的作用，并且吸湿性好，容易与橡胶结合在一起，是橡胶行业中配用的好材料。它的缺点是耐温较低，温度达 100℃产生收缩，不耐酸性，一般用于碱性较强的橡胶行业。

（3）锦纶　锦纶（学名聚酰胺纤维）俗名尼龙，结晶性塑料，白色至淡黄色的不透明固体。锦纶纤维强力高，强度为 4～5.3cN/dtex，伸长率为 18%～45%，在 10% 伸长时弹性回复率在 90% 以上，锦纶强力在纤维中最强。据测定，锦纶纤维的耐磨性为棉纤维的 10 倍、黏胶的 50 倍。耐磨性居多种纤维之首，所以与橡胶压在一起是制造汽车轮胎的理想材料。锦纶纤维耐强碱、弱酸，不耐光。主要用途：橡胶、陶瓷、制药、食品、冶金等。

（4）丙纶　丙纶（学名聚丙烯）滤布耐强酸、强碱，除氯磺酸、浓硝酸外，耐酸性良好。丙纶使用温度不超过 100℃，超过 100℃强度下降并收缩。短纤维可与棉花混纺，可做细布、床单、手套、毛毯等。长纤维相对密度小，耐磨、耐腐蚀，可做绳索、渔网等。

综上所述，任何两种滤布材料都有其优点和缺点，也正是这些优点和缺点造成了滤布材料的选择由于其适用环境的不同而具有极大的不确定性和复杂性。

2. 耐高温滤布材料

目前开发并得到广泛应用的耐高温纤维有聚醚醚酮（PEEK）、芳族聚酰胺、聚苯硫醚（PPS）、聚苯并咪唑（PBI）、聚酰亚胺以及聚丙烯腈预氧化纤维（PANOF）等。PEEK 是一种半晶体高分子材料，可在 200～260℃ 环境下长期使用，问世后曾一度被称为超耐热高分子材料。其分子结构中含有芳香环和柔性的醚键，使得纤维具有超高的热稳定性和化学稳定性，纤维的熔点为 334℃，在 200℃ 下 24h 的强度保持率为 100%，并且在火焰中放出的毒气极少。纤维几乎能耐除浓硫酸外的其他大部分化学试剂，此外纤维还具有很低的收缩率和良好的电绝缘性。聚四氟乙烯（PTFE）是氟碳线性直链分子所构成的一种合成纤维。PTFE 单丝具有优异的耐热性，使用温度可达 260℃，瞬时可耐 1000℃ 以上的高温火焰；耐酸、碱及其他化学试剂，除金属钠外，几乎不受其他物质侵蚀；最难以燃烧，极限氧指数高达 95%。这种纤维耐磨损且摩擦系数低，粉尘及滤渣易抖落，所以过滤效率高，使用寿命特别长。聚丙烯腈预氧化纤维（PANOF）是 20 世纪 90 年代开发出来的一种耐高温纤维，这种纤维具有不熔、不软化、不收缩、在 300℃ 高温下性能稳定等特点，极限氧指数高达 55%。此类耐高温过滤材料适用于极其苛刻的过滤环境。随着科技的不断进步，高温滤材已被广泛应用于冶金、钢铁、发电、垃圾焚烧等行业高温烟尘的过滤。

3. 多孔陶瓷过滤材料

多孔陶瓷是一种含有较多孔洞的无机非金属材料，并且是利用材料中孔洞的结构或表面积，结合材料本身的材质，来达到所需的物理及化学性能的材料。多孔陶瓷具有化学稳定性好、机械强度和刚度高、耐热性好以及使用寿命长等特点，使其在过滤方面得到了广泛的应用和开发前景。

多孔陶瓷的发展开始于 19 世纪 70 年代，初期用作铀提纯材料和细菌过滤材料。随着控制材料的细孔结构水平的不断提高，多孔陶瓷不仅具有陶瓷基体的优良性能，而且还具有巨大的气孔率、气孔表面以及可调节的气孔形状、气孔孔径及其分布、气孔在三维空间的分布、连通等，它的发展得到了质的飞跃。

20 世纪 50 年代，法国、美国等先后开发了各种 SiC、莫来石、ZrO、陶瓷纤维等气液过滤、微生物处理用微孔陶瓷过滤元件，主要用于化工、食品、饮料及水处理行业。20 世纪 70 年代日本等国家在高温气体净化、烟气除尘用多孔陶瓷过滤材料研究方面取得了较大进展。从 20 世纪 80 年代开始，国外在陶瓷膜的研究及开发应用、高温陶瓷热气体净化技术方面的研究又取得较大的突破。随着使用范围的扩大，其材质也由普通的黏土发展到耐高温、耐腐蚀、抗热冲击的材质，如 SiC、莫来石、ZrO 和 SiO_2 等。以多孔陶瓷材料作过滤介质的陶瓷微过滤技术及陶瓷过滤装置，不仅解决了高温、高压介质、强酸碱介质和化学溶剂介质等难过滤问题，而且本身由于具有过滤精度高、洁净状态好以及容易清洗、使用寿命长等特点，目前已在石油、化工、制药、食品、环保和水处理等领域得到广泛应用。

4. 膜过滤材料

膜的化学性质和结构对膜的分离性能有着决定性影响，膜的性能和结构与材料的性质密切相关。鉴于获得高性能的膜材料是发展膜技术的关键，开发功能膜材料一直是美国和日本等发达国家膜技术发展的重点，尤其在高性能反渗透复合膜的研究中更是如此。

（1）超滤膜材料　超滤是以压力为推动力，利用膜的孔径、材料表面化学特性等使溶剂、小分子溶质透过膜，而胶体、蛋白质、细菌、病毒等大分子物质被截留浓缩的筛分过程。常用超滤膜材料有聚砜、聚醚砜、聚偏氟乙烯、聚丙烯腈等，为了克服膜材料本身的某些缺点，如亲水性差、易污染、强度差等，人们常常使用一些物理或化学方法对其进行改性。近年来，一些学者尝试利用 Al_2O_3、SiO_2、TiO_2 等无机纳米粒子对超滤膜材料进行改性研究，制备出无机纳米粒子填充聚合物基复合膜材料，并表现出优异的使用性能。

① 聚砜-纤维素复合超滤膜材料：纤维素微纳晶体是指从天然纤维中分离出的微小尺度的纤维素结晶体，有很多优点如可再生、低密度、低成本、能生物分解、高强度和高弹性模量等。纤维素晶体具有强烈的亲水吸湿性能，利用纤维素微纳晶体的优点提高聚砜超滤膜的亲水性能和膜的抗污染能力，对开发生物可降解天然环保材料和纤维素材料功能性应用具有重要意义。

② 丙烯腈/丙烯酰胺/苯乙烯三元共聚超滤膜材料：随着膜技术发展和应用范围的扩大，原有的材料难以满足需要，特别是在新发展起来的生物催化剂的固定、分子印迹、血液渗透、中草药现代化等学科方面的应用中，聚丙烯腈材料具有耐一般溶剂、不易水解、抗氧化、化学稳定性和耐细菌侵蚀好、易改性等优点，受到膜科学和材料工作者的关注，显示了广阔的应用前景。但由于丙烯腈分子链中含有强极性的氰基，因此，聚丙烯腈存在链间的作用力强、柔韧性小、力学强度低等缺点。为了制备性能优良的膜，通常采用表面接枝改性、共聚和共混等手段，对聚丙烯腈材料进行改性。

（2）微滤膜材料　微滤（Microfiltration）是与常规的粗滤原理相似的膜过程，微滤膜的孔径范围为 $0.02 \sim 1 \mu m$，主要是用来对一些只含微量悬浮粒子的液体进行精密过滤，从而得到澄清度极高的液体，或用来检测、分离某些液体中残存的微量不溶性物质。在 20 世纪 30 年代硝酸纤维素微滤膜已有商品，以后 20 年内这一早期制造微滤膜的技术被推广用于其他聚合物，特别是醋酸纤维素。20 世纪 60 年代后微滤膜的研究主要是开发新品种，控制膜的孔径分布，扩大应用范围。近年以聚四氟乙烯和聚偏四氟乙烯制成的微滤膜在美、德、日已商品化。该类膜具有耐溶剂、耐高温、化学性质稳定等优点，广泛应用于微电子、医学、食品、化工等领域。

① 聚丙烯中空纤维微滤膜：膜分离技术的核心是制膜，聚丙烯中空纤维微滤膜就其圆中空截面形状而言，属于异形纤维；就其功能而言，属于特种纤维。为使聚丙烯中空纤维微滤膜在一定压力下具有良好的承压能力和使用性能（即渗透和渗透选择性）及使用寿命，要求中空纤维有理想的微观结构（即纤维壁上要存在微米级的微孔）和有别于不同用途的纤维截面形状（即适当的中空度、均匀的壁厚、圆整的内外表皮）。因此中空纤维式分离膜的制作要兼顾"形"与"性"，两者不可偏废。采用化纤生产所用的异型喷丝板法制膜对于严格把握中空纤维成型和成膜后特异的使用功能困难较大。目前纺织中空纤维膜多采用中心插入管式喷丝头，该方法通过严格控制中心进气量和熔体挤出速率便可得到理想的纤维。该方法对喷丝头的加工和装配要求高，难以实现多孔，对形成较大生产规模有一定难度。

作为膜集成技术的一种，聚丙烯中空纤维微滤膜既可在诸如澄清、除菌等工艺中作为终端把关技术，又可作为深化处理技术（如超滤、反渗透）的前级预处理技术。此外，在亲水处理前它可广泛用于空气净化、气体分离和气液分离，因此其利用率相当高。

② 聚苯硫醚（PPS）：是国外 20 世纪 60 年代开发的具有良好的耐热性及优越的抗化学腐蚀性的高分子工程材料，由于它具有耐高温、耐腐蚀、耐辐射、韧性好、强度大等特点，因此在现代工业中广泛应用于电子电器、汽车、航空航天、石油化工、机械、化学纤维等方面。在化学纤维领域中，PPS 纤维强度、耐热性与芳香聚酰胺类纤维相当，可在高温下（低于 240℃）连续使用，其耐腐蚀性优于芳香聚酰胺，仅次于聚四氟乙烯纤维，是一种能在恶劣环境下长期使用的特种材料。

通常，线形 PPS 的制备是通过对二氯苯和硫化钠反应，或者由对二氯苯和硫化氢在氢氧化锂的存在下反应生成。在催化剂存在下，用对二氯苯和水合硫化钠在合适的溶剂中反应生成 PPS，其相对分子质量可用适当的调节剂控制在所需的范围。

（3）反渗透膜材料　反渗透（Reverse Osmosis），顾名思义，是一种施加压力于半透膜相接触的浓溶液所产生的和自然渗透现象相反的过程。膜是反渗透系统的心脏，膜的好坏直接决定着反渗透系统的性能。反渗透膜从物理结构看，可分为：均质膜、非对称膜、复合膜和动态膜；从膜的材质上分，主要有：醋酸纤维素膜、芳香聚酰胺膜、高分子电解质膜、无机膜及其他。迄今为止，研究较成熟的主要是醋酸纤维素膜和芳香聚酰胺膜。在分离机理的讨论上习惯地把反渗透膜分为荷电膜与非荷电膜两类，这是因为膜的带电与否，其分离机理是不一样的。对荷电膜的分离机理，比较一致的看法是膜带电后会产生道南（Donnan）效应。非荷电膜是指膜的固定电荷密度小到几乎可以忽略不计的膜。醋酸纤维素膜和芳香聚酰胺膜等大部分反渗透膜都属于这一类。对非荷电膜的分离机理则主要有以下几种比较成熟的理论：毛细管流学说、溶解扩散学说、空隙开闭学说等。反渗透技术将成为 21 世纪解决缺水地区用水问题的重要手段之一，而且它的应用范围已从最初的脱盐扩展到电子、化工、医药、食品、饮料、冶金和环保等领域的纯水、超纯水制备、废水处理及物料的浓缩等。到目前为止，国际上通用的反渗透膜材料主要有醋酸纤维素和芳香聚酰胺两大类。

① 醋酸纤维素：醋酸纤维素类膜材料是应用最早的膜材料。醋酸纤维素类膜材料来源广泛，价格低廉，制备较容易，成膜性能好，膜表面光洁，不易结垢和污染，耐氧化和游离氯的性能较好，选择性高。但有易压密的过渡层，不耐化学试剂，不耐生物降解，易水解，操作压力要求偏高，通量下降斜率大，pH 值范围较窄（5～7）。

② 芳香聚酰胺：芳香聚酰胺膜材料的单体相对单一，多元胺有 MPD、对苯二胺、邻苯二胺、乙二胺、环己二胺和环己二甲胺等，多元酰氯有 TMC、对苯二甲酰氯和间苯二甲酰氯或它们的混合物等。芳香聚酰胺类反渗透复合膜与醋酸纤维素类反渗透复合膜相比，具有脱盐率高、通量大、操作压力要求低等优点。但芳香聚酰胺膜不耐氧化，抗结垢和抗污染能力差，耐氯性差，因此，要发展反渗透技术在水处理中的应用，开发耐氧化、耐游离氯和耐污染反渗透复合膜具有十分重要的意义。

3.2.2　吸附分离材料

吸附是在相界上（固液或固气），物质的含量自动发生积累或浓集的现象。吸附分离是利用一些物质（吸附剂）与另一种物质（吸附质）的接触，从而使吸附质固着在吸附剂表面上的两种化工分离技术，在污水处理和环境保护中有着广泛的用途。一般的吸附分离材料都是一些多孔物质和磨得很细的物质，大都具有巨大的表面积。吸附剂必须满足吸附能力强、吸附选择性好、吸附平衡含量低、容易再生和再利用、机械强度好、化学性质稳定、来源广、价格低等特点，常用的吸附剂有矿物吸附剂、高分子吸附剂、生物吸附剂等。

1. 矿物吸附剂

由于天然矿物的表面活性、超细效应、化学成分、晶体结构与物理化学性质，并辅以恰当的改性技术，使矿物具有良好的环境属性，用作矿物吸附剂，广泛应用于工业生产、生活的环境污染控制及环境失衡的功能修复等。其中，膨润土、硅藻土、沸石、海泡石、坡缕石、浮石、珍珠岩、铝土矿、铁矿物、锰矿物、石英砂、方解石等矿物都可作为吸附剂用于环境治理，除去废水中的有害成分。

1）沸石　由于特殊的物理和化学性质，在过去几十年中沸石得到了广泛的应用，已被用作吸附剂、分子筛、离子交换剂、控制城市和工业污水的催化剂，还用于园艺、农业等，但它的最主要应用还是在水处理方面。沸石作为水处理材料时，离子交换和吸附两种机理同时发挥作用。沸石种类繁多，由于产地的不同而性质各异，世界各国的研究者都对沸石的研究给予了极大的关注。

（1）去除重金属离子　沸石中的可交换离子（Na^+、Ca^{2+}、K^+ 等）对环境无害，使得它们非常适合从工业废水中去除有害重金属离子。天然沸石最早就是用于去除废水中放射性元素锶和铯。许多研究者都从沸石对金属离子的吸附量和选择吸附顺序角度进行了研究。尽管由于沸石产地和试验方法的不同，文献报道的选择吸附顺序有所不同，但可以看出，天然沸石对 Ba^{2+}、Pb^{2+}、Cd^{2+}、Cu^{2+}、Zn^{2+}、Ni^{2+} 等都具有良好的吸附去除能力。对比天然沸石和 NaCl 溶液预处理后的沸石对铅和铬的处理效果，预处理后的沸石离子交换量和去除效率都明显提高。对天然斜发沸石和菱沸石对受多种重金属污染的溶液的净化效果进行了研究，研究表明菱沸石比天然斜发沸石的离子交换容量高，这主要是由于其结构中有更多的 Al 取代了 Si，使沸石结构带上负电荷。

（2）去除水中氨氮　从城市和工业废水中去除氨氮是沸石的另一个重要应用。沸石对氨离子有较强的吸附力，沸石结构中的孔隙使 NH_4^+ 可以通过离子交换替换结构中的 Na^+、K^+、Ba^{2+}，从而有效去除废水中的总氨氮，把城市和工业用水的污染降到最低。小粒径沸石会提高氨去除率，可用 7～15mm 天然斜发沸石处理家庭废水中残留的氨和磷。随着沸石粒径的减小，表面积增加，吸附能力也随之增加。把天然沸石分别用钠、钙、镁的盐溶液预处理变成单一离子型，对处理后的沸石进行吸附平衡和动力学的研究表明，单一钠离子型沸石对氨的吸附量最大。在大多数情况下，有机化合物的存在会增加氨的吸附量。

（3）去除有机物质　沸石对有机污染物的吸附能力取决于有机物分子的大小和极性，极性分子易被吸附，因此一些分子直径适中且有极性的有机污染物易被吸附。絮凝与沸石吸附相结合能够有效去除印刷废水中的有机物质（去除率达 95%），同时能中和水质。用 MCM-22 沸石对亚甲基蓝、结晶紫和罗丹明 B 三种颜料吸附，MCM-22 沸石能够有效地从溶液中去除颜料，热力学计算表明 MCM-22 沸石对这些颜料的吸附是自发的吸热反应。

2）膨润土　膨润土是一种以蒙脱石为主要成分的层状硅铝酸盐。蒙脱石的结构与含量决定着膨润土的特征性质（如吸附性能、膨胀性能）。蒙脱石的微观结构单位晶胞是由两个 Si—O 四面体中间夹一层 Al—O 或 Al—OH 八面体晶片组成。在其构造中 Si—O 四面体和 Al—O（OH）八面体的中心阳离子 Si^{4+} 和 Al^{3+} 有部分被其他低价阳离子如 Al^{3+}、Mg^{2+}、Cr^{3+}、Zn^{2+} 等类质同象取代的现象，使层间存在带负电的层电荷。为维持电荷平衡，必须吸附周围的阳离子（通常为 Na^+、K^+、H^+、Mg^{2+} 等）来平衡，因此具有可交换性。膨润土在废水处理中主要用作吸附剂和絮凝剂，可用于废水中重金属、有机物等污染物的吸附处理。在实际应用中常常对膨润土改性处理以增强其水处理效果。

天然膨润土能够从水溶液中吸附铯、铬、铜、镉、银、铅、锌和汞等重金属。有些人研究把膨润土以小球的形式固化在聚砜的有机结构中来去除钙和铜离子。制成小球为多孔结构，比表面积达到 $20m^2/g$。这种小球可以用作过滤介质去除溶液中的重金属，对钙和铜离子的去除率达 99%。对比研究泥炭、钢厂矿渣、膨润土、粉煤灰和颗粒活性炭对染料废水的处理效果，吸附剂表面对这些带电染料基团的吸附作用主要受到吸附剂表面电荷量的影响，而电荷量又决定于溶液的 pH 值。由于泥炭和膨润土表面有过量的负电荷，它们对碱性染料的吸附效果比酸性染料好。膨润土对碱性蓝 9 染料的去除率在所有 pH 值下都超过 90%，pH 值为 2 时，去除率超过 99.9%。

3）改性黏土　黏土的物理化学性质：黏土是铝、镁等元素为主的一类硅酸盐类矿物，除海泡石、坡缕石等少数为层链状外，其他均为层状结构。层间包含可交换的无机阳离子，有一部分晶体表面的原子处于电价不饱和状态，具有活性。此外黏土粒径较小（小于 $2\mu m$），表面带负电荷，具有吸附性能。黏土表面硅氧基团具有亲水性，且层间阳离子易水解，故需进行改性以其提高去除污染物的能力。

黏土改性的主要方法：

（1）有机改性。用有机阳离子交换黏土表面或层间阳离子，一方面可改变黏土的表面性质，使其由亲水性变为疏水性，另一方面，层间阳离子被有机阳离子交换，阻止了水化膜的形成。此外，有机阳离子引进的特殊官能团也有助于吸附量的提高，有机阳离子一般采用的是季铵盐活化剂，也可用无机盐进行活化改性。

（2）交联改性。用聚合金属氧化物交换层内阳离子形成柱撑黏土，一般可提高对无机污染物的吸附量。

（3）有机交联改性。有机改性和交联改性的结合，对有机和无机污染物的吸附能力都有提高。

4）天然海泡石　国内外研究者对海泡石与水和各种污染物的作用已经进行了大量研究。研究不同操作条件（pH 值、溶质含量、搅拌时间、搅拌速度、吸附剂量）对海泡石去除溶液中 Co^{2+} 和 Ni^{2+} 的影响，确定了海泡石对 Co^{2+} 和 Ni^{2+} 的最佳吸附条件；研究 pH 值、离子强度和温度对海泡石吸附酸性红 57 效果的影响，发现其吸附效果随 pH 值和温度的降低以及离子强度的增大而增大。

由于海泡石原矿中含有较多的杂质，晶体结构中的一些孔道被杂质堵塞，其比表面积和吸附能力受到影响，因此在使用之前常常对其进行提纯和改性处理。海泡石的改性有加酸改性和加热改性等。海泡石结构中的 Mg^{2+} 是弱碱，遇弱酸会生成沉淀而沉积于海泡石的微孔中，故目前酸处理均为强酸（HCl、H_2SO_4、HNO_3 等）。酸处理海泡石均为 H^+ 取代八面体中的 Mg^{2+}，并与 Si—O 骨架形成 Si—OH 基。经酸处理的海泡石与天然海泡石相比，内部通道连通，比表面积增大，半径小于 1 nm 的孔洞数量减少，而半径为 1~5 nm 的孔洞百分率增加，使之对特定反应具有适宜的孔径和大的比表面积，表面酸中心数量增加。改性程度受酸含量、改性时间等影响。高温活化是用加热的方法把海泡石中的吸附水（H_2O）、结晶水（OH—H）和结构水（OH）依次除去，从而增大海泡石纤维间及孔道的比表面积。由于酸和热活化的海泡石对阳离子活化剂的吸附机理，活化后虽然表面积增加了几倍，但由于海泡石的晶体结构遭到破坏，沸石相和结合水被排除，孔径分布也改变了，因此对几种阳离子活化剂的吸附量并没有增大。

5）矿物吸附剂的发展方向　各种矿物在我国广泛存在，资源丰富，特别是非金属矿物大都是我国的优势矿种，具有独特的结构与性能。我们应大力研究发展矿物吸附剂，进一步扩大矿物吸附剂的品种和应用范围，因此矿物吸附剂的发展方向是：

（1）具有特殊选择性的吸附剂与矿物的有机配合，是矿物吸附剂的研究方向之一。如生物吸附剂是一种特殊的离子交换剂，生物细胞起主要作用，研究发现细菌、真菌、藻类等微生物能够吸附或富集金属，既能在活的微生物细胞表面，也能在死的微生物细胞表面进行，但微生物吸附剂必须通过一定的方式固定在载体上。目前常用的载体中，有多孔玻璃、氧化铝、纤维素、聚氯乙烯、环氧树脂等，这些载体存在着价格高等不利之处，这样采用廉价的矿物作为载体则是值得研究的。

（2）利用多种矿物的独特性能和协同作用原理，研究新的矿物吸附剂是矿物吸附剂研究的重点发展方向。目前使用的矿物吸附剂，无论是黏土矿物，铁、锰质矿物，还是碳酸盐矿物单独使用在某一方面均可获得有益的结果，但其效果有限，而混合使用则可起到增强功能的作用。如以伊利石、蒙脱石为主，次为高岭石的页岩物料，经过 1050～1250℃ 的膨胀，可制得高吸附的陶粒物料，作为滤水材料性能优良。

（3）将矿物吸附剂的粉状形式，"成形"制备成粒状（条状）等具有形状的物料。扩大矿物吸附剂的应用范围，减轻或消除二次污染，应是矿物吸附剂发展的方向之一。如矿物吸附剂除自身具有吸附性能外，还作为生物滤池的滤料，得到了一定程度的推广应用。资料报道以黏土（主要成分为偏铝硅酸盐）为原料，加入适当的化工原料作为膨胀剂，经高温烧制而成的球形轻质陶粒，具有表面粗糙、密度适中、强度高、耐摩擦等一系列特点优势。采用该陶粒用 BIOFOR 工艺处理生活污水，其处理的出水水质很高，完全满足生活杂用水水质标准。

2. 高分子吸附剂

高分子吸附材料具有无机吸附材料的通过阳离子交换和孔径选择性吸附分离物质的性质，还具有吸附作用（包括螯合、阴离子与阳离子间的电荷相互作用、化学键合、氢键、范德华力）的特点。随着工农业的发展，近岸海域的污染日趋严重，重金属离子含量比深海水域高数十倍至数百倍。因此，除去水中污染物及重金属离子是高分子吸附剂的重要任务。常用的高分子吸附剂有吸附树脂、天然高分子吸附剂等。

1）吸附树脂

吸附树脂是一种具有立体网状结构，呈多孔海绵状的新型有机高分子吸附剂。它是通过选择适当的单体合成出来的从非极性到强极性的一系列具有不同表面特性的物质。若按基本结构来分类，可分为四大类。

（1）非极性：不带任何功能基，如苯乙烯-二乙烯苯共聚物。

（2）中极性：一般带有酯基，如聚丙烯或甲基丙烯酯类与甲基丙烯酸乙二酯等交联的共聚物。

（3）极性：指带有极性功能基的聚丙烯酚胺类的共聚物。

（4）强极性：为交联的聚乙烯吡啶或苯乙烯类弱碱性阴离子交换树脂经过过氧化氢或次氯酸盐氧化后得到的，含有氧化氮基团的树脂。

吸附树脂的分离原理是通过物理吸附从溶液中有选择地吸附有机物质，从而达到分离提纯的目的。其理化性质稳定，不溶于酸、碱及有机溶剂，对有机物选择性较好，不受无机盐类及强离子、低分子化合物存在的影响。

不同于以往使用的离子交换树脂，吸附树脂为吸附性和筛选性原理相结合的分离材料。由于其本身具有吸附性，能吸附液体中的物质故称之为吸附剂。树脂吸附的实质是一种物体高度分散或表面分子受作用力不均等而产生的表面吸附现象。大孔树脂的吸附力是范德华力或产生氢键的结果。其中，范德华力是一种分子间作用力，包括定向力、色散力、诱导力等。同时由于树脂的多孔性结构使其对分子大小不同的物质具有筛选作用。因此，有机化合物根据吸附力的不同及相对分子质量的大小，在树脂的吸附机理和筛分原理作用下实现分离。

吸附树脂在污水处理领域应用非常广泛。目前，吸附树脂已用于含氯有机农药废水、造纸废水、尼龙生产废水、印染废水、含活化剂废水、制革工业废水、毛纺织工厂废水、人造纤维废水等各种工业废水的处理等。

2）天然高分子吸附剂

（1）以棉纤维为原料　近年来，纤维素类吸附剂应用日趋广泛。在天然纤维上接枝离子交换功能基团后，可产生具有吸附功能的离子交换纤维。这类纤维特点是：比表面积大，对大分子的交换容量大；交换基团只要分布在纤维表面，交换过程基本不受固相内扩散限制，交换速度快，易达到平衡。以棉纤维为原料制备交换剂的研究较多，用不同的方法将脱脂棉用乙二胺胺化，可得到阴离子交换纤维和乙二胺螯合棉纤维。

（2）以其他植物纤维为原料　自然界中的植物其主要成分是纤维素、木质素、单宁等多聚糖类物质，因此它们同时具有纤维素、木质素的吸附特性。各种农业废弃物中含纤维素大约为30%～50%，这些固体废弃物的大量排放和焚烧，不仅给环境带来了污染，而且造成了大量资源的浪费。若能利用农副产品废弃物中的纤维素合成纤维素衍生物，既避免了因田间焚烧废弃物产生的烟雾等污染环境，节约了工业原料，又可以提供廉价的产品。一些人研究发现以稻壳为骨架材料制备含氮纤维，对Cr（Ⅵ）有很好的吸附能力。当pH=2.5时，对Cr（Ⅵ）的动态饱和吸附量为34.217mg/g（干基）；用10%的氢氧化钠进行洗脱可以再生，它是一种较为新型、高效、价廉的重金属离子吸附剂。利用农副产品废弃物麦秆、荞麦皮、锯末、稻壳中的纤维素制备纤维素强阴离子交换剂，模拟电镀废水中Cr（Ⅵ）的去除率的静态方法的测定，结果表明该类纤维素强阴离子交换剂，特别是麦秆纤维素强阴离子交换剂对Cr（Ⅵ）有良好的吸附能力，吸附量可达76.4mg/g，是一种较好的吸附材料。锯屑等木材加工废料具有很好的吸附性能，含有还原性和络合性能的成分，可使重金属离子Cr（Ⅵ）通过吸附、还原、络合等作用被除去，木材加工废料使用后可通过酸洗、离子交换等方式提取金属离子Cr（Ⅵ）后再次使用。以锯屑等木材加工废料处理含Cr（Ⅵ）废水，其对铬离子的最大吸附量为1.6～2mg/g。用甲醛和硝酸对木屑进行改性，得到甲醛改性木屑和硝酸改性木屑，用两种改性木屑处理含铬（Ⅵ）废水，吸附率达到99.9%。玉米棒子等一些天然的吸附剂也可以处理含铬废水，能有效去除水中的六价铬，而且吸附性能较好。树叶中包含各种成分如多酚类、植物色素和蛋白质，这些成分是吸附重金属离子的活性部位。

（3）以淀粉为原料　淀粉结构与纤维素相似，分子带有很多羟基，因此对其进行系列的改性也能达到吸附效果。接枝淀粉是淀粉的改性产物中的一种，是一种被广泛应用的新型材料。其结构以亲水的、半刚性链为主链，以乙烯聚合物为支链。通常使用丙烯酸、丙烯腈、丙烯酰胺等乙烯基类单体。

（4）以木素为原料　木素是由三种不同类型的苯丙烷单体通过脱氢聚合生成的无定形三维高分子聚合物。这三类苯丙烷单体为：对位豆醇、松伯醇和芥子醇。因此木素成分复杂，相对分子质量分布很广，从几百到上百万，分子中含有醚键、碳碳双键、苯甲醇羟基、酚羟基、羰基和苯环等。其结构表明可以进一步发生烷基化、羟甲基化、酯化、酰化等化学反应，从而改善木素对铬离子的吸附性能。用木质素絮凝处理含Cr（Ⅵ）和Cr（Ⅲ）的水溶液，Cr（Ⅵ）的去除率达到63%，Cr（Ⅲ）去除率达到100%。

3. 生物吸附剂

生物吸附剂（biosorbent）指具有从重金属废水中吸附分离重金属能力的生物质及衍生物。它最早被用于水溶液体系中重金属等无机物的分离。随着技术的发展，近来也被用于染料、杀虫剂等生物难降解和有毒害有机物的分离与富集。目前，生物吸附剂以其高效、廉价、吸附速度快、便于储存、易于分离回收重金属等优点，已引起国内外研究者的广泛关注。

（1）生物吸附剂的种类和来源　生物吸附法是利用微生物从水溶液中富集、分离重金属离子方法，最早由 Ruchhoft 提出，以活性污泥为吸附剂去除废水中的 Pu 239。此后，国内外研究者围绕生物吸附剂进行了广泛而深入的研究。早期的生物吸附剂主要指微生物，如原核微生物中的细菌、放线菌，真核微生物中的酵母菌、真菌以及藻类，甚至有人定义生物吸附（biosorption）为"利用微生物（活的、死的或它们的衍生物）分离水体系中金属离子的过程"。但目前生物吸附剂的研究范围已不仅限于微生物，如吸附剂可以是动植物碎片等无生命的生物物质，也可以是活的植物系统。

在判断一个材料是否适合作为生物吸附剂时，一般要考察其机械稳定性、对目的物的选择吸附性能、平衡吸附量、吸附速度和应用成本等内容。同时，这也是在针对特定物系选用生物吸附剂时要考察的几个必要条件。

（2）生物吸附剂的制备　生物吸附剂的种类多、来源广。天然吸附剂在使用前需进行洗涤以除去杂质。活的生物吸附剂在制备时要注意保证它的生存环境，而死的生物吸附剂在使用前通常进行预处理以提高其吸附性能，常见的预处理方法见表 3-1。

表 3-1　生物吸附剂预处理方法

类　别	方　法	优　点	缺　点
化学法	有机溶剂法	可操作性强	易造成环境污染
	活化剂法	处理结果均匀	—
	酸碱冲击法	—	—
物理法	温度冲击法	安全，环境污染小	操作困难
	超声波处理法	—	处理结果不均匀
	脱水干燥法	—	—
	粉碎法	—	—
其他	生物生理调控法	有利于开发新品种	需对活生物进行特定调控培养
	基因重组法	—	—

关于预处理能够提高生物吸附剂性能的原因，可从多个角度进行分析。通过预处理，可以使吸附剂表面去质子化，从而活化吸附位点；也可以改善吸附剂的化学性能，提高其饱和吸附量；还可以提高生物吸附剂的通透性，降低传质阻力。

此外，为了避免吸附剂流失和损耗，有时还需要对游离状生物吸附剂进行固定化处理。广义上的固定化方法还包括以固膜或液膜等形式将游离态生物吸附剂封闭在容器中以不断反复使用的方法。

（3）生物吸附剂的吸附过程　生物吸附是废水溶液和生物吸附剂两者接触的固液传质与吸附过程。生物吸附过程随生物吸附剂不同而有所差异，一般活生物吸附可分为生物吸着过程和生物积累过程两个阶段，而死生物吸附的过程则只有生物吸着一个阶段。生物吸附剂对目的物的吸附性能受到许多因素影响，如吸附剂的预处理、温度、pH 值、共存离子、螯合剂、目的物含量及化合形态等。吸附动力学的研究结果表明，生物吸附剂通常在数秒至几分钟内即可达到理想的吸附量。

生物吸附工艺是生物吸附剂实现其性能的关键技术。按操作方式吸附工艺可分为间歇式、半连续式和连续式；按吸附反应器形式或生物吸附剂的分布形式又可分为搅拌罐、填充床、流化床、气升式悬浮床及膜式等吸附工艺。通过采用恰当的固-液接触式反应器，废水与固体吸附剂以间歇、半连续或连续流方式相接触，可达到理想的净化或分离、富集效果。需注意的是，未充分考虑过程特点的吸附工艺往往会带来问题。如对于有气体产生或引入的处理过程，采用固定床吸附工艺时，气体就会滞留于床层间，易造成物料沟流，使生物吸附剂不能充分发挥作用；而对于固定化吸附剂，采用全混流式反应器又易造成固定化颗粒的破裂与消耗。因此，针对特定的生物吸附剂及处理体系，要注意结合吸附过程与应用工艺的特点。

（4）生物吸附剂的应用领域　生物吸附剂最早被用来吸附废水中的重金属离子，应用目的是净化水质。目前，随着研究的深入，生物吸附剂的应用领域逐渐被扩展到富集回收贵金属和脱除染料、难降解和有毒害的有机物。表3-2给出了目前生物吸附剂在各领域的一些应用情况。

表3-2　生物吸附剂的应用领域

应用目的	生物吸附剂	吸附质
吸附重金属或无机物	啤酒酵母、根霉、灰葡萄孢霉、胡萝卜渣、固定化的黄孢原毛平革菌、甲基化酵母	铅、镍、铬、镉、铜、锌、汞、砷
富集贵金属	棉籽壳、固定化的真菌孢子、藻青菌、马尾藻、绿藻、产硫杆菌、酵母	金、铀、镧、银、钕、铂和钯
脱除有机物	活性污泥、风信子根、巨藻、真菌、杆菌、厌氧生物颗粒、假单胞菌	染料、酚类化合物、苯酚和滴滴涕、林丹、二羟二氯二苯甲烷、多氯联苯

被吸附富集的物质往往对环境具有毒害作用，因此吸附过程结束后要对吸附饱和的吸附剂进行处理，否则会造成二次污染。一般可通过填埋或焚烧手段对其进行集中处理，其中通过焚烧可以分解有毒物质和回收贵金属。对于成本高和能多次使用的生物吸附剂，则可以使用解吸方法来收集吸附质和再生吸附剂。

（5）生物吸附剂应用的经济可行性　采用生物吸附剂方法的成本主要包括吸附剂的生产成本和吸附操作成本两部分。在生物吸附剂制造过程中，不同的原料来源使得吸附剂生产成本差别很大，具体情况见表3-3。

表3-3　吸附剂的成本

原料来源	吸附剂价格	原料来源	吸附剂价格
发酵副产品	干燥和运输费用	专门培养的菌体（真菌、酵母）（干重）	1～5 \$/kg
活性污泥	干燥和运输费用	海洋藻类（干重）	1～2 \$/kg
植物系统	种植和管理费用	专门培养的藻类（干重）	18～21 \$/kg

影响生物吸附剂吸附操作成本的因素比较多，如污染物含量、吸附反应器类型、操作模式等。与沉淀、离子交换、活性炭吸附、膜分离和蒸发等处理方法相比，在重金属废水净化过程中，生物吸附剂法在吸附性能、pH值适应范围、运行费用等方面都优于其他方法。因此，生物吸附剂是具有经济可行性的，并且具有较好的应用前景。

随着对生物吸附剂研究的不断深入，生物吸附技术在废水净化和重金属富集回收等方面具有了广阔的应用前景。针对不同的吸附质体系，当前已发现并研究了大量具有吸附能力的生物吸附剂，但在以下几个方面仍有待发展与完善：

（1）通过对生物吸附剂吸附机理的研究，利用预处理和基因工程等技术构建出具有较强吸附能力和适应能力的生物吸附剂。

（2）采用固定化技术，将生物吸附剂与生物酶、酶系结合在一起，从而有效促进废水中有机物的脱除与降解。

（3）对于可再生重复使用的生物吸附剂，加强对其再生工艺和应用条件的研究。

（4）采用合适的方法，解决废弃生物吸附剂与富集物的回收利用与处理问题。

（5）针对不同的应用领域和使用目的，开发出具有工业化价值的生物吸附剂及其应用工艺。

3.2.3　沉淀分离材料

所谓沉淀分离，就是向废水中投加某些化学药剂，使之与废水中的污染物发生化学反应，形成难溶的沉淀物，然后进行固液分离，从而去除废水中的污染物。沉淀分离方法是水处理中经常使用的分离工艺，常用的沉淀分离材料包括用于混凝沉淀的混凝沉淀剂和化学沉淀的化学沉淀剂两种。

1. 混凝沉淀剂

在现代给水排水诸多处理技术中，混凝占有非常重要的地位，是一种应用最广泛、最经济简便的水处理技术。在混凝过程中，混凝剂在水中首先发生水解、聚合等化学反应，生成的水解、聚合产物，再与水中的颗粒发生化学吸附、电中和脱稳、吸附架桥等综合作用生成粗大絮凝体，然后沉淀除去。

目前，主要有无机混凝剂、有机混凝剂、复合混凝剂及生物混凝剂四大类混凝沉淀剂。近几年，许多研究者主要对高分子混凝剂和高效复合脱色混凝剂展开了较深入的研究，并在处理印染废水方面取得了进展。

如 Fenton 氧化-混凝法特别适合于处理成分复杂（同时含有亲水性和疏水性染料）的染料废水。复合混凝剂 $MgSO_4$-$FeSO_4 \cdot 7H_2O$ 的脱色效果明显优于单一组分，表现出显著的协同效应。聚硅铝铁硼应用于处理印染废水，其脱色效果佳。聚合硫酸铁硅混凝剂（PF-SS），它是一类新型无机高分子混凝剂，是在聚硅酸和铁盐的基础上发展起来的复合产物。此类混凝剂混凝效果好，易储备，价格便宜，因此受到了水处理界的极大关注。

此外，高铁酸盐混凝剂是水处理中已经广泛使用的絮凝剂，能够有效降解有机物，去除悬浮颗粒及凝胶。其瓶颈在于产率比较低，预处理工艺对其治理效果有一定影响。

2. 化学沉淀剂

化学沉淀也是一种常用的废水沉淀分离处理方法。主要是利用投加的化学物质与水中的污染物进行化学反应，形成难溶的固体沉淀物，然后进行固液分离，从而除去水中的污染物。通常称这类能与废水中污染物直接发生化学反应并产生沉淀的化学物质为沉淀剂。对于危害性较大的重金属废水，特别当污染物含量较高时，化学沉淀法是一种重要的污水处理方法。废水中的重金属离子（如汞、铬、铅、锌、镍、铜等）、碱土金属（如钙和镁离子）和非金属化合物（如砷、氰、硫、硼等污染物）均可通过化学沉淀法去除。

化学沉淀剂可分为氢氧化物沉淀剂、硫化物沉淀剂、铬酸盐沉淀剂、碳酸盐沉淀剂、氯化物沉淀剂等几大类。

（1）氢氧化物沉淀剂　包括各种碱性物料，常用的有石灰、碳酸钠、苛性钠、石灰石、白云石等。由于氢氧化物沉淀法对重金属的去除范围广，沉淀剂的来源丰富，价格低而又不造成二次污染，因而是一种应用最广泛的重金属废水处理方法。

（2）硫化物沉淀剂　硫化物也是一种较好的化学沉淀剂。位于元素周期表中部的大多数金属的硫化物都难溶于水，因此可用硫化物沉淀法比较完全地去除废水中的重金属离子。常用的硫化物沉淀剂有硫化氢、硫化钠、硫化铵、硫化锰、硫化铁、硫化钙等。硫化氢是一种有毒带恶臭的气体，使用时必须十分注意安全，在空气中的允许质量浓度不得超过 $0.01mg/L$。用硫化物沉淀法处理重金属废水，具有去除率高、沉淀泥渣中金属品位高、便于回收利用、pH 值适应范围大等优点。

（3）铬酸盐沉淀剂　在废水处理中，铬酸盐沉淀法仅限于处理六价铬离子。投加的沉淀剂有碳酸钡、氯化钡以及硫化钡等。因都是钡盐，习惯上叫做钡盐沉淀法。钡盐法的优点是出水清澈透明，可回用于生产。缺点是钡盐来源少，沉渣中的铬毒性大，并引进了二次污染物钡离子。另外，处理过程控制要求较严格，要兼顾两种毒物的处理效果。目前，工业上已很少采用这种处理方法。

（4）碳酸盐沉淀剂　钙、镁等碱土金属和锗、铁、钴、镍、铜、锌、银、镉、铅、汞、铋等重金属离子的碳酸盐都难溶于水，可用碳酸盐沉淀法将这些金属离子从废水中去除。通常，对于不同的处理对象，碳酸盐沉淀法有三种不同的应用方式：其一是利用沉淀转化原理投加难溶碳酸盐（如碳酸钙），使废水中重金属离子生成溶解度更小的碳酸盐而沉淀析出；其二是投加活性碳酸盐（如碳酸钠），使水中金属离子生成难溶碳酸盐而析出；其三是投加石灰，与水中的钙、镁离子反应，生成难溶的碳酸钙和氢氧化镁而沉淀析出。

（5）氯化物沉淀剂　对废水中的银离子，可用氯化物沉淀法去除。一般情况下，氯化物的溶解度都很大，唯一例外的是氯化银。利用这一特点，可以处理和回收废水中的银。

3.3　污水化学处理材料

3.3.1　催化剂

1. 光催化材料

光催化材料是具有环境净化和自洁功能的半导体材料的总称。半导体的光催化效应是指在光的照射下，价带电子跃迁到导带，价带的空穴把周围环境中的羟基电子夺过来，羟基变成自由基，成为强氧化剂将酯类变化如下：酯→醇→醛→酸→CO_2，完成了对有机物的降解。具有这种光催化效应的半导体的能隙既不能太宽，也不能很窄，一般为 $1.9 \sim 3.1\ eV$。

（1）TiO_2 作光催化剂的优缺点和纳米 TiO_2 的优势　TiO_2 是公认的最有效的光催化剂。它的显著优点是：能有效吸收太阳光谱中的弱紫外辐射部分；氧化还原性较强；在较大的 pH 值范围内的稳定性强；无毒。但由于 TiO_2 的价带宽度为 $3.2eV$，只能吸收波长小于 $387nm$ 的紫外辐射，不能充分利用太阳能。另外，TiO_2 的光量子效率也有待进一步提高。

研究发现纳米级 TiO_2 材料的催化效率远远高于一般的半导体，原因在于：

① 由于量子尺寸效应使其导带和价带能级变成分立能级，能隙变宽，导带电位变得更负，而价带电位变得更正，这意味着纳米半导体具有更强的氧化和还原能力。

② 由于纳米半导体粒子的粒径小，比粗颗粒更容易通过扩散从粒子内迁移到表面，有利于得或失电子，促进氧化和还原反应。科研人员将醇盐法合成的掺杂 Fe_2O_3 的 TiO_2 光催化剂用于处理含 SO_3 和 $Cr_2O_7^{2-}$ 的废水，发现纳米 TiO_2 的催化活性比普通 TiO_2 粉末（粒径约为 $10\mu m$）高得多。纳米 TiO_2 光催化应用技术工艺简单、成本低廉，利用自然光即可催化分解细菌和污染物，且能长期有益于生态自然环境，是最具有开发前景的绿色环保催化剂之一。

（2）纳米 TiO_2 在水处理中的应用 ① 有机污染物的处理。纳米 TiO_2 利用自身受光照射时产生电子和空穴具有较强的还原和氧化能力，能降解大多数有机物，最终生成无毒无味的 CO_2、H_2O 及一些简单的无机物。参考近几年来发表的文献，将在光催化机理方面作为目标化合物重点研究的物质主要分为脂肪酸、芳香酸和酚类，按被降解物的用途不同可分为燃料、除草剂、活化剂。这些物质经过纳米 TiO_2 光催化作用后，都可以转化为 CO_2 和 H_2O，完成氧化降解。将纳米光催化材料作成空心小球，浮在含有有机物的废水表面上，便可利用太阳光进行有机物的降解。美国、日本就是利用这种方法对海上石油泄漏造成的污染进行处理的。

② 无机污染物的处理。除有机物外，许多无机物在纳米表面也具有光化学活性，如对 $Cr_2O_7^{2-}$ 离子水溶液的处理，利用 TiO_2 悬浮粉末经光照将 $Cr_2O_7^{2-}$ 还原为 Cr^{3+}；对含氰废水的处理，以 TiO_2 光催化剂将 CN^- 氧化为 OCN^-，再进一步反应生成 CO_2、N_2 和 NO_3^-；用 TiO_2 光催化法可从 $Au(CN)_4$ 中还原 Au，同时氧化 CN^- 为 NH_3 和 CO_2，该法可用于电镀工业废水的处理，不仅能还原镀液中的贵金属，而且还能消除镀液中的氰化物对环境的污染，是一种有实用价值的处理方法。

大量试验结果表明，纳米 TiO_2 光催化反应对于工业废水具有很强的处理能力。但值得一提的是，由于光催化反应是基于体系对光能量的吸收，因此要求被处理体系具有良好的透光性。对于高含量的工业废水，若杂质多、浊度高、透光性差，反应则难以进行。因此该方法在实际废水处理中，适用于后期的深度处理。

（3）微生物的灭杀 纳米 TiO_2 微粒本身对微生物细胞无毒性，只有其形成较大的聚集体时才对微生物构成危害。如 $0.03 \sim 10\ \mu m$ 的 TiO_2 聚集体由于沉积和包覆在微生物细胞表面，而将其杀死。

纳米 TiO_2 光催化杀灭微生物细胞有直接和间接反应两种不同的机理。光激发 TiO_2 和细胞间的直接反应是光生电子和光生空穴直接和细胞壁、细胞膜或细胞的组成成分反应，导致功能单元失活而致细胞死亡。在悬浮液体中，TiO_2 颗粒或吸附于微生物细胞的表面，或被微生物细胞吞噬而在细胞内聚集。被细胞吞噬的 TiO_2 颗粒，其产生的光生空穴和活性氧类直接与细胞内组成成分发生生化反应，因而更加有效。由于紫外光激发 TiO_2，颗粒产生的空穴具有非常强的氧化能力，而且生成的活性氧类具有非常强的反应活性。因而无论悬浮液体系还是在光阳极表面，光激发 TiO_2 颗粒均能有效且彻底地杀灭乳酸杆菌、面包酵母菌、大肠杆菌以及海拉细胞等人体恶性肿瘤细胞。此外，光激发 TiO_2 具有强杀菌性能和显著的抗瘤性，有望应用于室内消毒杀菌、水处理、河水污染综合治理以及癌症的光动力学疗法。

目前，TiO_2 光催化的主要应用领域在于降解污染物。近年来，不断有研究根据光催化原理对水体中的污染程度进行评估，或利用光催化作为分析检测的前处理手段对原有分析方法进行改进，TiO_2 光催化在建立新分析测试方法中的应用研究正在蓬勃发展。

2. 生物酶催化

（1）生物酶催化技术去除污染物的机理　将生物酶催化技术应用于污染物的去除，是采用不同于普通微生物菌的系列生物酶、菌结合技术，通过酶打开污染物质中更复杂的化学链，将其迅速降解为小分子，从高分子有机物降解为低分子有机物或 CO_2、H_2O 等无机物，降低 COD 值，从而达到去除污染物的目的，大大减少污水处理费用。

生物酶处理有机物的机理是先通过酶反应形成游离基，然后游离基发生化学聚合反应生成高分子化合物沉淀。与其他微生物处理相比，酶处理法具有催化效能高，反应条件温和，对废水质量及设备情况要求较低，反应速度快，对温度、含量和有毒物质适应范围广，可以重复使用等优点。

（2）酶催化技术在废水处理中的应用　生物酶催化技术应用于难降解废水处理中，可以迅速高效地去除污染物，酶催化进水中 COD = 1200 ~ 1250mg/L、BOD = 400mg/L、SS = 150 ~ 170mg/L，运行稳定后酶催化出水中 COD = 340mg/L、SS = 66mg/L，其中 BOD/COD = 0.58，COD 去除率可以达到 72% 以上，大大提高废水的可生化性，整个处理系统最终出水中 COD = 68mg/L，大大优于排放标准，同时特定的生物酶可将印染废水中苯系、萘系、蒽醌系以及苯胺、硝基苯、酚类污染物及废水中的各种助剂污染物，降解为小分子的有机物，很好地解决了印染废水中难降解有机物的降解问题，为后续生化处理创造有利条件，不仅可以减小构筑物的结构，同时可降低投资和运行成本。

（3）酶催化技术优点　应用酶催化技术处理废水，可以高效迅速地降解废水中的污染物含量，包括 COD、BOD、苯系、萘系、蒽醌系以及苯胺、硝基苯、酚类污染物以及废水中的各种助剂污染物，并可提高废水的可生化性，为后续处理创造条件。

① 污水处理效率高，出水水质好。与传统方法比较，酶促污水处理效率高出几十倍。BOD_5 的容积负荷为 25kg/(m³·d)，氨氮负荷为 1.5kg/(m³·d)，一级处理 COD 去除率达 90% 以上，氨氮去除率达 98% 以上，SS 去除率达 90% 以上。出水水质可达到相关标准。

② 有效处理高含量难降解废水，尤其是高含量难降解印染废水。

③ 技术适应性强。生物酶可在常温常压、温和的反应条件下进行高效地催化反应，污染物中难降解物质在酶的催化下能得以处理，降解速度快，反应时间短，并且生物酶稳定性较高，有利于底物、产物的分离，可以在较长时间内连续装柱反应，其反应过程可以严格控制，可实现连续化、自动化的废水处理，提高了酶的利用效率，降低处理成本，大大提高处理效果；应用酶法处理废水，较之细菌法处理，生物催化直接，不产生因菌团生化过程产生的臭味和生物渣体，与目前的印染废水处理工艺相比，本工艺反应速度快、高效、直接。

④ 生物酶反应器需氧量小，不需要搅拌，可在常温下进行，在创造高效的同时实现了低能耗，是一种节能型的废水处理设备；其副产物少，载体只要简单的正压与负压反冲洗即可清除附着物；反应器的容积负荷可以根据进水水量与水质进行任意调节和控制，大大提高效率，降低工程投资成本；多级生物酶反应器可根据废水处理量，设并联或者串联，连接用管阀自动开启或闭合。

⑤ 酶生物反应器较传统的生物滤池等菌群处理方法，基本无污泥产生，运行方便，操作简单，大大降低运行成本。在酶的参与下，提供同化作用和异化作用，得到最终的产物 CO_2 和 H_2O，较之固定化细胞作用更直接，减少菌群处理过程需要碳源与营养才能进行转化的过程，可在 20 ~ 50 ℃条件下运行。载体结构设计科学，使得好氧、兼氧、厌氧菌种能共存于一体，许多难以用好氧微生物直接处理的难降解有机物可先经厌氧水解成小分子化合

物，再经好氧代谢成无机物。

⑥ 运行中无不良气味，不产生池蝇。

⑦ 建设投资和运营成本显著下降。项目建设投资少，运行成本低。占地面积仅为传统方法的 2/5 ~ 2/10，池容量仅为普通曝气池的 20% 左右。项目建设投资为传统方法的 65% 左右，运行成本为传统方法的 50%。

3.3.2　氧化还原材料

废水氧化还原法：把溶解于废水中的有毒有害物质，经过氧化还原反应，转化为无毒无害的新物质，这种废水的处理方法称为废水的氧化还原法。在氧化还原反应中，有毒有害物质有时是作为还原剂的，这时需要外加氧化剂如空气、臭氧、氯气、漂白粉、次氯酸钠等。当有毒有害物质作为氧化剂时，需要外加还原剂如硫酸亚铁、氯化亚铁、锌粉等。如果通电电解，则电解时阳极是一种氧化剂，阴极是一种还原剂。

1. 药剂氧化

废水中的有毒有害物质为还原性物质，向其中投加氧化剂，将有毒有害物质氧化成无毒或毒性较小的新物质，此种方法称为药剂氧化法。在废水处理中用得最多的药剂氧化法是氯氧化法，即投加的药剂为含氯氧化物如液氯、漂白粉等，其基本原理都是利用次氯酸根的强氧化作用。

氯氧化法：利用氯的强氧化性氧化氰化物，使其分解成低毒物或无毒物的方法叫做氯氧化法。在反应过程中，为防止氯化氢和氯逸入空气中，反应常在碱性条件下进行，故常常称作碱性氯氧化法。

（1）原理　氯氧化法采用氯氧化剂，如次氯酸钠、漂白粉和液氯等，主要用于去除废水中的氰化物、硫化物、酚、醇、醛、油类以及对废水进行脱色、脱臭、杀菌等处理。

（2）氯氧化法处理含氰废水　电镀含氰废水中的氰主要以游离氰和络合离子氰两种形态存在。一般游离状态的毒性较大，而络合离子状态的毒性较小。

氯氧化氰化物的过程分两个阶段进行：首先是在碱性条件下氰化物被氧化成毒性和氰化氢差不多的挥发性物质氯化氰，在 pH 值为 10 ~ 11 时，在十多分钟内可将氯化氰转化为毒性很小的氰酸根离子，这也称为局部氧化法。

为防止处理水中含有剧毒物质氯化氰，其处理工艺条件应进行如下控制：

① 废水的 pH 值宜大于 11。

② 废水中除含游离氰外还常常含有络合氰，考虑到废水中同时还有其他还原性物质存在，实际氧化剂的用量要比用公式计算的理论用量有所增加，以次氯酸钠计，为含氰量的 5 ~ 8 倍。

③ 温度对反应的影响不大。

④ 对废水进行搅拌可以加速反应。

⑤ 进行完全氧化反应，即进一步投加氯氧化剂，破坏碳-氮键，使其转化为二氧化碳和氮气。完全氧化处理法工艺条件是：必须在局部氧化处理的基础上，一般 pH 值为 7.5 ~ 8.5，氧化剂的用量为局部氧化法的 1.1 ~ 1.2 倍。

2. 光氧化

目前由光分解和化学分解组合成的光催化氧化法已成为废水处理领域中的一项重要技术。常用光源为，常用氧化剂有臭氧和过氧化氢等。

　　紫外光和臭氧法是光催化氧化法中比较成功的一种，能有效地去除水中卤代烃、苯、醇类、酚类、醛类、硝基苯、农药和腐殖酸等有机物以及细菌和病毒等，而且在处理过程中不会产生二次污染。

　　臭氧氧化是利用臭氧的强氧化能力，使污水（或废水）中的污染物氧化分解成低毒或无毒的化合物，使水质得到净化。它不仅可降低水中的 BOD、COD，而且还可起脱色、除臭、除味、杀菌、杀藻等功能，因而，该处理方法越来越受到人们重视。

　　（1）臭氧的特性　　臭氧是一种强氧化剂，其氧化能力仅次于氟，比氧、氯及高锰酸盐等常用的氧化剂都高。在理想的反应条件下，臭氧可以把水溶液中大多数单质和化合物氧化到它们的最高氧化态，对水中有机物有强烈的氧化降解作用，还有强烈的消毒杀菌作用。

　　臭氧的性质主要有：不稳定性、溶解性、毒性、氧化性、腐蚀性。

　　（2）臭氧氧化的接触反应装置　　废水的臭氧处理是在接触反应器中进行的，为了使臭氧在水中充分反应，应尽可能使臭氧化空气在水中形成微小气泡，并采用气液两相逆流操作，以强化传质过程。常用的臭氧化空气投加设备有多孔扩散器、乳化搅拌器、射流器等。

　　（3）臭氧处理工艺设计　　设计内容主要有两方面：一是臭氧发生器型号和台数的确定，确定的依据是臭氧投加量、臭氧化空气中臭氧的含量和臭氧发生器工作的压力；二是臭氧布气装置和接触反应池容积的确定，确定的依据是布气装置性能和接触反应时间，接触反应时间一般为 $5 \sim 10min$。

　　（4）臭氧在废水处理中的应用发展　　臭氧在废水处理中的应用发展很快，近年来，随着一般公共用水污染日益严重，要求进行深度处理，国际上再次出现了以臭氧作为氧化剂的趋势。臭氧氧化法在水处理中主要是使污染物氧化分解，用于降低 BOD、COD，脱色，除臭，除味，杀菌，杀藻，除铁、锰、氰、酚等。

　　（5）臭氧氧化的优缺点　　优点：氧化能力强，对脱色、除臭、杀菌、去除有机物和无机物等效果好，无二次污染，制备臭氧只用空气和电能，操作管理方便；缺点：投资大，运行费用高。

3. 药剂还原与金属还原

　　药剂还原法是利用某些化学药剂的还原性，将废水中的有毒有害物质还原成低毒或无毒的化合物的一种水处理方法。常见的例子是用硫酸亚铁处理含铬废水。亚铁离子起还原作用，在酸性条件下（pH = 2 ~ 3），废水中六价铬主要以重铬酸根离子形式存在。六价铬被还原成三价铬，亚铁离子被氧化成铁离子，需再用中和沉淀法将三价铬沉淀。沉淀的污染物是铬氢氧化物和铁氢氧化物的混合物，需要妥善处理，以防二次污染。该工艺流程包括集水、还原、沉淀、固液分离和污泥脱水等工序，可连续操作，也可间歇操作。

　　金属还原法是向废水中投加还原性较强的金属单质，将水中氧化性的金属离子还原成单质金属析出，投加的金属则被氧化成离子进入水中。此种处理方法常用来处理含重金属离子的废水，典型例子是铁屑还原处理含汞废水。其中铁屑还原效果与水的 pH 值有关，当水的 pH 值较低时，铁屑还会将废水中氢离子还原成氢气逸出，因而，当废水的 pH 值较低时，应调节后再处理，反应温度一般控制在 $20 \sim 30 \ ^{\circ}\text{C}$。

3.3.3　中和材料

　　对于不同含量的酸碱性废水，应采取不同的治理对策，对于含量较高的，应首先考虑综合利用，以回收为主，如35%左右的浓硫酸蒸发器浓缩后再综合利用含硫酸5%以上的酸水可用石灰、电石渣中和后制造石膏，给硅酸盐制品厂制砖。酸碱废水的中和利用技术是多种多样的，应当根据当地的具体条件进行选择，创造更经济更有效的中和利用方法，回收更多的资源财富。

对于低质量分数的酸碱废水，如酸度在 4 % 以下的，首先应当考虑有没有可能改进生产过程中的后处理工艺，如采用逆流漂洗技术，以提高废水中的酸碱含量，为综合利用创造条件。在没有提出回收利用方法以前，必须对废水进行中和处理才能排放，含有硫酸的酸性废水应用石灰、氢氧化钙、碳酸钙中和处理，因为中和后形成的硫酸钙在水中的溶解度很小，可有效地去除废水中的硫酸根，这对于废水后续的生化处理是非常有利的。

酸性废水的中和方法有：

（1）利用碱性废水或碱性废渣进行中和。

（2）通过有中和性能的滤料过滤。

（3）投加碱性药剂。碱性中和药剂有石灰、石灰石、白云石、碳酸钠、氢氧化钠等，其中石灰石的使用较为普遍。

碱性废水可用硫酸、盐酸以及一些工业酸性气体等中和，也可以用一些工业副产物的酸性废水来中和处理。

当酸性废水中含有重金属盐类如铁、锌、铜等盐时，计算中和药剂的投加量，应增加金属化合产生沉淀的药剂量。

采用石灰石中和硫酸时，产生石膏并有 CO_2 释放出来。

由于生成的石膏溶解度很小，20 ℃时只有 1.6 g/L，因此当废水中的硫酸质量浓度大于 2 g/L 时，将形成过饱和硫酸钙，尚未反应的石灰石表面将被石膏和 CO_2 覆盖，影响中和效果。因此，当废水中的硫酸含量过大时，应将石灰石预先粉碎成粒径为 0.5 mm 以下的颗粒后再使用。

由于石灰不仅价格便宜，而且与水化合形成的氢氧化钙对废水中的杂质还具有凝聚作用，因此是中和酸性废水的首选药剂。石灰的投加方式可以采用干投或湿投，干投法设备简单，但反应不彻底，而且较慢，投药量需为理论值的 1.4 ~ 1.5 倍。湿投法设备比较多，但反应迅速，投药量为理论值的 1.05 ~ 1.1 倍。湿投操作时，将生石灰消解成质量分数为 40 % ~ 50 % 后再配置成质量分数为 5 % ~ 10 % 的 $Ca(OH)_2$ 乳液供中和反应用。石灰消解及配置乳液时不宜用压缩空气搅拌，最好采用机械搅拌，因为石灰与空气中的 CO_2 生成惰性反应的 $CaCO_3$，易于堵塞管道，导致操作困难。

在工程上，一次性投药的中和处理效果远不及分批加药的中和处理效果，特别是酸碱度较大的废水，如果处理水量大时更应采取分批投药方式，应设计两个或多个中和反应池（槽）。

3.3.4　其他化学材料

废水萃取处理法是废水物理化学处理法的一种，是利用萃取剂，通过萃取作用使废水净化的方法。根据一种溶剂对不同物质具有不同溶解度这一性质，可将溶于废水中的某些污染物完全或部分分离出来。向废水中投加不溶于水或难溶于水的溶剂（萃取剂），使溶解于废水中的某些污染物（被萃取物）经萃取剂和废水两液相间界面转入萃取剂中以净化废水。萃取处理法一般用于处理含量较高的含酚或含苯胺、苯、醋酸等的工业废水。

萃取时如果各成分在两相溶剂中分配系数相差越大，则分离效率越高，如果在水提取液中的有效成分是亲脂性的物质，一般多用亲脂性有机溶剂，如苯、氯仿或乙醚进行两相萃取，如果有效成分是偏于亲水性的物质，在亲脂性溶剂中难溶解，就需要改用弱亲脂性的溶剂，如乙酸乙酯、丁醇等。还可以在氯仿、乙醚中加入适量乙醇或甲醇以增大其亲水性。提取黄酮类成分时，多用乙酸乙酯和水的两相萃取。提取亲水性强的皂甙则多选用正丁醇、异戊醇和水作两相萃取。不过，一般有机溶剂亲水性越大，与水作两相萃取的效果就越不好，因为能使较多的亲水性杂质伴随而出，对有效成分进一步精制影响很大。

萃取剂的选用不仅影响到废水处理的深度，而且影响到分离效果和萃取过程的费用。因此在选择萃取剂时要满足下述要求：

（1）对废水中的被萃取物的溶解度越大越好，而对水的溶解度越小越好。

（2）易于回收和再生。

（3）与被萃取物的相对密度、沸点有足够差别，以便把萃取物从萃取剂中分离出来。要有适当的表面张力，因为表面张力过大，虽然分离迅速，但分散程度差，影响两相的充分接触；表面张力过小，则液体容易乳化而影响分离效率。

（4）具有化学稳定性，不与被萃取物起化学反应。并有足够的热稳定性和抗氧化性，对设备腐蚀性小，毒性小，以免造成新的污染。

（5）价格低廉，来源充分。

3.4 污水生物处理材料

污水生物处理是利用微生物的生命活动过程对废水中的污染物进行转移和转化作用，从而使污水得到净化的处理方法。其主要特征是应用微生物特别是细菌，并在为充分发挥微生物的作用而专门设计的生化反应器中，将污水中的污染物转化为微生物细胞以及简单的无机物。生物膜法是污水生物处理技术中的一类重要工艺。它是以生物反应器所用材料为核心，利用它来吸附固定微生物，为微生物提供栖息和繁殖的稳定环境。

3.4.1 微生物反应设备

1. 生物反应器的概念

生物反应器是利用酶或生物体（如微生物）所具有的生物功能，在体外进行生化反应的装置系统，它是一种生物功能模拟机，如发酵罐、固定化酶或固定化细胞反应器等。在酒类、医药生产、有机物降解方面有重要应用。

2. 生物反应器的特点

生物反应器与化学反应器在使用中的主要不同点是生物（酶除外）反应都以"自催化"（autocatalysis）方式进行，即在目的产物生成的过程中生物自身要生长繁殖。另外，由于生物反应速率较慢，生物反应器的体积反应速率不高，与其他生产规模相当的加工过程相比，所需反应器体积大。

一个良好的生物反应器应满足下列要求：

（1）结构严密，经得起蒸汽的反复灭菌，内壁光滑，耐蚀性好，以利于彻底灭菌和减小金属离子对生物反应的影响。

（2）有良好的气-液-固接触和混合性能以及高效的热量、质量、动量传递性能。

（3）在保持生物反应要求的前提下，降低能耗。

（4）有良好的热量交换性能，以维持生物反应最适温度。

（5）有可行的管道比例和仪表控制，适用于灭菌操作和自动化控制。

3. 生物反应器的作用

生物反应的目的可归纳为以下几种：生产细胞；收集细胞的代谢产物；直接用酶催化得到所需的产物。最初的生物反应器主要是用于微生物的培养或发酵，随着生物技术的不断深入和发展，它已被广泛用于动植物细胞培养、组织培养、酶反应等场合。生物反应器的作用是根据细胞或组织生长代谢的要求，以及生物反应的目的不同，为生物体代谢提供一个优化的物理及化学环境，使生物体能更好地生长，得到更多的生物量或代谢产物。

4. 生物反应器的分类

生物反应器的类型很多，由于考察角度不同，分类方法有以下几种。

（1）根据生物反应过程使用的生物催化剂不同，可分为酶反应器和细胞生物反应器。

（2）根据反应器物料的加入和排出方式的不同可分为间歇操作反应器、连续操作反应器和半间歇半连续操作反应器。

（3）根据反应器中生物催化剂和反应物系的相态不同，可分为均相反应器和非均相反应器。

（4）根据生物催化剂在反应器内分布方式不同，可分为生物团块反应器和生物膜反应器。

（5）根据反应器的结构不同，可分为罐式、管式、塔式、膜式等。

（6）根据反应器内流体流动类型的不同，可分为理想的机械搅拌反应器和理想管式反应器的流型，即全混流和平推流。

（7）根据反应器所需能量输入方式不同可分为机械搅拌反应器、气流搅拌反应器。

（8）根据细胞或组织生长代谢的要求、生物反应的目的不同分为以下几类：

① 通气生物反应器。可分为搅拌式、气升式、自吸式等。搅拌式反应器在反应过程中，通入空气后靠搅拌器提供动力，使物料循环混合。气升式反应器则以通入空气达到反应要求。自吸式反应器是利用特殊搅拌叶轮，在搅拌过程中，产生真空将空气吸入反应器内。

② 厌氧生物反应器。发酵过程中不需要通入氧气或空气，有时还需通入二氧化碳或氮气等惰性气体以保持罐内正压，防止染菌。

③ 膜生物反应器。反应器内安装适当的部件作为生物膜的附着体，或用超滤膜将细胞控制在某一区域内进行反应。

④ 光照生物反应器。反应器壳体的一部分或全部采用透明材料，利用配有的光源或太阳光照射反应物，进行光合作用反应。

3.4.2　微生物固定载体

作为微生物的载体应有利于微生物的固化和生长繁殖，保持较多的微生物量，有利于微生物代谢过程中所需氧气和营养物质以及代谢产生的废物的传质过程。目前常用的载体可分为无机载体、有机高分子载体和复合载体三大类型。

（1）无机载体　无机载体一般具有多孔结构，靠吸附作用和电荷效应将微生物细胞固定。载体的空隙为微生物生长和繁殖提供空间，有利于增加细胞密度。此类载体强度大、传质性好、对细胞无毒害、价格便宜且制备过程简单，有较大的应用价值，但这类载体密度大、实现流化的能效高、微生物吸附量有限、吸附的微生物易脱落。常用的无机载体有硅藻土、硅胶、分子筛、陶瓷、高岭土、氧化铝等氧化物及无机盐。

（2）有机高分子载体　有机高分子载体可分为两类：一类是高分子凝胶载体，如琼脂、角叉菜胶和海藻酸钙等；另一类是有机合成高分子凝胶载体，如聚丙烯酰胺凝胶、聚乙烯醇凝胶、光硬化树脂、聚丙烯酸凝胶等，但主要包括多糖类载体和蛋白质类载体。

（3）复合载体　复合载体由无机载体和有机载体材料结合而成，使两类材料的性能互补，显示复合载体材料的优越性。一般情况下，复合载体机械强度较好，但传质性能较差，包埋后对细胞活性有影响。实际应用需注意其表面亲水性、粒度均一性和内部孔的结构。复合载体（合成高分子聚合物）主要有聚乙烯醇、聚丙烯酰胺和酚醛树脂等。

3.4.3 生物膜

生物膜是利用载体（固体惰性物质）与含有营养物质的污水接触，并提供充足的氧气，使污水中的微生物和悬浮物吸附在载体表面，微生物利用营养物质生长繁殖，在载体表面形成具有一定厚度的微生物群落。构成生物膜的物质是无生命的固体杂质和有生命的微生物。状态良好的生物膜是细菌、真菌、藻类、原生动物和后生动物及固体杂质等构成的生态系统。

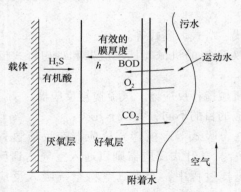

图 3-1　生物膜中物质传递过程

1. 生物膜净化原理

生物膜主要适于处理溶解性有机物。当污水同生物膜接触后，溶解性有机物和少量悬浮物被生物膜吸附，经过生物膜上微生物的氧化分解等作用而降解为稳定的无机物（CO_2、H_2O 等）。生物膜中物质传递过程如图 3-1 所示。由于生物膜的吸附作用，在膜的表面存在一个很薄的附着水层。废水流过生物膜时，有机物经附着水层向膜内扩散。膜内微生物在氧的参加下对有机物进行分解和机体新陈代谢。代谢产物沿底物扩散至相反的方向，从生物膜传递返回液相和空气中。随着废水处理过程的进行，微生物不断生长繁殖，生物膜厚度不断增大，废水底物及氧的传递阻力逐渐加大，在膜表层仍能保持足够的营养以及处于好氧状态，而在膜深处将会出现营养物或氧的不足，造成微生物内源代谢或出现厌氧层。此时，生物膜因与载体的附着力减小及水力冲刷作用而脱落。老化的生物膜脱落后，载体表面又可重新吸附、生长、增厚生物膜直至重新脱落，完成一个生长周期。在正常运行情况下整个反应器的生物膜各个部分总是交替脱落的，系统内活性生物膜数量相对稳定，膜厚 2～3mm，净化效果良好。过厚的生物膜并不能增大底物利用速度，却可能造成堵塞，影响正常通风。因此，当废水含量较大时，生物膜增长过快，水流的冲刷力也应加大，如依靠原废水不能保证其冲刷能力时，可以采用处理出水回流，以稀释进水和加大水力负荷，从而维持良好的生物膜活性和合适的膜厚度。

2. 生物膜中的生物相

生物膜中微生物群体包括细菌、真菌、藻类、原生动物以及蚊蝇的幼虫等生物，细菌又包括好氧菌、厌氧菌和兼氧菌，在生物滤池中兼氧菌常占优势。无色杆菌属、假单胞菌属、黄杆菌属以及产碱杆菌属等是生物膜中常见的细菌。在生物膜内，常有丝状的浮游球衣菌和贝日阿托菌属。在滤池较低部位还存在着硝化菌如亚硝化单胞菌属和硝化杆菌属。

生物滤池中若 pH 值较低则真菌起重要作用。在滤池顶部有阳光照射处常有藻类生长，如矽藻属、小球藻属。藻类一般不直接参与废物降解，而是通过它的光合作用向生物膜供氧，藻类生长过多会堵塞滤池，影响操作。

在生物膜中出现的原生动物有纤毛虫类和肉足虫类，以纤毛虫类占优势；微型后生动物有轮虫、线虫、水生昆虫、寡毛类等，它们均以生物膜为食，起着控制细菌群体量的作用，能促使细菌群体以较高速率产生新细胞，有利于废水处理。

3. 生物膜的应用

在污水处理过程中生物膜有着广泛的应用，根据设备的不同主要可分为生物滤池、塔式生物滤池、生物转盘、生物接触氧化池和好氧生物流化床等。

（1）生物滤池　生物滤池一般由滤池、布水装置、滤料和排水系统组成。滤池一般用砖或混凝土构筑而成。滤池深度一般在 1.8~3 m 之间。池底有一定坡度，处理好的水能自动流入集水沟，再汇入总排水管，其水流速应小于 0.6 m/s。布水装置一般由进水竖管和可旋转的布水横管组成。在布水管的下面一侧开有直径为 10~15 mm 的小孔。滤料一般要求有一定强度，表面积大、孔隙率大，而成本低，常用的有碎石块，煤渣，矿渣或蜂窝型、波纹型塑料管等，排水系统包括渗水装置、集水沟和排水泵。它除了有排水作用外，还有支撑填料和保证滤池通风的作用。

生物滤池根据承受负荷的能力分为普通生物滤池和高负荷滤池。生物滤池的优点是结构简单，基建费用低；缺点是占地面积大，处理量小，而且卫生条件差。

（2）塔式生物滤池　塔式生物滤池比普通生物滤池高得多，一般可达 20 m 以上，故延长了污水、生物膜和空气接触的时间，处理能力相对较高。塔式生物滤池的通风大部分采用自然通风，高温季节时采用人工通风。滤料一般采用轻质的塑料或玻璃钢。为了使塔式滤池更好地发挥作用，有的采用分层进水、分层进风的措施来提高处理能力。防止堵塞是塔式滤池设计和运行中需要注意的问题。

塔式生物滤池的主要优点为占地面积小，耐冲击负荷的能力强，适用于大城市处理负荷高的废水；其缺点为塔身高，运行管理不方便，且能耗大。

（3）生物转盘　生物转盘以圆盘作为生物膜的附着基质，各圆盘之间有一定间隙，圆盘在电动机的带动下，缓慢转动，一半浸没于废水中，一半暴露在空气中，在废水中时生物膜吸附废水中的有机物，在空气中时生物膜吸收氧气，进行分解反应，如此反复，达到净化废水的目的。转盘上的生物膜到一定厚度会自行脱落，随出水一同进入二次沉淀池。

生物转盘的圆盘直径可为 1~4 m 之间，厚度为 2~10 mm，数目根据废水量和水质决定。相邻圆盘间距一般在 15~25 mm，转盘转速在 0.013~0.005 r/s 之间。生物转盘适用于处理较高含量的工业废水，但废水处理量不宜过大。

（4）生物接触氧化　生物接触氧化法是在曝气池中安装固定填料，废水在压缩空气的带动下，同填料上的生物膜不断接触，同时压缩空气提供氧气，在液、固、气三相接触中，废水中的有机物被吸附和分解。与其他生物膜法一样，其生物膜也包括挂膜、生长、增厚和脱落的过程。脱落的老生物膜在固-液分离系统中得到去除。

生物接触氧化法对 BOD 的去除率高，负荷变化适应性强，不会发生污泥膨胀现象，便于操作管理，且占地面积小，因此被广泛采用。

4. 生物膜的特点

（1）微生物相复杂，能去除难降解有机物。固着生长的生物膜受水力冲刷影响小，所以生物膜中存在各种微生物，包括细菌、原生动物等，形成复杂的生物相。这种复杂的生物相，能去除各种污染物，尤其是难降解有机物。世代时间长的硝化细菌在生物膜上生长良好，所以生物膜法的硝化效果较好。

（2）微生物量大，净化效果好。生物膜含水率低，微生物含量是活性污泥法的 5～20 倍。所以生物膜反应器的净化效果好，有机负荷高，容积小。

（3）剩余污泥少。生物膜上微生物的营养级高，食物链长，有机物氧化率高，剩余污泥少。

（4）污泥密实，沉降性能好。填料表面脱落的污泥比较密实，沉淀性能好，容易分离。

（5）耐冲击负荷，能处理低含量污水。固着生长的微生物耐冲击负荷，适应性强。当受到冲击负荷时，恢复得快。有机物含量低时活性污泥生长受到影响，所以活性污泥法对低含量污水处理效果差。而生物膜法对低含量污水的净化效果很好。

（6）操作简便，运行费用低。生物膜反应器生物量大，无需污泥回流，为自然通风，所以运行费用低，操作简便。

（7）不易发生污泥膨胀。微生物固着生长时，即使丝状菌占优势也不易因脱落流失而引起污泥膨胀。

3.4.4　其他生物材料

1. 固定化材料

主要是琼脂、角叉菜胶、海藻酸钙等天然高分子凝胶载体，以及聚丙烯酰胺（PAM）、聚乙烯醇（PVA）、光硬化树脂、聚丙烯酸等有机合成高分子凝胶载体。天然及合成高分子凝胶材料的水溶性大、稳定性差、力学强度不佳，同时包埋法所得固定化微生物因材料包埋网络而对分子传质有所限制，物理吸附法固定化所得生物膜也易于脱落，耐冲击性不佳，这些使得固定化微生物处理污水的实际应用受到限制，与实际应用要求的差距较大。带有氨基、羧基、环氧基等反应性基团的大孔载体在固定化过程中会与微生物发生化学键合，其大孔形态结构的物理吸附等将构成载体结合微生物固定化系统，既有利于所固定微生物的代谢增殖，又呈现优良的传质性能，还因反应性基团的键合作用提高所得固定化微生物的稳定性能。反应性大孔载体所得固定微生物的耐冲击性能优异、微生物负载量大，赋予较高废水处理效率，应该是固定化微生物废水处理技术从实验室走向工程应用的有效途径之一。

2. SBQ 生物处理

SBQ 生物处理污水技术是一种以高效微生物复合剂 SBQ 菌群为主体，采用复合填料作为生物载体，在污水一体化生化处理池中增加了缺氧环节，使水解、好氧氧化一体，硝化、反硝化同池完成，通过曝气调控及微生物反应过程的调控，高效脱去氮和磷，实现污水处理脱氮脱磷的一体化。

3. 好氧生物处理污水

好氧生物系统基本上是需要稳定废水中的含碳量，如果微生物的生长不受限制就必须保持营养物的平衡。微生物不仅从废物中获得能量与食物，而且取得供生长用的营养物与酶、辅酶、酶活化剂的组成单元和细胞质，如果没有这些，生物化学反应就会受到阻碍或削弱。

4. 新型悬浮填料生物

悬浮生物填料反应器（也称移动床生物膜反应器）是一种较新颖、高效的污水处理工艺,尤其适用于老厂改造。其通过细菌、微生物等附着在载体上,在反应器中随混合液回旋翻转,从而达到处理污水的目的。此工艺可以提高曝气池中的生物量,降低污泥负荷,对N、P有良好的去除能力。日本产 KP-珠悬浮填料是一种具有有机负荷高、处理效果稳定、流态好等优点的新型填料,显著提高了反应器的效率。

【案例】

一体式膜生物反应器处理中药废水的试验研究

化学合成类制药废水是一种高质量浓度难降解的有机废水,其有机污染严重,污染物质量浓度高,悬浮物含量高,pH值变化大,可生化性差,成分复杂,含有难降解物质和有抑菌作用的抗生素,具有毒性,是我国工业废水治理的重点。

膜生物反应器(MBR)是膜分离技术与传统活性污泥生化处理技术相结合的新型污水处理工艺,它以膜分离代替常规活性污泥中以重力进行沉降分离的二沉池,使其在工艺上具有许多优点,出水水质优于传统三级处理出水水质。

本试验所采用的中药废水为哈尔滨某中药厂的厌氧反应器中所排放,该废水是一种污染物种类繁多、成分复杂的高含量难降解有机废水,具有 COD 质量浓度高(19.2g/L)、可生化性差(BOD_5/COD < 0.2)、水质水量变化大等特点,处理难度极大。该中药厂采用"CSTR 产酸发酵反应罐-UASBAF 复合厌氧反应池-交叉流好氧反应池"为主体工艺对中药废水进行处理,即污水处理厂原水经由格栅、初沉池、调节池、换热罐、产酸反应器、产甲烷反应器和好氧反应池,最后经由二沉池出水。

本试验研究以一体式膜生物反应器工艺取代交叉流好氧反应池和二沉池,进行一体式膜生物反应器处理两相厌氧消化系统出水的中试研究。两相厌氧消化系统出水水质见表3-4。

表3-4 中试试验废水水质

COD/(mg/L)	BOD_5/(mg/L)	TN[①]/(mg/L)	TP[②]/(mg/L)	SS/(mg/L)	pH
259.1~12776.5	129.6~7665.9	5~15	0.5~12	1000~1600	6.0~7.0

① TN:总氮。
② TP:总磷。

试验所用的 MBR 工艺装置为自行设计,设在哈尔滨某中药厂污水处理厂内。其试验装置如图 3-2 所示。

哈尔滨某中药厂产甲烷反应器出水经由污水泵、水表进入高位水箱,然后经闸阀进入生物反应器,废水中大部分有机物经生物反应器内微生物自身分解代谢作用得到降解。含有大量未去除 SS(总悬浮固体)的混合液在真空抽水系统的作用下经过中空纤维膜组件过滤出水。反应器的液位由液位自动控制系统进行自动控制;空气由空压机经压力缓冲罐和气体流量计后由球冠状微孔曝气装置进入反应器,曝气装置的曝气量控制在 $10~20~m^3/h$。本试验的液位自动控制系统由电磁阀、液位控制器和液位传感器组成,真空抽水系统由真空罐、水环真空泵、真空表、气水分离器、液位计、水泵和电控柜等组成。

MBR 反应器运行过程中第二阶段的 COD 质量浓度变化如图 3-3 所示,在此运行阶段,MBR 处理能力为 640 L/h,污泥龄为 100d,HRT 为 5 h。此时通过采取空气曝气的方式减缓膜污染,使膜生物反应器在最优环境下运行。

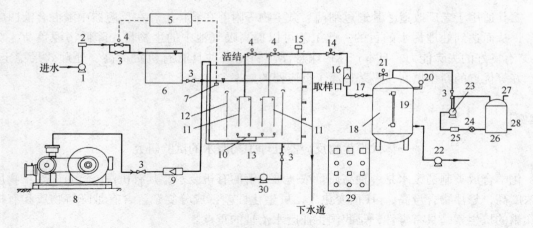

图 3-2　试验装置

1—污水泵；2—水表；3—闸阀；4—电磁阀；5—液位控制器；6—高位水箱；7—液位传感器；
8—空压机；9—气体流量计；10—空气扩散装置；11—膜组件；12—隔板；13—生物反应器；
14—稳压阀；15—压力计；16—液体流量计；17—进水阀；18—真空罐；19—液位计；20—真
空表；21—放气阀；22—水泵；23—水环真空泵；24—球阀；25—过滤器；26—气水分离器；
27—排气口；28—放水口；29—电控柜；30—排泥泵

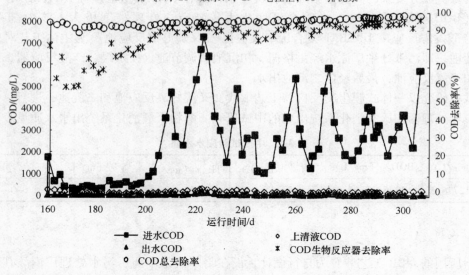

图 3-3　MBR 反应器运行过程中第二阶段的 COD 质量浓度变化

从图 3-3 中可以看出，当 HRT 为 5 h 时，膜生物反应器的总 COD 去除率为 92.9% ~ 99.2%，上清液 COD 质量浓度为 76.5 ~ 279.1 mg/L，膜出水 COD 质量浓度为 18.4 ~ 137.5 mg/L，小于 150 mg/L，满足达标排放标准。这期间曝气池内污泥质量浓度在 4320 ~ 3557 mg/L 之间，平均进水 COD 容积负荷为 11.4886 kg/（m³·d）。从 163 ~ 201 d，由于哈尔滨某中药厂停止生产，此阶段进水主要为生活污水，因此进水 COD 质量浓度平均为 484.59 mg/L，在这个阶段，当进水 COD 质量浓度为 1000 ~ 3000 mg/L 时，系统出水质量 COD 浓度都小于 30 mg/L；从 201 d 之后，中药厂恢复生产，进水 COD 质量浓度也提高至 2956.59 mg/L。当进水 COD 质量浓度为 3000 ~ 6000 mg/L 时，系统出水 COD 质量浓度都小于 100 mg/L；当进水 COD 质量浓度大于 6000 mg/L 时，系统出水质量 COD 浓度大于 100

mg/L。COD 总去除率多在 98 % 以上，去除效果较好。而上清液 COD 质量浓度在 100 mg/L 以上，生物反应器的 COD 去除率平均为 89 %，表明膜对 COD 去除率的贡献为 9% 左右。

HRT 为 5 h 条件下进水 COD 质量浓度对 MBR 出水 COD 质量浓度的影响如图 3-4 所示。当进水 COD 质量浓度小于 3000 mg/L 时，膜出水 COD 质量浓度小于 30 mg/L，满足中水回用标准（中华人民共和国建设部 GB/T 18920—2002《城市污水再生利用　城市杂用水水质》）；当进水 COD 质量浓度为 3000 ~ 6000 mg/L 时，膜出水 COD 质量浓度大于 30 mg/L 而小于 100 mg/L，满足污水排放标准；当进水 COD 质量浓度大于 6000 mg/L 时，膜出水 COD 质量浓度大于 100 mg/L，不能满足污水排放标准。

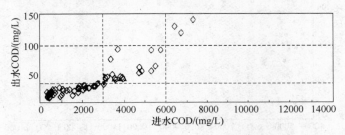

图 3-4　进水 COD 质量浓度及 HRT 对出水 COD 质量浓度的影响

MBR 运行过程中污泥质量浓度的变化情况如图 3-5 所示。曝气池内污泥质量浓度在 4320 ~ 13577 mg/L 之间，投加了外加氮营养源（尿素、KH_2PO_4 和微量元素）到反应器中，使微生物获得了生长所需的营养物质。在试验过程中，污泥龄为 100 d，HRT 为 5 h，所以曝气池内污泥含量较试验初期有了较大的增加，出水水质中 COD 含量较低。试验过程中平均污泥负荷为 2.22 kgCOD/（kgMLSS · d），平均容积负荷为 11.49 kgCOD/（m^3 · d）。试验发现当缩短 HRT 时，容积负荷得到增加，MBR 反应器在冲击负荷下的处理能力和不同水力停留时间对 MBR 运行的关系表明，保持较长的污泥龄和较高的污泥含量，从而充分发挥反应器的潜力。

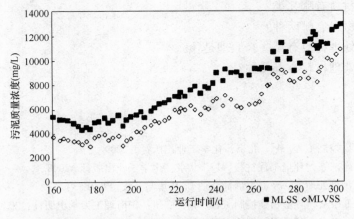

图 3-5　MBR 运行过程中污泥质量浓度的变化情况

膜生物反应器中膜的处理能力通过调节操作压力在某一范围内而被控制为定值，这样能保证整个反应器达到稳定状态，这是和以前所有膜生物反应器的最大不同之处。

试验期间 MBR 运行过程中污泥质量浓度与 COD 去除率的关系如图 3-6 所示。从图 3-6

中可以看出，在试验运行过程中，当污泥质量浓度在 4000～7543 mg/L 之间时，COD 去除率变化较不稳定，但是总体变化趋势为随污泥质量浓度的增加而增大，开始时由于反应器中的污泥质量浓度很低，膜上的生物量较少，微生物对有机物的降解作用较弱，COD 去除率较低。随着污泥质量浓度的增大，悬浮填料上的生物量相应增加，COD 去除率因此随之增大；当污泥质量浓度为 7543～14000 mg/L 时，COD 去除率上升至 98%～99%，并趋于稳定。因此，要想取得 98% 以上的 COD 去除率，污泥质量浓度必须大于 7543 mg/L。

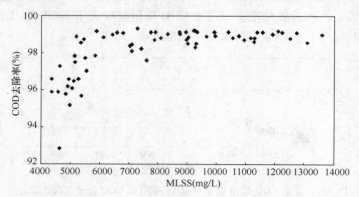

图 3-6　MBR 运行过程中污泥质量浓度与 COD 去除率的关系

　　一体式膜生物反应器工艺处理高含量中药废水两相厌氧消化系统出水在技术上是可行的，膜生物反应器能够长期稳定运行，出水 COD 质量浓度多数小于 100 mg/L。

 **思考题**

1. 废水的处理方法有哪些？
2. 常用的过滤分离材料有哪些？
3. 吸附分离材料有哪几类？
4. 沉淀分离材料有哪两种？
5. 污水生物处理材料有哪些？原理是什么？
6. 污水化学处理材料有哪几种？

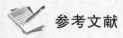 **参考文献**

［1］　成官文. 水污染控制工程［M］. 北京：化学工业出版社，2009.
［2］　杨慧芬，陈淑祥，等. 环境工程材料［M］. 北京：化学工业出版社，2008.
［3］　熊志刚. 废水污染处理方法及其进展简介［J］. 环境与开发，2001(3).
［4］　刘绮，石林，王振友. 环境污染控制工程［M］. 广州：华南理工大学出版社，2009.
［5］　冯奇，马放，冯玉杰. 环境材料概论［M］. 北京：化学工业出版社，2007.
［6］　李婷婷，王兴戬，刘天顺，等. 一体式膜生物反应器处理中药废水的试验研究［J］. 哈尔滨商业大学学报：自然科学版，2009，25(4)：419-423.

第4章 大气污染控制工程材料与应用

大气污染通常指由于人类活动或自然过程引起某些物质进入大气中，呈现出足够的含量，达到足够时间，并因此危害了人体舒适和健康的环境现象。目前已知的大气污染物有100多种。按其存在状态可分为气溶胶状态污染物和气体状态污染物，本章主要介绍了环境治理功能材料在 SO_2、NO_x、汽车尾气和恶臭等气体状态污染物防治上的应用。

4.1 大气污染物及其分类

大气污染物是指由于人类活动或自然过程排入大气的，并对人类或环境产生有害影响的那些物质。大气污染物的种类很多，按存在状态可分为气溶胶粒子和气态污染物；按形成过程又可分为一次污染物和二次污染物。

4.1.1 气溶胶粒子

气溶胶粒子指固体粒子、液体粒子或它们在气体介质中的悬浮体。按其来源和物理性质可分为以下几种：

（1）粉尘（dust） 粉尘指悬浮于气体介质中的细小固体颗粒。粒子的尺寸范围一般为 $1 \sim 200 \ \mu m$，在一段时间内能保持悬浮状态，但也能因重力作用发生沉降。它通常是在固体物质的破碎、研磨、筛分及输送等机械过程，或土壤、岩石风化、火山喷发等自然过程中形成的。

（2）烟（fume） 烟指悬浮于气体中的固体粒子或固液粒子的混合物，一般为熔融物质挥发后生成的气态物质冷凝物，多为氧化产物，烟的粒子尺寸一般为 $0.01 \sim 1.0 \ \mu m$。

（3）飞灰（fly ash） 飞灰是在燃料燃烧过程产生的随烟气排出的分散较细的灰分。

（4）黑烟（smoke） 黑烟是由燃料燃烧产生的能见气溶胶。在某些情况下，粉尘、烟、飞灰和黑烟等固体小颗粒气溶胶之间的界限难以确切划分。按照我国的习惯，一般将冶金过程或化学过程形成的气溶胶颗粒称为烟尘；将燃料燃烧过程产生的气溶胶颗粒称为飞灰和黑烟。

（5）雾（fog） 雾是气体中液滴悬浮体的总称。在气象中指造成能见度小于 $1 \ km$ 的小水滴悬浮体。在工程中，雾一般泛指小液滴粒子悬浮体，它可能是由于液体蒸气的凝结、液体的雾化及化学反应等过程形成的，如水雾、酸雾等。

此外还可根据空气中粉尘（或烟尘）颗粒的大小，将其分为总悬浮颗粒（total suspended particles）、可吸入颗粒（inhalable particles）和微细颗粒（fine particles）。总悬浮颗粒（TSP）为能悬浮在空气中，用标准大容量颗粒采样器在滤膜上所收集到的颗粒物的总质量，空气动力学当量直径小于或等于 $100 \ \mu m$ 的所有固体颗粒；可吸入颗粒（PM10）为能长期悬浮在空气中，空气动力学当量直径小于或等于 10 μm 的所有固体颗粒；微细颗粒（PM2.5）为能悬浮在空气中，空气动力学当量直径小于或等于 2.5 μm 的所有固体颗粒。

4.1.2 气态污染物

气态污染物指在大气中以分子状态存在的污染物，能与载体构成均相体系。气态污染物的种类很多，大部分为无机气体，常见的是以 SO_2 为主的含硫化合物、以 NO 和 NO_2 为主的含氮化合物、碳氧化物、碳氢化合物及卤素化合物和臭氧等。大气污染物的分类见表4-1。

表4-1　大气污染物的分类

项　目	一次污染物	来　源	二次污染物	来　源
含硫化合物	SO_2、H_2S	含硫煤和石油的燃烧、石油炼制以及有色金属冶炼、硫酸制造和细菌活动等	SO_3、H_2SO_4、MSO_4	SO_2 在相对湿度较大以及有催化剂存在时，发生催化氧化反应得到
含氮化合物	NO、NH_3	土壤和海洋中有机物的分解；化石燃料的燃烧以及生产和使用硝酸的过程	NO_2、HNO_3、MNO_3	NO 在湿度较大，有催化剂存在时易转化成二次污染物
碳氢化合物	甲烷到长链聚合物烃类	燃料的不完全燃烧以及在输送、储存和分配过程中发生的泄漏等	醛、酮、过氧乙酰硝酸酯	在活泼的氧化物作用下，碳氢化合物发生光化学反应生产二次污染物
碳氧化合物	CO、CO_2	含碳物质不完全燃烧	—	—

一次污染物是指直接从排放源进入大气的各种气体、蒸汽和颗粒物；二次污染物是指一次污染物与空气中已有成分或几种污染物之间经过一系列的化学或光化学反应而生成的新污染物，新污染物与一次污染物性质不同，又称为继发性污染物。一次污染物在大气中转化为二次污染物有以下几种作用类型：

（1）气体污染物之间的化学反应。

（2）空气中颗粒与气体污染物的吸附作用，或颗粒表面上吸附的化学物质与气体污染物之间的化学反应。

（3）气体污染物在气溶胶中的溶解作用。

（4）气体污染物在太阳光作用下的光化学反应。

4.2　气态污染物治理材料

用于大气污染净化的材料主要是各种吸附剂、吸收剂和催化剂。

4.2.1 脱硫技术与材料

国内外防治大气中 SO_2 污染的方法主要有采用清洁生产工艺、采用低硫燃料、燃料脱硫、燃料固硫及烟气脱硫等，其中烟气脱硫占主要地位。烟气脱硫中按脱硫剂的形态可分为干法脱硫和湿法脱硫。干法采用粉状或粒状吸收剂、吸附剂或催化剂等脱除烟气中的 SO_2；湿法是采用液体吸收剂洗涤烟气，以除去 SO_2。

1. 吸收法

吸收法是采用不同物质作吸收剂，通过与 SO_2 接触反应吸收 SO_2，从而达到烟气脱硫目的。

（1）石灰/石灰石-石膏法 采用石灰和石灰石作为脱硫剂的 FGD 工艺，简称为钙法。它有干式、湿式和半干式 3 种。由于干法的脱硫效率较低，应用较普遍的是湿式洗涤法，即采用石灰或石灰石料浆在洗涤塔内脱除烟道气中的 SO_2 并产生副产石膏的方法。石灰/石灰石 – 石膏法脱硫过程包括吸收和氧化两个步骤。

① 吸收过程。在洗涤塔内进行，主要反应如下：

$$CaO + H_2O \longrightarrow Ca(OH)_2$$

$$Ca(OH)_2 + SO_3 \longrightarrow CaSO_3 \cdot 1/2H_2O + 1/2H_2O$$

$$CaCO_3 + SO_2 + 1/2H_2O \longrightarrow CaSO_3 \cdot 1/2H_2O + CO_2$$

$$CaSO_3 \cdot 1/2H_2O + SO_2 + 1/2H_2O \longrightarrow Ca(HSO_3)_2$$

② 氧化过程。由于烟气中含有 O_2，因此吸收过程有氧化反应发生。氧化过程在氧化塔内进行，主要反应如下：

$$2CaSO_3 \cdot 1/2H_2O + O_2 + 3H_2O \longrightarrow 2CaSO_4 \cdot 2H_2O$$

$$Ca(HSO_3)_2 + 1/2O_2 + H_2O \longrightarrow CaSO_4 \cdot 2H_2O + SO_2$$

石灰或石灰石浆液作为 SO_2 吸收剂，价格低廉、易得，但是易发生设备堵塞或磨损。

（2）氨法 氨的水溶液也是 SO_2 的吸收剂，早在 20 世纪 30 年代就应用于硫酸生产中的尾气处理。吸收 SO_2 后的吸收液,采用不同的方法处理,就能获得不同产品,如氨-酸法,氨-亚硫酸铵法和氨二硫酸铵法等,其中氨-酸法是较为成熟的一种处理方法。含有 SO_2 的尾气在吸收塔内与氨水接触,并发生以下反应：

$$2NH_3 \cdot H_2O + SO_2 \longrightarrow (NH_4)_2SO_3 + H_2O$$

$$NH_3 \cdot H_2O + SO_2 \longrightarrow NH_4HSO_3$$

$$(NH_4)_2SO_3 + SO_2 + H_2O \longrightarrow 2NH_4HSO_3$$

上述吸收过程中产生的 $(NH_4)_2SO_3$ 对 SO_2 有更好的吸收能力,$(NH_4)_2SO_3$ 不断地与烟气中的 SO_2 反应,生成的 NH_4HSO_3 不再具有吸收 SO_2 的能力。为保持吸收液的吸收能力,需及时向吸收液中补充氨,使部分 NH_4HSO_3 转变成 $(NH_4)_2SO_3$,具体反应方程式如下：

$$NH_4HSO_3 + NH_3 \longrightarrow (NH_4)_2SO_3$$

实际上氨并不直接吸收 SO_2,而是利用 $(NH_4)_2SO_3 \longleftrightarrow NH_4HSO_3$ 的不断循环过程来维持脱硫进行的。该方法设备简单,操作方便,脱硫费用低,氨可以留在产品内,以氮肥形式利用。

（3）钠碱法 钠碱化合物（NaOH 或 Na_2CO_3）对 SO_2 的亲和力强,比其他类型的吸收剂更受重视。钠碱法又可分为亚硫酸钠法和钠盐循环法等,其中在国内使用较多的是亚硫酸钠法,对此进行介绍。亚硫酸钠法脱硫过程包括吸收、中和结晶两个步骤。

① 吸收过程。化学反应如下：

$$2Na_2CO_3 + 3SO_2 + H_2O \longrightarrow NaHSO_3 + Na_2SO_3 + 2CO_2 \uparrow$$

$$2NaOH + SO_2 \longrightarrow Na_2SO_3 + H_2O$$

② 中和结晶。反应过程如下：

$$2\ NaHSO_3 + Na_2CO_3 \longrightarrow 2Na_2SO_3 + H_2O + CO_2 \uparrow$$

将中和液浓缩结晶回收副产品 Na_2SO_3。钠碱法吸收剂吸收能力大，吸收剂用量少，脱硫效果好，不足之处是受碱源限制。

③ 金属氧化物法　一些金属如 Mg、Zn、Fe、Cu 等氧化物可作为 SO_2 的吸收剂，金属氧化物吸收 SO_2 后的亚硫酸盐-亚硫酸氢盐的浆液，在较高温度下易分解，可再出 SO_2 气体，便于加工为硫的各种产品。常见的金属氧化物法为氧化镁法。具体工艺过程可分为以下几个步骤：

① 吸收过程。氧化镁水合生成氢氧化镁，氢氧化镁在吸收塔内与烟气中的 SO_2 接触反应生成含结晶水的亚硫酸镁，主要反应如下：

$$Mg(OH)_2 + SO_2 + 5H_2O \longrightarrow MgSO_3 \cdot 6H_2O$$

$$MgSO_3 + SO_2 + H_2O \longrightarrow Mg(HSO_3)_2$$

$$Mg(HSO_3)_2 + Mg(OH)_2 + 10H_2O \longrightarrow 2MgSO_3 \cdot 6H_2O$$

② 干燥过程。吸收过程的生成物脱水和干燥，具体反应如下：

$$MgSO_3 \cdot 6H_2O \longrightarrow MgSO_3 + 6H_2O \uparrow$$

③ 分解工序。在煅烧炉内，使 $MgSO_3$ 发生分解，具体反应如下：

$$MgSO_3 \longrightarrow MgO + SO_2 \uparrow$$

④ 吸收剂再水合工序。氧化镁水合后生成氢氧化镁循环使用，高含量的 SO_2 气体作为副产品加以回收利用，具体反应如下：

$$MgO + H_2O \longrightarrow Mg(OH)_2 \downarrow$$

（4）铝法　用碱式硫酸铝溶液吸收废气中的 SO_2，然后将吸收液氧化，用石灰石再生为碱式硫酸铝循环使用，并副产石膏。碱式硫酸铝水溶液的制备反应如下：

$$2Al_2(SO_4)_3 + 3CaCO_3 + 6H_2O \longrightarrow Al_2(SO_4)_3 \cdot Al_2O_3 + 3CaSO_4 \cdot 2H_2O + 3CO_2$$

碱式硫酸铝可用 $(1-x)Al_2(SO_4)_3 \cdot xAl_2O_3$ 表示。

① 吸收过程。碱式硫酸铝溶液吸收 SO_2 的反应式为：

$$Al_2(SO_4)_3 \cdot Al_2O_3 + 3SO_2 \longrightarrow Al_2(SO_4)_3 \cdot Al_2(SO_3)_3$$

② 氧化过程。利用压缩空气按下面的化学反应氧化：

$$Al_2(SO_4)_3 \cdot Al_2(SO_3)_3 + 3/2O_2 \longrightarrow 2Al_2(SO_4)_3$$

③ 中和（再生）过程。以石灰石作为中和剂，其反应方程式如下：

$$2Al_2(SO_4)_3 + 3CaCO_3 + 6H_2O \longrightarrow Al_2(SO_4)_3 \cdot Al_2O_3 + 3CaSO_4 \cdot 2H_2O \downarrow + 3CO_2 \uparrow$$

吸收液吸收 SO_2 后，经氧化、中和及固液分离，固体以石膏形式作为副产品排出系统，滤液返回吸收系统循环利用。

2. 吸附法

烟气处理中，常用的 SO_2 吸附剂是活性炭、分子筛、硅胶等。用活性炭脱除废气中的 SO_2，过程较简单，再生时副反应很少，本小节对此法进行详细介绍。

活性炭的脱硫反应过程有两个步骤：

（1）SO_2、O_2 通过扩散传质从烟气中到达炭表面，穿过界面后继续向微孔通道内扩散，直至为内表面活性催化点吸附。

（2）被吸附后进一步催化氧化成 SO_3，再经水和稀释形成一定含量的硫酸储存于炭孔中。其机理如下：

$$SO_2, \ O_2 \longrightarrow SO_2^*, \ O_2^*$$

$$SO_2^* + 1/2O_2 + [C] \longrightarrow [C] \cdot SO_3^* + Q_1$$

$$[C] \cdot SO_3^* + H_2O \longrightarrow [C] \cdot H_2SO_4^* + Q_2$$

$$[C] \cdot H_2SO_4^* + nH_2O \longrightarrow [C] \cdot H_2SO_4 \cdot nH_2O + Q_3$$

式中，＊为吸着状态；[C]为炭表面活性点；Q_1、Q_2、Q_3 为反应热。

活性炭脱硫的主要特点是：过程比较简单，再生过程副反应很少；吸附量有限，常需在低气速下运行，因而吸附器体积较大；活性炭易被废气中的 O_2 氧化而导致消耗；长期使用后，活性炭会产生磨损，并因微孔堵塞丧失活性，活性炭内外表面覆盖了稀硫酸，使活性炭吸附能力下降，因此必须进行再生。可通过洗涤法使炭孔内的酸液不断排出，从而恢复炭的催化活性。

3. 催化法

催化技术净化烟气中 SO_2 可分为催化还原法和催化氧化法。

（1）催化氧化法 用催化氧化法消除烟道气中的 SO_2，反应式为：

$$SO_2 + 1/2O_2 \xrightarrow{\text{催化剂}} SO_3$$

生成的 SO_3 被水吸收后生成硫酸，反应式为：

$$SO_2 + H_2O \longrightarrow H_2SO_4$$

催化氧化法可以利用的催化剂较多，如某些金属离子 Mn^{2+}、Fe^{2+}、Zn^{2+} 等。工业上已采用的工艺是以 V_2O_5 和活性炭为催化剂处理电厂的烟道气，目前正在研究开发的催化剂有以下几种类型。

① 单一金属氧化物。适宜的金属氧化物能同时起到催化和吸附的作用，既能把 SO_2 催化氧化为 SO_3，又能吸附 SO_3 形成金属盐，还能在还原再生时脱除被吸附的 SO_3。目前符合上述要求的只有几种金属氧化物。如 MgO 在 670~850 ℃吸收 SO_2 形成稳定的 $MgSO_4$；CuO 在 300~500 ℃能很好地吸收 SO_2，还原再生温度为 400 ℃左右，因此可以在相同温度下吸收和再生；CeO 也可在较宽的温度范围吸附 SO_2，并在相近温度下还原。

② 尖晶石型复合金属氧化物。由于单一金属氧化物硫容低，限制了实际应用，因此研究人员开发了复合金属氧化物以克服单一材料的不足。代表性的催化剂有 Al-Mg 尖晶石催化剂。特别是浸渍了氧化铁的 Al-Mg 尖晶石催化剂表现出很好的高温脱硫性能。

（2）催化还原法 烟道气中的 SO_2 催化还原法的第一种工艺是先用碱液（Na_2SO_3 水溶液）吸收，再分解出高含量的 SO_2，通过与还原剂（CO 和 H_2）反应，把 SO_2 还原为硫磺。

$$SO_2 + H_2 + CO \longrightarrow S + CO_2 + H_2O$$

第二种工艺是用活性氧化铝或新型的铁基组分为催化剂，先把部分 SO_2 还原成 H_2S，再通过 Claus（Superclaus）过程消除 SO_2。

Claus 过程 $\qquad 2H_2S + SO_2 \longrightarrow 3S + 2H_2O$

Superclaus 过程 $\qquad \begin{cases} 2H_2S + SO_2 \longrightarrow 3S + 2H_2O \\ 2H_2S + O_2 \longrightarrow 2S + 2H_2O \end{cases}$

4.2.2 脱氮技术与材料

构成大气污染的氮氧化物主要是 NO 和 NO_2。国内外控制氮氧化物通常：采用改革工艺、改进燃料、清洁生产、排烟脱硝、高烟囱扩散稀释等方法，其中排烟脱硝仍是控制氮氧化物污染的主要方法。排烟脱硝方法可分为气相反应法、液体吸收法、吸附法、液膜法和微生物法等几类，其中液体吸收法和吸附法是目前应用较广泛的脱氮技术。

1. 液体吸收法

液体吸收法按吸收剂种类不同分为水吸收法、酸吸收法、碱液吸收法、吸收还原法、氧化还原法和络合吸收法等。由于 NO 极难溶于水或碱溶液，可采用氧化、还原或络合吸收的办法以提高 NO 的净化效果。

（1）水吸收法　水作为吸收剂，去除 NO_2 的化学反应式如下：

$$2NO_2 + H_2O \longrightarrow HNO_2 + HNO_3$$

$$2HNO_2 \longrightarrow NO + H_2O + NO_2$$

$$NO + O_2 \longrightarrow NO_2$$

NO 不与水发生化学反应，在水中的溶解度很小，所以水吸收 NO 的量甚微，并且在吸收 NO_2 时，还放出 NO，因而水吸收效率不高，不能用于含 NO 量大的燃烧废气的净化。为提高水对 NO_x 的吸收能力，可采用增压、降低温度、补充氧气（空气）的办法，通常采用的操作压力是 0.7～1MPa，温度为 10～20℃，此法可使脱硫效率提高到 70% 以上。

（2）酸吸收法　常用的酸吸收剂为浓硫酸和稀硝酸，浓硫酸可以和 NO_x 生成亚硝基硫酸，其反应式如下：

$$NO + NO_2 + H_2SO_4 （浓） \longrightarrow 2NOHSO_4 + H_2O$$

生成的亚硝基硫酸可用于生产硫酸及浓缩硝酸。

稀硝酸吸收法的原理是利用 NO_x 在稀硝酸中的溶解度比在水中溶解度高得多这一性质，对 NO_x 的尾气进行物理吸收。

（3）碱液吸收法　常用的碱性溶液吸收剂有 NaOH、KOH、Na_2CO_3、$NH_3 \cdot H_2O$ 等，吸收反应式如下：

$$2NaOH + 2NO_2 \longrightarrow NaNO_2 + NaNO_3 + H_2O$$

$$2NaOH + NO + NO_2 \longrightarrow 2NaNO_2 + H_2O$$

$$2NH_3 + 2NO_2 \longrightarrow NH_4NO_3 + N_2 \uparrow + H_2O$$

$$2NO + O_2 + 2NH_3 \longrightarrow NH_4NO_3 + N_2 \uparrow + H_2O$$

上述各吸收反应中，氨水的吸收效率最高。因此为进一步提高对 NO_x 的吸收效率，可采用氨-碱溶液两级吸收过程。

第一阶段是氨在气相中和 NO_x 及水蒸气发生反应，生成白色硝酸铵和亚硝酸铵烟雾，其反应式为：

$$2NH_3 + NO + NO_2 + H_2O \longrightarrow 2 NH_4NO_2$$

$$2NH_3 + 2NO_2 + H_2O \longrightarrow NH_4NO_3 + NH_4NO_2$$

$$NH_4NO_2 \longrightarrow N_2 + 2H_2O$$

第二阶段是用碱溶液进一步吸收未反应的 NO_x，生成硝酸盐和亚硝酸盐，其反应为：

$$2NaOH + 2NO_2 \longrightarrow NaNO_3 + NaNO_2 + H_2O$$

$$2NaOH + NO + NO_2 \longrightarrow 2NaNO_2 + H_2O$$

吸收液经多次循环，碱液耗尽之后，将含有硝酸盐和亚硝酸盐的溶液浓缩结晶作肥料使用。本法适合于氧化度较高的硝酸尾气及硝化尾气的净化。

（4）吸收还原法 吸收还原法即湿式分解法。这是一种用液相还原剂将 NO_x 还原为 N_2 的方式。常用的还原剂有亚硫酸盐、硫化物、硫代硫酸盐、尿素水溶液等。这里主要介绍亚硫酸铵吸收法。

亚硫酸铵具有很强的还原能力，可将 NO_x 还原为 N_2，净化效率高。由于该方法还原生成的 N_2 工业应用较少，通常先用 NaOH 或 Na_2CO_3 溶液吸收一次，回收部分 NO_x，然后再用亚硫酸铵吸收，以进一步除去 NO_x。

首先在 $(NH_4)_2SO_3$-NH_4HSO_3 溶液中通入氨气，使部分 NH_4HSO_3 转变为 $(NH_4)_2SO_3$，反应式为：

$$NH_3 + H_2O + NH_4HSO_3 \longrightarrow (NH_4)_2SO_3 + H_2O$$

然后用含少量 NH_4HSO_3 的 $(NH_4)_2SO_3$ 溶液吸收 NO_x，使 NO_x 还原为 N_2，发生的反应如下：

$$4(NH_4)_2SO_3 + 2NO_2 \longrightarrow 4(NH_4)_2SO_4 + N_2 \uparrow$$

$$4NH_4HSO_3 + 2NO_2 \longrightarrow NH_4HSO_4 + 2N_2 \uparrow$$

$$4(NH_4)_2SO_3 + 2NO + NO_2 + 3H_2O \longrightarrow 2N(OH)(NH_4SO_3)_2 + 4NH_4OH$$

$$4NH_4HSO_3 + 2NO + NO_2 \longrightarrow 2N(OH)(NH_4SO_3)_2 + H_2O$$

$$2NH_4OH + NO + NO_2 \longrightarrow 2NH_4NO_2 + H_2O$$

（5）氧化吸收法 NO 除生成络合物外，无论在水中或碱液中几乎不被吸收。氧化吸收法的原理是先将 NO_x 中的 NO 部分地氧化为 NO_2，再用碱吸收。按其氧化剂的不同可分为硝酸氧化法、活性炭催化氧化法、通氧吸收法、亚氯酸盐法、高锰酸钾法等。其中硝酸氧化是成本较低，目前国内硝酸氧化-碱液吸收流程已用于工业生产。

硝酸氧化-碱液吸收法具体步骤为：首先用浓硝酸将 NO 氧化成 NO_2，使尾气中的 NO_x 的氧化度大于或等于 50%，再利用碱液吸收。其主要化学反应如下：

$$NO + 2HNO_3 \longrightarrow 3NO_2 + H_2O$$

$$2NO_2 + Na_2CO_3 \longrightarrow NaNO_3 + NaNO_2 + CO_2$$

$$NO_2 + NO + Na_2CO_3 \longrightarrow NaNO_2 + CO_2$$

氧化吸收法可以除去单纯用碱液吸收不能除去的 NO，是液体吸收法中很有前景的技术。

（6）络合吸收法 该方法主要是利用 NO 与某些物质能生成络合物，这些络合物在加热的情况下又可使 NO 重新游离出来，达到富集回收 NO 的目的，因此主要适用于吸收富含 NO 的氮氧化物尾气。目前研究的络合剂有 $FeSO_4$、Fe(Ⅱ)-EDTA 及 Fe(Ⅱ)-EDTA-Na_2SO_3 等。主要反应式如下：

$$FeSO_4 + NO \longrightarrow Fe(NO)SO_4$$

$$\text{EDTA-Fe(Ⅱ)} + nNO \longrightarrow \text{EDTA-Fe(Ⅱ)} \cdot nNO$$

由于许多工业废气中 NO_x 的氧化度较低，使用某种单一的吸收剂净化效果不够理想。一般情况下，常用两种或两种以上的吸收剂对 NO_x 废气进行多级吸收。

2. 吸附法

吸附法脱除氮氧化物的吸附剂主要有活性炭、硅胶、分子筛等。这些吸附剂都是将 NO 氧化成 NO_2 之后，以 NO 的形式吸附，由于活性炭对 NO_x 的吸附量低，所以采用硅胶或分子筛。

（1）分子筛　用作吸附剂的分子筛主要是各种类型的沸石，下面以丝光滑石为例对吸附过程进行介绍。

丝光沸石是一种天然吸附剂，具有很多的孔隙，具有很高的比表面，晶穴内有很强的静电场，内晶表面高度极化，微孔分布单一均匀，并具有普通分子般大小，因此具有较高的吸附能力。此外丝光沸石具有很高的硅铝比，热稳定性好，耐酸性强。其化学组成为 $Na_2Al_2Si_{10}O_{24} \cdot 7H_2O$。当 NO_x 尾气通过分子筛床层时，由于水和 NO 分子的极性强，被选择性地吸附在分子筛微孔内表面，反应方程式如下：

$$NO_2 \xrightarrow{\text{吸附}} NO_2^*$$

$$H_2O \xrightarrow{\text{吸附}} H_2O^*$$

吸附态的 NO_2 和 H_2O 在吸附剂表面生成硝酸并放出 NO_x 反应方程式如下：

$$2NO_2^* + H_2O^* \longrightarrow 2HNO_3 + NO$$

放出的 NO 连同尾气中的 NO，与氧气在沸石表面上被催化氧化为 NO 而被吸附，反应方程式如下：

$$2NO + O_2 \longrightarrow 2NO_2$$

由于水分子的极性强，比 NO 更容易被沸石吸附，因此可以用水蒸气将沸石吸附的氮氧化物脱附，脱附后的丝光沸石经干燥得以再生。分子筛吸附净化 NO_x 是吸附法当中最有前途的一种方法。

（2）硅胶　含 NO_x 的废气经水喷淋冷却后，以硅胶去湿。干燥气体中 NO 在硅胶的催化作用下氧化为 NO_2 并被吸附，吸附到一定程度后，用加热法解吸再生。硅胶的吸附量随 NO_2 的分压增大而增大，随温度的升高而降低。

3. 催化法

NO_x 催化净化的处理方法有选择性催化还原（SCR）法和选择性催化氧化（SCO）法。

（1）催化还原法　NO_x 的催化还原技术中，可用的还原剂有 NH_3、炭、低碳烃、CO 和 H_2 等几大类，每一种还原剂可将 NO 还原为 N_2，采用不同的还原剂时，所用的催化材料也各不相同。以 NH_3 为还原剂时，最有成效的催化剂是锰基催化剂，该催化剂有较好的催化活性；以炭为还原剂时，由于 C-NO 反应是气-固异相反应过程，研究人员一般在活性炭上负载活性组分，催化 NO 的炭还原过程，大多采用 Pt、Pd、Ni、Co、碱金属和稀土元素化合物作为活性组分；以低碳烃（CH_4）为还原剂时，一般采用金属氧化物作为催化剂，如 Al_2O_3 负载 Ag、Co 和 Cu 的复合型催化剂；以 CO 为还原剂时，硫化态固溶体催化剂显示出极高的活性，如 $CoO\text{-}TiO$ 和 $SnO_2\text{-}TiO_2$，特别是 $SnO_2\text{-}TiO_2$ 催化剂，不仅使用过程中没有副产物，而且在氧化态下也能显示活性；以 H_2 为还原剂时，采用 Pt 基催化在低温下具有较好的加氢活性。

（2）催化氧化法　气相选择性催化氧化法，是指在催化剂的作用下，先将 NO 部分地氧化为 NO_2（50% ~60%），再用湿法脱硫的吸收剂（如石灰、NaOH、Na_2CO_3 和氨水等）吸收。目前在催化氧化法中使用的催化剂有三大类：一是分子筛及其负载催化剂，这类催化剂高温活性较好；二是活性炭吸附剂，在 NO_x 的治理中，它不仅可作吸附剂，还可作催化剂，但由于烟气中水蒸气的存在，使活性炭催化剂催化氧化 NO 的转化率难以提高；三是金属氧化物催化剂，这类催化剂多是将活性组分附载于不同的载体上，Al_2O_3 由于具有较高的热稳定性，且其比表面积较大，因而有利于含氮物种的吸附，是催化氧化催化剂采用较多的载体。催化氧化法中使用的催化剂一般都具有吸附的功能，因此去除 NO_x 的催化剂与吸附法当中使用的吸附剂没有明显的区别。

4.2.3 汽车尾气净化材料

1. 概述

随着世界各国经济的发展和人民生活水平的提高，汽车作为现代社会最简便、最普及的交通工具，给人们的日常生活和工作带来极大方便。但与此同时，汽车尾气排放带来的环境污染也随着汽车拥有量的增加而日趋严重。其不仅是流动污染源，而且数量很大，常易造成局部地区的污染物含量过高，危害人体健康。

汽车的排放源主要来自三个方面：尾气排放、燃油蒸发排放和曲轴箱通风。其中有害物质多在燃烧过程中产生，达 140 多种，主要污染物有一氧化碳（CO）、碳氢化合物（HC）、氮氧化物（NO_x）、硫氧化物（SO_x）、颗粒物（铅化合物、黑炭、油雾等）、臭气（甲醛、丙烯醛）等，其中 CO、HC、NO_x 是汽车尾气污染的主要成分。其相对排放量见表 4-2。

表 4-2 汽油车排放源有害物相对排放量

排放源	相对排放量（占该污染物总排量的百分比,%）		
	CO	NO_x	HC
尾气管	98～99	98～99	55～65
曲轴箱	1～2	1～2	25
汽油箱、化油器	0	0	10～20

由表 4-2 可见，相对于尾气管有害物质的排放量，其他排放源要小得多，CO、NO_x 大概为总排放量的 1%～2%，HC 为 35%～45%。因此，汽车污染的排放主要来自发动机燃烧产生的尾气，对污染的治理也主要针对汽车尾气。

目前控制汽车尾气排放的措施主要有机内净化和机外净化。机内净化是指发动机在设计上以改善可燃混合气体的燃料状况、抑制有害气体的生成为根本方法，如空燃比的设定、可燃气体品质的改变等；机外净化主要有二次喷射（二次燃烧）或安装催化转化器等措施。一般情况下，二次喷射的排放控制能力有限，不能满足低排放要求，尤其是二次喷射的 NO_x 的低排放，因此采用催化转化器成为控制尾气排放的重要措施。催化转化器用到的催化剂包括用来减少 HC 和 CO 排放的三效催化剂。其中三效催化剂闭环控制系统是目前世界上最常用的汽车排气催化净化系统。

4.2.3.2 三效催化剂

能同时有效地对 CO、HC 和 NO_x 进行催化转化的催化剂，是三效催化剂（TWC）。由于汽车尾气的排放量、排气成分以及排气温度的变化范围都较宽，且汽车在运行过程中的复杂情况、苛刻的操作条件、严格的催化要求等都对三效催化剂提出了极高的性能要求。具体要求如下：起燃温度低，有利于降低汽车冷启动时排气污染物的排放；有较高的储氧能力，以补偿过量空气系数的波动；耐高温，不易热老化，能适应尾气排放温度变化幅度大的特点，汽车正常的操作温度一般在 300～500 ℃之间，短时间内甚至达到 1000 ℃，能经受这样的环境而保持活性稳定的物质只有部分贵金属和稀土金属；对杂质不敏感，不易中毒；极少产生 H_2S、NH_3 等物质；价格合适。

1）三效催化剂的催化原理　在三效催化剂上发生的化学反应如下：

氮氧化物（NO_x）的还原，Rh 对 N_2 的生成具有良好的活性和选择性。它是催化剂的主要部分，以 NO 为例：

$$NO + CO \longrightarrow 1/2N_2 + CO_2$$
$$NO + H_2 \longrightarrow 1/2N_2 + H_2O$$

一氧化碳（CO）和碳氢化合物（HC）的氧化，Pt、Pd 是除去 CO、HC 的有效金属催化剂，具体反应如下：

$$CO + 1/2O_2 \longrightarrow CO_2$$
$$4HC + 5O_2 \longrightarrow 4CO_2 + 2H_2O$$

其他反应为：

$$2HC + 4H_2O \longrightarrow 2CO_2 + 5H_2$$
$$CO + H_2O \longrightarrow CO_2 + H_2$$

汽车尾气净化主要发生了氧化-还原反应，三效催化剂能同时降低 3 种污染物浓度，但只有在空燃比等于 14.6 时才能达到最优化。

2）三效催化剂的组成　汽车尾气净化的三效催化剂是由载体、活性组分和助催化剂三部分组成。

（1）载体　由汽车尾气净化用的催化剂价格比较昂贵，故催化剂一般涂抹在载体上，使催化剂成为催化剂层。目前使用的催化剂载体大部分是陶瓷载体和金属载体。载体上具有气体流动的通孔。陶瓷载体的孔多为格子状，也有圆形的；金属载体的孔多为波纹状。载体的单体形状如图 4-1 所示。

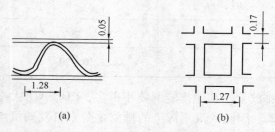

图 4-1　载体的单体形状
（a）金属载体；（b）陶瓷载体

20 世纪 90 年代后期，金属载体汽车催化剂开始发展起来，与陶瓷相比，有着更大的表面积，同时更易传热，能够更快达到反应温度。由于金属载体的价格较贵和负载工艺的难度，相比陶瓷载体应用较少，所以目前应用的汽车催化剂载体 95% 为蜂窝堇青石陶瓷载体。堇青石理想组成是 $2MgO \cdot 2Al_2O_3 \cdot 2SiO_2$，耐热温度较高，但其比表面积仅有 $1\ m^2/g$。为提高催化剂的比表面积，通常在陶瓷载体上涂覆一层比表面积更大的物质即涂层，一般为活性氧化铝。

（2）活性组分　活性组分是催化剂的核心，担负主催化作用，目前汽车尾气净化中活性组分主要有贵金属和非贵金属两大类。

① 贵金属活性组分——目前三效催化剂的主体是贵金属，主要组分有 Pt-Pd、Pt-Rh、Pd-Rh、Pt-Pd-Rh，具有较低的起燃温度，较长的寿命，对 CO、HC、NO_x 同时具有较高的催化转化效率。贵金属三效催化剂活性组分中的 Pt 和 Pd 主要用来氧化 CO、HC，而 Rh 主要用来还原 NO_x。温度越低则催化活性越高，催化活性与贵金属 Pt、Pd 及 Rh 的粒径呈线性关系，因此使用过程中要防止贵金属微粒的增大。

② 非贵金属活性组分——由于贵金属价格昂贵，资源稀少，再加上易发生 Pb、S 中毒，

因此寻找其他高性能材料已成为必然趋势。早期人们把重点放在铜和含铜-铬体系掺杂微量贵金属上。目前研究的非贵金属催化剂是以 Mn、Co、Fe、Sr、Cu、Ni、Bi 等过渡金属与碱金属氧化物为主要活性组分，以稀土氧化物为助剂的混合氧化物型催化剂。其中 CuO、MnO_2 和 CoO_3 等对 CO 的低温氧化活性较高，NiO 和 Cr_2O_3 对 NO_x 的还原性能较好。它们对 CO、HC、NO_x 活性顺序如下：

氧化 CO　　　　　$Co_3O_4 > CuO\text{-}Cr_2O_3/Al_2O_3 > Fe_2P_3 > CuO > Cr_2O_3$

氧化 C_2H_4　　　　　$C - Cr_2O_3\text{-}Al_2O_3 > Fe_2O_3 > Co_3O_4 > Cr_2O_3$

NO_x 还原 CO　　$Fe_2O_3 > CuCr_2O_4 > CuO > Cr_2O_3 > NiO > Co_3O_4 > MnO_2 > V_2O_5$

然而，非贵金属具有其不可克服的缺点，如在低温下对硫很敏感，在富氧环境下更易失活，活性不如贵金属高，特别是用单组分氧化物作为主催化剂时，耐热性太差，氧化-还原活性低，所以一般采用多组分制成特殊结构来提高催化活性。

（3）助催化剂　助催化剂虽然本身无催化活性或活性很低，但加入后可大大提高主催化剂的活性、选择性或寿命。汽车尾气净化的反应机理十分复杂，催化剂各组分常常协同作用，催化剂活性组分与助剂常难以明确区分。三效催化剂中一般都使用稀土氧化物为助剂，稀土的加入降低了贵金属的用量，使材料具有以下特性：

① 提高催化剂的热稳定性——如 La_2O_3 与 Al_2O_3 形成一种在高温下稳定的 La-β-Al_2O_3 层状结构，从而抑制了 γ-Al_2O_3 向 α-Al_2O_3 转变。

② 提高储氧能力——由于氧化铈中 Ce^{3+} 和 Ce^{4+} 的氧化还原转化能力，可在贫氧下储氧促进 NO_x 还原；富氧时释放氧，提高催化剂在贫氧条件下对 CO 和 HC 的氧化活性。

氧化镧和氧化铈可提高贵金属的分散性，抑制高温结晶颗粒的长大。

提高催化剂抗硫中毒能力，以及催化剂载体的机械强度。

目前研究较多的是用稀土氧化物作为活性组分，制成的钙钛矿型（ABO_3）、尖晶石型（A_2BO_4）等结构的稀土复合金属氧化物型催化剂，如 $LaCoO_3$、$LaMnO_3$、$LaNIO_3$ 或其 A、B 离子部分被取代的化合物。与其他类型的催化剂相比，钙钛矿型催化剂用途比较广泛，某些样品的活性、选择性及抗毒性能超过贵金属催化剂，有望在汽车尾气净化方面替代贵金属催化剂。目前研究主要侧重于 ABO_3 中 A 位或 B 位元素的取代，改变其内部的晶格结构，由此改变材料的性能，起到提高催化作用的效果。

4.2.4　脱臭材料

1. 概述

凡能刺激人的嗅觉器官，普遍引起不愉快或厌恶、损害人体健康的气味统称为恶臭。恶臭不仅污染环境，而且危害人类身心健康，其致臭原因是其含有特征发臭基团。含发臭基团的气体分子与嗅觉细胞作用，经嗅觉神经向脑部神经传递信息，从而完成对气味的鉴别。地球上存在的 200 多万种化合物中，1/5 具有气味，约有 1 万种为严重恶臭的物质。按化学组成可分成以下五类：

（1）含硫化合物，如硫化氢、二氧化硫、硫醇、硫醚类等。

（2）含氮化合物，如胺、氨、酰胺、吲哚类等。

（3）卤素及衍生物，如卤代烃等。

（4）含氧有机物，如醇、酚、醛、酮、酸、酯等。

（5）烃类，如烷、烯、炔烃以及芳香烃等。

由上可知除硫化氢和氨外，这些恶臭物质大都为有机物。这些有机物具有沸点低、挥发性强的特征，能够散发到大气中，因此又称其为挥发性有机化合物，简称 VOCs。

目前，对恶臭的治理方法可归纳于表4-3。

表4-3　常见的恶臭的治理方法

脱臭方法	脱臭原理	特　点	适用对象
掩蔽法	采用更强烈的芳香气体或其他令人愉快的气味与臭气掺和以掩蔽臭气，使之能被人接受	可尽快消除恶臭影响，灵活性大，费用低，但恶臭成分并没有被去除掉	适用于需要立即或暂时消除低含量恶臭成分
稀释法	将有臭气的气体通过烟囱排至大气，或用无臭空气稀释、降低恶臭物质含量以减轻臭味	费用低，但易受气象条件的影响，恶臭物质仍然存在	适用于处理中、低含量的有组织的排放恶臭成分
燃烧法	在高温下恶臭物质与燃料气充分混合，实现完全燃烧	净化效率高，恶臭物质被彻底氧化分解，但设备易腐蚀，消耗燃料，处理成本高，易形成二次污染	适用于处理高含量、小气量的可燃性恶臭成分
化学氧化法	利用强氧化剂氧化恶臭物质，使之无臭或低臭	净化效率高，但需要氧化剂，处理费用高	适用于处理大气量的、高中含量的恶臭成分
洗涤法	使用溶剂溶解臭气中的恶臭物质	可处理大流量气体，工艺最成熟，但净化效率不高，消耗吸收剂，易形成二次污染	适用于处理大气量的、高中含量的臭气
吸附法	利用吸附剂的吸附功能使恶臭物质由气相转移至固相	净化效率很高，可处理多组分的恶臭气体，但吸附剂费用昂贵，再生比较困难，对待处理的恶臭气体要求高，即较低的湿度和含尘量	碳氢化合物

恶臭污染源分布极广，大体可分为工业污染源（如造纸厂、印刷厂等）、生活污染源（如厕所、卫生间、垃圾堆放场、下水道等）和体泌污染源（如脚臭、腋臭、口臭等）类。在各种恶臭污染源中，以垃圾堆放场、垃圾箱、厕所、造纸厂、印刷厂及室内装修场所等最为普遍，在污水处理厂也产生大量难闻的臭气。恶臭物质的主要来源详见表4-4。

表4-4　恶臭物质的主要来源

物质名称	主　要　来　源
硫化氢	牛皮纸浆、炼油、炼焦、石化、煤气、粪便处理、二硫化碳的生产或加工
硫醇类	牛皮纸浆、炼油、煤气、制药、农药、合成树脂、合成纤维、橡胶
硫醚类	牛皮纸浆、炼油、农药、垃圾处理、生活污水下水道

物质名称	主 要 来 源
氨	氮肥、硝酸、炼焦、粪便处理、肉类加工、家畜饲养
胺类	水产加工、畜产加工、皮革、骨胶
吲哚类	粪便处理、生活污水处理、炼焦、肉类腐烂、屠宰牲畜
硝基化合物	燃料、炸药
烃类	炼油、炼焦、石油化工、电石、化肥、内燃机排气、油漆、溶剂、油墨、印刷
醛类	炼油、石油化工、医药、内燃机排气、垃圾处理、铸造
脂肪酸类	石油化工、油脂加工、皮革制造、肥皂、合成洗涤剂、酿造、制药、香料、食物腐烂、粪便处理
醇类	石油化工、油脂加工、皮革制造、肥皂、合成材料、酿造、林产加工、合成香料
酚类	溶剂、涂料、油脂工业、石油化工、合成材料、照相软片
酯类	合成纤维、合成树脂、涂料、粘合剂
含卤素的有机物	合成树脂、合成橡胶、溶剂、灭火器材、制冷剂

从表 4-4 分析来看，硫系恶臭物质涉及的行业最为广泛，而且硫系恶臭物质具有极大的毒性，在各种恶臭污染中影响也是最大的。GB 14554—1993《恶臭污染物排放标准》中确定了 8 种恶臭物质，其中含硫恶臭气体就有五种，并且出现概率最大的就是 H_2S，因此含硫恶臭的治理的主要针对 H_2S 恶臭物质。

2. 生物脱臭技术

生物法处理废气的概念是 Bach·H 在 1923 年提出的，而工业上的最早应用是美国的 R·D·Pomeoy，他于 1957 年申请了利用土壤处理硫化氢臭气的专利，其原理是利用微生物的代谢活动降解恶臭物质，使之无害化。对于无机硫化物一般氧化为硫酸，而对于有机硫化物的氧化终产物为硫酸和二氧化碳。由于氧化分解，微生物获得了自身细胞增殖所必需的细胞物质和生长所需要的能量。但是待降解的物质必须有一定的水溶性和可生物降解性，恶臭气体的温度不应大于 50℃，并不含有抑制微生物生长的有害物质。生物脱臭技术具有以下几方面优点：

（1）生物脱臭一般是将各种恶臭成分或有毒成分氧化分解成 CO_2、H_2O 和 H_2SO_4 等物质，通过人工创造的环境，进行人为的控制与管理，因而可减少或避免二次污染。

（2）生物脱臭法是以恶臭物质作为生物体内的能源，只要使微生物与恶臭物质相接触，就可以完成氧化和分解过程。与物化脱臭法相比，微生物生长的温度一般接近常温，脱臭过程无须加热，可节省能源和资源，降低处理成本。

（3）只要控制适当的容积负荷与气液接触条件，就能达到极高的脱臭效率，并且生物脱臭装置比较简单。

（4）生物脱臭的微生物通常可以在低营养条件下生存，因此产生的剩余污泥少。

生物脱臭技术目前多用于水处理过程中含硫恶臭的去除，而在工业生产中因其脱臭效率较低，还未见有应用的报道。目前在合成氨、石化、煤气等领域应用较多的除臭材料仍为脱硫剂。

3. 脱硫剂

脱硫剂是化学吸附脱臭技术中使用的材料，其中胺类脱硫剂、活性炭、铁基脱硫剂和锌基脱硫剂等均可在室温条件下实现脱硫，并各有其优缺点。铜基脱硫剂和锰基脱硫剂目前多用于中、高温脱硫，但室温脱硫前景看好，下面主要对这几类脱硫剂进行介绍。

（1）胺类脱硫剂　胺类法吸收硫化氢是 20 世纪 30 年代发展起来的，一直是工业气体净化的主要方法之一。一般用链烷醇胺作碱性溶剂，先后开发了单乙醇胺（MEA）、乙二醇胺（DEA）、二异丙醇胺（DIPA）、甲基二乙醇胺（MDEA）和三乙醇胺（TEA）等。其中单乙醇胺溶液（MEA）的碱性最强，是吸收硫化氢较好的溶剂，并可同时去除 CO_2。MEA 的回收可采用简单的水洗法从气流中吸收蒸发的胺即可，但与有机硫化物（COS）反应后吸收液将无法再生。DIPA 对污染物的去除有选择性，能够有选择地从 CO_2 中脱除少量的 H_2S 和 COS。而美国在 20 世纪 60 年代开发的甲基二乙醇胺，其脱硫效果要明显优于前面研究开发的几种吸收液，并且在以后的工业生产中得到了迅速的应用。

（2）活性炭脱硫剂　活性炭脱硫剂是使用较广的一种低温脱硫剂，兼有催化和吸附作用，脱硫过程一般在 5 ~ 60 ℃ 范围内进行，具有比表面积大、微孔结构发达、热稳定性好等优点。活性炭脱硫主要依靠活性炭表面的活性基团对硫化物和氧反应的催化作用来实现。以 H_2S 为例，认为低温脱硫过程是 H_2S 在活性炭表面吸附的水膜内离解为 HS^- 和 H^+；同时吸附在活性炭表面的 O_2 被活化，O—O 键断裂生成的活性氧原子很快与 HS^- 发生反应，生成单质硫沉积在活性炭的微孔中。

普通活性炭的脱硫精度较差，一般在活性炭中添加多种活性组分如铜、碱金属或碱土金属等氧化物及特种稳性剂使活性炭改性，以增强催化能力、稳定性和再生性能，从而提高脱硫剂的脱硫精度和活性。活性炭的孔结构与脱硫活性密切相关。研究发现孔直径为 3.5 ~ 8 nm 的活性炭有非常好的脱硫活性，并且有水蒸气存在时，会加快反应速度。尤其当活性炭中存在大量的直径小于 1 nm 的微孔时，活性炭具有很强的吸附 H_2S 和催化氧化的能力。

活性炭脱硫剂适用于处理天然气和其他不含焦油物质的含 H_2S 废气、粪便臭气。其优点是通过简单的操作可以得到很纯的硫，若选择合适的炭，还可以除去有机硫化物。缺点是不宜处理 H_2S 含量高的气体。

（3）铁基脱硫剂　氧化铁也是一种传统的硫容大的低温脱硫剂，主要用于粗脱和半精脱。脱硫的氧化铁主要是 $\alpha\text{-}Fe_2O_3 \cdot H_2O$ 和 $\gamma\text{-}Fe_2O_3 \cdot H_2O$ 两种形式。当 H_2S 气体通过脱硫剂床层时，H_2S 被吸收，反应如下：

$$2Fe(OH)_3 + 3H_2S \longrightarrow Fe_2S_3 + 6H_2O$$

脱硫剂吸附 H_2S 饱和后，向催化剂床层通入空气和水蒸气，在一定温度下，Fe_2S_3 重变为 $Fe(OH)_3$，反应如下：

$$2Fe_2S_3 + 3O_2 + 6H_2O \longrightarrow 4Fe(OH)_3 + 6S\downarrow$$

此方法适合于处理焦炉煤气和其他含 H_2S 气体，净化硫化氢效果好，效率可达 99%，但该法占地面积大，反应速率慢，设备庞大笨重。

国内已经开发出了一系列铁系脱硫剂，包括 TG 型、T501 型、SW 型、PM 型、NF 型和 EF-2 型等。氧化铁脱硫剂的脱硫精度低，因此对其研究也主要集中在提高脱硫精度上，其中 T703 型氧化铁精脱硫剂，在常压、水饱和的情况下，进口 H_2S 体积质量为 15179 mg/m^3，出口硫化氢小于或等于 0.05 mg/m^3，脱硫剂的一次性硫容可达 23%。表 4-5 列出了氧化铁低温脱硫剂的几种型号及使用性能。

表 4-5　氧化铁低温脱硫剂及使用性能

型号	空速/h^{-1}	温度/℃	H_2S 出气体体积质量/（mg/m^3）	硫容（%）
T501	100 ~ 1000	5 ~ 40	1.5	20
TG-3	300 ~ 1000	80 ~ 150	1.5	累计 30
TG-4	300 ~ 1500	5 ~ 50	0.15	累计 60
TG-F	50 ~ 150	10 ~ 40	23	累计 30 ~ 60
SW	200	20 ~ 30	<20	累计 60
PM	40 ~ 100	20 ~ 30	<20	25
T703	1000 ~ 2000	20 ~ 30	0.05	23

（4）锌基脱硫剂　目前氧化锌脱硫剂用于中、高温脱硫时，硫容较高，但脱硫精度低；而低温脱硫时硫容较低，但脱硫精度高。因为从热力学角度分析，ZnO 与 H_2S 反应的生成物是十分稳定的 ZnS，反应方程式为：

$$ZnO + H_2S \longrightarrow ZnS + H_2O$$

$$\Delta H_{298}^0 = -76.62kJ/mol$$

$$K_P = -P_{H_2O}/P_{H_2S}$$

式中　K_P——气相平衡常数；P_{H_2O}——H_2O 的分压（Pa）；P_{H_2S}——H_2S 的分压（Pa）。

该反应为放热反应，当温度升高时，不利于反应向产物方向进行。平衡常数减小，脱硫精度下降；反之，降低温度可以提高脱硫精度。从动力学角度分析 ZnO 与 H_2S 的反应属于非催化气固反应，因此固体扩散在脱硫反应中占有很重要的位置，只有内层氧化锌晶格上的氧离子不断向外层扩散，与外层的硫离子进行交换，才能使反应不间断的进行。所以当脱硫温度降低时，反应速度减慢，没有足够的能量克服固体扩散的阻力，这样导致硫容降低，因此氧化锌脱硫剂的低温硫容要小于中、高温硫容。

氧化锌的形状、颗粒大小和气体组分均对脱硫活性产生影响，有研究表明在相同的条件下，氧化锌涂层比氧化锌颗粒有更好的脱硫活性，其脱硫精度可达到 0.03 mg/m^3。当氧化锌的颗粒从直径 200 ~ 500 nm 减小到 24 ~ 71 nm 时，其动力学硫容能提高将近 10 倍；当氧化锌的颗粒大小相近，其形状从细长形改为平板状时，其动力学硫容提高了 3 倍多。邵纯红等采用均匀沉淀法制备了粒径为 14 nm 左右的纳米氧化锌脱硫剂，并与分析纯氧化锌（粒径为 200 nm 左右）脱硫剂相比较。研究发现纳米 ZnO 提高了对 H_2S 的室温去除率，室温脱除 H_2S 的活性时间是分析纯 ZnO 的近 40 倍。

近些年提高氧化锌的低温硫容一直是脱硫技术研究的重点。解决这个问题主要从以下两方面进行：第一，提高脱硫剂的比表面积和孔隙率，加大其传质面积。研究人员向氧化锌中加入了 Al_2O_3 作为载体，提高了脱硫剂的比表面积，进而提高了脱硫性能；第二，向氧化锌中加入物质，增加反应的活性中心，以提高其低温硫容。国外对这方面的研究主要是掺杂一些金属氧化物，如掺杂第一周期过渡金属氧化物铜或钴盐后，氧化锌的脱硫能力显著提高了。

（5）铜基脱硫剂　铜基脱硫剂多用于中、高温脱硫。从热力学角度研究认为 CuO 和 H₂S 反应的吉布斯自由能与脱硫效果最具优势，对铜基脱硫剂的研究最早始于在 CuO 中加入第 Ⅴ 族和第 Ⅵ 族金属氧化物进行 200 ℃ 以上可燃气的脱硫研究。近年来铜基脱硫剂在高温煤气脱硫中的应用越来越引起人们的注意，将 AgO 加到氧化铜中进行了 450～550 ℃ 的活性试验，取得了较好的效果。将 Mn、Fe、Cu、Co、Ce 和 Zn 负载到 Al₂O₃ 上，在 500～700 ℃ 时进行 H₂S 的吸附试验，发现负载铜和锰的 Al₂O₃ 的脱硫活性要好于负载其他金属元素的 Al₂O₃。与其他脱硫剂相比较，铜基脱硫剂具有高的比表面积、小的扩散阻力及很好的抗高温和抗磨损性能。

（6）锰基脱硫剂　天然锰矿脱硫是一种古老的方法，由于其硫容较低，所以使用量非常大。锰矿中含二氧化锰 90% 左右，用于脱硫时先将四价的锰还原成二价才具有脱硫活性。其脱硫精度虽然不高，却能转化多种有机硫，常用于焦炉气或炼厂气的粗脱硫，国内已经独自研制出一种价格低廉并有一定有机硫转化活性的铁锰精脱硫剂。目前锰基脱硫剂多用于中、高温脱硫中，使用的最低温度是 200 ℃。

【案例】

燃煤电厂烟气脱硫工程——简易石灰石-石膏法

1. 项目简介

某发电厂 2002 年建成，采用的脱硫剂石灰石的 CaCO₃ 含量不小于 93%，粒径不大于 10 mm，在厂区制粉，制成 74 μm（占 95%）的粉料和浆液供使用。烟气参数详见表 4-6。

表 4-6　烟气参数

项　　目	测定值	设计值
烟气量	97.5	97
温度/℃	120～150	160
压力	0～100	100
烟尘体积质量/（mg/m³）	371	370
SO₂ 体积质量/（mg/m³）	1650（湿）	3430（湿）
水分（体积分数）/%	2.0（湿）	5.0（湿）
CO₂（体积分数）/%	10.6（湿）	11.6（湿）
O₂（体积分数）/%	9.3（干）	8.0（干）
HCl 体积质量/（mg/m³）	5.74（干）	9.52（干）
HF 体积质量/（mg/m³）	6.68（干）	9.49（干）

2. 工艺流程

工艺流程如图 4-2 所示。

烟气脱硫（FGD）装置主要由下列系统组成：浆液制备与供应系统、烟气系统、SO₂吸收系统、石膏处理系统、废水处理系统。

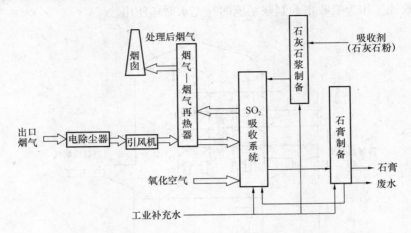

图 4-2　简易石灰石-石膏法工艺流程

（1）浆液制备与供应系统　石灰石由水路运输入厂，磨粉厂设在厂区南端，物料流向为：石灰石→制粉→制浆→管道输送至脱硫岛内的浆池→吸收塔。

在磨粉厂内设石灰石粉贮仓 1 座，为使仓内的粉料通畅，在粉仓底部设有空气流化装置。石灰石粉经仓底卸料阀、输送机均匀地送入配浆池内，按一定比例加水搅拌制成含固量 20%～30% 的浆液。浆液经泵送入浆池。为使浆液混合均匀，防止沉淀，在磨粉厂及浆池内均有搅拌器，石灰石用量为 4.27 t/h。

（2）烟气系统　燃煤烟气经电除尘器、引风机、入口挡板门进入脱硫增压风机，然后进入脱硫系统。经脱硫风机升压后的烟气在气-气再热器的吸热侧降温至 109 ℃进入吸收塔。经洗涤脱硫后烟气温度约为 45 ℃，在烟气-烟气再热器的放热侧加热至 90 ℃以上，通过出口挡板门进入烟囱与其他机组的烟气混合，由高 210 m 的烟囱排入大气。

（3）SO₂吸收系统　吸收系统主要包括吸收塔、除雾器、循环浆泵和氧化风机等设备。在吸收塔内，烟气中的 SO₂ 被吸收浆液洗涤并与浆液中的 CaCO₃ 发生反应，在吸收塔底部的循环浆池内被氧化风机鼓入的空气强制氧化，最终生成石膏晶体，由石膏浆泵排送至石膏处理系统。在吸收塔的出口设有除雾器，以除去烟气带出的细小液滴，保证烟气中液滴体积质量低于 100 mg/m³。

脱硫吸收塔采用逆流式喷淋吸收塔，如图 4-3 所示。将除尘（冷却）、脱硫、氧化 3 项功能合为一体。吸收塔为圆柱体，底部为循环浆池，塔体上部分为喷淋洗涤区和回流区两部分，烟气在喷淋洗涤区自下而上流过，经洗涤脱硫后在吸收塔顶部自上而下转入回流区，由吸收塔的中部排至除雾器。吸收塔外布置有 2 级水平式除霜器用以除去烟气中的水雾。经过除雪后的烟气在烟气-烟气再热器升温后通过烟囱排放。

（4）石膏处理系统　从脱硫吸收塔底部排出的石膏浆液含固量约为 15%～20%。考虑运输、贮存和综合利用，还需要进行脱水处理。石膏浆经水力旋流器浓缩至含固量 40% 后送入真空皮带脱水机，经脱水处理后的石膏含水率不超过 10%，然后送入石膏储仓。进入脱硫系统的细颗粒粉煤灰对脱水系统有不利影响，将水力旋流器的溢流液送入浓缩器进一步浓缩，浓缩液作为废水直接排入冲灰系统。

脱硫石膏中 Cl⁻ 等杂质含量控制在不超过 2 mg/kg，确保脱硫石膏质量满足作建筑材料的要求，在石膏脱水过程中设有冲洗装置，用清水对石膏进行冲洗。脱水装置的滤出液和冲洗水汇入接收池，作为吸收塔和制浆系统的补充水循环使用。

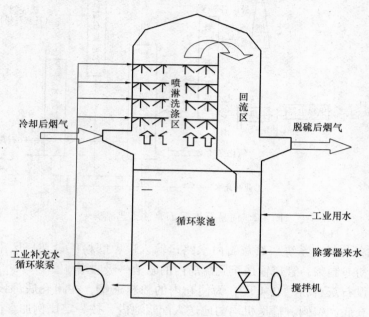

图 4-3　逆流式喷淋吸收塔

（5）废水处理系统　脱硫系统需要排放一定量的废水以满足工艺系统的要求。自吸收塔池排出的石膏浆液，经上述的水力旋流器后，溢流液中固体物含量仍较高，采用高效浓缩器进一步浓缩，浓缩液中细小的粉煤灰颗粒占有较大的比重，主要污染物为 SS，pH 值为5.5～6。为避免对后部石膏脱水系统带来不利影响，将其作为废水排放，排放量约 7.5 t/h。将废水送往冲灰水系统，以中和冲灰水的碱性，避免产生新的污染。

本工程具有工艺简单，设备运行可靠，运转所需的公共辅助设施少，运行成本低，采用计算机控制系统，可以灵活地适应机组负荷变化；副产品的品质满足市场要求特点等。

 思考题

1. 什么是大气污染物？根据污染物的存在状态可分为哪几种类型？
2. 石灰/石灰石-石膏法脱硫工艺由哪几个步骤组成？每一步所发生的主要化学反应有哪些？
3. 简述活性炭脱硫过程的步骤及反应机理。
4. 吸收法脱除 NO_x 常用的方法有哪几种？它们在原理上有何异同？
5. 简述丝光沸石脱除 NO_x 的步骤及涉及的主要化学反应。
6. 三效催化剂由哪几部分构成？催化原理是什么？
7. 恶臭物质分为哪几大类？常见的恶臭治理方法有哪几种？它们在原理上有何异同？
8. 脱硫剂（脱除 H，S）有哪些类型？简述两种脱硫剂的脱硫原理。

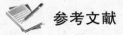

参考文献

[1]　姜安玺，等. 空气污染控制（2 版）[M]. 北京：化学工业出版社，2010.

[2]　朱亦仁. 环境污染治理技术（3 版）[M]. 北京：中国环境科学出版社，2008.

[3]　《空气和废气监测分析方法指南》编委会. 空气和废气监测分析方法指南上册[M]. 北京：中国环境科学出版社，2006.

[4]　华坚，环境污染控制工程材料[M]. 北京：化学工业出版社，2009.

[5]　李连山. 大气污染控制工程[M]、武汉：武汉理工大学出版社，2003.

[6]　王丽萍. 大气污染控制工程[M]，北京：煤炭工业出版社，2002.

[7]　蒋文举，宁平. 大气污染控制工程（2 版）[M]. 成都：四川大学出版社，2005.

[8]　蒲恩奇. 大气污染治理工程[M]. 北京：高等教育出版社，2004.

[9]　郭东明，硫氮污染防治工程技术及其应用[M]. 北京：化学工业出版社，2001.

[10]　孙永安，王晓晖. 催化作用原理与应用[M]. 天津：天津科学技术出版社，2008.

[11]　杨氏. 二氧化硫减排技术与烟气脱硫工程[M]. 北京：冶金工业出版社，2004.

[12]　孙锦宜，林西平. 环保催化材料与应用[M]. 北京：化学工业出版社，2002.

[13]　姜兆华，孙德智，邵光杰. 应用表面化学与技术[M]. 哈尔滨：哈尔滨工业大学出版社，2002.

[14]　俞树荣，张婷，冯辉霞，等. 吸附材料在脱硫中的应用和研究进展[J]. 河南化工，2006，23（8）：8-1.

[15]　张秀云，郑继成. 国内外烟气脱硫技术综述[J]. 电站系统工程，2010，26（4）1-2.

[16]　杜琰，谢鲜梅，王志忠. 氮氧化物 NO_x 的催化消除[J]. 太原理工大学学报，2003，34（5）：535-539.

[17]　王晓明. 催化法去除氮氧化物的研究进展[J]. 工业安全与环保，2009，35（1）21-23.

[18]　胡晓宏，刘艳华，董淑萍. 氮氧化物选择性催化还原催化剂研究综述[J]. 环境科学与技术，2007，30（11）：107-110.

[19]　梁勇，马智，潘志爽. 催化还原烟气中 SO_2 到单质硫的研究进展[J]. 工业催化，2007，15（5）55-59.

[20]　张强，李娜，李国祥. 天然气发动机三效催化剂[J]，山东大学学报工学版，2010，40（4）：121-124.

[21]　黄盼，刘先树. 三效催化剂的研究进展[J]. 资源开发与市场，2009，25（3）：253-254.

[22]　张宏艳，牟元平，常志伟. 汽车尾气净化三效催化剂研究进展[J]. 化工科技，2006，14（5）：70-72.

[23]　王绍梅，李惠云，袁小勇. 汽车尾气催化净化催化剂的研究进展[J]. 安阳师范学院学报，2004（5）：36-38，47.

[24]　陈建孟，王家德，唐翔宇. 生物技术在有机废气处理中的研究进展[J]. 环境污染治理技术与设备，1998，6（3）：30-36.

[25]　吴玉祥，冯孝善. 有机废气的生物处理[J]. 环境污染与防治，1992，14（4）：20-22.

[26]　张家忠，宁平. 干法脱除硫化氢技术[J]. 云南环境科学，2004，23（2）41-44.

[27]　谭小耀，吴迪镛. 浸渍活性炭脱除 H_2S 的反应动力学[J]. 化学反应工程与工艺，1996，12（2）：129-137.

[28]　胡典明，王国兴，魏华，等. EF-2 型特种氧化铁常温精脱硫剂的研制[J]. 天然气化工，1999，24（2）；31-36.

[29]　樊惠玲，郭汉贤，上官炬，等. 氧化锌颗粒脱硫中固体扩散的动力学分析[J]，燃料化学学报，2000，28（4）：368-371.

[30] K Jothirmurugesan, A A Adayiga, S K Gangwal. Removal of Hydrogen Sulfide from Hot Coal gas Streams [J]. In Proc Annu Int Pittsburgh Coal Conf, 1996 (1): 596-601.

[31] 邵纯红, 姜安玺, 李芬, 等. 纳米 ZnO 脱硫剂表面结构与室温脱除 H₂S 性能的研究[J]. 无机化学学报, 2005, 21 (8): 1149-1154.

[32] 李芬, 张杰, 姜安玺, 等. 低温脱硫剂的研究进展[J]. 化工进展, 2007, 26 (4): 519-525.

[33] 李芬, 姜安玺, 余敏, 等. 氧化锌脱硫技术研究进展[J]. 化工环保, 2006, 26 (2): 115-118.

[34] Folli A, Strøm M, Madsen T P, etal. Field study of air purifying paving elements containing TiO_2[J]. Atmospheric Environment, 2015, 107: 44-51.

[35] Negishi N, Sano T. Photocatalytic solar tower reactor for the elimination of a low concentration of VOCs[J]. Molecules, 2014, 19(10): 16624-16639.

[36] Huang Y, Wang W, Zhang Q, etal. In situ fabrication of $\alpha\text{-}Bi_2O_3/(BiO)_2CO_3$ nanoplateheterojunctions with tunable optical property and photocatalytic activity[J]. Scientific Reports, 2016, 6: 23435.

[37] Zhang Q, Huang Y, Xu L, etal. Visible-light-activeplasmonic $Ag\text{-}SrTiO_3$ nanocomposites for the degradation of NO in air with high selectivity[J]. ACS Applied Materials & Interfaces, 2016, 8: 4165-4174.

[38] Wang Z, Huang Y, Hu W, etal. Fabrication of $Bi_2O_2CO_3/g\text{-}C_3N_4$ heterojunctions for efficiently photocatalytic NO in air removal: In-situ self-sacrificial synthesis, characterizations and mechanistic study[J]. Applied Catalysis B: Environmental, 2016, 199: 123-133.

第 5 章 固体废物治理与综合利用

工业固体废物是指在工业生产活动中产生的固体废物，是我国固体废物管理的重要对象。随着我国经济的高速发展，快速的城镇化过程和社会生活水平的提高，以及工业化进程的不断加快，工业固体废物也呈现了迅速增加的趋势，产生量逐年上升，且增长速度很快。2013 年，全国工业废物产生量为 13.4 亿吨，比 2012 年增加 12%，较 2010 年增长近 30%。

工业固体废物的污染具有隐蔽性、滞后性和持续性，给环境和人类健康带来巨大危害。对工业固体废物的妥善处置已成为我国在快速经济发展中不可回避的重要环境问题之一。

随着技术的发展，我国工业固体废物的综合利用率不断提高，到 2013 年达到 56.1%，综合利用量为 7.7 亿吨。综合利用已成为工业固体废物的最大流向，但近 10 年间综合利用率提高年均不足 1%，由此可见，我国工业固体废物仍有较大的综合利用潜力。

另外，目前我国对工业固体废物的综合利用还仅限于初级的粗放式利用，如铺路、生产水泥建材、矿坑填充等，高附加值的产品较少。与国外相比，我国工业固体废物资源化的水平也较低，如我国矿产资源总回采率仅为 30%，比世界平均水平低 10% ~ 20%，有很大的提升空间。

5.1 工业固体废物的综合利用

工业固体废物主要包括冶金、化学、机械等工业生产部门的固体废物。

5.1.1 冶金及电力工业废渣的处理与利用

5.1.1.1 冶金及电力工业废渣种类和性质

冶金及电力工业废渣是指在冶金和火力发电过程中产生的固体废弃物。其中，冶金工业废渣主要包括高炉矿渣、钢渣、铁合金渣、赤泥等；电力工业废渣则主要包括粉煤灰及燃煤炉渣等。

1. 高炉矿渣

高炉矿渣是指冶炼生铁时从高炉中排放出来的废物。

（1）高炉矿渣的分类

目前，高炉矿渣主要按下述两种方法进行分类。

① 按照冶炼生铁的品种分类：A. 铸造生铁矿渣，指冶炼铸造生铁时排出的矿渣；B. 炼钢生铁矿渣，指冶炼炼钢生铁时排出的矿渣。

② 按照矿渣的碱度进行分类：高炉矿渣的化学成分中，碱性氧化物与酸性氧化物的质量分数（%）比值，称为高炉矿渣的碱度或碱性率，一般用 M_o 表示，即：

$$M_o = [(w(CaO) + w(MgO)]/[(w(SiO_2) + w(Al_2O_3)]$$

在冶炼生铁和铸造生铁中，当炉渣中的 Al_2O_3 和 MgO 含量变化不大时，炉渣碱度用 CaO 与 SiO_2 的质量分数（%）比值表示，并将其分为下述三类：A. 碱性矿渣 $M_o > 1$；B. 酸性矿渣 $M_o < 1$；C. 中性矿渣 $M_o = 1$。

（2）高炉矿渣的化学组成

高炉矿渣的化学组成包括 SiO_2、Al_2O_3、CaO、MgO、MnO、Fe_2O_3 等 15 种以上的化学成分，其中 CaO、SiO_2、Al_2O_3 占了 90%（质量分数）以上。表 5-1 所示为我国高炉矿渣的化学成分统计。

表 5-1 我国高炉矿渣的化学成分统计 （质量分数/%）

名称＼成分	CaO	SiO_2	Al_2O_3	MgO	MnO
普通渣	38 ~ 49	26 ~ 42	6 ~ 17	1 ~ 13	0.1 ~ 1
高钛渣	23 ~ 46	20 ~ 35	9 ~ 15	2 ~ 10	< 1
锰钛渣	28 ~ 47	21 ~ 37	11 ~ 24	2 ~ 8	5 ~ 23
含氟渣	35 ~ 45	22 ~ 29	6 ~ 8	3 ~ 7.8	0.15 ~ 0.19

名称＼成分	Fe_2O_3	TiO_2	V_2O_5	S	F
普通渣	0.15 ~ 2	—	—	0.2 ~ 1.5	—
高钛渣	—	20 ~ 29	0.1 ~ 0.6	< 11	—
锰钛渣	0.1 ~ 1.7	—	—	0.3 ~ 3	—
含氟渣	—	—	—	—	7 ~ 8

2. 钢渣

钢渣是炼钢过程中排出的废渣，主要由铁水和废钢中的元素氧化后生成的氧化物、金属炉料带入的杂质、加入的造渣剂和氧化剂、被侵蚀的炉衬及补炉材料等组成。钢渣的产量一般占粗钢产量的 15% ~ 20%。

（1）钢渣的分类

① 按炼钢炉型分：可分为转炉钢渣、平炉钢渣、电炉钢渣。

② 按生产阶段分：可分为电炉渣——氧化渣、还原渣；平炉渣——初期渣、后期渣。

③ 按化学性质分：可分为碱性渣、酸性渣。

（2）钢渣的化学及矿物组成

钢渣的化学成分主要为铁、钙、硅、镁、铝、锰、磷等元素的氧化物，其中钙、铁、硅的氧化物占绝大部分。

钢渣呈黑色，外观像水泥熟料，其中夹带部分铁粒，硬度较高，密度为 1700 ~ 2000 kg/m^3，其成分基本稳定。钢渣的主要矿物组成为橄榄石（$2FeO \cdot SiO_2$）、硅酸二钙（$2CaO \cdot SiO_2$）、硅酸三钙（$3CaO \cdot SiO_2$）、铁酸二钙（$2CaO \cdot Fe_2O_3$）及游离氧化钙 fCaO 等。

（3）钢渣的主要化学性质

① 碱度：指钢渣中 CaO 与 SiO_2 和 P_2O_5 的质量分数之比，即 $R = w(CaO)/[w(SiO_2) + w(P_2O_5)]$。根据碱度的高低，可将钢渣分为低碱度渣（$R = 0.78 ~ 1.8$），中碱度渣（$R = 1.8 ~ 2.5$）和高碱度渣（$R > 2.5$）。如表 5-2 所示，随着碱度的不同，钢渣中主体矿物相亦

有所差别。钢渣的利用主要以中高碱度渣为主。

表 5-2　不同碱度钢渣的主体矿物相

碱度	主体矿物相	碱度	主体矿物相
0.9~1.4	钙镁橄榄石	1.6~2.4	硅酸二钙
1.4~1.6	镁辉石	>2.4	硅酸三钙

② 活性：指钢渣中 $3CaO \cdot SiO_2(C_3S)$、$2CaO \cdot SiO_2(C_2S)$ 等具有水硬胶凝性活性矿物的含量。当钢渣碱度 R 为 1.8~2.5 时，其中的 C_3S 和 C_2S 的含量之和为 60%~80%；$R > 2.5$ 时，钢渣中的主要矿物为 C_3S。但活性矿物的水硬性需很长时间才能表现出来，研究表明，由钢渣制成的水泥或混凝土在几年、十几年甚至更长时间内其强度仍有较大幅度的增长。为利用钢渣中的活性矿物，可采用细磨的方式降低其粒度，并采用外加剂激发其活性。

③ 稳定性：指钢渣中 fCaO（游离氧化钙）、MgO、C_2S、C_3S 等不稳定组分的含量。这些组分在一定条件下都具有体积不稳定性，碱度高的熔融炉渣缓慢冷却时，C_3S 在 1250~1100 ℃ 温度区域会分解出 C_2S 和 fCaO；C_2S 在 675℃ 发生相变，由 β-C_2S 转变为活性很低的 γ-C_2S，体积膨胀 10%；fCaO 水化消解为 $Ca(OH)_2$，体积成倍增大；MgO 消解为 $Mg(OH)_2$，体积膨胀 77%。只有基本消解完毕后，体积才会趋于稳定。

④ 易磨性：钢渣的耐磨程度与其矿物组成和结构有关，钢渣结构致密，含铁量高，因此较耐磨。钢渣比矿渣耐磨，所以宜作路面材料。易磨性可用相对易磨系数表示，将物料与标准砂在相同条件下粉磨，所得比表面积之比即为相对易磨系数。

3. 铁合金渣

铁合金渣是冶炼铁合金过程中排出的废渣。由于铁合金产品种类很多，原料工艺各不相同，产生的铁合金渣也不同。

（1）铁合金渣的分类

① 按冶炼工艺分：可分为火法冶炼废渣、浸出渣。

② 按铁合金品种分：可分为锰系铁合金渣、铬铁渣、硅铁渣、钨铁渣、钼铁渣、磷铁渣等。

（2）铁合金渣的化学成分

国内一些铁合金渣的化学成分见表 5-3。

4. 有色金属渣

有色金属渣是指冶炼有色金属过程中产生的废渣。

（1）有色金属渣的分类

① 按生产工艺分：可分为火法冶炼形成的熔融矿渣；湿法冶炼生成的残渣；冶炼过程排出的烟尘和污泥。

表 5-3　铁合金废渣的主要成分　　　　　　　　　　（质量分数/%）

成分 名称	MnO	SiO_2	Cr_2O_3	CaO	MgO	Al_2O_3
高炉锰铁渣	5~10	25~30	—	33~37	2~7	1.4~1.9
碳素锰铁渣	8~15	25~30	—	30~42	4~6	0.7~1

名称＼成分	MnO	SiO$_2$	Cr$_2$O$_3$	CaO	MgO	Al$_2$O$_3$
硅锰合金渣	5~10	35~40	—	20~25	1.5~6	1~2
碳素铬铁渣	—	27~30	3~24	2.5~3.5	26~46	1.6~1.8
硅铁渣	—	30~35	—	11~16	1	13~30
钨铁渣	20~25	35~50	—	5~16	—	5~15
钼铁渣	—	48~60	—	6~7	2~4	10~13
磷铁渣	—	37~40	—	37~44	—	2
钒浸出渣	2~4	20~28	—	0.9~1.7	1.5~2.8	0.8~3
钒铁冶炼渣	—	25~28	—	50~55	5~10	8~10
金属铬浸出渣	—	5~10	2~7	23~30	24~30	3.7~8
金属铬冶炼渣	—	1.5~2.5	11~14	0~1	1.5~2.5	72~78
钛铁渣	0.2~0.5	0~1	—	9.5~10.5	0.2~0.5	73~75
硼铁渣	—	1.13	—	4.63	17.09	65.35

名称＼成分	FeO	V$_2$O$_5$	TiO$_2$	Fe$_2$O$_3$	Na$_2$CO$_3$	Na$_2$O
高炉锰铁渣	1~2	—	—	—	—	—
碳素锰铁渣	0.4~1.2	—	—	—	—	—
硅锰合金渣	0.2~2	—	—	—	—	—
碳素铬铁渣	0.5~1.2	—	—	—	—	—
硅铁渣	3~7	—	—	—	—	—
钨铁渣	3~9	—	—	—	—	—
钼铁渣	13~15	—	—	—	—	—
磷铁渣	1.2	—	—	—	—	—
钒浸出渣	—	1.1~1.4	—	8~10	—	—
钒铁冶炼渣	—	0.35~5	—	—	—	—
金属铬浸出渣	—	—	—	—	3.5~7	—
金属铬冶炼渣	—	—	—	—	—	3~4
钛铁渣	0~1	—	13~15	—	—	—
硼铁渣	—	—	—	0.24	—	—

② 按金属矿物的性质分：可分为重金属渣、轻金属渣和稀有金属渣。

（2）有色金属渣的化学成分

国内几种有色金属废渣的化学成分见表5-4。

表5-4　几种有色金属废渣的化学成分　　　　　　　　（质量分数/%）

成分 种类	SiO$_2$	CaO	MgO	Al$_2$O$_3$	Fe	Cu	Pb	Zn	Ag	Sb	As	Ge
铜渣	30~40	4~15	1~5	2~4	25~38	0.2~1	<2	2~3	0.5	0.2	—	—
铅渣	20~30	14~22	1~5	10~24	20~40	0.3	0.2~0.4	2				
锌渣	12~14	—	—		33	0.7	0.5	2	—	—	0.03	0.004

5. 粉煤灰

粉煤灰是煤粉经高温燃烧后形成的一种类似火山灰质的混合材料，是冶炼、化工、燃煤电厂等企业排出的固体废物。现在我国每年粉煤灰的排放量已达到 1.6×10^8 t，大量的粉煤灰长期堆放，既占用农田，又造成了严重的环境污染，粉煤灰的资源化已成为我国亟待解决的问题。

（1）粉煤灰的化学及矿物组成

粉煤灰的化学成分是评价粉煤灰质量优劣的重要技术基础。粉煤灰的化学组成与黏土类似，主要成分为 SiO$_2$（质量分数为40%~60%）、Al$_2$O$_3$（17%~35%）、Fe$_2$O$_3$（2%~15%）、CaO（1%~10%）和未燃炭。其余为少量 K、P、S、Mg 等的化合物和微量 As、Cu、Zn 等的化合物。

粉煤灰的矿物组成非常复杂，主要有无定形相和结晶相两大类。无定形相主要为玻璃体，占粉煤灰总量的50%~80%，此外，未燃尽的炭粒也属于无定形相。结晶相主要有石英、莫来石、云母、长石、赤铁矿等。

（2）物理性质

粉煤灰外观是灰色或灰白色的粉状物，含炭量大的粉煤灰呈灰黑色。粉煤灰颗粒多半呈玻璃状态，在形成过程中，由于表面张力的作用，部分呈球形，表面光滑，微孔较小。小部分因熔融状态下互相碰撞而粘连，形成表面粗糙、棱角较多的组合颗粒。

粉煤灰的密度与化学成分相关，低钙灰的密度一般为 1800~2800 kg/m^3，高钙灰一般为 2500~2800 kg/m^3。孔隙率一般为 60%~75%；粒度一般为 45 μm；比表面积一般为 2000~4000 cm^2/g。

（3）活性

粉煤灰的活性是指粉煤灰与石灰、水混合后显示的凝结硬化性能。粉煤灰含有较多的活性氧化物，如 SiO$_2$、Al$_2$O$_3$ 等，它们分别与 Ca(OH)$_2$ 在常温下起化学反应生成较稳定的水化硅铝酸钙[Ca(Al$_2$Si$_5$O$_8$)·4H$_2$O]，与石灰、水泥熟料等碱性物质混合加水拌和后，能凝结、硬化并具有一定的强度。

粉煤灰的活性不仅取决于它的化学组成，而且与它的物相组成和结构特征有密切关系。高温熔融并经过骤冷的粉煤灰，含大量的表面光滑的玻璃微珠，具有较高的化学潜能，是粉煤灰活性的主要来源。玻璃体中活性 SiO$_2$ 和 Al$_2$O$_3$ 含量越高，粉煤灰的活性越强。

5.1.1.2　冶金及电力工业废渣的加工与处理

1. 高炉矿渣的加工处理

在利用高炉矿渣之前，需对其进行加工处理，用途不同，加工处理方法不同。我国通常把高炉矿渣加工成水渣、矿渣碎石等形式后加以利用。

（1）高炉矿渣水淬处理工艺

高炉矿渣水淬处理工艺是将熔融状态的高炉矿渣置于水中急速冷却，限制其结晶，并使其粒化。目前常用的水淬方法有渣池水淬和炉前水淬两种。

① 渣池水淬是用渣罐将熔渣拉到距离高炉较远的地方，直接倒入水池中，熔渣遇水后急剧冷却成水渣。此法优点是节约用水，主要缺点是易产生大量渣棉和 H_2S 气体，污染环境，属逐渐淘汰的处理工艺。

② 炉前水淬是利用高压水使高炉渣在炉前冲渣沟内淬冷成粒状，并输送到沉渣池形成水渣。根据过滤方式的不同，炉前水淬可分为炉前渣池式、炉前渣车式、水力输送式、沉淀池过滤式、旋转滚筒式及脱水仓式等。

（2）高炉重矿渣碎石工艺

高炉重矿渣碎石是高炉熔渣在渣坑或渣场自然冷却或淋水冷却，形成结构较为致密的矿渣后，经破碎、磁选、筛分等工序加工成的一种碎石材料。重矿渣碎石处理工艺主要有热泼法和渣场堆存开采法两种。

① 热泼法有炉前热泼法和渣场热泼法两种形式。炉前热泼法是让熔渣经渣沟直接流到热泼坑，每泼一层熔渣便要淋一次水，促使其加速冷却和破裂。待泼到一定厚度后，便可进行挖掘，运至处理车间进行破碎、磁选和筛分，得到不同规格的碎石。目前国外多采用薄层多层热泼法，渣层薄，气体易析出，因此渣石密度高、强度高。渣场热泼法是将熔渣用渣罐车运到渣场热泼，其后处理工艺同炉前热泼。该工艺的优点是工艺简单、处理量大、产品性能稳定。缺点是占地面积大。

② 渣场堆存开采法是用渣罐车将熔渣运至堆渣场，分层倾倒，形成渣山后，再进行开采。高炉重矿渣碎石工艺的优点是设备简单，投资省，生产成本低。一般情况下，建一条重矿渣碎石生产线的基建投资约为建同等能力的天然石场的 $1/2 \sim 1/3$，渣石成本为天然碎石的 $2/3 \sim 1/2$。

（3）膨胀矿渣珠（膨珠）生产工艺

膨珠生产工艺是20世纪70年代发展起来的高炉渣处理技术。如图5-1所示，高温熔渣经渣沟流到膨胀槽上，与高压水接触后，即开始膨胀，并流至滚筒上，被高速旋转的滚筒击碎并抛甩出去，冷却成珠落入膨珠池内。膨珠具有多孔、质轻、表面光滑的特点，既可同水渣一样利用，又可作轻骨料。

该工艺的优点是比水淬法用水量少，环境污染小，可抑制 H_2S 气体产生；比热泼法占地面积小，处理效率高，投资省，成本低。

2. 钢渣的加工处理

钢渣处理工艺主要有下列几种。

（1）热泼法

热熔钢渣倒入渣罐后，用车辆运到钢渣热泼车间，利用吊车将渣罐的液态渣分层泼倒在渣床上（或渣坑内），喷淋适量的水，使高温炉渣急冷碎裂并加速冷却，然后再运至弃渣场。需要加工利用的，则运至钢渣处理间进行粉碎、筛分、磁选等工艺处理。

（2）盘泼水冷（ISC）法

在钢渣车间设置高架泼渣盘，利用吊车将渣罐内液态钢渣泼在渣盘内。渣层一般为 30～120 mm 厚，然后喷以适量的水促使其急冷破裂。再将渣运卸至水池内进一步降温冷却。钢渣粒度一般为 5～100 mm，最后送至钢渣处理车间，进行磁选、破碎、筛分、精加工。

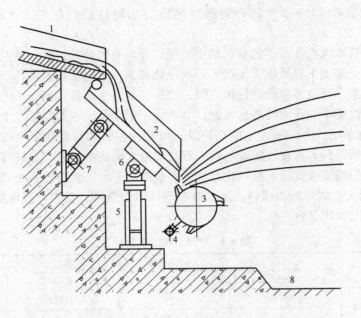

图 5-1 高炉渣膨珠生产工艺

1—熔渣槽；2—膨胀槽；3—滚筒；4—冷却水管；5—升降装置；6，7—调节器；8—膨珠池

（3）水淬法

热熔钢渣在流出、下降过程中，被压力水分割、击碎，再加上熔渣遇水急冷收缩产生应力集中而破裂，使熔渣粒化。由于钢渣比高炉矿渣碱度高、黏度高，其水淬难度也高。为防止爆炸，有的采用渣罐打孔在水渣沟水淬的方法，并通过渣罐孔径限制最大渣流量。

（4）风淬法

渣罐接渣后，运到风淬装置处，倾翻渣罐，熔渣经过中间罐流出，被一种特殊喷嘴喷出的空气吹散，破碎成微粒，在罩式锅炉内回收高温空气和微粒渣中所散发的热量并捕集渣粒。经过风淬而成微粒的转炉渣，可用作建筑材料。

（5）粉化处理

由于钢渣中含有未化合的 fCaO，用压力 0.2～0.3 MPa、100 ℃ 的蒸汽处理转炉钢渣时，其体积增加23%～87%，小于0.3 mm 的钢渣粉化率达50%～80%。在钢渣主要矿相组成基本不变的情况下，消除了 fCaO，提高了钢渣的稳定性。此种处理工艺可显著减少钢渣破碎加工量并减少设备磨损。

5.1.1.3 冶金及电力工业废渣的利用

1. 高炉矿渣的综合利用

根据高炉矿渣的化学组成和矿物组成可知，高炉矿渣属硅酸盐材料的范畴，适于加工制作水泥、碎石、骨料等建筑材料。

（1）水淬矿渣作建筑材料

利用水淬矿渣作水泥混合材是国内外普遍采用的技术。我国 75% 的水泥中掺有高炉水淬渣。在水泥生产中，高炉矿渣已成为改进性能、扩大品种、调节强度等级、增加产量和保证水泥安定性的重要原材料。目前使用最多的主要有以下几种。

① 矿渣硅酸盐水泥：简称矿渣水泥，是我国产量最大的水泥品种。它是用硅酸盐水泥熟料和粒化高炉渣加 3%～5% 的石膏磨细制成的水硬性胶凝材料，水渣加入量一般为 20%～70%。

与普通硅酸盐水泥相比，矿渣水泥的主要优点是具有较强的抗溶出性及抗硫酸盐侵蚀的性能，故可适用于海上工程及地下工程等；水化热较低，可用于浇筑大体积混凝土工程；耐热性好，用于高温车间及容易受热的地方时，效果比普通水泥好。但在干湿、冷热变动较为频繁的场合，其性能不如普通硅酸盐水泥，故不宜用于水位经常变动的水工混凝土建筑中。

② 石膏矿渣水泥：由 80% 左右的高炉渣，加 15% 左右的石膏和少量硅酸盐水泥熟料或石灰，混合磨细后得到的水硬性胶凝材料。石膏矿渣水泥成本较低，有较好的抗硫酸盐侵蚀和抗渗透性能。但周期强度低，易风化起沙，一般适用于水工建筑混凝土和各种预制砌块。

③ 矿渣混凝土：以矿渣为原料，加入激发剂（水泥熟料、石灰、石膏等），加水碾磨后与骨料拌和。其配合比见表 5-5。

表 5-5　矿渣混凝土配合比

项　　目	不同强度等级混凝土配合比			
	C15	C20	C30	C40
水泥（32.5 级）	—	—	≤15	20
石灰	5～10	5～10	≤5	≤5
石膏	1～3	1～3	0～3	0～3
水	17～20	16～18	15～17	15～17
水灰比	0.5～0.6	0.45～0.55	0.35～0.45	0.35～0.4
浆∶矿渣（质量比）	（1∶1）～（1∶1.2）	（1∶0.75）～（1∶1）	（1∶0.75）～（1∶1）	（1∶0.5）～（1∶1）

矿渣混凝土的各种物理性能，如抗拉强度、弹性模量、耐疲劳性能和钢筋的黏结力等均与普通混凝土相似，其优点在于具有良好的抗水渗透性能，可制成性能良好的防水混凝土；耐热性好，可用于工作温度在 600 ℃ 以下的热工工程，能制成强度达 50 MPa 的混凝土。

④ 矿渣砖：向水渣中加入适量水泥等胶凝材料，经过搅拌、轮碾、成型、蒸汽养护等工序而成。一般配比为水渣质量分数 85%～90%，磨细生石灰 10%～15%。矿渣砖的抗压强度一般可达 10 MPa 以上，适用于上下水或水中建筑，不适宜高于 250 ℃ 的环境使用。矿渣砖性能如表 5-6 所示。

表 5-6　矿渣砖性能

规格 /mm	抗压强度 /MPa	抗折强度 /MPa	密度 /(kg·m³)	吸水率 /%	导热系数 /[W/(m·K)][1]	磨损系数
240×115×53	9.8～16.9	24～30	2000～2100	7～10	0.5～0.6	0.94

（2）矿渣碎石用作基建材料

未经水淬的矿渣碎石，其物理性能与天然岩石相近，其稳定性、坚固性、耐磨性及韧性等均满足基建工程的要求，在我国一般用于公路、机场、地基工程、铁路道砟、混凝土骨料和沥青路面等。

① 配制矿渣碎石混凝土：矿渣混凝土是指用矿渣碎石作为骨料配制的混凝土，其不仅具有与普通碎石混凝土相似的物理力学性能，而且还具有较好的保温、隔热、耐热、抗渗和耐久性能，现已广泛应用于 500 号以下的混凝土、钢筋混凝土及预应力混凝土工程中。

② 用于地基工程：矿渣碎石的极限抗压强度一般都超过 50 MPa，因此完全满足地基处理的要求，一般可用高炉渣作为软弱地基的处理材料。

③ 修筑道路：矿渣碎石具有较为缓慢的水硬性，对光线的漫射性能好，摩擦系数大，适宜用作各种道路的基层和面层。实践表明，利用矿渣铺路，在路面强度、材料耐久性及耐磨性方面都有较好的效果。且矿渣碎石摩擦系数大，用其铺筑的矿渣沥青路面具有良好的防滑效果，可缩短车辆的制动距离。

④ 用作铁路道砟：高炉矿渣具有良好的坚固性、抗冲击性、抗冻性，且具有一定的减振和吸收噪声的功能，承受循环载荷的能力较强。目前各大钢铁公司几乎都在使用高炉矿渣作为专用铁路的道砟。

（3）膨珠作轻骨料

膨珠具有质轻、面光、自然级配好、吸声隔热性能强的特点，用作混凝土骨料可节省 20% 左右的水泥，一般用来制作内墙板、楼板等。

用膨珠配制的轻质混凝土密度为 1400 ~ 2000 kg/m^3，抗压强度为 9.8 ~ 29.4 MPa，导热系数为 0.407 ~ 0.582 W/（m·K），具有良好的抗冻性、抗渗性和耐久性。

（4）高炉矿渣的其他应用

高炉矿渣除用于建材生产外，还可以用来生产一些具有特殊性能的矿渣产品，如矿渣棉、微晶玻璃、热铸矿渣及矿渣铸石等。

2. 钢渣的综合利用

钢渣利用的研究始于 20 世纪初，由于成分复杂多变，其利用率一直不高。20 世纪 70 年代以后，随着资源的日趋紧张及炼钢和综合利用技术的日益发展，各国钢渣的利用率迅速提高。我国每年产生钢渣 1000 × 10^4 t 以上，利用率达 60% 左右。目前钢渣利用的主要途径是用作冶金原料、建筑材料以及农业应用等。

（1）用作冶金原料

① 用作烧结熔剂：烧结矿的生产一般需加石灰作熔剂。转炉钢渣一般含 40% ~ 50% 的 CaO，1 t 钢渣相当于 0.7 ~ 0.9 t 石灰石。把钢渣加工到粒度小于 10 mm 的钢渣粉，便可替代部分石灰石直接作烧结配料用。钢渣作烧结熔剂不仅可回收利用钢渣中的钙、镁、锰、铁等元素，还可提高烧结机的利用系数和烧结矿的质量，降低能量消耗。

② 用作高炉炼铁熔剂：钢渣中除 CaO 外，还含有 10% ~ 30% 的 Fe，2% 左右的 Mn，若将其直接返回高炉作熔剂，不仅可回收钢渣中的铁，还可把 CaO、MgO 等作为助熔剂，从而节省大量的石灰石、白云石资源。

③ 回收废钢铁：钢渣一般含有 7% ~ 10% 的废钢铁，加工磁选后，可回收其中约 90% 的废钢铁。

（2）用作建筑材料

① 生产钢渣水泥：高碱度钢渣含有大量的 C$_3$S 和 C$_2$S 等活性矿物，水硬性好，因此可

成为生产无熟料及少熟料水泥的原料，也可作为水泥掺和料。钢渣水泥具有水化热低、后期强度高、抗腐蚀、耐磨性好等特点，是理想的道路水泥和大坝水泥，且具有投资省、成本低、设备少、节省能源和生产简便等优点。缺点是早期强度低、性能不够稳定。

② 作筑路及回填材料：钢渣碎石具有密度高、抗压强度高、稳定性好、表面粗糙、与沥青结合牢固等特点，因而广泛应用于铁路、公路及工程回填。因钢渣具有活性，易板结成大块，因此特别适宜于在沼泽、海滩筑路造地。钢渣用作公路碎石，耐磨防滑，且具有良好的渗水及排水性能。

但钢渣具有体积膨胀的特点，故必须陈化后才能使用，一般要洒水堆放半年，且粉化率不得超过 5%。要有合理级配，最大块直径不能超过 300 mm。最好与适量粉煤灰、炉渣或黏土混合使用，同时严禁将钢渣碎石用作混凝土骨料。

③ 生产建材制品：把具有活性的钢渣与粉煤灰或炉渣按一定比例混合、磨细、成型、养护，即可生产出不同规格的砖、瓦、砌块等建筑材料，其生产的钢渣砖与黏土制成的红砖强度和质量差不多。生产建材制品的钢渣一定要注意控制好 fCaO 的含量和碱度。

（3）用于农业生产

钢渣是一种以钙、硅为主，含多种养分的、具有速效又有后劲的复合矿物质肥料。除硅、钙外，钢渣中还含有微量的锌、锰、铁、铜等元素，对作物生长起一定促进作用。由于在冶炼过程中经高温煅烧，其溶解度已大大改变，所含主要成分易溶量达全量的 1/3 ~ 1/2，容易被植物吸收。

① 用作钢渣磷肥：含 P_2O_5 超过 4% 的钢渣，可直接作为低磷肥料用，相当于等量磷的效果。钢渣磷肥不仅适用于酸性土壤，用于缺磷碱性土壤也可增产。实践表明，施加钢渣磷肥后，一般可增产 5% ~ 10%。

② 用作硅肥：硅是水稻生产需求量较大的元素，含 SiO_2 超过 15% 的钢渣，磨细至 60 目以下，即可作硅肥用于水稻田，一般每 1 hm^2 使用 1500 kg，可增产水稻 10% 左右。

③ 用作土壤改良剂：钙、镁含量高的钢渣，磨细后，可作为酸性土壤改良剂，并且也利用了磷和其他微量元素。用于农业生产，还可增强农作物的抗病虫害能力。

3. 粉煤灰的综合利用

目前，我国粉煤灰的主要利用途径是生产建筑材料、筑路和回填；此外，还可用作农业肥料和土壤改良剂，回收工业原料和制作环保材料等。

（1）用作建筑材料

粉煤灰用作建筑材料，是我国粉煤灰的主要利用途径之一，包括配制水泥、混凝土、烧结砖、蒸养砖、砌块及陶粒等。

① 粉煤灰水泥：粉煤灰水泥是向硅酸盐水泥和粉煤灰中加入适量的石膏磨细而成的水硬性胶凝材料。粉煤灰中含有大量的活性 Al_2O_3、SiO_2 及 CaO 等，当掺入少量生石灰或石膏时，可生产无熟料水泥，也可掺入不同比例熟料生产各种规格的水泥。粉煤灰水泥水化热低，抗渗和抗裂性能好。该水泥早期强度低，但后期强度高，能广泛应用于一般民用、工业建筑工程及水利工程和地下工程。

② 粉煤灰混凝土：粉煤灰混凝土是以硅酸盐水泥为胶结料，砂、石子等为骨料，并以粉煤灰取代部分水泥，加水拌和而成。实践表明，粉煤灰能减少水化热、改善和易性、提高强度、降低干缩率，有效改善混凝土的性能。

③ 粉煤灰制砖：粉煤灰的成分与黏土相似，可以替代黏土制砖，粉煤灰的加入量可达

30%～80%。粉煤灰蒸养砖是以粉煤灰为主要原料，掺入适量骨料、生石灰及少量石膏，经碾磨、成型、蒸汽养护而成。粉煤灰的掺入量在 65% 左右，制成品一般可达使用要求，但抗折性能较差。

④ 粉煤灰陶粒：粉煤灰陶粒是用粉煤灰作主要原料，掺入少量胶粘剂和固体燃料，经混合、成球、高温焙烧而制得的一种轻质骨料。粉煤灰陶粒主要特点是质量轻、强度高、热导率低、化学稳定性好，比天然石料具有更为优良的物理力学性能。粉煤灰陶粒可用于配制各种用途的高强度混凝土，用于工业与民用建筑、桥梁等许多方面。

（2）筑路回填

① 筑路：粉煤灰能代替砂石、黏土用于公路路基和修筑堤坝。目前我国常采用粉煤灰、黏土、石灰掺和作公路路基材料。掺入粉煤灰后路面隔热性能好，防水性和板体性也有提高，适于处理软弱地基。

② 回填：煤矿区采煤后易塌陷，形成洼地，利用粉煤灰对矿区的煤坑、洼地进行回填，既降低了塌陷程度、消化了大量的粉煤灰，还能复垦造田，减少农户搬迁，改善矿区生态。粉煤灰还可调节粗粒尾砂的级配，改善黏土质尾砂的通水通气性能。

（3）用于农业生产

① 用作土壤改良剂：粉煤灰具有良好的物理化学性能，可用于改造重黏土、生土、酸性土和盐碱土。这些土壤加入粉煤灰后，密度降低，空隙率增加，通水透气性能得到明显改善，酸性得到中和，团粒结构得到改善，并具有抑制盐碱作用，从而有利于微生物生长繁殖，加速有机物的分解，提高土壤的有效养分含量和保温保水能力，增强作物的防病抗旱能力。

② 用作农业肥料：粉煤灰含有大量的易溶性硅、钙、镁、磷等农作物必需的营养元素，因此，可制成肥料使用。此外，粉煤灰中含有大量 SiO_2、CaO、MgO 及少量 P_2O_5、S、Fe、Mo、B、Zn 等有用成分，因而也被用作复合微量元素肥料。

（4）回收工业原料

① 回收煤炭：一般粉煤灰中含碳量为 5%～16%。粉煤灰中含炭量太多，对粉煤灰建材（尤指蒸养制品）的质量和从粉煤灰中提取漂珠的质量有不良影响，同时也浪费了宝贵的炭资源。回收煤炭的方法主要有两种，一种是用浮选法回收湿排粉煤灰中的煤炭，回收率为 85%～94%，尾灰含碳量小于 5%，浮选回收的精煤灰具有一定的吸附性，可直接作吸附剂，也可用于制作粒状活性炭。另一种是干灰静电分选煤炭，静电分选工艺的炭回收率一般在 85%～90% 之间。

② 回收金属物质：粉煤灰中含有 Fe_2O_3、Al_2O_3 和大量稀有金属，在一定条件下，这些金属物质都可回收。粉煤灰中的 Fe_2O_3 一般在 4%～20% 之间，最高达 43%。粉煤灰中的铁可通过磁选法进行回收，其回收率可达 40% 以上。粉煤灰中含 Al_2O_3 一般为 7%～35%，一般要求 Al_2O_3 含量大于 25% 时方可回收。目前铝回收的方法主要有高温熔融法、热酸淋洗法、直接熔解法等。

③ 分选空心微珠：空心微珠的密度一般只有粉煤灰的 1/3，粒径为 0.3～300 μm。目前，国内主要用干法机械分选和湿法分选两种方法来分选空心微珠。空心微珠具有质量轻、强度高、耐高温和绝缘性能好等多种优异性能，现已成为一种多功能的无机材料，主要用作塑料的填料、轻质耐火材料、高效保温材料，以及石化工业的催化剂、填充剂、吸附剂和过滤剂等。

（5）用作环保材料

① 环保材料开发：粉煤灰因其独特的理化性能而被广泛用于环保产业，如用于垃圾卫生填埋填料，用于制造人造沸石和分子筛，利用粉煤灰制絮凝剂，另外还可用作吸附剂等。

② 用于废水处理：粉煤灰可用于处理含氟废水、电镀废水及含重金属离子废水和含油废水。粉煤灰中含沸石、莫来石、炭粒和硅胶等，具有无机离子交换特性和吸附脱色作用。粉煤灰处理电镀废水时，其对铬等重金属离子具有很好的去除效果，去除率一般在 90% 以上。若用 $FeSO_4$ 处理含铬废水，铬离子去除率可达 99% 以上。

5.1.2 化学工业废渣的处理与利用

5.1.2.1 化学工业废渣的种类与特性

1. 化学工业废渣的分类

① 按行业和工艺过程分：可分为无机盐工业废物（铬渣、氰渣、磷泥等）、氯碱工业废物（盐泥、电石渣等）、氮肥工业废物（主要是炉渣）、硫酸工业废物（主要是硫铁矿烧渣）、纯碱工业废物等。

② 按废物主要组成分：可分为废催化剂、硫铁矿烧渣、铬渣、氰渣、盐泥、各类炉渣、碱渣等。

2. 化学工业废渣的特性

① 固废产生量大：根据统计，一般每生产 1 t 化工产品便会产生 1~3 t 固体废物，有的产品甚至产生 8~12 t 固体废物。全国化工企业每年产生约 3.72×10^7 t 固体废物，约占全国工业固体废物产生量的 6.16%。因此，化工废渣是一种较大的固体废物污染源。

② 危险废物种类多，有毒物质含量高，对人体健康和环境危害大：化工废渣中相当一部分具有急毒性、反应性及腐蚀性等特点，尤其是危险废物中有毒物质含量高，对人体和环境会造成较大危害。

③ 再生资源化潜力大：化工废渣中有相当一部分是反应的原料和反应副产品，而且部分废物中还含有金、银、铂等贵重金属。通过专门的回收加工工艺，可以将有价值的物质从废物中回收，以取得经济、环境双重效应。

5.1.2.2 化工废渣的处理与利用

1. 铬渣的综合利用

（1）铬渣的来源与组成

铬渣即铬浸出渣，是冶金和化工企业在金属铬和铬盐生产过程中，由浸滤工序滤出的不溶于水的固体废弃物。

铬浸出渣为浅黄绿色的粉状固体，呈碱性。每生产 1 t 重铬酸钠产生 1.8~3 t 铬渣，每生产 1 t 金属铬产生 12~13 t 铬渣。根据有关统计，我国每年的铬渣产出量约为 20 万吨。铬渣的化学组成见表5-7。

表5-7　铬渣的化学组成　　　　　　　　　　（质量分数/%）

化学组成	Cr_2O_3	六价铬	SiO_2	CaO	MgO	Al_2O_3	Fe_2O_3
含量	3~7	0.3~1.5	8~11	23~36	20~33	5~8	7~11

（2）铬渣的危害

铬的毒性与其存在的形态有关，铬化合物中六价铬 ［Cr（Ⅵ）］ 毒性最剧烈，具有强氧化性和体膜透过能力，对人体的消化道、呼吸道、皮肤、黏膜及内脏都有危害。铬的化合物还有致癌作用。六价铬在酸性介质中易被有机物还原成三价铬 ［Cr（Ⅲ）］，三价铬在浓度较低的情况下毒性较小。

（3）铬渣的综合利用

含铬废渣在被排放或综合利用之前，一般需要进行解毒处理。由于六价铬的化合物具有较强的氧化作用，所以铬渣解毒的基本原理就是在铬渣中加入还原剂，在一定的温度和气氛条件下，将有毒的六价铬还原成无毒的三价铬，从而达到消除铬污染的目的。

① 用作玻璃着色剂：在高温熔融状态下，铬渣中的六价铬离子与玻璃原料中的酸性氧化物、二氧化硅作用，转化为三价铬离子而分散在玻璃体中，达到解毒和消除污染的目的，同时铬渣中的氧化镁、氧化钙等组分可替代玻璃配料中的白云石和石灰石原料，大大降低原材料的消耗量。

② 制钙镁磷肥：将铬渣与磷矿石、白云石、焦炭、蛇纹石等按一定比例加入电炉或高炉中，经高温熔融还原，将铬渣中的六价铬还原成三价铬，以 Cr_2O_3 形式进入磷肥半成品玻璃体中固定下来；其余六价铬被还原成金属铬元素进入副产品磷铁中，从而达到解毒的目的。

生产钙镁磷肥的主要原料是铬渣和磷矿石，其化学成分如表5-8所示。

表5-8　生产钙镁磷肥原料的化学成分　　　　　　　　（质量分数/%）

成分\原料	Cr_2O_3	CaO	MgO	SiO_2	P_2O_5	Al_2O_3	Fe_2O_3
铬渣	2 ~ 7	28 ~ 33	26 ~ 33	5 ~ 8	—	6 ~ 11	7 ~ 12
磷矿石	—	40 ~ 50	—	7 ~ 15	28 ~ 35	—	—

用铬渣替代蛇纹石生产钙镁磷肥，为铬渣的综合利用找到了一条经济且适用的出路。由于工艺过程有 CO 和 C 等还原剂的存在，而且温度高达 1350 ~ 1450 ℃，使铬的高温熔融还原反应得以充分进行。生成的 Cr_2O_3 进入磷肥玻璃体中被固定下来，使用中不会再发生氧化反应生成六价铬，该工艺所用设备简单，易在小炼铁厂及磷肥厂中推广应用。

③ 用于炼铁：用铬渣代替白云石、石灰石作为生铁冶炼过程的添加剂。在高炉冶炼过程中，铬渣中的六价铬基本可以被完全还原，脱除率达97%以上，同时使用铬渣炼铁，还原后的金属进入生铁中，使铁中的铬含量增加，其机械性能、硬度、耐磨性、耐腐蚀性等均有所提高。

2. 工业废石膏的回收利用

（1）工业废石膏的来源及组成

工业废石膏主要包括磷酸、磷肥工业中产生的废磷石膏、烟气脱硫过程中产生的二水石膏、其他无机化学部门用硫酸浸蚀各类钙盐所产生的废石膏，我国以磷石膏为主，由于每生产 1 t 磷酸要产生 5 t 废磷石膏，因此废磷石膏的产生量非常大。在许多国家，磷石膏排放量已超过天然石膏的开采量。

磷石膏的主要组成及含量见表5-9。

表5-9　磷石膏的主要杂质成分及含量　　　　　　　　（质量分数/%）

成分	可溶性 P_2O_5	不溶性 P_2O_5	氟化物	Al_2O_3	Fe_2O_3	SiO_2	Na_2O	有机碳
含量	< 0.25	< 0.1	0.1 ~ 0.4	0.1 ~ 0.5	0.05 ~ 0.25	0.5 ~ 10	0.002 ~ 0.01	0.0004 ~ 0.0025

（2）磷石膏的提纯处理

在一般情况下，必须对磷石膏进行提纯处理，才能实现回收利用的目的。提纯是为了清除硫酸钙饱和溶液中的杂质，避免影响产品质量。磷石膏提纯处理的基本工艺是先用水洗涤提取出磷石膏中的可溶杂质，然后通过湿法过筛清除其中的大颗粒，再通过旋风分离法和过筛清除磷石膏中的细粉，然后经过分解、活化得到可以应用的熟石膏。

（3）磷石膏的综合利用

① 用于生产纸面石膏板：用经过提纯处理的磷石膏和护面纸为主要原料，掺加适量纤维、胶粘剂、促凝剂、缓凝剂等，经过料浆培植、成型、切割、烘干等工艺流程即可制得纸面石膏板。其生产工艺流程见图5-2。

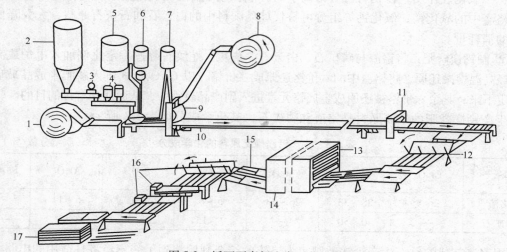

图5-2　纸面石膏板生产工艺流程

1—正面用纸；2—石膏料仓；3—配料称量；4—添加剂；5—水；6—混合器；7—胶料；8—背面用纸；
9—成型站；10—皮带机；11—切割；12—翻板台；13—烘干入口；14—烘干机；15—烘干出口；
16—刨边机；17—堆垛台

② 用于生产水泥：将提纯处理后的磷石膏破碎后，经过计量，与水泥熟料、混合材料等一起送入水泥磨，粉磨后即得成品水泥。

③ 用于改良土壤：磷石膏呈酸性，pH值一般在 1～4.5，可以代替石膏改良碱土、花碱土和盐土，改善土壤理化性状及微生物活动条件，提高土壤肥力。

3. 硫铁矿烧渣的综合利用

（1）硫铁矿烧渣的来源及组成

硫铁矿烧渣是生产硫酸时焙烧硫铁矿产生的废渣，硫铁矿是我国生产硫酸的主要原料，目前采用硫铁矿或含硫尾砂生产的硫酸，占我国硫酸总产量的80%以上。

硫铁矿烧渣的组成与矿石来源有很大关系，不同硫铁矿焙烧生成的矿渣成分不同，但基本成分主要包括三氧化二铁、四氧化三铁、金属硫酸盐、硅酸盐、氧化物及少量的铜、铅、锌、金、银等有色金属。表5-10为较典型硫铁矿烧渣的化学组成。

（2）硫铁矿烧渣的综合利用

① 制矿渣砖：将消石灰粉（或水泥）与硫铁矿烧渣（约占84%）混合，经过成型和养护即可制成矿渣砖。硫铁矿烧渣制砖方法分为蒸养制砖和自然养护制砖两种，主要取决于原料烧渣和辅料的特性。

表 5-10　我国部分硫酸企业硫铁矿烧渣的化学组成　　　（质量分数/%）

企业＼组成	Fe	FeO	Cu	Pb	S	SiO₂	Zn
大化公司化肥厂	35	—			0.25	—	—
铜陵化工总厂	55 ~ 75	4 ~ 6	0.2 ~ 0.35	0.015 ~ 0.04	0.43	10.06	0.043 ~ 0.083
吴泾化工厂	52	—	0.24	0.054	0.31	15.96	0.19
四川硫酸厂	46.73	6.94	—	0.05	0.51	18.50	
杭州硫酸厂	48.83		0.25	0.074	0.33		0.72
衢州硫酸厂	41.99	—	0.23	0.0781	0.16	—	0.0952

② 磁选铁精矿：硫铁矿烧渣中含有丰富的铁元素，利用磁选法回收其中的铁是硫铁矿烧渣综合利用的有效方法之一。磁选后的成品铁精矿中含铁量为 55% ~ 60%，硫铁矿烧渣铁回收率大于 60%。

③ 制作铁系颜料：硫铁矿烧渣中含有丰富的铁元素，因此可利用硫酸与硫铁矿烧渣反应制取硫酸亚铁，再经过一定工艺生产铁系颜料，这也是硫铁矿烧渣回收利用的有效途径之一。硫铁矿烧渣制作铁系颜料的工艺流程如图 5-3 所示。

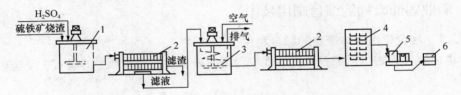

图 5-3　硫铁矿烧渣制作铁系颜料的工艺流程
1—反应桶；2—过滤；3—结晶；4—干燥；5—粉碎；6—包装

将硫铁矿烧渣及适量浓度的硫酸加入反应桶，反应后静置沉淀，经过滤后，得到硫酸亚铁溶液。向部分硫酸亚铁溶液中加入氢氧化钠溶液，控制温度、pH 和空气通入量，获得 FeOOH 晶种。将制备好的晶种投入氧化桶，加入硫酸亚铁溶液进行反应。氧化过程结束后，将料浆过滤除去杂质，然后经过滤、结晶、干燥、粉碎等过程，即可得到铁黄颜料。铁黄颜料经 600 ~ 700 ℃煅烧脱水，即制得铁红颜料。

5.2　矿业固体废物的综合利用

世界上 95% 以上的能源和 80% 以上的工业原料来自矿产资源。所谓矿业固体废物，实际指的是在矿石开采和选矿过程中产生的围岩、废石和尾矿等。我国矿山每年废石排放总量超过 6 亿吨，是名副其实的废石排放量第一大国。另外，矿山尾矿产生量也非常巨大，据《中国环境统计年报》数据显示，2007 年我国尾矿产生量为 51252 万吨，占到工业固体废物产生总量的 30% 左右。这些矿业固体废物不仅侵占了大量的土地，而且污染矿区周围的环境。

5.2.1 矿业固体废物的种类与性质

1. 矿业废渣的种类

① 按原矿的矿床学分类：根据矿体赋存的主岩及围岩类型，并考虑到矿业废渣的矿物组成情况，可将其分为基性岩浆岩、自变质花岗岩、金伯利岩、玄武-安山岩等 28 种基本类型。

② 按选矿工艺分类：根据选矿工艺的不同，矿业废渣可分为手选、重选、磁选、电选及光电选、浮选、化学选矿等。

③ 按主要矿物成分分类：根据矿物成分的不同，矿业废渣可分成以石英为主的高硅型、以长石及石英为主的高硅型、以方解石为主的富钙型以及成分复杂型矿业废渣。

2. 矿业废渣的成分与性质

无论何种类型的矿业废渣其主要化学组成元素是 O、Si、Al、Fe、Mn、Mg、Ca、Na、K、P 等；但在不同类型的矿业废渣中，含量差别较大，且具有不同的结晶化学行为。

矿业废渣的矿物成分一般以各矿物所占的质量分数表示，由于岩矿鉴定一般在显微镜下进行，不便于称量，因此，有时也采用在显微镜下统计矿物颗粒数目的方法，间接地推算各矿物的大致含量。

5.2.2 矿业固体废物的综合利用技术

5.2.2.1 冶金矿山固体废物的综合利用

冶金矿山固体废物包括矿石开采过程中剥离的表土、围岩和产生的废石，及选矿过程中排出的尾矿。

（1）矿山废石的利用

矿山废石可用于各种矿山工程中，如铺路、筑尾矿坝、填露天采场、筑挡墙等，每年可消耗废石总量的 20%～30%。

（2）利用尾矿作建筑材料

利用尾矿作建筑材料，既可防止因开发建筑材料而造成对土地的破坏，又可使尾矿得到有效的利用，减少土地占用，消除对环境的危害。但用尾矿作建筑材料，要根据尾矿的物理化学性质来决定其用途。

有色金属尾矿按其主要成分可分为 3 类：

① 以石英为主的尾矿：该类尾矿可用于生产蒸压硅酸盐矿砖；石英含量达到 99.9%，含铁、铬、钛、氧化物等杂质低的尾矿可用作生产玻璃、碳化硅等的原料。

② 以含方解石、石灰石为主的尾矿：该类尾矿主要用作生产水泥的原料。

③ 以含氧化铝为主的尾矿：二氧化硅和氧化铝含量高的尾矿可用作耐火材料。

（3）从尾矿中回收有价元素

近年来由于技术进步及普遍对综合回收利用资源的重视，各矿山开展了从尾矿回收有价金属的试验研究工作，许多已在工业规模上得到了应用。

目前，从矿山尾矿中回收的有价元素主要有：从锡尾矿中回收锡、铜及一些其他伴生元素；从铅锌尾矿中回收铅、锌、钨、银等元素；从铜矿中回收萤石精矿、硫铁精矿；从其他一些尾矿中回收锂云母和金等矿物和元素。

（4）其他利用

① 覆土造田：矿山的废石和尾矿属无机砂状物，不具备基本肥力。采取覆土、掺肥等方法处理，可在其表面种植各种作物。这种与矿山开采相结合的覆土造田法，既解决了矿区剥离物的堆存占地问题，又可绿化矿区环境，尤其适用于露天矿的废渣处理。

另外，采用矿区的生活污水浇灌尾矿库，改造尾矿性质，提高尾矿肥力，变废料堆为良田，可谓一举两得。

② 井下回填：井下采矿后的采空区一般需要回填，避免造成地表塌陷，危害矿区工人的生命和建筑安全。

回填采空区有两种途径：一是直接回填法，即上部中段的废石直接倒入下部中段的采空区，这可节省大量的提升费用，但需对采空区有适当的加固措施；二是将废石提升到地面，进行适当破碎加工，再用废石、尾矿和水泥拌和回填采空区，这种方法安全性好，又可减少废石占地，但处理成本较高。

井下尾矿充填系统如图 5-4 所示，该系统包括废石、尾矿的分级和储存系统，料浆搅拌装置，料浆的地面和井下输送系统以及充填工作面的凝固等部分。

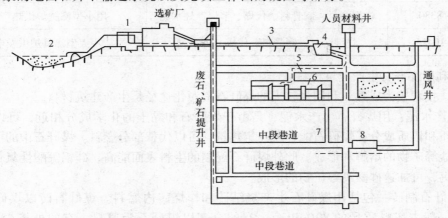

图 5-4　井下尾矿充填系统示意图

1—废石尾砂分级站；2—尾砂坝（堆存细粒级尾砂）；3—料浆输送管；4—料浆贮仓；
5—井下充填管；6—充填工作面；7—导水钻孔；8—水池和水泵房；9—已充填工作面

5.2.2.2　煤矸石的综合利用

煤矸石是采煤和洗煤过程中排出的固体废物，是一种在成煤过程中与煤伴生的含碳量较低、比煤坚硬的黑色岩石。煤矸石的产量约占原煤产量的 15%，每年至少新增 2×10^8 t。煤矸石是我国排放量最大的工业废渣之一，历年积存的煤矸石约为 30×10^8 t，占地约 6.7×10^4 hm²，而且仍在增加。因此，如何治理和综合利用煤矸石，是摆在我们面前的重要任务。

煤矸石是由多种矿岩组成的混合物，属沉积岩。主要岩石种类有黏土岩类、砂岩类、碳酸岩类和铝质岩类。

煤矸石的化学成分见表 5-11，表中显示为煤矸石煅烧后灰渣的成分。

表 5-11　煤矸石的化学组成　　　　　　　　　　　　（质量分数/%）

组成	SiO_2	Al_2O_3	CaO	MgO	Fe_2O_3	其他氧化物	烧失量
含量	40 ~ 65	15 ~ 35	1 ~ 7	1 ~ 4	2 ~ 9	1 ~ 2.5	2 ~ 17

煤矸石的岩石种类和矿物组成直接影响煤矸石的化学成分，如砂岩矸石 SiO_2 含量最高可达 70%，铝质岩矸石 Al_2O_3 含量高于 40%，钙质岩矸石 CaO 含量高于 30%。

煤矸石的活性大小与其矿物相组成和煅烧温度有关。黏土类煤矸石一般加热到 700～900 ℃ 时，结晶相分解破坏，变成无定形非晶体，使煤矸石具有活性。

我国煤矸石的发热量多在 6300 kJ/kg 以下，各地煤矸石的热值差异很大，其合理利用途径与其热值直接相关。不同热值煤矸石的合理利用途径见表 5-12。

表 5-12　不同热值煤矸石的合理利用途径

热值/（kJ/kg）	合理用途	说　明
＜ 2095	回填、筑路、造地、制骨料	制骨料以砂岩类未燃煤矸石为宜
2095～4190	烧内燃砖	CaO 含量 ＜ 5%
4190～6285	烧石灰	渣可作骨料和水泥混合料
6285～8380	烧混合材、制骨料、代煤、节煤、烧水泥	用小型沸腾炉供热产气
8380～10475	烧混合材、制骨料、代煤、烧水泥	用大型沸腾炉供发电

（1）利用煤矸石生产建筑材料

目前，技术较为成熟、利用量较大的煤矸石资源化途径是生产建筑材料。

① 生产水泥：用煤矸石生产水泥，是由于煤矸石和黏土的化学成分相近，可以代替黏土提供硅质和铝质成分；煤矸石能释放一定热量，可以代替部分燃料。煤矸石中的可燃物有利于硅酸盐等矿物的熔解和形成。此外煤矸石配制的生料表面能高，硅铝等酸性氧化物易于吸收氧化钙，可加速硅酸钙等矿物的形成。

② 煤矸石制砖：包括用煤矸石生产烧结砖和作烧砖内燃料。煤矸石砖以煤矸石为主要原料，一般占坯料质量的 80% 以上，有的全部以煤矸石为原料，有的外掺少量黏土，焙烧时基本无需再外加燃料。煤矸石砖规格与性能和普通黏土砖相同。用煤矸石作烧砖内燃料，节能效果明显，制砖工艺与用煤作内燃料基本相同，只是增加了煤矸石的粉碎工序。

③ 生产轻骨料：轻骨料和用轻骨料配制的混凝土是一种轻质、保温性能较好的新型建筑材料，可用于建造大跨度桥梁和高层建筑。适宜烧制轻骨料的煤矸石主要是碳质页岩和选矿厂排出的洗矸，矸石的含碳量不宜过高，一般应低于 13%。

（2）生产化工产品

① 制结晶氯化铝：结晶氯化铝是以煤矸石和盐酸为主要原料加工而成，其分子式为 $AlCl_3 \cdot 6H_2O$，外观为浅黄色结晶颗粒，易溶于水，是一种新型净水剂，也可用作精密铸造型壳硬化剂和新型造纸凝胶沉淀剂。结晶氯化铝可广泛应用于石油、冶金、造纸、铸造、印染、医药等行业。

② 制水玻璃：将浓度为 42% 的液体烧碱、水和酸浸后的煤矸石（酸浸后的煤矸石中主要含有氯化硅），按一定比例混合制浆进行碱解，再用蒸汽间接加热物料，当达到预定压力 0.2～0.25 MPa，反应 1 h 后，放入沉降槽沉降，清液经真空抽滤即可得到水玻璃，水玻璃可广泛应用于造纸、建筑等行业。

③ 生产硫酸铵化学肥料：煤矸石内的硫化铁在高温下生成二氧化硫，再氧化而生成

三氧化硫，三氧化硫遇水生成硫酸，并与氨的化合物生成硫酸铵。具体生产方法是将未经自燃的煤矸石堆成堆，放入木柴和煤，点燃后闷烧 10 ~ 20 d，待堆表面出现白色结晶时，焙烧即告完成。选择那些已燃烧过但未烧透、表面成黑色的煤矸石，其表面凝结了白色的硫酸铵结晶。将所选的原料破碎至 25 mm 以下，放入水池中浸泡，浸泡时间约 4 ~ 8 h，经过滤、澄清、中和后，将浸泡澄清液进行蒸发、浓缩、结晶、烘干后，即可得到成品硫酸铵。

5.3　城市污泥的综合利用

污泥是污水处理厂对污水进行处理过程中产生的沉淀物质以及由污水表面漂出的浮沫形成的残渣。随着工业生产的发展和城市人口的增加，工业废水与生活污水的排放量日益增多，污泥的产量迅速增加。大量积累的污泥，不仅将占用大量土地，而且其中的有害成分如重金属、病原菌、寄生虫卵、有机污染物及臭气等将成为严重影响城市环境卫生的公害。如何科学妥善地处理处置污泥是全球共同关注的课题，当今的共识是将污泥视为一种资源加以有效利用，在治理污染的同时变废为宝。

5.3.1　污泥的分类与性质

（1）污泥的分类

污泥的种类很多，按来源可分为给水污泥、生活污水污泥、工业废水污泥；按分离过程可分为沉淀污泥（包括初沉污泥、混凝沉淀污泥、化学沉淀污泥）、生物处理污泥（包括腐殖污泥、剩余活性污泥）；按污泥成分及性质可分为有机污泥、无机污泥、亲水性污泥、疏水性污泥；按不同处理阶段可分为生污泥、浓缩污泥、消化污泥、脱水干化污泥、干燥污泥、污泥焚烧灰等。

（2）污泥的性质

污泥性质是选择污泥处理、处置及利用技术的重要基础资料。污泥性质取决于污水水质、处理工艺和工业废水密度等多种因素。一般说来，污泥具有以下性质。

① 有机物含量高（一般为固体量的 60% ~ 80%），容易腐化发臭，颗粒较细，密度较低，含水率高且不易脱水，是呈胶状结构的亲水性物质。

② 污泥中含有植物营养素、蛋白质、脂肪及腐殖质等，营养素主要包括氮、磷（如 P_2O_5）、钾（如 K_2O）。

③ 污泥的碳氮质量比（C/N）较为适宜，对消化有利。污泥中的有机物是消化处理的对象，其中一部分是易被或能被消化分解的，分解产物主要是水、甲烷和二氧化碳；另一部分是不易或不能被消化分解的，如纤维素、乙烯类、橡胶制品及其他人工合成的有机物等。

④ 污泥具有燃料价值，污泥的主要成分是有机物，可以燃烧。

⑤ 由于城市污水中混有医院排水及某些工业废水（如屠宰场废水），所以污泥中常含有大量的细菌和寄生虫卵。

⑥ 由于工业污水进入城市污水处理系统，污泥中含有多种重金属离子。在污泥各种水

溶性重金属中，Cd、Cu、Pb 浓度较高；酸溶性中，Cd 浓度最高，其浓度顺序为 Cd > Cu > Pb > Hg。

5.3.2　污泥的处理及综合利用

5.3.2.1　污泥的处理

污泥的处理包括污泥的浓缩、消化和脱水。

（1）污泥的浓缩

污泥中所含水分大致分为四类：颗粒间的空隙水，约占污泥水分的 70%；污泥颗粒间的毛细管水，约占 20%；颗粒的吸附水及颗粒内部水，约占 1%。污泥脱水的对象是颗粒间的空隙水。

污泥浓缩的目的是降低污泥中的水分，缩小污泥的体积，减少消化池的容积和增加污泥所需的热量，为污泥脱水、利用与处置创造条件，但仍保持其流体性质。浓缩后污泥含水率仍高达 90% 以上，可以用泵输送。污泥浓缩的方法主要有重力浓缩、气浮浓缩和离心浓缩法 3 种。

（2）污泥的消化

污泥的消化是在人工控制条件下，通过微生物的代谢作用使污泥中的有机物稳定化。污泥中有机物含量很高，宜采用厌氧法处理，即在厌氧的条件下，污泥中的有机物被微生物分解为较低分子有机物，最终转化成为甲烷、氨、二氧化碳和水等无机物和气体。通过厌氧消化，既分解了有机物，还获得了一种很好的燃料——沼气。

厌氧消化工艺流程主要有标准消化法、高负荷消化法、两级消化法和厌氧接触消化法等。

（3）污泥的脱水

污泥经浓缩处理后，含水率约为 90%，体积仍很大。为了满足卫生标准、综合利用或进一步处理的要求，必须充分地脱水而减量化，使污泥可以当作固态物质来处理。

污泥脱水包括自然干化与机械脱水。在机械脱水时，为了改善污泥的脱水性能，常采用污泥消化法或化学调理法等对污泥进行处理后再脱水。

机械脱水的主要方法有：

① 采取加压或抽真空将滤层内的液体用空气或蒸汽排除的通气脱水法，常用设备为真空过滤机，有间歇式、连续式和转鼓式等形式。

② 靠机械压缩作用的压榨法，加压过滤设备主要分为板框压滤机、叶片压滤机、滚压带式压滤机等类型。

③ 用离心力作为推动力除去料层内液体的离心脱水法，常用转筒离心机有圆筒形、圆锥形、锥筒形三种，典型形式为锥筒形。

5.3.2.2　污泥的综合利用

污泥是一种很有利用价值的潜在资源，随着工业和城市的发展，污水处理率的提高，其产生量必然越来越大。目前，污泥处置的主要方式有填埋、投海、焚烧和土地利用。这些方法都能容纳大量的污泥，是污泥处置的有效途径，但其中也存在诸多问题。为了充分利用污泥资源，减轻环境公害，世界上许多国家都在大力发展污泥处理处置和资源化利用的各种技术，取得了良好的经济效益和社会效益。

1. 污泥的农田林地利用

污泥中含有的氮、磷、钾、微量元素等是农作物生长所需的营养成分；有机腐殖质（初沉池污泥含 33%，消化污泥含 35%，活性污泥含 41%，腐殖污泥含 47%）是良好的土壤改良剂；蛋白质、脂肪、维生素是有价值的动物饲料成分。

（1）生产堆肥

依靠自然界广泛分布的细菌、放线菌、真菌等微生物，人为地促进可生物降解的有机物向稳定的腐殖质转化的过程叫做堆肥化，其产物称为堆肥。

将污泥与调理剂及膨胀剂在一定的条件下进行好氧堆沤，即是污泥的堆肥化。现代堆肥化大多指好氧快速堆肥过程。污泥堆肥过程的主要技术措施比较复杂，主要包括：①调解堆料的含水率和适当的 C/N 比；②选择填充料改变污泥的物理性状；③建立合适的通风系统；④控制适宜的温度和 pH。

堆肥的一般工艺流程如图 5-5 所示，主要分为前处理、一次发酵、二次发酵和后处理四个阶段。

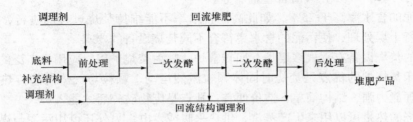

图 5-5　堆肥工艺一般流程图

（2）生产复混肥

污泥堆肥产品可与市售的无机氮、磷、钾化肥配合生产有机无机复混肥。它集生物肥料的长效、化肥的速效和微量元素的增效于一体，在向农作物提供速效肥源的同时，还能向农作物根系引植有益微生物，充分利用土壤潜在肥力，并提高化肥利用率；另外，还可根据不同土壤的肥力和不同作物的营养需求，合理设计复混肥各组分的比例，生产通用复混肥及针对不同作物的专用复混肥。

2. 回收能源

污泥的主要成分是有机物，其中一部分能够被微生物分解，产物是水、甲烷（CH_4）和二氧化碳；另外干污泥可以燃烧，通过直接燃烧、制沼气及制燃料等方法，可回收污泥中的能量。

（1）利用污泥生产沼气

沼气是有机物在厌氧细菌的分解作用下产生的以甲烷为主的可燃性气体，是一种比较清洁的燃料。沼气中甲烷的体积分数约 50% ~ 60%，二氧化碳的体积分数为 30% 左右，另外还有一氧化碳、氢气、氮气、硫化氢和极少量的氧气。1 m^3 沼气燃烧发热量相当于 1 kg 煤或 0.7 kg 汽油。污泥进行厌氧消化即可制得沼气。

（2）通过焚烧回收热量

污泥中含有大量的有机物和一定的木质素纤维，脱水后可以燃烧。污泥的燃烧热值与污泥的性质有关，如表 5-13 所示。

表5-13　不同污泥的燃烧热值

污泥种类	干污泥热值/（kJ/kg）	污泥种类	干污泥热值/（kJ/kg）
初次沉淀污泥 新鲜的 经消化	15826～18190 7200	初沉污泥与腐殖质污泥混合 新鲜的 经消化	14900 6740～8120
新鲜活性污泥	14900～15210	初沉污泥与活性污泥混合 新鲜的 经消化	16950 7450

可以看出，干化污泥作为燃料的开发潜力很大。通过焚烧既可以达到最大限度的减容，又可以利用热交换装置回收热量，用来供热发电。但在焚烧过程中会产生二次污染问题，如废气中含 SO_x、NO_x、HCl，残渣含重金属等。

脱水污泥的含水率高于75%，如此高的含水率不能维持焚烧过程的进行，所以焚烧前应对污泥进行干燥处理，使污泥的含水率符合不同焚烧设备的要求。

最主要的焚烧设备有立式多层炉、回转窑炉、喷射焚烧炉等，应用最广泛的是流化床焚烧炉。流化床焚烧炉的优点是焚烧时固体颗粒激烈运动，颗粒与气体间的传热、传质速率快，所以处理能力强，结构简单，造价便宜；缺点是废物破碎后才能入炉。

污泥焚烧的热量可以用来生产蒸汽，供热采暖或发电。另外还可用污泥与煤混合，制成污泥煤球等混合燃料。

（3）低温热解

低温热解是目前正在发展的一种新的热能利用技术。即在400～500℃，常压和缺氧条件下，借助污泥中所含的硅酸铝和重金属（尤其是铜）的催化作用将污泥中的脂类和蛋白质转变成碳氢化合物，最终产物为燃料油、气和炭。热解前的污泥干燥就可利用这些低级燃料的燃烧来提供能量，实现能量循环；热解生成的油还可以用来发电。

3. 建材利用

污泥中的无机成分与有机成分可以分别被用于制造建筑材料。

（1）污泥制砖

污泥制砖的方法有两种，一种是干污泥直接制砖，另一种是用污泥焚烧灰制砖。

用干污泥直接制砖时，应该在成分上做适当调整，使其成分与制砖黏土的化学成分相当。当污泥与黏土按质量比1:10配料时，污泥砖基本上与普通红砖的强度相当。

将污泥干燥后，对其进行粉碎以达到制砖的粒度要求，掺入黏土与水，混合搅拌均匀，制坯成型焙烧。污泥砖的物理性能见表5-14。

表5-14　污泥砖的物理性能

污泥:黏土（质量比）	平均抗压强度/MPa	抗折强度/MPa	成品率/%
0.5:10	8.2	2.1	83
1:10	10.6	4.5	90

利用污泥焚烧灰制砖，其烧灰的化学组成与制砖黏土的化学组成比较见表5-15。

表 5-15　污泥焚烧灰与制砖黏土的化学组成比较　　　（质量分数/%）

项目	SiO₂	Al₂O₃	Fe₂O₃	CaO	MgO	灼烧减重	其他
制砖黏土	56.8~88.7	4~20.6	2~6.6	0.3~13.1	0.1~0.6	—	0~6.0
焚烧灰甲	13	13.7	9.6	38.0	1.5	15.1	—
焚烧灰乙	50.6	12.0	16.5	4.6	—	10.9	—
焚烧灰丙	52.0	15.0	4.8	10.6	1.6	1.6	4.8

由表 5-15 可知，不同的污泥焚烧灰的成分差别很大。在污泥脱水时，加入石灰作为助凝剂，会使焚烧灰的 CaO 含量增高（如焚烧灰甲）。一般情况下，焚烧灰的成分与制砖黏土成分接近（如焚烧灰乙、丙）。制坯时只需添加适量黏土与硅砂，适宜的配料质量比为焚烧灰：黏土：硅砂 = 100 : 50 : （15~20）。

（2）生产水泥

水泥熟料的煅烧温度为 1450 ℃左右。生产水泥时，污泥中的可燃物在煅烧过程中产生的热量，可以在煅烧水泥熟料时得到充分利用。污泥焚烧灰的成分与水泥原料相近，可作为生产水泥原料加以利用。污泥中的重金属元素在熟料烧成过程中参与了熟料矿物的形成反应，被结合进熟料晶格中。因此，用污泥作为原料生产水泥，既可实现资源、能源的充分利用，还可将其中的有毒有害物质中和吸收，使危害尽可能减少，近年来受到广泛关注。

污泥生产水泥有两种方式：生产生态水泥和代替黏土质原料生产水泥。用污泥焚烧灰、下水道污泥、石灰石及适量黏土为原料生产的水泥叫生态水泥。污泥具有较高的烧失量，扣除烧失量后其化学成分与黏土原料相近。通过生料配料计算，证明其理论上可以替代 30% 的黏土质原料。

（3）制生化纤维板

活性污泥中的有机成分粗蛋白（占 30%~40%）与酶等大多属于球蛋白，能溶解于水及稀酸、稀碱、中性盐的水溶液。在碱性条件下，加热、干燥、加压后会发生一系列的物理、化学性质的改变，称为蛋白质的变性作用。利用这种变性作用能制成活性污泥树脂（又称蛋白胶），与纤维合起来压制成板材。

生化纤维的物理力学性能，可达到国家三级硬质纤维板的标准，能用来制造建筑材料或制造家具。利用活性污泥制造生化纤维板，在技术上是可行的。但在实际制造过程中会产生气味，需要采取脱臭措施。板材成品仍留有一些气味，且强度有待提高。当污泥的性质不同时，配方需研究调整。

（4）生产陶粒

污泥制陶粒的方法按原料不同可以分为两种，一是用生污泥或厌氧发酵污泥的焚烧灰造粒后烧结。这种方法在 20 世纪 80 年代已趋成熟，并投入使用。但利用焚烧灰制陶粒需要单独建设焚烧炉，污泥中的有机成分没有得到有效利用。近年来开发了直接用脱水污泥制陶粒的新技术，生产工艺如图 5-6 所示。

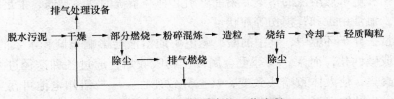

图 5-6　污泥制轻质陶粒工艺流程

轻质陶粒一般可作路基材料、混凝土骨料或花卉覆盖材料使用，但由于成本和商品流通上的问题，还没有得到广泛的应用。近年来日本将其作为污水处理厂快速滤池的滤料，代替目前常用的硅砂、无烟煤，取得了良好的效果。轻质陶粒作快速滤池填料时，空隙率大，不易堵塞，反冲次数少。由于其相对密度高，反冲洗时流失量少，滤料补充量和更换次数也比普通滤料少。

5.4　废旧电池的资源化利用

电池使用较多的有镍镉、镍氢和锂离子电池，镍镉电池中的镉是环保严格控制的重金属元素之一，锂离子电池中的有机电解质，镍镉、镍氢电池中的碱和制造电池的辅助材料铜等重金属，都对环境构成污染。小型二次电池目前国内的使用总量只有几亿只，且大多数体积较小，废电池利用价值较低，加上使用分散，绝大部分作生活垃圾处理，其回收存在着成本和管理方面的问题，再生利用也存在一定的技术问题。

5.4.1　危害

（1）锌锰电池　锌锰干电池的危害，主要是其中所含的汞和酸、碱等电解质溶液在废弃后可能进入环境中所造成的危害。重金属汞能够引发中枢神经系统疾病，是日本“水俣病”的罪魁祸首。

（2）纽扣电池　纽扣式锌银电池广泛应用于电子钟表、计算器、助听器等，是人们比较熟悉的电池品种。这类电池的危害也主要是由汞、镉和银造成的危害。据有关资料显示，一颗纽扣电池产生的有害物质能污染60万升水。

（3）锂电池　锂电池（Lithium battery）是指电化学体系中含有锂（包括金属锂、锂合金和锂离子、锂聚合物）的电池，包括一次电池和金属锂、锂离子二次电池。因其具有性价比高、储存寿命长、工作温度范围宽等优点，被应用于手表、照相机、计算器、后备电源、心脏起搏器、安全报警器等。这类电池危害相对较小，对其回收利用，主要是回收有用成分金属锂。

（4）碱性蓄电池　碱性蓄电池有锌银、镉镍、铁镍、镍氢等系列电池。镉镍蓄电池是目前使用范围最广的电池系列，也是环境污染问题所重点关注的一种电池，镉是毒性很强的物质，具有致癌性，而镍也同样具有致癌性，对水生物有明显的危害性。据美国EPA调查，废弃镉镍电池的镉占城市固体垃圾中镉总量的75%。

（5）铅酸蓄电池　铅酸蓄电池是目前世界上产量最大、用途最广的一种电池，销售额占全球电池销售额的30%以上。我国铅酸蓄电池年产量近3000万千瓦时。这类电池的污染主要是重金属铅和电解质溶液的污染。铅能够引起神经系统的神经衰弱、手足麻木，消化系统的消化不良，血液中毒和肾损伤等症状。

废电池大量丢弃于环境中，其中的酸、碱电解质溶液会影响土壤和水系的pH，使土壤和水系酸性化或碱性化，而汞、镉等重金属被生物吸收后，通过各种途径进入人类的食物链，在人体内聚集，使人体致畸或致变，甚至导致死亡。一粒纽扣电池可污染60万升水，相当于一个人一生的饮水量。一节电池烂在地里，能够使一平方米的土地失去利用价值。对自然环境威胁最大的5种物质中，电池里就包含了3种。

5.4.2　废电池的污染和处理

民用干电池是目前使用量最大、也是最分散的电池产品，国内年消费 80 亿只。主要有锌锰和碱性锌锰两大系列，还有少量的锌银、锂电池等品种。锌锰电池、碱性锌锰电池、锌银电池一般都使用汞或汞的化合物作缓蚀剂，汞和汞的化合物是剧毒物质。废电池作为生活垃圾进行焚烧处理时，废电池中的 Hg、Cd、Pb、Zn 等重金属一部分在高温下排入大气，一部分成为灰渣，产生二次污染。

国际上通行的废旧电池处理方式大致有三种：固化深埋、存放于废矿井、回收利用。废电池一般都运往专门的有毒、有害垃圾填埋场，但这种做法不仅花费太大而且还造成浪费，因为其中尚有不少可作原料的有用物质。

（1）热处理

瑞士有两家专门加工利用旧电池的工厂，巴特列克公司采取的方法是将旧电池磨碎后送往炉内加热，这时可提取挥发出的汞，温度更高时锌也蒸发，它同样是贵重金属。铁和锰熔合后成为炼钢所需的锰铁合金。该工厂一年可加工 2000 t 废电池，可获得 780 t 锰铁合金、400 t 锌合金及 3 t 汞。另一家工厂则是直接从电池中提取铁元素，并将氧化锰、氧化锌、氧化铜和氧化镍等金属混合物作为金属废料直接出售。不过，热处理的方法花费较高，瑞士还向每位电池购买者收取少量废电池加工专用费。

（2）湿处理

马格德堡近郊区正在兴建一个"湿处理"装置，在这里除铅蓄电池外，各类电池均溶解于硫酸，然后借助离子交换树脂从溶液中提取各种金属，用这种方式获得的原料比热处理方法纯净，因此在市场上售价更高，而且电池中包含的各种物质有 95% 都能提取出来。湿处理可省去分拣环节（因为分拣是手工操作，会增加成本）。马格德堡这套装置年加工能力可达 7500 t，其成本虽然比填埋方法略高，但贵重原料不致丢弃，也不会污染环境。

（3）真空热处理法

德国阿尔特公司研制的真空热处理法还要便宜，不过这首先需要在废电池中分拣出镍镉电池，废电池在真空中加热，其中汞迅速蒸发，即可将其回收，然后将剩余原料磨碎，用磁体提取金属铁，再从余下粉末中提取镍和锰。这种加工 1 t 废电池的成本不到 1500 马克（现约合 6345.18 元人民币）。

5.4.3　废旧电池的回收与二次利用的方法

废旧电池回收处理过程大致有以下的几点：

（1）分类：将回收的废旧电池砸烂，剥去锌壳和电池底铁，取出铜帽和石墨棒，余下的黑色物则是作为电池芯的二氧化锰和氯化铵的混合物，将上面物质分别集中收集后加工进行处理，即可得到一些有用的物质。当中的墨棒经过水洗、烘干可再用作电极。

（2）制锌粒：将剥下的锌壳洗净后置于铸铁锅中，加热并保温 2 h，除去上面的一层浮渣，倒出进行冷却，然后滴在铁板上，凝固后便可得到锌粒。

（3）回收铜片：将铜帽展平后用热水洗净，加入一定量 10% 的硫酸煮沸 30 min，以除去表面的氧化层，捞出洗净，烘干可得到铜片。

（4）回收氯化铵：把黑色物质放到缸中，加入 60 ℃ 的温水搅拌 1 h，使氯化铵全部溶解于水中，静止、过滤、水洗滤渣 2 次，收集母液。

（5）回收二氧化锰：将过滤后的滤渣水洗 3 次，过滤，滤饼置入锅中蒸干除去少许的碳和其他有机物，放入水中充分搅拌 30 min，过滤，再将过滤的饼于 100～110 ℃烘干，便可得到二氧化锰。

思考题

1. 钢渣是如何分类的？其主要化学性质是什么？简述钢渣的主要处理工艺。
2. 什么是固体废物的减量化、无害化、资源化？
3. 粉煤灰的主要用途有哪些？
4. 矿业固体废物是如何分类的？尾矿的主要用途有哪些？
5. 铬渣的危害是什么？利用前为何要进行解毒处理？
6. 废旧电池有何危害？有哪些处理技术？
7. 煤矸石的主要化学成分是什么？其热值对煤矸石的应用有哪些影响？

参考文献

[1] 尹国勋. 矿山环境保护[M]. 徐州：中国矿业大学出版社，2010.
[2] 邓寅生. 煤炭固体废物利用与处理[M]. 北京：中国环境科学出版社，2008.
[3] 石磊，等. 煤矸石的综合利用[J]. 煤化工，2005.
[4] 高艳玲. 固体废物处理处置与资源化[M]. 北京：高等教育出版社，2007.
[5] 桂和蓉. 环境保护概论[M]. 北京：煤炭工业出版社，2002.
[6] 许冠英，罗庆明. 美国危险废物分类管理启示[J]. 环境保护，2010.
[7] 邓义祥，田从华. 我国固体废物处理现状和对策[J]. 资源开发和市场，1999.
[8] 宁平. 固体废物处理与处置[M]. 北京：高等教育出版社，2007 年.
[9] 张宇平. 废旧电子电器产品资源化利用技术[J]. 中国环保产业，2010(9)：26-28.
[10] 阎明. 促进我国废旧电器再利用产业化进程[J]. 资源再生，2006.
[11] 孙坚，耿春雷，张作泰，等. 工业固体废弃物资源综合利用技术现状[J]. 材料导报 A：综述篇，2012，26(6)：105 -109.
[12] 夏光华，赵晓东，谢穗，等. 陶瓷工业固体废物资源化利用现状[J]. 环境工程，2012，30(S1)：302-305.

第6章　噪声污染控制工程材料及其应用

噪声污染不仅影响人们的生活质量，也影响设备的寿命，自 20 世纪 70 年代以来被称为城市环境问题的四大公害之一。能够减少噪声污染的材料被大量使用，常用的是多孔吸声材料、隔声材料、阻尼降噪材料等。

6.1　多孔吸声材料

所谓吸声材料，就是可以把声能转换为热能的材料，按吸声机理可分为多孔吸声材料和共振吸声结构材料两大类。一般的多孔吸声材料具有高频吸声系数大、密度低等优点，但低频吸声系数小。共振吸声结构材料的低频吸声系数大，但加工性能差。虽然多孔吸声材料存在一些不足，但由于其取材范围广，加工制造工艺相对简单，并且随着一些新型多孔泡沫材料的研究成功，其低频吸声性能已得到很大提高，因此多孔吸声材料成为目前应用最广泛的吸声材料。

6.1.1　吸声材料的吸声性能及影响因素

声音起源于物体的振动。声波是依靠介质分子振动而向外传播的声能。介质分子只是振动而不移动，所以声音是一种波动。大多数材料都有一定的吸声能力，但吸声材料要求质轻、柔软、多孔、通透性好，以便把入射的声能不断转化为热能而消耗掉。

6.1.1.1　吸声材料吸声性能评价

声音在传播过程中遇到障碍物时，声能一部分被反射，一部分透过障碍物，一部分在相互接触过程中被吸收。图 6-1 所示为声音碰到屏障时的声能分布情况。

根据能量守恒定律，总的入射声能应为反射声能、透过声能和吸收声能之和。吸声材料的吸声性能好坏，主要通过其吸声系数的高低来表示。吸声系数是指声波在物体表面反射时，吸收声能与入射声能之比，通常用符号 α 表示。α 值越大，吸声性能越好。α 值按式（6-1）计算：

$$\alpha = \frac{E_0 - E_r - E_t}{E_0} = \frac{E_a}{E_0} \qquad (6-1)$$

同一材料，对于高、中、低不同频率声音的吸收系数不同。我国混响室法吸声系数测量规定的测试频率范围为 100 ~ 5000 Hz，通常取 125 Hz、250 Hz、500 Hz、1000 Hz、2000 Hz、4000 Hz 六个频率的吸

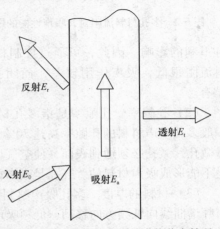

图 6-1　声音碰到屏障时的声能分布情况

声系数来表示材料的吸声特性，六个频率的平均吸声系数大于 0.2 的材料为吸声材料，平均吸声系数大于 0.56 的材料称为高效吸声材料。

对于室内音质设计和噪声控制所用的吸声材料，我国已制定按吸声性能等级划分的国家标准 GB/T 16731—1997《建筑吸声产品吸声性能分级》，标准规定采用降噪系数的大小评定材料的吸声性能等级。所谓降噪系数（NRC）是 250、500、1000 和 2000 四个频带吸声系数的平均值。NRC 按式（6-2）计算：

$$NRC = \frac{\alpha_{250} + \alpha_{500} + \alpha_{1000} + \alpha_{2000}}{4} \tag{6-2}$$

表 6-1 所示为材料吸声性能等级与其对应的降噪系数 NRC。

表 6-1　材料吸声性能等级与其对应的降噪系数 NRC

等级	1	2	3	4
降噪系数范围	NRC≥0.80	0.80＞NRC≥0.60	0.60＞NRC≥0.40	0.40＞NRC≥0.20

多孔吸声材料的一个基本吸声特征是对高频声吸声效果好，而对低频声效果较差，这是因为多孔材料的孔隙尺寸与高频声波的波长相近所致。要想展宽多孔吸声材料的吸声带宽，提高材料的吸声效果，要从材料的内在因素和使用中的安装和构造两方面去考虑。

6.1.1.2　影响吸声材料性能的因素

多孔材料的吸声性能，主要受材料的流阻、孔隙率、结构因子、厚度、堆密度、材料背后的空气层、材料表面的装饰处理以及使用外部条件等的影响，在使用中要注意扬长避短。

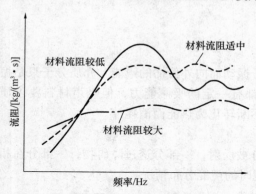

图 6-2　多孔材料流阻对其吸声性能的影响

（1）材料的流阻　材料的流阻是多孔吸声材料本身透气性的物理参数。当声波引起空气振动时，有微量空气在多孔材料的孔隙通过，这时材料两面的静压差与气流线速度之比，即为材料的流阻，用单位 kg/(m³·s) 表示。

流阻的大小，一般与材料内部微孔的多少、大小、互相连通的程度等因素有关，它对材料的吸声性能有着重要影响。图 6-2 所示为多孔材料流阻对其吸声性能的影响。

对于一定厚度的多孔材料有一个较合理的流阻值，过低或过高的流阻值对吸声系数都有不利的影响。因此，可通过控制材料的流阻调整材料的吸声性能。一般薄而稀疏的材料流阻很低，吸声作用较差，而闭孔的轻质多孔材料流阻很高，吸声作用也很小甚至没有。

（2）孔隙率　孔隙率是指多孔材料的空气体积与材料总体积之比，常用百分数表示。一般多孔吸声材料的孔隙率高达 70%，有些甚至达 90% 左右。多孔性吸声材料必须具有大量微孔，微孔必须通到表面，使空气可以自由进入。互不相通、也不通到表面的闭孔材料，是不能形成吸声材料的。开孔是吸声材料的基本构造，如图 6-3 所示。

（3）材料的厚度　多孔吸声材料的低频吸声系数一般都较低，当材料厚度增加时，吸声频谱曲线向低频方向移动，低频吸声系数将有所增加，如图 6-4 所示为多孔材料吸声特性随厚度变化的曲线。

在实际应用中多孔吸声材料的厚度一般取 30～50 mm，如需提高低频的吸声效果，厚度可取 50～100 mm，必要时也可以大于 100 mm。继续增加材料厚度，一方面不太经济，另一方面吸声系数增加值变化不太明显。

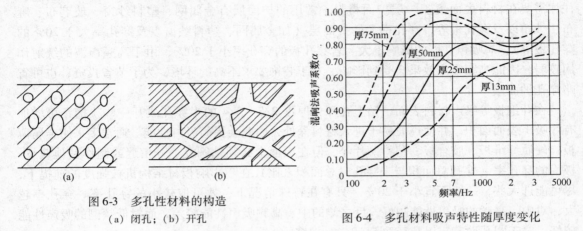

图 6-3　多孔性材料的构造
（a）闭孔；（b）开孔

图 6-4　多孔材料吸声特性随厚度变化

（4）材料的堆积密度　堆积密度是指吸声材料的单位体积质量，单位用 kg/m³ 表示。多孔材料堆积密度增高时，材料内部的孔隙率会相应降低，吸声频谱曲线向低频方向移动，但高频吸声效果却可能降低。当堆积密度过高时，吸声效果又会明显降低。图 6-5 给出了 5 cm厚超细玻璃棉堆密度变化对吸声性能的影响。

理论分析与实践结果表明，在一定条件下各种材料的堆密度均存在一个最佳值，通常使用的堆密度范围是超细玻璃棉取 15～25 kg/m³，玻璃纤维取 100 kg/m³，矿渣棉取120 kg/m³左右。应当指出的是，就堆密度与厚密度两个因素比较，厚度的影响比堆密度的影响更明显。

（5）多孔材料背后的空气层　材料背后空气层的厚薄，对吸声性能有重要影响。当多孔材料离开刚性壁，在材料背面留有一定的空腔时，相当于增加材料的有效厚度，改变对低频噪声的吸收效果。对于厚度、堆密度一定的多孔材料，背后空气层变化对吸声性能的影响如图 6-6 所示。

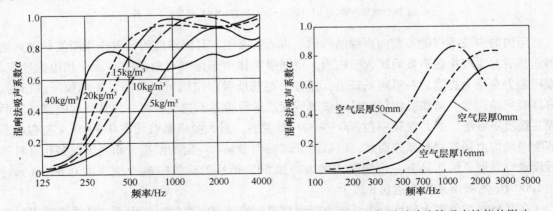

图 6-5　材料堆密度变化对吸声性能的影响

图 6-6　背后空气层对玻璃棉吸声性能的影响

通常，在空气层厚度等于 1/4 波长的奇数倍时，可获得最大的吸声系数。当空气层厚度接近 1/4 入射波长时，对该声波的吸声系数为最大，层厚为 1/2 入射声波波长时，吸声系数最小。实用时，在墙上的空气层以 5~10 mm 较为适当。

（6）护面层的影响　大多数多孔吸声材料，整体强度性能差，表面疏松易受外界侵蚀，往往需要在材料表面覆盖一层护面材料。常用的护面层有金属网、塑料纱窗、玻璃布、麻布、纱布以及穿孔板等，穿孔率大的护面层（如金属网、塑料纱窗以及穿孔率大于 20% 的穿孔板等），对吸声性能的影响不大。若穿孔板的穿孔率小于 20%，由于高频声波的绕射作用较弱，因此高频吸声效果会受到影响。对于装饰要求不高的环境，为了节省投资，也可省略穿孔护面层。

在纤细板等吸声材料表面，钻上孔深为厚度 2/3~3/4 的半穿孔或开一些狭槽，可增加有效吸声表面面积，并使声波易于进入材料深处，因此会提高吸声性能。通常多采用金属薄板、硬质纤维板、胶合板、塑料薄片等，但在板面上必须钻圆孔、开槽缝或制作其他花纹。板面的穿孔率（穿孔总面积与未穿孔时总面积之比）在不影响板材结构机械强度的前提下，尽可能选大些，一般不宜小于 20%。只有在特殊情况下，才可取较小的穿孔率。穿孔率越大，对中、高频的吸声性能越好，反之侧的中、高频吸声性能较差，而对低频侧的吸声性能较好。对于圆孔而言，以孔径取 5~8 mm 较多。

（7）空间吸声体　在实用中，为了适应吸收不同频率的声音，可以将吸声材料做成各种形状的空间吸声体，如图 6-7 所示为几种空间吸声体造型，悬挂在室内顶棚上达到吸声的目的。空间吸声体所用吸声材料有超细玻璃棉、泡沫塑料、矿棉卡普隆纤维、地毯毛等。先用木材或钢板制成框架，再用塑料纱、玻璃纤维棉布、穿孔板或钢板网罩面。

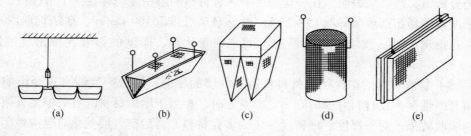

图 6-7　几种空间吸声体构造
（a）平铺板块吸声体；（b）棱形；（c）尖劈；（d）筒形；（e）板状

室内的声波不仅能被朝向声源的一侧的表面所吸收，且因声波的衍射作用而使材料其他侧面和后面也能接触声波而扩大吸收面。空间吸声体由于增加有效的吸声面积和边缘效应，吸声能力有很大提高。在吸声处理上，还有一些其他吸声结构可以采用，如薄膜吸声结构、帘幕吸声结构等。薄膜吸声结构是用皮革、聚乙烯薄膜等不透气材料，与其背后的空气层形成共振吸声系统，其共振频率在 200~1000 Hz 左右，最大吸声系数约在 0.3~0.4 左右。帘幕吸声结构由通气材料制作而成，帘幕离开墙面和帘洞有一定的距离，相当于在多孔材料背后设置空气层，因而具有一定的吸声能力，如 50% 折裥的棉织帘幕（面密度 0.64 kg/m²）在 1000 Hz 的吸声系数高达 0.8 以上。

多孔材料按外观大致可分为纤维类吸声材料和泡沫类吸声材料两大类。纤维类吸声材料又可分为有机纤维吸声材料和无机纤维吸声材料。泡沫吸声材料又可分为泡沫塑料、泡沫玻璃、泡沫金属等。

6.1.2　有机纤维吸声材料

早期使用的吸声材料主要为植物纤维制品，如棉麻纤维、毛毡、甘蔗纤维板、木质纤维板以及稻草板等有机天然纤维材料；有机合成纤维材料主要是化学纤维，如腈纶棉、涤纶棉等。这些材料在中、高频范围内具有良好的吸声性能，但防火、防腐、防潮等性能较差，从而大大限制了其应用。为了克服有机纤维的缺陷，添加无机材料与之复合而成的复合吸声材料是目前研究的重点。

6.1.2.1　PZT/CB/PVC 压电导电复合吸声材料

以聚氯乙烯（PVC）为基体材料，锆钛酸（PZT）和炭黑（CB）为压电相和导电相制成的高分子复合吸声材料，三种原材料的体积百分比分别为：PVC 55%、PZT 45%～37%、CB 0～8%。图 6-8 所示为该复合吸声材料的 SEM 照片。可见，压电相和导电相填料颗粒在聚合物中分散较为均匀，材料中空隙较少。

图 6-9 所示为 CB 粉含量对复合材料内耗的影响。可见复合材料的内耗随导电相含量的增加而增加。当聚合物压电吸声材料受到外界声波作用时，主要有三种耗能途径：①通过高分子黏弹性产生力学的损耗作用将振动转变为热能，即内阻尼；②通过聚合物与压电材料、导电材料的相互摩擦消耗一部分并转化为热能；③通过压电阻尼效应将机械能转化为电能再由导电材料转化为热能，因而导电相的加入大大提高了压电耗能的转换效率。

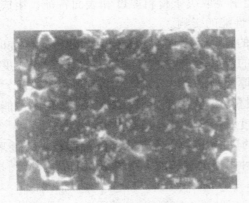

图 6-8　复合吸声材料的 SEM 照片

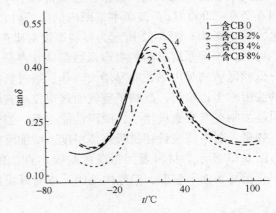

图 6-9　CB 粉含量对复合材料内耗的影响

图 6-10 所示为电场极化对复合材料吸声性能的影响。可见，经电场极化后的复合材料的吸声系数大于其极化前的数值，表明材料的压电性能对材料的吸声性能起促进作用。

图 6-11 所示为电场极化后，CB 含量对复合材料体系吸声性能的影响。可见，吸声性能随着 CB 含量的增加而先增加后减少，在 125～500 Hz 的中低频段里，CB 含量 4% 时复合材料吸声系数最大，大于 500 Hz 后的复合材料体系的吸声系数趋于一致。

复合材料被极化后，压电材料 PZT 具有压电活性。在中低频的共振频率处，PZT 对声波刺激产生的响应最强，即发生形变并将一部分机械能转变为电能。当导电相含量较低时，无法及时导出压电颗粒产生的负荷，因而不可避免地产生逆压电效应和二次压电效应，从而影响复合材料的吸声性能。当导电相含量较高时，虽然容易导出电荷，但作用在压电颗粒上的场强过高，引起材料的介电损耗并导致材料的压电吸声性能下降。由于复合材料中的高分子基料具有一定的黏弹阻尼性能，逆压电效应和二次压电效应引起的振动持续一段时间后仍将得到衰减，最终得到电能通过摩擦转变为热能，从而有利于提高压电复合材料的吸声性能。

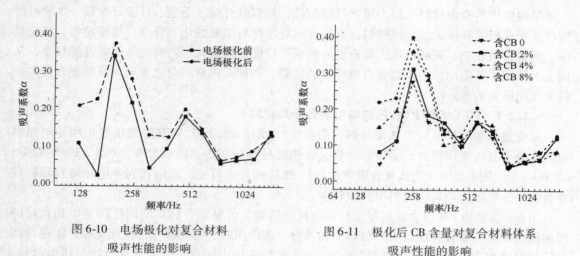

图 6-10　电场极化对复合材料
吸声性能的影响

图 6-11　极化后 CB 含量对复合材料体系
吸声性能的影响

6.1.2.2　聚酯纤维针刺非织造吸声材料

使用纺织品来减少噪声是基于这些材料生产成本低和密度低。聚酯纤维针刺非织造吸声材料在 200～2000 Hz 声波频率范围内的吸声性能主要取决于材料厚度和表面特征，组成纤维也有一定影响。图 6-12 所示为材料厚度对吸声性能的影响。

可见，不同厚度材料的吸声系数都随着声频的提高而增大。当非织造材料厚度增加时，中、低频区域的吸声系数明显增大。非织造材料的吸声性能与空气的流阻有关，单位厚度材料的流阻称为比流阻，反映了空气通过单位材料厚度时阻力的大小。当材料厚度不大时，比流阻越大则空气穿透量越小，吸声性能越差。当材料厚度增加时，比流阻越小，吸声性能越好。如果入射声波波长超过吸声体厚度，增加厚度对提高吸声系数就没有意义了。

图 6-13 所示为材料表面粗糙度对吸声性能的影响。对非织造材料进行表面平整处理，进一步提高布面平整度，消除内部因针刺对纤维冲击所产生的应力，提高了织物的密度。

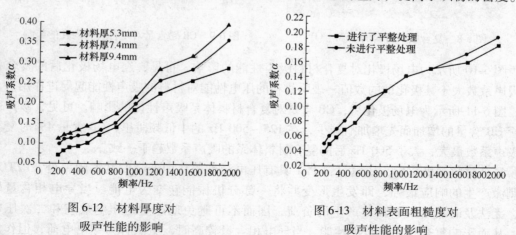

图 6-12　材料厚度对
吸声性能的影响

图 6-13　材料表面粗糙度对
吸声性能的影响

可见，表面进行平整处理后，材料的吸声系数比处理前有所降低。经过表面平整处理后，材料的面密度增大，孔隙率减少，比流阻增大，减少了空气的透过量，同时通过孔隙与空气的摩擦作用把声能转化为热能耗散的作用相应减小。另外，粗糙的表面增加了材料与声能的接触面积，扩大了对声能的吸收范围，因此增大了吸声系数。适当地增加材料的表面粗糙程度对吸声性能起积极作用，但与材料的宽度和厚度有关，如果材料太宽太厚，噪声会倍增。

图 6-14 所示为针刺密度对材料吸声性能的影响。针刺密度对非织造材料的厚度、密度以及孔隙率都有很大影响。

可见，随着针刺密度的增高，在声波 200～2000 Hz 频段非织造材料的吸声系数呈现先减小后增大的趋势。随着针刺密度的增高，更多针刺作用于纤维上，使纤网逐渐紧密，纤维之间的摩擦纠缠加强，纤网表层的纤维随着刺针的运动进入纤网内层，纤维的纠缠抱合力增强，纤维由于应力回弹而回到初始状态的可能性减小，纤维被锁定在新的位置，致使非织造材料厚度逐渐减小，吸声系数下降。但非织造材料的紧密度增高到一定程度后趋于稳定，其厚度趋于稳定。针刺密度的继续增高会导致纤网中的表层纤维损伤，且损伤的纤维主要保留在其材料表面，纤维的变短使其回弹性能增强，纤维之间的束缚减弱，导致非织造材料有回升的趋势，因此吸声系数反而开始增大。

另外，随着针刺密度的增高，非织造材料孔隙率先减小后增大。针刺密度的增高，导致纤维之间的纠缠抱合力加强，非织造材料的紧密度提高，密度过高，单位面积内的纤维根数增多，纤维之间的空隙减小，孔隙率降低。但针刺密度过高时，非织造材料的密度不能再随之增高，而且断裂纤维数增多，在材料中出现刺针"轨道"，使得材料孔隙率反而增大，因此吸声系数呈现先减小后增大的趋势。图 6-15 所示为材料组成中的纤维规格对材料吸声性能的影响。

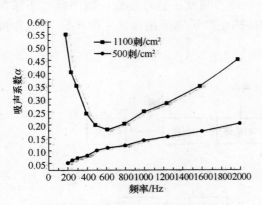

图 6-14   针刺密度不同时材料的吸声
系数频谱曲线

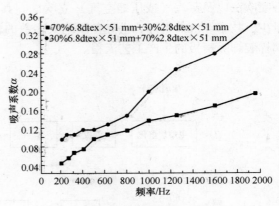

图 6-15   聚酯纤维材料的规格对
材料吸声性能的影响

可见，当材料中增加细纤维的含量后，材料的吸声系数明显提高。细纤维含量的增加使非织造材料单位面积质量增大，即面密度增高，给材料提供了更多机会与声能接触，通过摩擦消耗的声能随之增多。另外，细纤维含量增加后，在刺力的作用下，材料内部形成许多微小的孔隙，孔隙间彼此贯通，比流阻变小，空气穿透量增大，因此吸声系数明显提高。

6.1.2.3   合成化纤吸声棉

合成化纤吸声棉为化纤厂副产品，材料来源广泛，成本低廉，吸声性能与超细玻璃接近。由于材料的多孔性，中、高频吸声效果很好，若选用厚度为 5 cm，密度为 26 kg/m³ 的合成化纤棉，则 500 Hz 以上的吸声系数均可达到 0.54～0.99。图 6-16 所示为其吸声系数频率特性曲线。

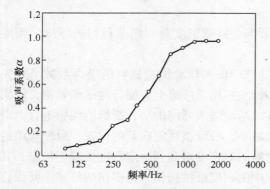

图 6-16　合成化纤棉吸声系数频率特性曲线

合成化纤不仅吸声性能良好，还具有质轻、保温、富有贴弹性、不刺痒、便于加工等独特优点，为吸声材料增添了新品种。还可以预制成棉毯，现场施工更方便。

6.1.3　无机纤维吸声材料

无机纤维吸声材料主要指岩棉、玻璃棉以及硅酸铝纤维棉等人造无机纤维材料。这类材料不仅具有良好的吸声性能，而且还具有质轻、不燃、不腐、不易老化等特性，在声学工程中获得广泛应用。但由于其性脆易断、受潮后吸声性能下降、易对环境产生危害等原因，适用范围受到很大的限制。目前这类纤维吸声材料采用先进的加工方法，可以加工成毡状、板状等，经过防潮处理后，可以生产出稳定性好、吸湿率低、施工性能好的产品。

6.1.3.1　玻璃棉装饰吸声板

玻璃棉装饰吸声板是由玻璃棉加入一定量的胶粘剂和其他添加剂，经固化、切割、贴面等工序而制成的材料。玻璃棉的生产工艺方法主要有三种：火焰喷吹法（简称火焰法）、离心喷吹法以及蒸汽（或压缩空气）立吹法。其中，离心喷吹工艺耗能低、效率高、渣球含量少、技术经济效果好，世界各国绝大多数的玻璃棉生产厂家采用该法。图 6-17 所示为玻璃棉装饰吸声板的生产工艺流程。

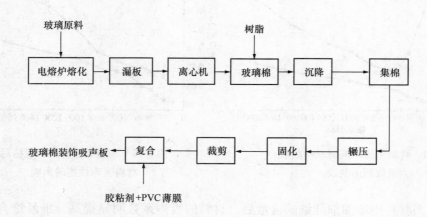

图 6-17　玻璃棉装饰吸声板的生产工艺流程

离心喷吹法生产玻璃棉的原料主要包括石英砂、石灰石、长石、纯碱、硼酸等。为使玻璃获得某些必要的性质和加速熔制过程，有时还需要加入一些辅助原料，按其作用可分为澄清剂、着色剂、脱色剂、乳浊剂、助熔剂等。表 6-2 所示为某些国家离心玻璃棉的化学成分。

表 6-2　离心玻璃棉的化学成分　　　　　　　（质量分数/%）

生产国	SiO$_2$	Al$_2$O$_3$	Fe$_2$O$_3$	CaO	MgO	Na$_2$O	K$_2$O	B$_2$O$_3$	BaO
日本	62~63	3.7~4	0.1~0.2	7.5~7.7	2.7	16.8~17.8		6	
英国	61~63	4~5	<0.3	7~8	3~4	14~15	—	9~0	
美国	60~61	3.7~4	0.25	8.1	3.1	15.3		6	2.5
捷克	64	2		9.8	2.5	17		4	
意大利	63.2	3.4	0.2	7.1	3.1	15.3	2.8	5	

　　玻璃棉用原料对铁元素的含量要求非常严格。因此在配料前，各种天然矿石原料都必须采用严格的除铁措施。天然矿石原料先经颚式破碎机破碎成 15~30 mm 的中块，再用粉碎机粉碎到一定细度。粉碎后的各种原料，经筛分除去杂质及较粗部分，使其达到熔融所需的颗粒组成，以保证配合料能均匀混合并避免分层。一般要求硅砂粒度 0.42~0.125 mm，其他原材料粒度 0.84~0.074 mm。根据配比对过筛后的粉料进行称量、混匀，混匀后的物料送入玻璃熔窑融化。融化后的玻璃液，经过通道从装在熔窑成型部的单孔铂漏板的空洞流入离心器成型。离心器由耐高温合金材料制成，周壁上有许多小孔。离心器高速旋转，借助离心力迫使玻璃液通过这些小孔甩出成棉，形成一次纤维。尚处于高温软化状态的一次纤维在从离心器中被甩出的同时，还受到与离心器同心布置的环形燃烧喷嘴喷出的气流作用，被进一步牵伸成平均直径为 5~7 μm 的二次纤维，即玻璃棉。玻璃棉经冷却后成型，随即通过胶粘剂喷嘴喷胶粘剂，进入集棉室收集。棉纤维在成型的同时，被喷附上酚醛树脂胶粘剂，沉积在集棉室的输送网带上，调节网带下部的抽风负压，可使棉纤维自网带上均匀沉降铺成厚度一致的棉胎。棉胎由输送带送至固化室，喷有胶粘剂的玻璃棉在固化室受热受压，形成具有所要求的厚度及密度的玻璃棉板。固化的玻璃棉板经吹风冷却，然后按所需规格曲线尺寸经纵切和横切，即得到玻璃棉装饰吸声板。图 6-18 所

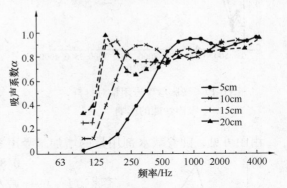

图 6-18　不同厚度超细玻璃棉吸声板的典型吸声特性曲线

示为不同厚度玻璃吸声板的典型吸声特性曲线。超细玻璃棉体积质量为 15 kg/m^3，纤维直径 4 μm。

　　玻璃棉装饰吸声板主要作为吸声和装饰材料用于宾馆、大厅、电影院、剧场、音乐厅、体育馆、会场、船舶及住宅建筑的吊顶装饰。

6.1.3.2　水镁石纤维增强水泥基吸声材料

　　水镁石纤维增强水泥基吸声材料是利用分散性良好的水镁石纤维做增强剂，膨胀珍珠岩为主要原料，辅以引气剂、减水剂等添加剂制备而成的致密、均匀、具有细致的相互贯通孔结构的多孔吸声材料，表 6-3 所示为该材料配合比。

表 6-3　材料配合比 （质量分数/%）

硫铝酸盐水泥（42.5 级）	膨胀珍珠岩	水灰比	减水剂	引气剂	长 3 ~ 3.5 mm 的水镁石纤维
60 ~ 80	20 ~ 40	0.4 ~ 0.8	0.1 ~ 1.5	0.1 ~ 1.5	1 ~ 3

　　按配方将水泥、膨胀珍珠岩及其他添加剂混合，加水搅拌均匀，再加入水镁石纤维、减水剂搅拌，得到流动性较好的混合泥浆，经成型、脱模、养护得到气孔分布均匀的水镁石纤维增强水泥基吸声材料。图 6-19 所示为膨胀珍珠岩用量对材料吸声性能的影响。

　　由图可见，膨胀珍珠岩含量为 30% 时材料的吸声性能优于 20% 和 40% 用量材料的吸声性能。膨胀珍珠岩内部有许多微孔，具有极强的吸水性，在搅拌、浇筑成型过程中，水进入珍珠岩的微孔内而使微孔内的气体排出，气体在水泥浆体内扩散，形成连通气孔，可提高材料的吸声性能。但膨胀珍珠岩用量过大时，水泥浆体不能完全把珍珠岩包裹，使水泥浆体的和易性受到影响，致使生成的气泡气体一部分逸出，导致材料的孔隙率下降而使材料的吸声性能降低。图 6-20 所示为减水剂用量对材料吸声性能的影响。

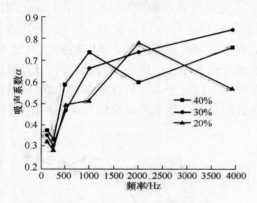

图 6-19　膨胀珍珠岩用量对材料
吸声性能的影响

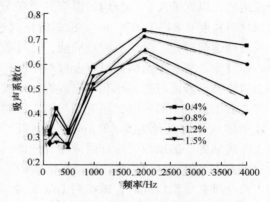

图 6-20　减水剂用量对材料吸声
性能的影响

　　由图可见，随着减水剂用量的增加，吸声系数逐渐降低。减水剂用量由 0.4% 增加到 0.8% 时，吸声系数的降幅较为缓慢，继续增加减水剂用量，吸声系数降幅明显。减水剂的引入降低了水灰比，提高了制品的密实度，使气孔率相应降低。减水剂是一种表面活性物质，能吸附于水泥颗粒表面，使水泥颗粒之间以及水泥颗粒与骨料之间的毛细孔中的过剩水减少，提高水泥制品各龄期的强度，尤其是早期强度，对于缩短材料制备及养护周期较为有利。图 6-21 所示为引气剂用量对材料吸声性能的影响。

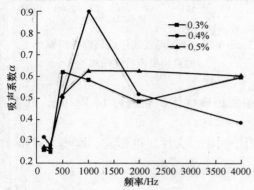

图 6-21　引气剂用量对材料吸声
性能的影响

　　由图可见，引气剂用量为 0.4% 时，材料平均系数最大。当引气量为 0.3% 时，其用量不足，材料内部气孔不能充分生长，导致孔隙率低。而引气剂用量为 0.5%，引起材料内部产生大量气泡，这些气泡易沿纤维逸出，且易发生气泡现象，在材料内部产生大量气泡，致孔隙率降低，引起材料吸声性能下降。图 6-22 所示为水镁石纤维用量对材料吸声性能影响。

由图可见，水镁石纤维掺量从 1% 增加到 2% 时，材料的吸声系数提高幅度较大，而掺量从 2% 增加到 3% 时，材料的吸声系数提高幅度较小。随着纤维掺量增加，材料的吸声系数的增长幅度呈不断减小的趋势。

图 6-23 所示为水镁石纤维用量对材料力学性能（28 d 强度）的影响。水镁石纤维对材料抗折强度的贡献要大于对抗压强度的贡献。掺入水镁石纤维后，材料的抗折强度有所提高。抗压强度随着纤维掺量增加呈明显升高的趋势，说明增加纤维掺量有利于提高材料的机械强度。

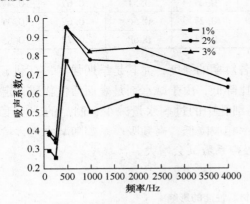

图 6-22　水镁石纤维用量对材料
吸声性能的影响

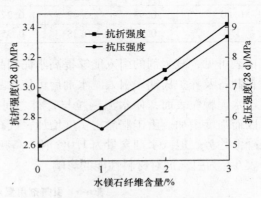

图 6-23　水镁石纤维用量对材料
力学性能的影响

6.1.3.3　公路隧道降噪吸声材料

根据公路隧道降噪用材料的性能要求设计了吸声材料的组成，如表 6-4 所示。

表 6-4　公路隧道降噪用材料组成　　　　　　　　　　（质量分数/%）

配方	水泥	珍珠岩	水	减水剂	引气剂	速凝剂	纤维
A	65 ~ 75	25 ~ 35	适量	—	0.1 ~ 0.8	0.2 ~ 0.8	0.5 ~ 1.5
B	70 ~ 80	20 ~ 30	适量	0.1 ~ 1.5	—	0.1 ~ 1.2	0.4 ~ 2.5

以阻燃性能良好、具有较好吸声性能的膨胀珍珠岩作为轻骨料，低碱水泥作胶粘剂，硅酸铝纤维作增强纤维，通过减水剂、引气剂等调节材料的孔型、大小及含量。改变减水剂含量得到 A 系列配方，改变引气剂含量得到 B 系列配方。图 6-24 所示为制备吸声材料的工艺流程。

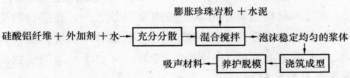

图 6-24　公路隧道降噪用吸声材料制备工艺

膨胀珍珠岩内部有许多微孔，具有极强的吸水性，在搅拌、浇筑成型过程中，水会进入珍珠岩的微孔内，使微孔的空气排出，排出的气体在水泥浆体内扩散，形成一些连接气孔，加上引气剂、减水剂增强纤维等组分的共同作用，在材料内部形成大量连接气孔。表6-5 所示为减水剂用量对材料性能的影响。

表6-5 减水剂用量对材料性能的影响

减水剂/%	强度（3 d)/ MPa		吸声系数				
	抗压强度	抗折强度	250 Hz	500 Hz	1000 Hz	2000 Hz	4000 Hz
0.20	1.01	0.44	0.43	0.33	0.60	0.73	0.68
0.40	1.02	0.51	0.40	0.33	0.49	0.71	0.60
0.60	1.38	0.56	0.33	0.27	0.51	0.67	0.47
0.80	0.93	0.42	0.27	0.27	0.56	0.62	0.39
1.0	0.91	0.38	0.35	0.31	0.68	0.72	0.85

由表可见，减水剂的引入能够提高水泥制品各龄期的强度，尤其是早期强度，有利于缩短材料制备及养护周期。引入减水剂后可使水灰比降低，由于减水剂是表面活性物质，定向吸附于水泥颗粒表面，使水泥颗粒与骨料之间毛细孔中的过剩水量减少，制品的密实度提高，因而强度增加。由于制品密实度增加，气孔率相应降低，高频吸声系数随减水剂含量增加有降低趋势，但减水剂含量为1.0%时，高频吸声系数又会增大。

表6-6 为引气剂对材料性能的影响。

表6-6 引气剂用量对材料性能的影响

液体引气剂掺量/%	抗折强度/MPa		抗压强度/MPa		28d 吸声系数	液体引气剂掺量/%	抗折强度/MPa		抗压强度/MPa		28d 吸声系数
	7d	28d	7d	28d			7d	28d	7d	28d	
0.3	2.6	3.0	11.2	13.0	0.40	0.3	2.7	3.1	11.6	13.1	0.38
0.4	2.3	2.8	9.6	11.3	0.46	0.4	2.45	2.90	9.5	11.2	0.43
0.5	1.9	2.1	8.8	9.5	0.53	0.5	1.9	2.15	9.0	10.5	0.51
0.6	1.6	1.75	7.4	8.7	0.52	0.6	1.70	1.85	7.6	8.8	0.55
0.7	1.35	1.50	6.3	7.5	0.49	0.7	1.5	1.70	6.5	7.7	0.50
0.8	1.10	1.25	4.9	5.4	0.45	0.8	1.25	1.35	5.1	5.9	0.46

从表6-6 中可以看出，随着引气剂掺量的增加，试件的抗折、抗压强度逐渐降低。这是因为随着引气剂掺量的增加，气泡逐渐增多，内部空隙逐渐增加。一般而言，引气剂用量越大，放气量就越大，制品的空隙率也就越高，相对应的材料吸声性能就越好，但是引气剂的含量达到某一个极值后，放气量不再增大。因此，不是引气剂含量越大，材料吸声性能越好。

从表中还可看出，液体引气剂用量为0.5%、粉体引气剂用量为0.6%时试样的平均吸声系数较好。引气剂是吸声材料制备不可缺少的重要组分之一。在拌合物中掺入适量的引气剂，可以产生细小、分布均匀且相互连通的微气泡。根据吸声机理，这将大大提高吸声材料的性能。这是因为此时形成的气泡细小、均匀、连通，有利于声波的吸收。

6.1.3.4 石膏基多孔复合材料

石膏作为一种资源丰富、生产能耗低的胶凝材料，具有质量轻、吸声隔热性能好、尺寸稳定性好、易加工等优点。充分利用石膏的优点，制备中低频吸声性能好、强度较高的吸声材料具有广阔的前景。表 6-7 所示为石膏基多孔复合吸声材料配方。

表 6-7　石膏基多孔复合吸声材料配方（质量分数/%）

水灰比	玻璃纤维	发泡剂	柠檬酸	泡沫稳定剂	石膏
0.65~0.75	1~4	0.2~0.5	0.05	0.1	8

将高强石膏、柠檬酸、泡沫稳定剂混合均匀制备高强石膏混合物。发泡剂加到适量水中搅拌，待泡沫丰富时，缓慢加入玻璃纤维，待纤维分散均匀后倒入高强石膏混合物，搅拌得到泡沫浆体，将稳定的泡沫浆体浇筑成型、养护、脱模，得到石膏基多孔复合吸声材料。图 6-25 所示为发泡剂用量对材料吸声性能和强度的影响。

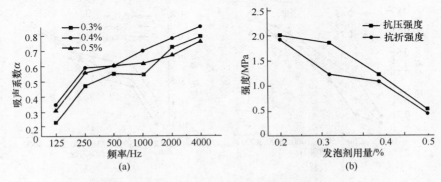

图 6-25　发泡剂用量对材料吸声性能和强度的影响
（a）对吸声性能的影响；（b）对强度的影响

由图可见，适量的发泡剂对改善材料中低频吸声性能有较好的效果。发泡剂用量太少，气孔不能充分生长，孔隙率降低；发泡剂用量过多，放气量大，引起大量的气泡，使气孔过大。一般，发泡剂含量越高，材料的吸声系数越高，但发泡剂用量达到某个极限值后，材料的吸声性能不再提高。

材料强度随着发泡剂用量的增加而降低。当含量小于 0.4% 时，抗压强度和抗折强度都在 1 MPa 以上。当含量达到 0.5% 时，抗压强度和抗折强度下降明显，分别为 0.5 MPa 和 0.43 MPa，已经不能满足石膏基吸声材料力学性能的要求。

图 6-26 所示为玻璃纤维用量对材料吸声性能和强度的影响。纤维用量过少，气孔数量

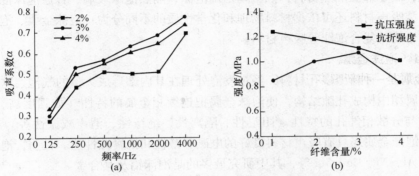

图 6-26　玻璃纤维用量对材料吸声性能和强度的影响
（a）对吸声性能的影响；（b）对强度的影响

不够，孔隙率过低，材料吸声效果欠佳；纤维用量过多，容易使气孔过大，大气孔不利于吸声，也导致材料吸声性能下降。

材料的抗压强度随着纤维用量的增大而降低，但下降幅度不大，强度在 1 MPa 以上；抗折强度随着纤维用量的增加先增大后减小。当纤维用量为 3% 时，抗折强度最大，为 1.07 MPa，随后开始下降。玻璃纤维机械强度高，弹性模量大，抗拉强度高达 4000 MPa，因此适量的玻璃纤维能提高石膏基复合材料的抗折强度。

图 6-27 所示为水灰比、厚度对材料吸声性能的影响。可见，适量的水灰比能显著提高材料的吸声性能。当水灰比为 0.65 时，得到的石膏浆体密实，材料内部的气体不易排出，孔隙率下降，影响吸声性能。当水灰比为 0.75 时，浆体的黏度较低，在材料制备中很容易发生并泡现象而使气孔过大，且孔数目减少，影响材料的吸声性能。

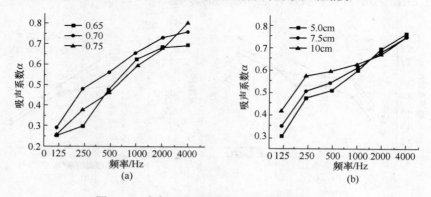

图 6-27　水灰比、厚度对材料吸声性能的影响

（a）水灰比对吸声性能的影响；（b）厚度对吸声性能的影响

增加厚度可以提高材料的低频吸声系数。对配方、工艺条件一定的石膏基多孔复合吸声材料，平均吸声系数随厚度的增加而增大，而且吸声特性频率向低频移动，高频吸声系数变化不明显。

6.1.4　泡沫吸声材料

泡沫吸声材料是一类开孔型的泡沫材料，泡沫孔相互连通，如吸声泡沫塑料、稀释泡沫玻璃、吸声陶瓷、吸声泡沫混凝土等。如果泡沫孔是封闭的，泡沫孔之间互不相通，则其吸声性能很差，属于保温隔热材料，如聚苯乙烯泡沫、隔热泡沫玻璃、普通泡沫混凝土等。

多孔泡沫吸声材料还可依据材料物理和化学性质的不同分为：泡沫金属、泡沫塑料、泡沫玻璃、聚合物基复合泡沫等吸声材料。

6.1.4.1　泡沫金属

泡沫金属是一种新型多孔材料，经过发泡处理在其内部形成大量的气泡，这些气泡分布在连续的金属相中构成孔隙结构，使泡沫金属把连续相金属的特性（如强度高、导热性好、耐高温等）与分散相气孔的特性（阻尼性、隔离性、绝缘性、消声减振性等）有机结合在一起。同时泡沫金属还具有吸声材料良好的电磁屏蔽性和抗腐蚀性能。目前，泡沫金属涉及的金属包括 Al、Ni、Cu、Mg 等，其中研究最多的是泡沫铝及其合金。

（1）泡沫金属制备工艺　泡沫金属的制备方法大体上可分为直接法（发泡法）和间接法两种。所谓直接法，就是利用发泡剂直接在熔融金属中发泡或者利用化学反应产生大量气体在制品凝固时减压发泡。间接法是以高分子发泡材料为基材，采用沉积法或喷溅法使之金属化，然后加热脱出基材并烧结。图6-28所示为加拿大Cymat铝业公司Alcan制备泡沫铝工艺示意图。

把空气通入熔融金属中，搅拌使气泡均匀化，气泡的大小可以通过改变气流速度、喷嘴的数量和尺寸、叶轮的旋转速度来控制。金属发泡后被输送到传送带上冷却固化，经切割得到所需要的产品。熔融金属中需要加入细小的陶瓷颗粒增加其黏度，以保证空气在金属内部发泡而不逃逸。Alcan泡沫铝的气孔直径为3~25mm，孔隙率为80%~98%。图6-29所示为开孔和闭孔泡沫铝材料的形貌图。

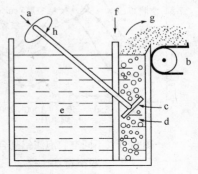

图6-28　制备泡沫铝的Alcan
工艺示意图
a—空气；b—回转炉；c—叶轮；
d—气泡；e—熔融铝；f—隔板；
g—固化的泡沫铝；h—传送带

泡沫金属中气泡的不规则性及其立体均布性产生了优良的吸声特性，与玻璃棉、石棉相比有很多优点。它是由金属骨架和气泡构成的泡沫体，为刚性结构，且加工性能好，能制成各种形式的吸声板。不吸湿且容易清洗，吸声性能不会下降。不会因受振动或风压而发生折损或尘化。能承受高温，不会着火和释放毒气。泡沫金属不仅在高频区而且在中低频区也具有较好的吸声性能。泡沫金属的吸声性能受很多因素的影响，如气孔分布的均匀程度、孔径和孔隙率的大小、泡沫材料的厚度等。

（2）泡沫铝吸声板　图6-30所示为毛坯泡沫铝板与表面装饰喷涂泡沫铝板的吸声性能比较。可见，泡沫铝吸声板表面经装饰喷涂后吸声系数略有提高，其降噪系数NRC为0.45，比毛坯板（NRC=0.40）提高12.5%。

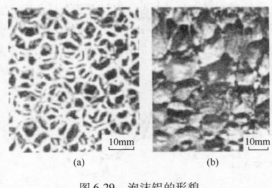

图6-29　泡沫铝的形貌
（a）开孔型；（b）闭孔型

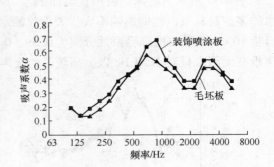

图6-30　毛坯板与表面装饰
喷涂板的吸声特性比较

图6-31所示为泡沫铝复合板的吸声特性。表面装饰喷涂板的后背贴一层厚0.1mm的铝箔组成泡沫铝复合板。

由图6-31可见，复合空腔对吸声性能的影响比较大。

贴实（无空腔）时的降噪系数（NRC=0.06）很低，仅在高频段有一定的吸声作用。空腔为5cm、10cm和20cm时，降噪系数分别为0.56、0.61和0.62。虽然不同空腔降噪系数变化不大，但对低频的吸声系数变化较大，特别是在低于315Hz的低频段更明显，在100~315Hz低频范围，空腔从5cm、10cm增大到20cm时，其平均吸声系数分别为0.35、

0.60 和 0.72。图 6-32 所示为表面装饰喷涂泡沫铝板板背有无铝箔（10 cm 空腔）时吸声特性比较。

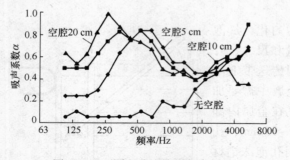

图 6-31　不同空腔泡沫铝复合板的
吸声特性比较

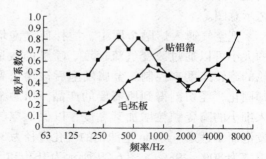

图 6-32　表面装饰喷涂板板背有无铝箔
的吸声特性比较

由图 6-32 可见，板背贴铝箔可提高 500 Hz 的中低频及 4000 Hz 以上高频范围的吸声系数。两种不同空腔的铝吸声板，低于 500 Hz 频率范围的平均吸声系数及提高的百分率如表 6-8 所示。显然，板背贴铝箔后，其低频吸声系数的增加率随空腔的增大而减小。

表 6-8　低于 500 Hz 的低频段的平均吸声系数及提高的百分率

项　目	吸声性能		
	空腔 5 cm	空腔 10 cm	空腔 20 cm
板背未贴铝箔	0.14	0.29	0.38
板背贴铝箔	0.45	0.65	0.74
增加百分率/%	221.4	124.1	94.7

图 6-33 所示为泡沫铝吸声板表面洒水对吸声性能的影响。可见，泡沫铝吸声板表面掺水的多少对其吸声性能影响不大，表面喷洒水量为 50 g/m² 、100 g/m² 和 200 g/m² 的泡沫复合板 10 cm 空腔时的降噪系数分别为 0.59、0.60、0.59，因此适合户外露天使用。泡沫铝吸声板有无洒水只对 3150 Hz 以上高频段的吸声性能有影响。

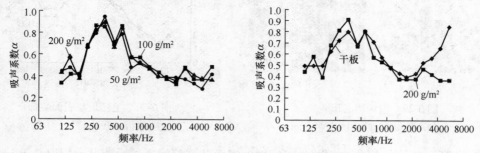

图 6-33　泡沫铝复合板板表面喷洒不同水量后的吸声特性

图 6-34 所示为复合板表面灰尘量对吸声性能的影响。可见，复合板表面灰尘量对其吸声性能的影响不大。但 2500 Hz 以上的高频段，表面有灰尘时的吸声系数明显增加，在 2500 ~ 5000 Hz 频段的平均吸声系数从无灰尘的 0.66 提高到有灰尘（170 g/m²）的 0.88，增加 1/3。灰尘不仅不会降低噪声效果，反而使高频的吸声系数有明显提高，这是因为泡孔孔径较大，有灰尘后使流阻提高，从而使在高频段的吸声效果增强。

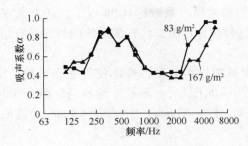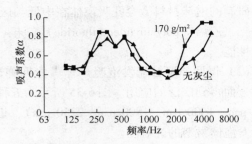

图 6-34　复合板表面灰尘量对吸声性能的影响

泡沫铝吸声板表面可喷涂各种颜色，作为室内装饰吸声材料，用于音乐厅、影剧院、会堂、报告厅、体育馆、游泳馆、电视广播和电影录音室等工程控制混响时间，或用于候机大厅、候车室、宾馆大堂、地铁车站、展览馆、大型商场的吸声吊顶，可降低混响时间，提高其广播清晰度以及降低室内混响噪声的干扰，也可用于车间和机房，特别是地下工程潮湿和防火要求高的场所吸声降噪，如空压机、水泵房、柴油发电机、航空发动机等高噪声机房以及隧道、地铁工程的降噪。

6.1.4.2　泡沫塑料

泡沫塑料有脲醛泡沫塑料（又称米波罗）和氨基甲酸酯泡沫塑料、聚氨酯泡沫塑料等。这类材料堆密度低（$10 \sim 40 \ kg/m^3$）、热导率小、质软，但易老化、耐火性差。目前应用较多的是聚氨酯泡沫塑料。

（1）聚氨酯泡沫塑料（PUF）　PUF 是系列化吸声材料，无臭、透气、气泡均匀、耐老化、抗有机溶剂侵蚀，对金属、木材、玻璃、砖石、纤维等有很强的粘合性，特别是硬质聚氨酯泡沫塑料还具有很高的结构强度和绝缘性。目前我国已开发研制并生产出了阻燃聚氨酯泡沫塑料板，该产品正面由一层不影响吸声的阻燃薄膜覆盖，防止灰尘和油水浸入堵塞泡孔，反面涂有不干胶，安装时可直接粘贴，适用于机电产品的隔声罩、吸声屏障、空调消声器、工厂吸声降噪以及在影剧院、会堂、广播室、电影录音室、电视演播室等音质设计工程中控制混响时间。表 6-9 所示为聚氨酯泡沫塑料板吸声系数。

表 6-9　聚氨酯泡沫塑料板吸声系数

材料厚度/cm	空腔深度/cm	频率/Hz					
		125	250	500	1000	2000	4000
10	5	0.05	0.11	0.44	0.84	0.83	0.81
	10	0.11	0.29	0.72	0.74	0.73	0.82
	20	0.17	0.51	0.79	0.58	0.81	0.88
25	5	0.11	0.35	0.85	0.90	1.02	1.16
	10	0.17	0.56	1.13	0.80	1.17	1.27
	20	0.48	0.94	0.96	0.88	1.14	1.16
50	5	0.26	1.11	1.02	0.88	1.07	1.01
	10	0.47	0.87	0.94	0.90	1.12	1.21
	20	0.62	0.82	0.88	0.85	1.20	1.14

另外，用 EPR（乙丙橡胶）橡胶改性后的聚丙烯泡沫材料也具有良好的吸声性能，当交联剂用量为 0.67 时，所得泡沫材料最大吸声系数达 0.94。在此基础上，借鉴微穿孔吸声理

论而研制的泡沫材料微穿孔吸声体在中低频区的最大吸声系数达 0.98 以上。还有人在研究聚偏二氟乙烯（polyvinylidene fluoride）泡沫，这种被称作第二代智能泡沫的材料具有很好的吸声性能。

（2）慢回弹聚氨酯发泡吸声体　慢回弹聚氨酯材料的黏弹性能使得它在抗振、阻尼、吸声方面得到广泛的应用。图 6-35 所示为五种不同泡孔大小（泡孔平均直径分别为 500 μm、1300 μm、1600 μm、1800 μm、2250 μm）、相同厚度（40 mm）、直径为 85 mm 的慢回弹聚氨酯发泡体材料的外貌图。

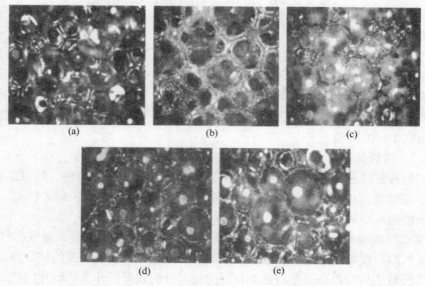

图 6-35　五种泡孔大小慢回弹聚氨酯发泡体外貌图
（a）平均直径 500 μm；（b）平均直径 1300 μm；（c）平均直径 1600 μm；
（d）平均直径 1800 μm；（e）平均直径 2250 μm

图 6-36 所示为泡孔大小与发泡体吸声系数的关系。由图可见，无论在低频还是高频，材料的吸声性能均可分为两个阶段，其转折点在平均泡孔尺寸 1300 μm 左右。

当频率不同时，泡孔大小对材料吸声性能的影响不同。材料的吸声系数与泡孔大小之间并非单一的关系。在泡孔尺寸 500～2500 μm 之间的 1300 μm 左右，是低频段吸声系数的顶峰点，是中高频段吸声系数的低谷点。泡孔大小与材料各频段的平均吸声系数，在 500～2500 μm 尺寸范围内，随着泡孔尺寸的变大，材料的平均吸声系数逐渐下降。

图 6-37 所示为材料厚度与材料吸声系数的关系。由图可见，在材料厚度为 6 cm 时，材料的吸声系数达到峰值，随着厚度的增加，吸声系数反而降低。因此控制材料的厚度，在一定范围内

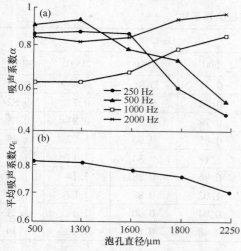

图 6-36　泡孔大小与发泡体吸声系数的关系
（a）吸声系数；（b）平均吸声系数

可以提高材料的吸声性能。

图 6-38 所示为声波频率与材料吸声系数的关系。由图可见，泡孔大小不同，频率对材料吸声性能的影响不同。泡孔尺寸在 500 ～ 1600 μm 之间的材料在 1000 Hz 左右有一个吸声性能的低谷，超过 1000 Hz 后吸声性能随频率的升高而增强。泡孔尺寸在 1600 μm 以上时，吸声性能随频率的升高而增强。即孔的大小不同，材料对频率的敏感度不同。

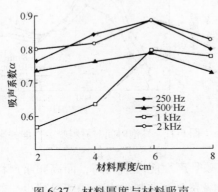

图 6-37 材料厚度与材料吸声
系数的关系

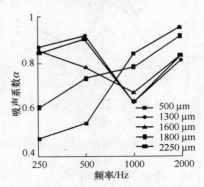

图 6-38 声波频率与材料
吸声系数的关系

6.1.4.3 聚氯乙烯基泡沫吸声材料

聚氯乙烯基泡沫吸声材料是一种聚合物基复合泡沫吸声材料，它是以 PVC 和 EPR（乙丙橡胶）等为主要原料，利用超临界状态时 PVC 树脂的高气体溶解性和传质性，使发泡剂分解的气体在其中进行扩散而制成的一种开孔相互贯通的微孔泡沫，克服了一般多孔性吸声材料低频吸声性能较差的不足。同时，由于该材料制备过程中加入阻燃剂、发泡剂等，使得材料还具有成本低、强度高、阻燃防腐、使用寿命长、成型工艺简单等特点。

聚氯乙烯基泡沫吸声材料制备中，所用的阻燃剂为氯化橡胶和氧化锑的混合物（质量比为 2∶1）。所用发泡剂为偶氮二甲酰胺（AC），它分解产生的气体中有 3% ～ 5% 的 CO_2 气体和 61% ～ 75% 的 N_2 气体，其中 N_2 气体在共混物熔体中具有较低的溶解度和较高的扩散度，它的气泡能迅速成核形成均匀的泡沫结构，而 CO_2 气体在熔体中则具有较高的溶解度和较低的扩散度，泡孔壁渗透能力非常强，利于形成连续的开孔结构。

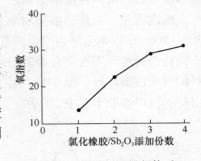

图 6-39 阻燃剂用量与体系
氧指数的关系

图 6-39 所示为阻燃剂用量与体系氧指数的关系。由图可见，随着阻燃剂用量的增加，材料的氧指数提高，利用氧化锑和氯化橡胶的协同作用达到良好的阻燃效果。

图 6-40 所示为发泡温度对材料吸声性能的影响。由图可见，随着发泡温度的升高，材料低频吸声系数呈增长趋势，而高频吸声系数变化不大。发泡温度的升高，改善了材料内部的泡孔结构，增大了对声波的阻抗，从而使得材料对低频声波的吸声效果有很大提高。高频声波的吸收主要在材料的表面进行，提高发泡温度对高频声波的吸声效果影响不太明显。

当体系发泡温度提高时，熔体体系黏度下降，成核中心数目增多，泡孔数目随之增多，泡孔直径变小。同时 CO_2 气体在体系中扩散，形成开孔的泡沫结构，使得材料具有致密、均匀、细微的泡孔结构，提高了材料的吸声性能。图 6-41 所示为发泡时间对材料吸声性能的影响。

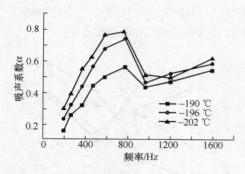
图 6-40　发泡温度对材料吸声性能的影响

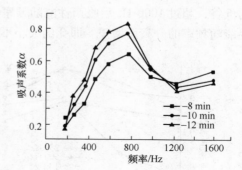
图 6-41　发泡时间对材料吸声性能的影响

由图可见，随着发泡时间的延长，材料低频吸声性能逐渐提高，而高频吸声性能则略有下降。发泡时间的延长使得熔体中的发泡剂分解完全，在制品中的残留量减少，制品的泡孔结构得到改善，提高了材料的孔隙率，有利于对较低频率声波的吸收。同时，发泡时间的延长会影响材料表面的某些物理化学性质，如聚合物材料发生热氧化降解、老化等，造成材料对高频声波的吸收性能有所下降。

发泡温度与发泡时间密切相关，在一定范围内发泡温度的升高可以缩短发泡时间，发泡时间的延长同样允许发泡温度有所降低，但发泡温度过低或发泡时间过长，不仅会引起材料的降解，还会造成制品严重塌陷，既影响制品外观，又降低其吸声性能。发泡温度过低或发泡时间过短，材料的发泡率很低，甚至不发泡，也影响材料的吸声性能。图 6-42 所示为混炼温度对材料吸声性能的影响。

由图可见，混炼温度对材料的吸声性能有重要影响。随着混炼温度的升高，材料在 $300 \sim 900$ Hz 频率范围内的吸声系数明显增大，其余频率范围则呈递减趋势。制品内部的相态结构与材料吸声性能有着密切的关系，相畴尺寸越小数目越多，不同组分混合越均匀，材料的吸声性能越好。图 6-43 所示为混炼时间对材料吸声性能的影响。由图可见，混炼时间对材料吸声性能不起主要作用。

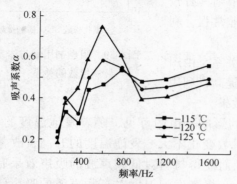
图 6-42　混炼温度对材料吸声性能的影响

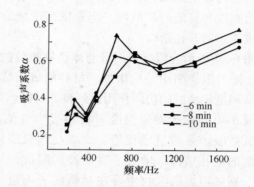
图 6-43　混炼时间对材料吸声性能的影响

混炼温度和混炼时间决定着各组分能否混合均匀，在一定范围内，混炼温度高时，聚合物黏度较低，各组分易于混合均匀，保证了制品在发泡过程中能形成均匀、致密、相互贯通的开孔结构，实现对声音的吸收。但混炼温度不宜太高，混炼时间也不宜过长，否则将会造成聚合物的降解发黄和发泡剂部分分解，不仅影响制品外观，而且会使材料孔隙率降低，最终影响制品的吸声性能。

6.1.4.4　泡沫玻璃

泡沫玻璃又称多孔玻璃，是以废玻璃或云母、珍珠岩等富玻璃相物质为基料，混入适当的发泡剂、促进剂、改性剂并粉碎混匀，在特定的模具中预热、熔融、发泡、冷却、退火而制成的一种内部充满无数均匀气孔的多孔材料。图 6-44 所示为泡沫玻璃生产工艺流程。

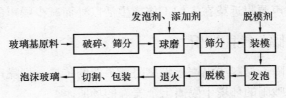

图 6-44　泡沫玻璃生产工艺流程

泡沫玻璃形成的关键在于发泡剂的加入，当混合均匀的玻璃粉料加热至熔融状态，发泡剂与玻璃发生热分解等一系列化学反应，产生足量的气体，逸出气体不断聚集形成无数连通或封闭的气孔。随着反应的持续进行，气孔越变越大，熔融态玻璃的体积也在不断胀大，直到泡沫玻璃的体积达到一定值时，降低温度增加玻璃黏度，玻璃的孔状结构随即固定下来，可形成气孔率在 80%～90% 范围内的轻质材料。

泡沫玻璃的组成和独特结构使其具有良好的化学稳定性、耐腐蚀性、耐紫外线及耐热辐射性等。与其他材料相比，泡沫玻璃的透湿性和吸水性都非常小，在低温或超低温情况下，不会因吸水结冰、水体膨胀而导致材料本身破坏、性能降低。表 6-10 所示为用驻波管法测量的不同厚度泡沫玻璃板的吸声系数。

表 6-10　不同厚度泡沫玻璃板的吸声系数

频率/Hz	吸声系数			
	30 mm 厚玻璃板	60 mm 厚玻璃板	80 mm 厚玻璃板	120 mm 厚玻璃板
100	0.07	0.16	0.24	0.40
200	0.16	0.58	0.57	0.54
250	0.22	0.58	0.52	0.46
400	0.50	0.50	0.50	0.48
500	0.58	0.46	0.51	0.50
800	0.59	0.48	0.42	0.52
1000	0.66	0.50	0.51	0.60
1600	0.55	0.60	0.56	0.57

由表 6-10 可见，泡沫玻璃板厚度的增加对吸声系数的影响不明显，因此一般选用 20～30 mm 厚的板材，可以获得比较高的性价比。泡沫玻璃非常适合于要求洁净环境的通风和空调系统的消声。由于泡沫玻璃板强度较低，背后不宜留空腔，否则容易损坏，所以增加空腔来提高材料低频吸声性能的方法，效果不佳。

6.2 隔 声 材 料

所谓隔声材料就是声波难以透过的材料，与吸声材料要求多孔、透气不同，它最重要的是材料本身的密实性（不透气性）。使用隔声材料是控制噪声污染的另一项重要措施，通过在噪声传播途径上设置隔声罩、隔声室、隔声屏、隔声棚、隔声门、隔声窗等阻碍噪声传递的媒介，使噪声散发在声源附近或在人们工作或生活以外而减少噪声的危害。

6.2.1 隔声材料的隔声性能评价

所谓隔声就是利用隔声材料或隔声板隔离阻挡声能的传播，把噪声源引起的吵闹环境限制在局部区域内或者在吵闹的环境中隔离出个安静的场所。

6.2.1.1 隔声材料的隔声性能计算

隔声材料为不透气的固体材料，对于空气中传播的声波有隔声效果。图6-45所示为隔声材料形成的隔层。

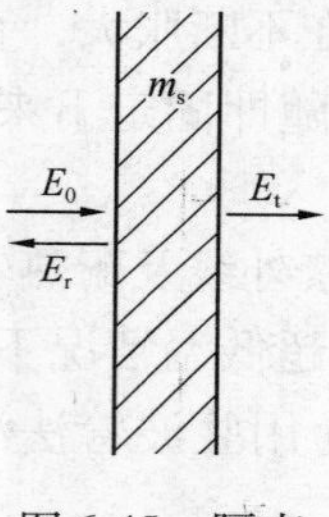

隔声材料的隔声性能，一般用声音的通过率（t）或声音透过衰减量（R）来表示，分别用式（6-3）、式（6-4）计算：

声音透过率：

$$t = \frac{E_t}{E_0} \qquad (6\text{-}3)$$

图6-45 隔声材料形成的隔层

声音透过衰减量：

$$R = 10 \lg \frac{E_0}{E_t} = 10 \lg \frac{1}{t} \qquad (6\text{-}4)$$

式中，E_0 为入射声波的能量；E_t 为隔声材料的透射声能。

一个面积非常大的隔层，其单位面积质量为 m，当声波从左面垂直入射时，激发隔层整体振动，此振动再向右面空间辐射声波。以单位面积考虑，透射到右面空间的声能与入射到隔层上的声能之比称为透射系数 t。定义无限大隔层材料的传递损失（也称透射损失）为 TL，则 $TL = 10 \lg t$，上述简单情况下可按式（6-5）计算得到传递损失近似值：

$$TL = 20 \lg \frac{\omega m}{2\rho_0 c_0} \qquad (6\text{-}5)$$

式中，$\omega = 2\pi f$，为圆频率；ρ_0、c_0 分别为空气的密度和声波传播速度；TL 的大小表示材料的隔声能力。

上式的一个重要特点，即材料单位面积质量增加一倍，则传递损失增加 6 dB。这一隔声的基本规律称为"质量定律"，也就是说隔声靠重量。因此，像砖墙、水泥墙或厚钢板、铅板等单位面积质量大的材料，隔声效果比较好。上式也表明，单层隔声的高频隔声好，低频差。频率每提高一倍，传递损失就增加 6 dB。需要说明的是，传递损失 TL 是隔层面积为无限大时的理论"隔声量"，作为一堵墙或楼板，有边缘与其他建筑构件连接，这时的"隔声量"与传递损失有差别。既有因边缘接近于固定而增大的隔声能力，也有作为边缘固定的板振动而有一定的共振频率，使某些共振频率点上隔声效果降低。当作为两相邻房间的隔墙或楼板，因为两室之间有多条传声（或振动）通道，这两个房间之间的隔声量（只能称声级差）更不能以该隔层的传递损失来代表。

隔层材料在物理上有一定的弹性，当声波入射时激发出的振动在隔层内传。当声波不是垂直入射，而是与隔层呈一角度 θ 入射时，声波波段依次到达隔层表面，而先到隔层的声波激发隔层内弯曲振动使波沿隔层横向传播，若弯曲波传播速度与空气中声波渐次到达隔层表面的行进速度一致时，声波便加强弯曲波的振动，这一现象称吻合效应。这时弯曲波振动的幅度特别大，向另一面空气中辐射声波的能量也特别大，从而降低隔声效果。产生吻合效应的频率 f_c 按式（6-6）计算：

$$f_c = \frac{c_0^2}{2\pi\sin^2\theta}\left[\frac{12\rho(1-\sigma^2)}{Eh^2}\right]^{1/2} \tag{6-6}$$

式中，ρ、σ、E 分别为隔层材料的密度、泊松比和杨氏模量；h 是隔层厚度；任意介频率 f_c 与声波入射角 θ 有关。

在大多数房间中的声场接近于混响声场，到达隔层的入射角从 0° 到 90° 都有可能，因此吻合频率出现在从掠入射（$\theta = 90°$）的 f_{c0} 开始的一个频率范围，也就是说吻合效应使某一频率范围的隔声效果变差。一般这一频率范围发生在中高频。从质量定律知道，中高频率隔声量较大，除了内阻尼很小的金属板外，因吻合效应使中高频隔声降低的现象，不会引起很大的麻烦。

6.2.1.2　隔声性能的提高

根据质量定律，频率降低一半，传递损失降低 6 dB；要提高隔声效果，质量增加一倍，传递损失增加 6 dB。根据这一定律，若要显著提高隔声能力，单靠增加隔层的质量，例如增加墙的厚度，显然不能行之有效，有时甚至是不可能的，如航空器上的隔声结构。解决途径主要是采用双层甚至多层结构，图 6-46 所示为双层隔声结构模型。

图中，单位面积质量分别为 m_1、m_2，中间空气层厚度为 L。双层结构的转递损失可以进行理论计算，结果比较复杂，在不同频率范围内可以得到不同的简化表示。两个隔层与中间空气层组成一个共振系统，共振频率 f_r 按式（6-7）计算：

$$f_r = \frac{60}{\sqrt{\dfrac{m_1 m_2 L}{m_1 + m_2}}} \tag{6-7}$$

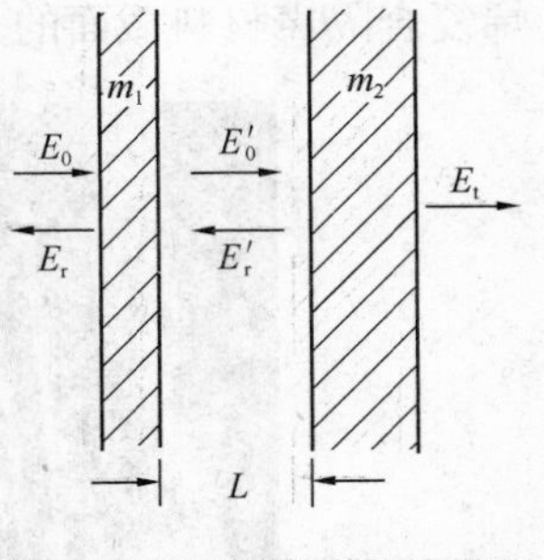

图 6-46　双层隔声结构模型

式中，m 的单位为 kg/m²，L 的单位为 m。

在此共振频率附近，隔声效果大为降低。不过对于重墙，此频率已低于可闻频率范围。如 m_1 为半砖墙 250 kg/m²，m_2 为一砖墙 500 kg/m²，空气厚度 0.5 m，这时共振频率在 7 Hz 左右。对于轻结构双层隔声，共振频率可能落在可闻频率范围内，如两层铝板分别 5.2 kg/m²、2.6 kg/m²，中间空气层 5 cm，可计算出共振频率约为 200 Hz，这时应在两板间填塞阻尼材料以抑制板的振动。一般情况下，若用薄钢板做双层隔声结构时，通过在钢板上涂阻层抑制钢板的振动，在共振频率 f_r 以下，双层隔声的效果如同没有空气层的一层（$m_1 + m_2$）的隔声效果；在 f_r 上一段频率范围，双层隔声效果接近于两个单层隔声的传递损失之和；在更高的频率，当空气层厚度 L 为四分之一波长的奇数倍时，双层隔声效果相当于两个单层的传递损失之和再加 6 dB；L 为 1/2 波长的偶数倍时，双层隔声效果相当于两个单层合在一起的传递损失再加 6 dB；在其他频率，传声损失在这两个值之间。所以在总体上，当频率大于 f_r 时，双层隔声结构显著地提高了隔声效能。一般双层隔声结构的两层，不用相同厚度的同一种材料，以避免这两层出现相同的吻合频率。

世界上许多城市的市区高架路都安装了防噪声墙板，有效地控制了交通噪声污染。据测量，在道路两边安装隔声板，可使交通噪声降低 10 dB 以上。这种防噪声墙板是声学和材料学的有机结合，既要求材料具有最低的声反射，又要求材料有较强的吸声能力。它们一般都是由多孔无机复合材料组成的。另外，对公路两侧路面摩擦产生的交通噪声，通过改变路面材料成分可使其降低。如水泥地面比柏油路面产生的噪声要高，破损的路面比完好的路面产生的噪声要高。国外已有将路面材料中添加粉碎的废弃玻璃钢材来改善路面质量的应用，也是通过改善路面的粗糙度来减少交通噪声。另外，将废旧轮胎粉碎，添加到路面材料中，不但降低了噪声，而且也大大改善了路面质量。

6.2.2 复合隔声材料

除采用砖石混凝土等隔声材料外，常用的隔声材料是各种轻型拼装式隔声结构。钢板、铝板、不锈钢板等是应用最多的隔声板材。近年来新开发了许多新型的复合隔声材料，如无机-有机复合隔声材料，可广泛应用于道路声屏障、建筑弓形装饰屋顶等场合。

6.2.2.1 玻璃纤维织物/聚氯乙烯复合隔声材料

玻璃纤维织物/聚氯乙烯复合隔声材料是采用常压浇注工艺制备的一种超薄、轻柔、柔韧的复合隔声材料，其隔声性能优于单一隔声材料。所用原料包括聚氯乙烯树脂（EPVC）、邻苯甲酸辛酯（DOP）、环氧大豆油（ESO）、EW300 型玻璃纤维织物（织物面密度 298.7 g/m²，表观厚度 0.30 mm）。由 EPVC、DOP、ESO 按照质量比 100:130:7 混合搅拌均匀，浇注到玻璃纤维织物上，在 165 ℃下恒温干燥，迅速冷却而制得。图 6-47 所示为玻璃纤维织物/聚氯乙烯复合隔声材料截面的 SEM 照片。

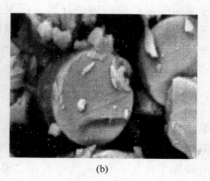

(a)　　　　　　　　　　　　　(b)

图 6-47　玻璃纤维织物/聚氯乙烯复合隔声材料截面的 SEM 照片

（a）整个材料的截面积；（b）截面的局部图

由图可见，玻璃织物的两面有 PVC 涂层，复合材料的厚度为 0.5 mm 左右，材料内部存在着很多空隙，空隙中存在的为空气，即该材料为内部分布着空隙的玻璃纤维织物/聚氯乙烯复合材料。空洞不仅能使压力波在转播过程中产生散射，还能引起变形与共振，使一部分声能转化为热能而被吸收，因此，这些黏弹性材料中的微小孔洞能显著改变声波的传播性质。

图 6-48 所示为聚氯乙烯树脂与玻璃纤维织物/聚氯乙烯复合材料的动态黏弹性能比较。图中 E' 为材料的动态储能模量，E'' 为材料的损耗模量，$\tan\delta$ 为损耗因子。

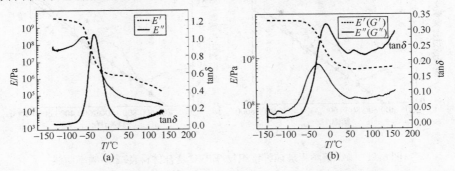

图 6-48 聚氯乙烯树脂和玻璃纤维织物/聚氯乙烯复合材料的 DMA 曲线
(a) PVC 树脂；(b) 玻璃纤维/PVC 复合材料

由图 6-48 可见，玻璃纤维织物/聚氯乙烯复合材料的动态储能模量较聚氯乙烯树脂有明显的提高。加入玻璃纤维织物后，聚氯乙烯复合材料的 $\tan\delta$ 曲线的峰值向高温方向移动，在常温下也比基体聚氯乙烯树脂有更高的 $\tan\delta$ 值，显示其作为隔声材料使用的可行性和稳定性。

图 6-49、图 6-50 和图 6-51 所示为不同频率及噪声量下玻璃纤维织物、聚氯乙烯树脂及它们复合而成的隔声材料的声音透过衰减量实验值与质量定律预测值的比较。

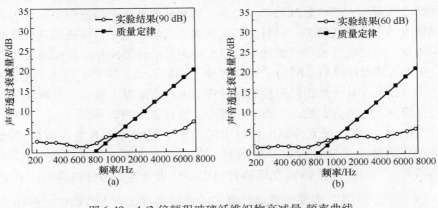

图 6-49 1/3 倍频程玻璃纤维织物衰减量-频率曲线

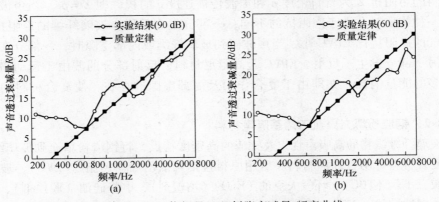

图 6-50 1/3 倍频程 PVC 树脂衰减量-频率曲线

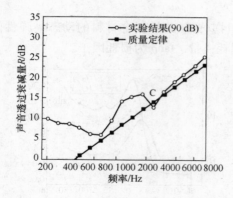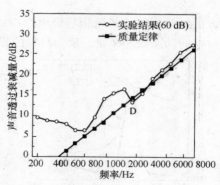

图 6-51　1/3 倍频程玻璃纤维织物/EPVC 复合材料衰减量-频率曲线

由图可见，材料的隔声量（声音衰减量）大小几乎与噪声量的大小无关，而与频率的大小有关，频率越高，其隔声量越大，其趋势与质量法的预测类似。玻璃纤维织物/EPVC 复合材料隔声性能明显要高于纯玻璃纤维织物。虽然 PVC 树脂的厚度和面密度大于复合材料，但其隔声性能弱于复合材料，表明复合材料的隔声性能优于 PVC。

三种材料中只有复合隔声材料的隔声质量大于质量法的预测值，显示其优异的隔声性能。因纯玻璃纤维织物有较好的透气性，聚氯乙烯又是一种黏弹性材料，具有隔声及防震的双重作用，入射的声波在复合材料的内部将发生反射、散射、折射和衍射，由于聚氯乙烯基体与玻璃纤维之间有较大的声阻抗差异，当声波遇到玻璃纤维时将发生多次折射及散射，使得传播路径增大、声能消耗增多。同时，声波在聚氯乙烯基体中传播碰到这些玻璃纤维时相当于遇到障碍物，必须绕过玻璃纤维发生衍射，使声波的传播路径加长而消耗掉声能。另外当在 EPVC 中加入玻璃纤维后，限制了树脂大分子链的运动，应变、应力的增加相对滞后，材料的模量明显提高，其介质损耗和玻璃化转变温度相应地发生改变。当声波入射时，在材料中传播要克服更大的阻力，使得声能消耗增大，达到隔声的效果。

玻璃纤维织物/聚氯乙烯复合隔声材料中的微小空洞能显著改变声波的传播性质，因空洞不仅能使压力波在传播过程中产生散射，还能引起变形和共振，使一部分声能转化为热能而被吸收。另外，由于声波在固体材料中的传播速度 c 与材料的刚性 E 和密度 ρ 有关，即 $c = (E/\rho)^{\frac{1}{2}}$，显然，声波在玻璃纤维中的传播速度比在 EPVC 中的传播速度快。由于固体材料的声阻抗 Z 为材料密度 ρ 和声波传播速度 c 的积，即 $Z = \rho c$，当声波从一种物质进入另一种物质时，由于声阻抗的不同，一部分发生反射。玻璃纤维的声阻抗比 EPVC 大，而空气的声阻抗比 EPVC 小，当声波碰到玻璃纤维或内部空隙时，一部分在界面发生了透射，另一部分发生了反射。EPVC 是高阻尼材料，反射部分的波由于运动路径的增大而发生更多的能量消耗，亦即由于复合作用及内部空隙的存在，使复合材料的隔声性能加强了。

6.2.2.2　钢渣粉填充聚氯乙烯基隔声材料

运用玻璃纤维织物的高吸声性以及钢渣的高密度特点，将钢渣粉填充到玻璃纤维织物/聚氯乙烯复合材料中制备隔声材料。所用原料包括聚氯乙烯糊树脂（EPVC）、玻璃纤维织物、柠檬酸三丁酯（TBC）、环氧大豆油（ESO）（增塑剂）、甲基硅油（脱模剂）、钢渣。将聚氯乙烯、糊柠檬酸三丁酯、环氧大豆油按照 100∶130∶7 的质量比混合、搅拌均匀，加入磨细的钢渣粉混合、搅拌均匀，浇注到玻璃纤维织物上，在（160±5）℃下干燥，冷却制得单层产品。待单层复合材料冷却后在玻璃纤维另一面按照上述同样操作方法制得双层复合材料。图 6-52 所示为所得复合隔声材料的 SEM 图。

（a）　　　　　　　　　　　　　　（b）

图 6-52　填充有钢渣粉的复合隔声材料的 SEM 图
（a）物料与玻璃纤维结合处截面图；（b）钢渣粉与物料结合界面图

由图 6-52 可见，填充钢渣粉后的聚氯乙烯树脂较好地包覆在玻璃纤维周围，与玻璃纤维仍能紧密地结合在一起，且树脂没有渗透到玻璃纤维中，使纤维内部仍然保留有大量连通的孔洞。钢渣粉能与聚氯乙烯较好地粘合在一起，且在钢渣周围还形成了一定的空气层。这些大量连通的孔洞为复合材料具有良好的吸声效果提供了可能。

表 6-11 所示为所配三种玻璃纤维织物/聚氯乙烯复合材料的配方及相关参数。图 6-53 所示为这三种复合材料在同一声压级（80 dB）下的隔声量与频率的关系。

表 6-11　三种材料的相关配方及参数

	材　料	结构厚度/m	面密度/（g/m²）
材料 1	不含钢渣的玻璃纤维织物/聚氯乙烯复合材料	1.53	1.57
材料 2	含钢渣玻璃纤维织物/聚氯乙烯复合材料（单层）	1.52	1.69
材料 3	含钢渣玻璃纤维织物/聚氯乙烯复合材料（双层）	1.57	2.68

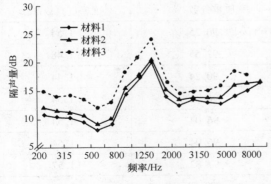

图 6-53　三种复合材料隔声性能和频率的关系

由图 6-53 可见，材料隔声量的大小与频率密切相关。三种材料中，不管是在中低频段还是在高频段，材料 3 的隔声量最大，材料 2 次之，材料 1 的隔声量最小，其中材料 3 的隔声量在中频段（500～1000 Hz）达到 20 dB 左右，在中低频段（<1000 Hz），材料 3 比材料 1 的隔声量平均提高约 5 dB。因材料 3 中填充了钢渣粉，提高了复合材料的面密度，从而增大了该材料对声波的阻碍作用，使更多的声能转化为热能，最终提高了材料的隔声性能。

表 6-12 所示为材料 1 和材料 3 的拉伸性能比较，随着载荷的增加，材料受拉伸开始变形并在其薄弱环节发生断裂。

表 6-12　复合材料的拉伸性能

材　料		最大载荷/N	最大位移/mm	拉伸强度/MPa
材料 1	不含钢渣的玻璃纤维织物/聚氯乙烯复合材料	11695.631	8.437	22.165
材料 3	含钢渣玻璃纤维织物/聚氯乙烯复合材料（双层）	3988.832	7.352	12.597

　　表 6-13 所示为三种复合材料的刚柔性比较。由表 6-13 可见，填充有钢渣粉的材料 3 较材料 1 的刚度略有增高，但其刚度低于 1.2N·cm，弯曲量达到了测试长度的 95% 以上，表明该复合材料具有良好的柔韧性。因此，在制备复合材料时，填充钢渣粉并没有对复合材料的柔韧性产生较大影响，所得复合材料仍是一种薄型、轻质、柔软的材料。

表 6-13　三种复合材料的刚柔性

材　料		L/cm	D/cm	W/(N/cm^2)	B/N·cm
材料 1	不含钢渣的玻璃纤维织物/聚氯乙烯复合材料	15.0	14.6	1.537×10^{-3}	0.666
材料 2	含钢渣玻璃纤维织物/聚氯乙烯复合材料（单层）	15.0	14.4	1.661×10^{-3}	0.729
材料 3	含钢渣玻璃纤维织物/聚氯乙烯复合材料（双层）	15.0	14.5	2.628×10^{-3}	1.147

6.2.2.3　聚氯乙烯基复合隔声材料

　　以聚氯乙烯树脂为基体，玻璃纤维织物、涤纶织物等为增强材料，制备多种织物/聚氯乙烯基复合隔声材料。织物的种类和织物的层数对材料的隔声性能有很大的影响。玻璃纤维织物/聚氯乙烯基复合材料的隔声性能优于涤纶织物/聚氯乙烯基复合材料，在面密度相同、织物种类相同的条件下，随着织物层数（1~3 层）的增加，织物/聚氯乙烯基复合材料的隔声性能增强。所用制备原料包括聚氯乙烯糊树脂（EPVC）、柠檬酸三丁酯（TBC）、环氧大豆油（ESO）、玻璃纤维织物（织物厚度 0.08 mm，面密度 0.1 kg/m^2）、涤纶织物（织物厚度 0.06 mm，面密度 0.04 kg/m^2）。由 EPVC、TBC、ESO 按照质量比 50:65:3.5 混合搅拌均匀，浇注到织物上，在 160 ℃下恒温干燥，自然冷却制得。表 6-14 所示为 8 种代表性材料的参数。

表 6-14　代表性材料的参数

材　料	增强材料	质量分数/%	面密度/(g/m^2)
1	无	96.25	1.54
2	单层玻璃纤维织物	92.55	1.48
3	单层涤纶织物	90.24	1.44
4	双层涤纶织物	96.31	1.54
5	双层玻璃纤维织物	96.04	1.54
6	一层涤纶和一层玻璃纤维织物	96.04	1.54
7	三层涤纶织物	97.82	1.57
8	三层玻璃纤维织物	100.53	1.61

　　图 6-54 所示为七种有增强材料的复合材料在中频率 200~8000 Hz 波段的隔声曲线。可见，玻璃纤维织物/聚氯乙烯复合材料的隔声性能比涤纶织物/聚氯乙烯复合材料、涤纶/玻璃纤维织物/聚氯乙烯复合材料的隔声性能好，且随着织物数量的增加，玻璃纤维织物复

合材料的隔声性能优于涤纶织物复合材料的趋势越来越明显。低频段（200～500 Hz）织物
层数为两层时，涤纶/玻璃纤维织物复合材料的隔声性能要比其他两种复合材料的隔声性
能好。

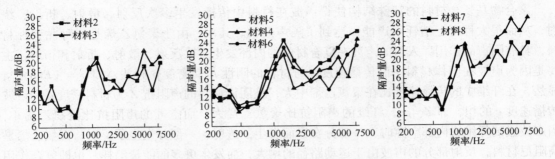

图 6-54　有增强材料的复合材料的隔声曲线

　　图 6-55 所示为三种材料在低频段 200～500 Hz、中频段 500～1250 Hz、高频段 28000 Hz
的隔声曲线。

　　显然，三种材料在低频段的隔声性能，材
料 6 最好，其他两种材料差别不大。在中频
段，材料 4 稍差，其他两种较好。在高频段，
材料 5 的隔声性能最好，其他两种差别不大。
三种材料的隔声总趋势是，频率越高，隔声性
能越好，尤其是材料 5。图 6-56 所示为织物层
数对隔声性能的影响，波段频率 200 ～
8000 Hz。

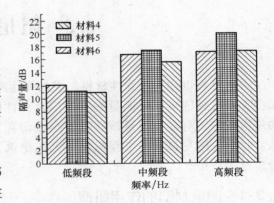

图 6-55　不同复合材料在不同
波段的隔声性能

　　由图可见，材料 8 的隔声性能较材料 5
好，材料 5 的隔声性能较材料 2 好，尤其是在
中高频部分，由此可说明玻璃纤维织物是一种
良好的隔声增强材料。由于玻璃纤维的声阻抗
与基体的差异较大，同时玻璃纤维的纤度
（13 μm）比较小，造成玻璃纤维之间的空隙率较大。同理，涤纶织物复合材料的隔声规律
和玻璃纤维织物复合材料的相近，即随着涤纶织物层数的增加，涤纶织物复合材料的隔声量

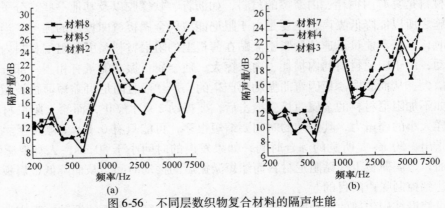

图 6-56　不同层数织物复合材料的隔声性能

增加，但其增加趋势没有玻璃纤维织物复合材料或是涤纶织物制备的复合材料明显，在基体相同、面密度和织物种类相同的情况下，随着织物层数的增加，其隔声量有不同程度的增加。

聚合物基复合材料的特殊结构使得声波在材料中传播发生多次反射、散射、折射、绕射，从而很大程度上消耗了声能，达到了隔声效果。其次，由于聚氯乙烯是一种黏弹性材料，具有隔声的作用，入射的声波在复合材料的内部发生多次反射、散射、折射和衍射，主要是因为声波在固体材料中的传播速度 c 与材料的刚性 E 和密度 ρ 有关，即 $c=(E/\rho)^{1/2}$，显然，在纤维中的传播速度比在聚氯乙烯中大，且固体材料的声阻抗 Z 为材料密度 ρ 和声波传播速度 c 的积，即 $Z=\rho c$，纤维的声阻抗比聚氯乙烯大，而空气的声阻抗比聚氯乙烯小，当声波碰到纤维或内部空隙时，一部分在界面发生了透射，一部分发生了反射。聚氯乙烯是高阻尼材料，反射部分的声波由于运动路径的增大，而发生更多的能量消耗。也即复合作用和内部空隙的存在，使隔声性能加强了。另外，纤维织物作为增强材料，可有效地提高材料的阻尼性能，从而达到抑制吻合效应的目的。

6.3 阻尼降噪材料

阻尼材料也称为黏弹性材料，或黏弹性高阻尼材料。它在一定受力状态下，同时具有某些黏性液体能够消耗能量的特性以及弹性固体材料存储能量的特性。当它产生动态应力或应变时，有部分能量被转化为热能而耗散掉，而另一部分能量以势能的形式储备起来。目前，阻尼材料在工程机械、工民建筑、航天航空、运输交通等许多领域得到了十分广泛的应用。

6.3.1 阻尼材料的作用机理

阻尼是指阻碍物体的相对运动，并把运动能量转变为热能的一种作用。一般金属材料，如钢、铅、铝等的固有阻尼较小，所以常用外加阻尼材料的方法来增大其阻尼。塑料、橡胶和沥青等高分子材料，其阻尼值要比金属材料高得多，甚至高出4～5个数量级。

阻尼材料是具有内损耗、内摩擦的材料，如沥青、软橡胶以及其他一些高分子涂料。采取阻尼措施之所以能降低噪声，主要是由于阻尼能减弱金属板弯曲振动的强度。当金属发生弯曲振动时，其振动能量迅速传给紧密涂贴在薄板上的阻尼材料，引起阻尼材料内部的摩擦和互相错动，由于阻尼材料的内损耗、内摩擦大，使金属板振动能量有相当一部分转化为热能而损耗散失，从而减弱薄板因弯曲振动而产生的噪声。而且阻尼可缩短薄板被激振的振动时间，比如不加阻尼材料的金属薄板受撞击后，要振动2 s才停止，而涂上阻尼材料的金属薄板受同样大小的撞击力，其振动的时间要缩短很多，可能只有0.1 s就停止了。许多心理声学专家指出，50 ms是听觉的综合时间，如果发声的时间小于50 ms，人耳要感觉这种声音是困难的。金属薄板上涂贴阻尼材料而缩短激振后的振动时间，从而降低金属板辐射噪声的能量，达到控制噪声的目的。

阻尼可使沿结构传递的振动能量衰减，还可减弱共振频率附近的振动。事实上，阻尼对降低结构在共振频率上的振动是很有效的，如图 6-57 所示。其振动结构有三个共振频率，在这三个频率上传递率呈现峰值，涂以阻尼材料后，传递率不再出现峰值。此处振动传递率定义为结构振幅与激振力之比值。

阻尼产生的机理是指一种工程结构将广义振动的能量转换成损耗的能量，从而抑制振动和噪声。对于利用高分子聚合物的共混或复合制作阻尼材料而言，其形态结构（相容性）、交联度、各组分聚合物的玻璃化转变温度（T_g）、各组分聚合物阻尼能力的大小均会影响力学阻尼材料的阻尼性能。

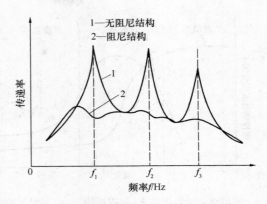

图 6-57 阻尼对降低结构共振的作用

高聚物的黏弹性是高分子材料形变性质的重要特征，高聚物阻尼作用机理直接与高聚物的动态力学松弛性质相关，当高聚物与振动物体相接触时，必然吸收一定量的振动能量，使之变成热能，结果使振动受到阻尼作用。聚合物阻尼作用的大小取决于其受力形变时滞后现象的大小，正是由于这种特有的滞后现象，聚合物的拉伸-回缩循环变化均需要克服其本身的大分子链段之间的内摩擦阻尼而产生内耗。高聚物材料的阻尼性能来源于分子链运动、内摩擦力以及大分子链之间物理键的不断破坏与再生。如式（6-8）所示，高分子聚合物阻尼材料损耗因子 η_0 中的定义为：

$$\eta_0 = \frac{G''}{G'} = \tan\alpha \tag{6-8}$$

式中，α 是材料受应力激励后应变滞后于应力的相位角；G' 与 G'' 分别是材料的复剪切模量的实部和虚部。

阻尼材料在正弦力激励下产生剪切应力及剪切应变，则单位体积的材料在循环一周内损耗的能量 ΔW 按式（6-9）计算：

$$\Delta W = \int_0^{2\pi} \tau \mathrm{d}r = \tau_0 r_0 \sin\alpha \tag{6-9}$$

因为 $G' = \dfrac{\tau_0}{r_0}\cos\alpha$　　$G'' = \dfrac{\tau_0}{r_0}\sin\alpha$，所以

$$\Delta W = \pi G' \beta r_0^2 \tag{6-10}$$

式中，r_0 与 τ_0 分别表示剪切应力与剪切应变。

由此可见，阻尼材料消耗的能量正比于 G' 与 η_0 的乘积，它表明 G' 与 η_0 与阻尼材料减震降噪的能力有关。

阻尼材料达到良好的阻尼效果，必须满足以下几个条件：①材料损耗因子的峰值 β_{max} 要高，峰值温度 T_g 要和材料使用的工作温度相一致；②材料损耗因子大于 0.7 的温度范围要宽，$\Delta T_{0.7}$ 要适应工作环境的变化温度；③材料的剪切模量 G' 或杨氏模量 E' 要适量；④不易老化，具有较长的工作寿命；⑤具有良好的工艺性，如容易粘贴等；⑥适用各种用途的特殊性能，如耐油、耐腐蚀、耐高温及较好的阻燃性等。作为优良的阻尼材料，要求在应用的温度和频率范围内有大的损耗因子、动态学损耗模量的峰面积、损耗 $\tan\delta$

峰面积。通常利用共聚网络、互穿网络结构来达到这些要求。但即使利用互穿网络使损耗 $\tan\delta$ 增宽，也难以显著增宽损耗模量 E 峰。弹性模量 E_0 和损耗因子 η_0 与温度的关系如图 6-58 所示。

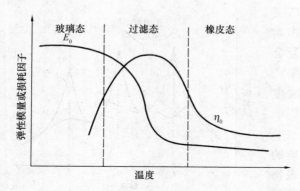

图 6-58 弹性模量 E_0 和损耗因子 η_0 与温度的关系

一般阻尼材料（如橡胶类、高分子聚合物以及沥青作为基料的阻尼材料），在低温区呈现玻璃态，在这种状态下，虽然弹性模量大，但损耗因子极小；在高温区呈现软的橡皮态，弹性模量与损耗因子均很小。在上述两种状态下阻尼材料都不能发挥减震效能，处于两态中间的过渡态是温度适中区，损耗因子最大，弹性模量适中，是阻尼材料的最佳适用温度。典型阻尼材料的损耗因子可以从 10^{-4} 变化到 1.0 或 2.0，弹性模量可以从 $2\ \mathrm{N/cm^2}$ 变化到 $2\times10^4\ \mathrm{N/cm^2}$。

阻尼材料的性能与振动频率亦有关系。在低频区域，橡胶类阻尼材料能很好地"顺从"激振力的作用，应变与应力几乎没有相位差，故损耗因子很小。在高频区阻尼材料又显得很硬，损耗因子亦小，只是在其中某一段频率，才具有较好的阻尼性能。

6.3.2 阻尼材料的种类

现有的阻尼材料可分为四类：阻尼（减震）合金、防震橡胶、高分子阻尼材料、添加各种无机填料（如硫酸钡、硫酸钙、铅盐、云母和氧化锌晶须等）的高聚物阻尼材料。除此以外，还有一些特殊用途的阻尼材料，如阻尼陶瓷、阻尼珐琅、玻璃等。

6.3.2.1 阻尼合金

阻尼合金又称减震合金或低噪声合金，俗称哑铁。它既能吸收振动能量，也能满足结构要求，把它制成片、圈、塞等各种形状的制品，安装在振动冲击和发声强烈的机件上，或把它作为结构材料直接代替机械振动和发声的部件，可以减少机械噪声的辐射。对于振源集中的机械来说，减震合金将使整机噪声有明显下降。因此用减震合金来控制机械噪声是一项极为简单而有效的声源控制措施，这就为控制机械振动和噪声的产生开辟了新的控制途径，已受到国内外普遍重视。阻尼合金的值 η_0 可达到 $10^{-3}\sim10^{-2}$ 水平，比普通金属提高了几十倍。

（1）Al-Zn 系合金 Al-40% Zn 和 Al-78% Zn 的合金，经固溶化处理，随后经 150 ℃长时间时效，在晶界有 Zn 的不连续析出物形成。合金的衰减能随温度增高而上升，在 50 ℃附近可获得高的衰减系数，这是最早报道的高阻尼合金。由于这种合金具有牢固、便宜、轻巧和易加工等特点，可用于电唱机的转盘、发动机盖和部分机械。

（2）Mg 和 Mg 合金 这类合金具有最大的衰减系数，铸造 Mg 合金的衰减系数可达 60%。同时它具有强度高、密度低（1.74 g/cm³）、能承受大的冲击负荷和对碱、石油苯以及矿物油等有较高化学稳定性的优点，所以 Mg 合金（Mg-0.6% Zr 的 KIXI 合金）被用于火箭的姿态控制盘和陀螺的安装架等精密装置上。

（3）Mn-Cu 合金 这类合金以 Sonostone、Incramvte 为代表，具有良好的衰减系数和耐蚀性以及较好的抗应力腐蚀和抗空穴腐蚀性能，因此在船舶工业中得到应用。在 1968 年 Sono stone 就用于制作潜艇和鱼雷的螺旋桨。但其缺点是合金热处理复杂，冷、热加工性比较差，杨氏模量低，制造成本高。

（4）Fe 基合金　这类合金近年来发展很快，有 Fe-Cr-Al（Silentalloy、Tranqlloy）、Fe-Al、Fe-Mo、Fe-W、Fe-Cr-Mo、Fe-Cr-Co 等高阻尼合金。其中以 Silentalloy 合金应用居多，这是一种廉价的三元合金。它具有以下特点：① 振动衰减效果为普通不锈钢材料的 100 倍；② 高温衰减特性优良，在 350 ℃以下衰减效果基本不变；③ 具有与铁素体不锈钢相当的耐蚀性和焊接性；④ 机械强度比低碳钢高，约为 380 ~ 480 MPa；⑤ 加工性良好，能加工成板、棒、条、管、锻件等各种形状，切削性也良好。因此它广泛应用于铁道线路的补修机、家用制品、音响机器、打字机、厨房器具、工业机械、鼓风机以及其他振动源、噪声源等器件。但 Silentalloy 合金是一种铁磁性合金，当外磁场大于 $20\theta_c$ 时，其衰减性能急剧下降，所以该合金不推荐在磁性场合中使用。

阻尼合金之所以能消耗振动的能量，主要是因为合金内部存在一定的可动区域，当它受到外力作用即振动时，具有阻尼松弛作用，由于摩擦、振动产生滞后损耗，使振动能转化为热能而被消耗掉。阻尼合金不仅可以减少机械及其部件所产生的噪声，而且能吸收振动能量，使振动极快衰减，避免由于机件的激烈振动而引起的疲劳损伤，可以延长机件的使用寿命。

噪声与振动控制工程中选用的阻尼合金应具有阻尼性能好，兼有钢铁良好的硬强度性能，易于机械加工，并根据使用要求具有耐腐蚀、耐高温和成本低等多项综合指标。

对于不同的机械噪声源，要有针对性地采取相应的措施，因此，在应用减震合金时，需先认真分析，准确判定机械噪声发声部位，即进行声源定位，了解噪声振动产生的原因、辐射噪声机件的特性，如尺寸、形状、工作状况等，否则不仅会浪费材料，而且降噪效果也不会明显。

在选用阻尼材料时应注意使用环境的温度和振动频率特性，这样才能取得阻尼减震的效果，加厚阻尼层可以使适用的温度和频率范围有所扩展。表 6-15 所示为室温下声频范围内几种结构材料的损耗因子。

表 6-15　室温下声频范围内几种结构材料的损耗因子

材　料	损耗因子	材　料	损耗因子
铝	0.01	镁	0.0001
黄铜、青铜	<0.001	石块	0.005 ~ 0.007
砖	0.01 ~ 0.02	木、丛木	0.0008 ~ 0.001
混凝土（轻质）	0.015	灰泥、熟石膏	0.05
混凝土（多孔）	0.015	人造荧光树脂	0.02 ~ 0.04
混凝土（重质）	0.015	胶合板	0.01 ~ 0.013
铜	0.002	沙（干燥）	0.6 ~ 0.12
软木	0.0013	铜、生铁	0.001 ~ 0.006
玻璃	0.0006 ~ 0.002	锡	0.002
石膏板	0.0006 ~ 0.002	木纤维板	0.01 ~ 0.03
铅	0.005 ~ 0.002	锌	0.003
钢、铁	0.0001 ~ 0.006	层夹板	0.01 ~ 0.013
塑料	0.005	有机玻璃	0.02 ~ 0.04
大阻尼塑料	0.1 ~ 10.0	阻尼橡胶	0.1 ~ 5.0

6.3.2.2　减震阻尼涂料

使用金属板材做隔声罩、隔声屏或通风管道时，金属板材容易受激振而辐射噪声。为了更有效地抑制振动，需在薄的钢板上紧紧贴上或喷涂上层内摩擦阻力大的黏弹性、高阻尼材料（如沥青、石棉漆、软橡胶或其他黏弹性高分子涂料配制成的阻尼浆），这种措施称之为减震阻尼，它是噪声与振动控制的重要手段之一。表 6-16 所示为几种阻尼涂料的损耗因子 η_0 和动态弹性模量。

表 6-16　几种阻尼涂料的损耗因子和动态弹性模量

材料名称	密度/(1000 kg/m³)	频率/Hz	η_0/($\times 10^{-2}$)	E_0/(10^{-9}N/m²)
E-6 涂料	0.971	41.64	5.6	9.5
E-6 涂料	1.17	38.78	19	8.56
防振胶-1	1.50	40.57	13	1.9
防振胶-2	1.28	40.84	25	7.94
防振胶-3	0.375	38.48	24	0.477
634# 环氧树脂	1.36	40.14	78	0.114
环氧树脂（硅石粉填充）	0.938	40.60	42	0.171
沥青（石棉绒填充）	1.04	34.00	2.3	0.0109
船漆（硅石粉填充）	1.34	38.08	42.6	0.108

目前，应用较为广泛的阻尼材料是黏弹性阻尼材料，或称黏弹性高阻尼材料。其中，高聚物力学阻尼材料是能消除振动和噪声的以聚合物为基质的功能材料，它于 20 世纪 50 年代初由德国首先研制出来并用以对结构作自由层的阻尼处理。图 6-59 所示为自由阻尼方式。它将阻尼材料直接粘贴或喷涂在需要减震的构件上，形成自由阻尼涂层，其工艺过程简单，成本低廉，是目前我国在工业噪声治理中普遍采用的阻尼处理技术。在阻尼涂层附加质量为 20% ~ 30% 的情况下，η_0 可达 0.05 ~ 0.2 左右。

自由阻尼中不会有值得考虑的剪切阻尼，Kerwin 和 Ross 创造性地设计了有约束层的阻尼结构，而使该类结构的 η 值比起自由阻尼可提高 2 ~ 4 倍。自此之后，经过了近几十年的努力并一直发展到今天，欧美等国先后生产了一种新颖复合高阻尼材料［亦称复合阻尼钢板、复合消音（声）钢板、复合减震钢板］，这类材料兼具了钢铁材料的高强度和高阻尼材料的大内阻特性。到目前为止，在美国、日本以及西欧一些国家和地区已有十余家专门从事高分子黏弹性阻尼材料研究、生产和应用的大公司，且品种和规格不断扩大。国内在高分子黏弹性阻尼材料的研制及应用上发展也非常迅速。图 6-60 所示为约束阻尼方式，在金属板上先粘贴一层阻尼材料，其外再覆盖一层金属薄板（约束层），金属结构振动时阻尼随之振动，但要受外层金属薄片的约束，故称之为约束阻尼。

图 6-59　自由阻尼　　　　　　　　　　　图 6-60　约束阻尼

约束阻尼一方面能使阻尼层产生较大的剪切形变，因而比自由阻尼层耗散更多的振动能量，另一方面约束层的金属薄板相当于提高了阻尼材料的弹性模量 E_0，因此，这种方式更为有效，但是约束阻尼工艺复杂，成本高。

涂覆在金属结构上的阻尼材料不仅可以有效地抑制结构在固有频率上的振动，而且还能大幅度地降低结构噪声。如在火车、汽车、飞机的客舱内壁涂阻尼材料，可以有效地降低噪声，改善环境。地铁、电车的车轮采用五层约束阻尼层，噪声由 114 dB 下降到 89 dB，其阻尼材料质量占车轮的 4.2%。锯片在采用约束阻尼层后，噪声由 95 dB 下降到 81 dB。

阻尼减震还可以延长金属结构在振动环境中的使用寿命，经过阻尼处理的结构件，其 η_0 值增加，在共振频率下的放大因数（ Q 值）下降，故能延长结构件的疲劳寿命。此外，电子仪器支撑装置或线路板采取约束阻尼处理后，不但可以大幅度地降低这些系统的 Q 值和共振峰值，而且还能减弱振动能量，提高电子仪器的使用寿命。印刷电路板采用阻尼板后， Q 值从 40 下降到 4，并抑制了高次谐波共振峰。

阻尼材料的阻尼性能与温度密切相关，在工程实践中常用的阻尼结构可以在常温状态下起到良好的制振作用，有些特殊场合则需要在 $-100 \sim 1000\ ℃$ 的温度范围内使用阻尼材料。

6.3.2.3　高分子阻尼材料

高分子物质中，有天然材料，但大部分是人工合成的高分子材料，如醋酸纤维、氯化橡胶，另外是由低分子化合物进行聚合反应而合成的合成高分子材料，如聚乙烯等。通常用于阻尼材料的合成高分子材料，主要为合成树脂与合成橡胶，合成树脂又分为热塑性和热固性两种，塑料便是以合成树脂为主要成分，并在其中加入填充料、增塑剂、稳定剂、着色剂等形成的。

合成橡胶与合成树脂的不同点是，合成橡胶没有结晶部分，典型的合成橡胶有苯乙烯与丁二烯的共聚物 SBR（丁苯橡胶）、丙烯腈与丁烯的共聚物 NBR（丁腈橡胶）、氯丁二烯的聚合物（氯丁橡胶）、异丁烯与甲基丁烯的共聚物 JTR（丁基橡胶）等。

高分子阻尼材料是由良好的胶粘剂并加入适量的增塑剂、填料、辅助剂组成的，胶粘剂通常用沥青、橡胶、塑料类高分子等，对于塑料类胶粘剂，可用两种不同的均聚物进行共聚。

沥青是常用的建筑材料，为碳氢化合物的胶体结构，除天然沥青外，通常又分为石油沥青与煤沥青，它们都是石油工业与煤炭工业提炼后的残留材料。沥青容易取得，使用方便，因此是最早用来作为阻尼材料的胶粘剂，但它的 E_0 与 η_0 都不高，而且温度敏感性强，性能不够稳定，温度稍高时容易流淌，温度稍低又易脆易裂。由石油直接蒸馏而剩余的材料称直馏沥青，如在蒸馏过程中将空气吹进直馏沥青中，在 $230 \sim 280\ ℃$ 因氧化而发生脱氢、重缩合反应，则成为高黏度、高弹性的硬质沥青，这就是吹制沥青。吹制湖沥青的黏度较直馏沥青高，温度敏感性小。

为了改进沥青的性能，可采用掺入橡胶、树脂及利用催化剂的方法。掺入橡胶的沥青，系在沥青中掺入 2% ~5% 的粉状、液态或固态的橡胶；掺入树脂的沥青，系在沥青中掺入石油系树脂，如聚乙烯、聚丙烯、聚醋酸乙酯等，上述方法都能改进沥青的低温脆性与高温的稳定性并增加抗冲击性、耐磨性与耐用性。采用沥青为胶粘剂的阻尼材料，常配制或阻尼涂料，涂料使用方便，不拘于构件的形状，可采用喷涂或分层涂刷。为了增强涂层的强度、黏滞性与降低温度敏感性，可加入填充料或纤维性材料。

6.3.2.4　复合阻尼材料

为了充分利用各种材料的物理机械性能，人们还制成了各种复合阻尼材料，如纤维基材料、金属基材料、非金属基材料等，它们是用各种基本材料和高分子材料复合而成的。复合阻尼材料通常被制成聚合物基阻尼复合材料和金属基阻尼复合材料。金属基阻尼复合材料可大大提高金属类阻尼材料的刚度和强度，但目前其阻尼性能尚未达到阻尼合金的水平。聚合物基阻尼复合材料是美国宇航材料科学家为满足宇航工业发展的需要而研制的新型阻尼材料，这类材料是以具有相当高的力学强度和相当高的阻尼损耗因子的聚合物为基体，用各种纤维及粉体增强的复合阻尼材料，可直接用作结构材料，其结构阻尼因子可达到 0.2 左右，且存在材料阻尼因子的损失，对结构没有任何附加变量。

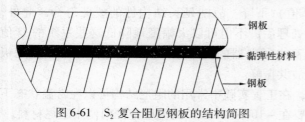

图 6-61 所示为我国生产的 S_2 复合阻尼钢板的结构简图，由两块或多块金属之间夹以很薄的黏弹性材料芯层所组成，其强度可以由配制选用的不同金属材料来加以保证，其阻尼性能则主要来自于黏弹性材料以及这种约束层结构之间的剪切阻尼。

图 6-61　S_2 复合阻尼钢板的结构简图

复合型阻尼钢板选用高分子材料作为阻尼层，属于约束阻尼结构，因而具有高阻尼性能。高分子材料是由成千上万个单体分子共聚或缩聚而成的，当受到外力时，高分子材料呈现出固体弹性和液体黏性之间的中间状态。当高分子聚合物受拉时，一方面分子链被拉伸，另一方面还产生分子间链段的滑移。外力消失后，拉伸的分子恢复原位，这就是高分子聚合物的弹性。而链段间的滑移不能迅速完全恢复原位，这就是高分子聚合物的黏性。所以高分子聚合物具有明显的黏弹性性质。链段间的滑移所做的功不能返回，以热能形式散失掉，利用这一特性把机械能转化为热能，从而构成了阻尼减震的基础。衡量黏弹性阻尼材料的大小可用剪切损耗因子 η_2 来表示：

$$\eta_2 = \tan\alpha = \frac{E''}{E'} = \frac{G''}{G'} \tag{6-11}$$

式中，E''、G'' 分别为黏弹性材料的杨氏损耗模量和剪切损耗模量；E'、G' 分别为黏弹性材料的杨氏储存模量和剪切储存模量；α 为黏弹性材料受激励后，应变滞后于应力的相位角。

复合型阻尼钢板巧妙地把材料技术和振动控制技术结合在一起。在受到外力（如振动）时，高分子材料表现出固体的弹性和流体的黏性的中间状态，即黏弹状态。当结构发生弯曲振动时，夹在金属板间的芯层受到剪切，因为阻尼材料有较大的应力应变迟滞回线而消耗了振动能量。两弹性元件的约束阻尼梁结构损耗因子 η_0 按式(6-12) 计算为：

$$\eta_0 = \frac{\eta_2 XY}{1 + (2 + Y)X + (1 + Y)(1 + \eta_2^2)X^2} \tag{6-12}$$

式中，X 为剪切参数，与基本弹性梁和约束梁的材料、厚度及阻尼芯层材料、厚度有关；Y 为刚度参数，与组合梁结构各层材料的杨氏模量、厚度有关。

以复合型阻尼钢板为例，在温度为 60～140 ℃，频率为 15～2 kHz 时，η_0 值可达到 10^{-2}～10^{-1} 量级。因此，在有振动源存在时，当振动传播到复合阻尼钢板上时，由于复合阻尼钢板具有极强的阻尼性能，使得振动能量大幅度下降，达到了抑震降噪声的效果。

表 6-17 所示为不同材料的阻尼性能指标。图 6-62 所示为 S_2 复合阻尼钢板的阻尼性能。

表 6-17　不同材料的阻尼性能指标（用损耗因子 η_0 来表示）

材料名称	损耗因子 η_0（室温）	材料名称	损耗因子 η_0（室温）
S_2 复合阻尼钢板	$(25 \sim 73) \times 10^{-3}$　　$\eta_{max} > 0.1$	$45^{\#}$ 钢	0.08×10^{-3}
美国复合阻尼钢板	$(36 \sim 70) \times 10^{-3}$	橡木	$(8 \sim 10) \times 10^{-3}$
日本复合阻尼钢板	$(7.5 \sim 22) \times 10^{-3}$	混凝土	$(10 \sim 50) \times 10^{-3}$
A3 钢	0.12×10^{-3}		

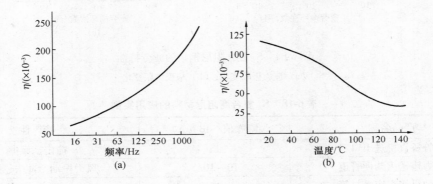

图 6-62　S_2 复合阻尼钢板的 η_0 值

（a）不同频率下的阻尼；（b）不同温度下的阻尼

由表可见，S_2 复合阻尼量钢板具有很高的阻尼性能，与普通钢相比，阻尼可提高 2～3 个数量级（近千倍），与美国、日本阻尼钢板相比，S_2 复合阻尼钢板亦有较大幅度的提高，并且该复合阻尼材料的损耗因子的频率适应区域及温度区域都很宽，这将给实际的减震降噪工作带来较大的使用余地。

图 6-63 所示为复合阻尼钢板的层间抗剪强度与温度的关系。可见，即使在 250 ℃ 高温下，复合材料仍具有大于 5 MPa 的复合牢度，可作为高温（≤ 180 ℃）用的一般结构受力件。

图 6-64 所示为 S_2 复合阻尼钢板的疲劳特性。可见，复合高阻尼钢板的抗拉强度、疲劳性能都高于其外层金属材料的母材性能，这主要是由于其中间层材料对复合材料的强度及重复弯曲刚性的贡献所致。但由于中间层材料一般很薄，对该类复合材料而言，其强度及疲劳性能可考虑取其所选母材的性能。

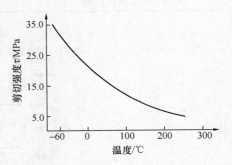

图 6-63　S_2 复合阻尼钢板的层间综合强度与温度的关系

S_2 阻尼钢板具有良好的剪切、冲孔、钻削、车削、弯曲成型以及深冲成型等机械加工性能。采用 MD 型（全软化处理）深冲钢板作母材时，中间层厚度控制在 0.05～0.12 mm 时的 S_2 材料还具有良好的深冲弯成型性能。S_2 复合阻尼钢板可进行直角搭焊、丁型接头焊接、平面搭焊和对焊。表 6-18 所示为 S_2 复合高阻尼钢板的应用实例。图 6-65 所示为实物测试时的频谱特性。

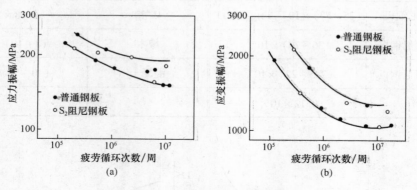

图 6-64　S_2 复合阻尼钢板的疲劳特性

（a）应力振幅变化；（b）应变振幅变化

表 6-18　S_2 复合高阻尼材料的应用实例

产品名称	降噪值/ dB（A）	特　性
钢管矫直机进出口料	15	撞击、摩擦
风力输送火柴梗管道	10～10.5	风力振动、冲击、摩擦
自动纵切车床受料管	10	撞击、摩擦
175F-1 型柴油机外围件等	8～12（单件）	使整机结构噪声下降 49 dB(A)
切割石料锯片	12～15	强迫振动冲击、摩擦
磨削石料铊片	16～22	强迫振动冲击、摩擦
X-Y 绘图仪（面板）	7～8	冲振动、冲击
粉碎机受料斗及传送带	10～17	冲击、摩擦、振动
机罩（磨玉机、矫直机等）	8～12	主要视激振程度而变化
隔声房	32	内衬吸声材料、结构轻巧
S-195 柴油机汽缸盖	1.9（整机）	结构振动

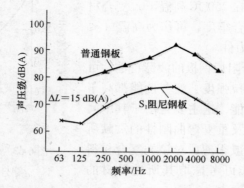

图 6-65　S_2 钢板制造的 $\phi80mm$ 双曲线辊矫直料斗的降噪频谱

近几年，S_2 复合阻尼钢板成功地应用于舰船的减震降噪技术，降低了舰船的结构噪声、舱室空气噪声及水下辐射噪声，大大地改善了舰艇的适居性，为我国军用舰艇及民用船只的减震降噪开拓了新的技术途径。

思考题

1. 吸声材料的吸声性能及其影响因素有哪些？
2. 噪声控制材料主要有哪些？
3. 隔声材料主要有哪些？
4. 隔声材料的主要特点及其性能有哪些？

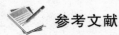
参考文献

[1] 李海涛，朱锡，石勇，等. 多孔性吸声材料的研究进展[J]. 材料科学与工程学报，2004，22（6）：934-938.

[2] 黄学辉，尚福亮，薛红亮，等. 公路隧道降噪用吸声材料的研制[J]. 武汉理工大学学报，2003，25（4）：27-30.

[3] 周燕，曾月莲，刘秀生，等. 聚氨酯硬质泡沫塑料降噪性能研究[J]. 噪声与振动控制，2007，27（1）：112-114.

[4] 钟祥璋，祝培生，朱芳英. 泡沫铝吸声板的材料特性及应用[J]. 装饰装修材料，2002（2）：51-53.

[5] 李波，周洪，黄光. 速声阻抗梯度渐进的高分子微粒吸声材料[J]. 高分子材料科学与工程，2006，22（3）：239-212.

[6] 闫志鹏，靳向煜. 聚酯纤维针刺非织造材料的吸声性能研究[J]. 产业用纺织品，2006，（12）：13-16.

[7] 郭宏伟，高淑雅，高档妮. 泡沫玻璃在建筑领域中的应用及施工[J]. 陕西科技大学学报：自然科学版，2006，24（6）：57-60.

[8] 袁海宾，姜志国，李效玉. 沥青型阻尼材料的性能研究[J]. 化工新型材料，2006，3（9）：83-86.

[9] 傅雅琴，倪庆清，姚跃飞，等. 玻璃纤维织物/聚氯乙烯复合材料隔声性能[J]. 复合材料学报，2005，22（5）：94-99.

[10] 罗勇波，姚跃飞，高磊，等. 炼钢炉渣粉填充聚氯乙烯基隔声材料的研究[J]. 浙江理工大学学报，2007，2（5）：513-517.

[11] 朱春燕，俞来明，傅雅琴. 聚氯乙烯基复合材料的隔声性能研究[J]. 浙江理工大学学报，2007，24（2）：117-121.

[12] 张人德，赵钧良. 减振降噪阻尼材料及其应用[J]. 上海金属，2002，24（2）：18-23.

[13] 黄学辉，康辉，陶志南，等. 石膏基多孔复合吸声材料的研究[J]. 材料开发与应用，2007，22（2）：16-19.

[14] 席莺，李旭祥，方志刚，等. 聚氯乙烯基混合吸声材料的研究[J]. 高分子材料科学与工程，2001，17（2）：29-132.

[15] 蔡俊，李亚红，蔡伟民. PZT/CB/PVC压电导电高分子复合材料的吸声机理[J]. 高分子材料科学与工程，2007，23（4）：215-218.

第7章 热污染及其控制

7.1 热污染概述

7.1.1 热污染定义

热污染是指自然界和人类生产、生活产生的废热对环境造成的污染。人类生活和生产活动的结果,使热迁移引起自然水体的热量变化,水体温度升高,将加速河流、湖泊等水体的生化过程,导致水中溶解氧降低,散发臭味,使水质不适合于生活、工业、农业、养殖、游览等的要求。若把人为排放的各种温室气体、臭氧层损耗物质、气溶胶颗粒物等所导致的直接或间接影响全球气候变化的特殊危害,排除在热环境的现象之外,则热污染是指高速发展的现代化工农业生产和人类生活活动所排出的各种废热所造成的环境热化,损害环境质量,进而影响人类生产、生活的一种增温效应。热污染是一种能量污染,是严重威胁人类生存和发展的较新的环境污染。人们对水体、大气、固体废物、噪声以及食物、放射性等污染均比较熟悉,但对于热污染,却知之甚少。

7.1.2 常见热污染分类

(1)城市热岛效应:因城市地区人口集中,建筑群、街道等代替了地面的天然覆盖层,工业生产排放热量,大量机动车行驶,大量空调排放热量而形成城市气温高于郊区农村的热岛效应;

(2)水体热污染:因热电厂、核电站、炼钢厂等冷却水所造成的水体温度升高,使溶解氧减少,某些毒物毒性提高,鱼类不能繁殖或死亡,某些细菌繁殖,破坏水生生态环境进行而引起水质恶化的水体热污染。

7.1.3 热污染的产生

随着人口和耗能量的增长,城市排入大气的热量日益增多。按照热力学定律,人类使用的全部能量终将转化为热,传入大气,逸向太空。这样,使地面反射太阳热能的反射率增高,吸收太阳辐射热减少,沿地面空气的热减少,上升气流减弱,阻碍云雨形成,造成局部地区干旱,影响农作物生长。近一个世纪以来,地球大气中的二氧化碳不断增加,气候变暖,冰川积雪融化,使海水水位上升,一些原本十分炎热的城市,变得更热。专家们预测,如按现在的能源消耗的速度计算,每10年全球温度会升高 $0.1 \sim 0.26\ ℃$;一个世纪后即为 $1.0 \sim 2.6\ ℃$,而两极温度将上升 $3 \sim 7\ ℃$,对全球气候会有重大影响。造成热污染最根本的原因是能源未能被最有效、最合理地利用。随着现代工业的发展和人口的不断增长,环境热污染将日趋严重。

7.2　关于水体热污染

7.2.1　水体热污染概念

水体热污染是水温异常升高的一种污染现象。天然水水温随季节、天气和气温而变化。当水温超过 33 ~ 35 ℃时，大多数水生物不能生存。水体急剧升温，常是由热污染引起的。

7.2.2　水体热污染主要来源

首先是动力工业，其次是冶金、化工、造纸、纺织和机械制造等工业，将热水排入水体，使水温上升，水质恶化。根据美国统计，动力工业冷却水排放量占全国工业冷却水总排放量的 80% 以上。一个装机 100 万千瓦的火电厂，冷却水排放量约为 30 ~ 50 m^3/s；装机相同的核电站，排水量较火电厂约增加 50%。年产 30 万吨的合成氨厂，每小时约排出 22000 m^3 的冷却水。

7.2.3　关于水体热污染的危害

由于向水体排放温水，使水体温度升高到有害程度，引起水质发生物理的、化学的和生物的变化，称为水体热污染。水体热污染主要由于工业冷却水的排放，其中以电力工业为主，其次为冶金、化工、石油、造纸和机械工业等。在工业发达的美国，每天所排放的冷却水达 4.5 亿立方米，接近全国用水量的 1/3，热含量约 10000 亿千焦，足以使 2.5 亿立方米的水温升高 10 ℃。

1. 对水生生物的影响

水生生物对温度变化的敏感性较一般陆地生物高，温度的骤变会导致水生生物的病变及死亡，例如虾在水温为 4 ℃时心率为 30 次/min，22 ℃时心率为 125 次/min，温度再高则难以生存。

水的各种性质受温度影响，随温度升高，氧气在水中的溶解度会降低；水体中物理化学和生物反应速度会加快，因此导致有毒物质毒性增强，需氧有机物氧化分解速度加快，耗氧量增加，水体缺氧加剧，引起部分生物缺氧窒息，抵抗力降低，易产生病变乃至死亡。

2. 对水生生物群落的影响

由于不同生物的温度敏感性不一致，热污染改变了生物群落的种类组成，使生物多样性下降，喜冷的生物（如硅藻）减少，耐热的植物（如蓝藻、绿藻）增加，造成水质恶化，影响水体饮用和渔业用等功能。

3. 对生态系统的影响

水体增温加速了水生态系统的演替或破坏。硅藻在 20 ℃的水中为优势种；水温 32 ℃时，绿藻为优势种；37 ℃时，只有蓝藻才能生长。鱼类种群也有类似变化。对狭温性鱼类而言，在 10 ~ 15 ℃时，冷水性鱼类为优势种群；超过 20 ℃时，温水性鱼类为优势种群；当水温为 25～30 ℃时，热水性鱼类为优势种群。水温超过 33～35 ℃时，绝大多数鱼类不能生存。水生物种群之间的演替，以食物链（网）相联结，升温促使某些生物提前或推迟发育，导致以此为食的其他种生物因得不到充足食料而死亡。食物链中断可能使生态系统组成发生变化，甚至破坏。

4. 对水生生物繁殖行为的影响

水体温度的异常升高会直接影响水生生物的繁殖行为。如水温升高，会导致鱼在冬季产卵及异常回游；水生昆虫提前羽化，由于陆地气温过低羽化后不能产卵、交配；生物种群发生变化，寄生生物及捕食者相互关系混乱，影响生物的生存及繁衍。美国一座电站排放的热水使附近水域水温升高了 8 ℃，造成 1.5 km 海域内生物消失。

5. 对地表水量的影响

水体温度的升高直接导致水分子运动加速，并且水面上方的空气受热膨胀上升，加快水体表面的水分子向空气中扩散速度，陆地水大量变成大气水，使陆地严重失水。

6. 对水体质量的影响

水体升温加速了水及底泥中有机物的生物降解和营养元素的循环，藻类因而过度生长繁殖，导致水体富营养化；有机物降解又加速了水中溶解氧的消耗。某些有毒物质的毒性随水温上升而加强，例如，水温每升高 10 ℃，氰化物毒性就增强一倍；而生物对毒物的抗性，则随水温的上升而下降。在澳大利亚，1965 年曾经发生电厂温排水进入河流使河水升温，滋生出的病菌引发当地脑膜炎爆发。

7.3 有关水体热污染的规范标准

7.3.1 水体热污染区域的划分

水体热污染区域可分为强增温带、适度增温带和弱增温带。热污染的有害效应一般局限在强增温带，其他两带的不利影响较小，有时还产生有利效应。热污染对水体影响程度取决于热排放工业类型、排放量、受纳水体特点、季节和气象条件等。

7.3.2 各国水体热污染的标准制定情况

各国对水热污染及其影响进行了多方面的研究，并制定了冷却水温度的排放标准。美国、俄罗斯等国按不同季节和水域制定了冷却水温度的排放标准；联邦德国以不同河流的最高允许增温幅度为依据，制定了冷却水温度排放标准；瑞士则以排热口与混合后的增温界限为最高允许值，确定排放标准；中国和其他一些国家尚未制定有关标准。

7.3.3 我国电厂对水体热污染的影响

随着越来越多的火电厂聚集在江河沿岸，大量冷却后产生的温水进入长江，这种热污染给长江的生态环境造成了巨大威胁。冷却水的随意排放也成为热污染中极为重要的原因。据统计，在我国长江沿岸，仅江苏省长江江段总长度 300 多千米，但流域内大大小小的火电厂就有 150 多家，电厂用来冷却的水就把大量的热量源源不断地注入长江，越来越密集的火电厂甚至使得局部地区出现了温水带。2006 年全国装机总容量超过 6 亿千瓦，其中火电机组占了四分之三，产生的余热超过 4 亿吨标准煤，而这些热量中大部分都通过冷却水排放进入环境。2007 年，长江的水温是 22 ~ 24 ℃ 之间，出水口水温是 32 ~ 33 ℃，温度大概升高了 10 ℃ 左右。

长江的局部暖水不但会破坏水中的生物的生存环境，影响渔民的生产，而且会威胁两岸居民的生命健康。水温上升会给一些致病微生物提供生长的温床，为蚊子、苍蝇、蟑螂、跳蚤以及病原体提供最佳的滋生环境和传播条件，形成一种新的互感连锁反应，造成疟疾、登革热、血吸虫病、流脑等病的流行，将危害人类健康，甚至生命。尽管热污染可能带来如此严重的后果，但由于种种原因，目前各方对热污染重视明显不够。比如，采取二次循环冷却的方式可以降低温排水的温度，但许多电厂能够减少成本都没有选择这种办法。此外，对热污染标准定义的宽泛模糊也使得对热污染的监管困难重重。按照国家标准，企业排出的温水使水体环境升高 1 ℃ 以上就算形成污染，但对温水影响的范围却没有任何明确规定。

7.4 水体热污染的防治

7.4.1 根据水体热容量和技术经济条件制定热排放标准

目前，很多发达国家已经制定了一系列法律，认真治理热污染，而我国对此尚未给予足够重视。2002 年 11 月，北京市海淀区法院审结了北京市首例因"热污染"引发的官司。在结案时，法官遇到了一个难题：如何认定"热污染"侵权，法律没有明文规定。随着公民法律意识的增强，诸如"热污染"等类型的侵权纠纷也在增多。对此类纠纷的裁决，除了《民法》外，更有待明确的法律规定出台。

表 7-1 《地表水环境质量标准》中温度标准

标准号	Ⅰ类	Ⅱ类	Ⅲ类	Ⅳ类	Ⅴ类
GB 3838—2002	人为造成的环境水温变化应限制在：周平均最大温升≤1 ℃，周平均最大温降≤2 ℃				
GB 3838—1988	人为造成的环境水温变化应限制在：夏天周平均最大温升≤1 ℃，冬天周平均最大温降≤2 ℃				

表 7-2 《海水水质标准》中温度标准

标准号	第一类	第二类	第三类	第四类
GB 3097—1997	人为造成的海水温升夏季不超过当时当地1 ℃，其他季节不超过 2 ℃		人为造成的海水温升不超过当时当地 4 ℃	
GB 3097—1982	第一类	第二类	第三类	
	人为造成的海水温升不超过当时当地 4 ℃		—	

（1）与热污染有关的标准

根据对目前现有环境质量标准及污染物排放标准的查询，从标准修订过程可以看出相关部门对热污染已经开始重视，并力求使标准缜密与严格。GB 3838—2002《地表水环境质量标准》中温度标准（表7-1）已经从原来的仅针对夏季和冬季变成了四季，GB 3097—1997《海水水质标准》中温度标准（表7-2）也从原来的三类变为四类，由此可见新标准更加全面、具体。

（2）热污染标准制定不到位

通过查询，环境质量标准只有部分水标准对热污染有规定，环境空气质量标准尚无相关规定。从理论上讲，排放标准与环境质量标准要密切对应，环境质量标准中有明确规定的热污染标准，却没有污染排放标准中的综合标准及行业标准，特别是对排放热污染的重点行业：电力工业、冶金、化工、石油、造纸、机械工业及餐饮洗浴等对此根本没有做出任何要求。

造成热污染最根本的原因是能源未能被最有效、最合理地利用，降低热污染的方法一是根据"能量守恒"原理，减少能源消耗，提高能源的利用率，相应减少热污染的产生；二是根据"能量转化"原理，充分利用热能，把热污染转化成有用的能量。采取二次循环冷却的方式可以降低温排水的温度，与此同时，还能合理高效地利用能源，节能降耗把热污染降到最低。而对高温冷却水要采取降温措施，使水温达到排放标准。

7.4.2　针对电厂造成的水体热污染的防治

在缺水地区，尽可能不利用水库或湖泊作为火电厂的冷却池，在允许的情况下，火电厂应尽可能建在大江、河和沿海的岸边，因其水量大、水深、水面宽，有利于热排水的掺混、扩散和散热；利用江河流量季节性的特点，以混合供水所建的冷却塔兼作为降低热排水温度的设备。冬季枯水期采用冷却塔循环供水，夏季洪水期采用直流供水，且对有可能对水体造成热污染的热排水通过闲置的冷却塔冷却后再排入江河中，以降低热排水温度。

利用热排水出口动能和周围水体的掺混特点，根据火电厂的具体条件，采用不同的取、排水工程布里措施（如分列式、重叠式和差位式）和不同取、排水方式（如岸边排、江心取，表面排、深层取和深层排、表层取），从而达到有利取水和降低热排水温度及其影响范围的综合效益。

其他措施：例如在排水管道末端装置多孔喷口，热排水通过喷口形成喷射水流，与周围水体进行强烈掺混以达到迅速降低水温的目的。再如采用职浮喷射泵，将整套装置装在一浮筒上，浮于水面，抽取水面表层热水向空中喷洒，通过水滴与大气的热交换而达到冷却目的。这种措施既有利于降低温度，又可适当地增加水体中的溶解氧，还可采用大容量水泵抽取冷水直接向热排水水渠中排放，冷热水掺混，直至热排水水温降低后再排入受纳水体。

7.4.3　提高对热污染的认识

把热污染同其他污染等同对待，对其危害进行深入研究和大力宣传，加强各行业减排热污染的自觉性，提高公众监督热污染排放的责任心。依靠群众，让热污染的危害深入人心，才会具备有效高效的监管，同时也使公民履行自己的义务，从自身做起，点滴做起，在生活中注意热污染的危害和防治。

7.5 城市热污染成因分析

7.5.1 温室效应

温室效应主要影响大气环境的热平衡，由于大气 CO_2 质量浓度的升高，使热平衡向高温方向偏移，整个生态环境面临更高的环境温度。城市是人为排放 CO_2 集中区域，CO_2 质量浓度的升高也会对局地的热平衡产生一定影响，使城市的温室效应强于周边地区。

由于大气的水平和垂直交换，在城市这样一个小的范围，高浓度 CO_2 环境只有在稳定、强大的 CO_2 源条件下才能维持，所以城市的规模、城市 CO_2 的排放规模以及 CO_2 排放的时空分布对由 CO_2 引起的城市温室效应均有影响。

7.5.2 下垫面的改变

城市是受人类影响最强烈的区域，在一些较发达的城市，城市的地面多为水泥、柏油等所覆盖，且建筑物密集，几乎不存在自然状态的下垫面，城市绿地大多是人工绿地，绿地植物或多或少地依赖人工养护。城市地区下垫面的改变产生以下 3 方面影响：

（1）辐射平衡被改变。地表覆盖物的改变导致地表反射率和反射过程的双重改变，使短波辐射在城市环境中能更充分地被吸收，直接增加了城市可吸收的基础能量。

（2）水分平衡被改变。在城市中，除了绿地之外的下垫面基本全部被水泥、沥青所覆盖，能够吸收自然降水的下垫面只剩下面积有限的绿地。以合肥市为例，根据文献报道，在 17.6 km^2 的主城区，森林斑块面积占 9.8%，水面斑块占 8.54%，一般绿地斑块占 2.26%，合计占城区总面积的 20.6%。以面积比计算，自然降水的流失率为 79.4%，即城区的大部分自然降水没有补充到土壤中。考虑到暴雨时降水的流失，实际的损失率更高。下垫面固化导致下垫面的蓄水能力严重不足，不能提供充足的水分供给蒸发。这就导致从环境获得的能量将主要用于增加下垫面和空气的温度。实际观测表明：7 月份下午 14 时前后，在同样的太阳辐射条件下，水泥地面的温度可达 65 ℃，而潮湿草地地表的温度在 40 ℃以下，干燥草地地表的温度在 50 ~ 55 ℃。不同的地表热力特点对空气加热的结果也显著不同。城市地表状态改变所导致的城市地表水分环境与自然状况显著不同，对地表的热力特性有大的影响，进而使地表对空气的加热也与自然状况显著不同，使得城市的夏季大气环境更加酷热。

（3）局地环流被改变。城市建筑物密集，粗糙度也相应增大，低层大气的水平交换受阻，局地性垂直交换强烈而不稳。局地环流的改变使得城市风速减小，不利于低层热量的扩散，也加重了城市的热效应。因此，在城市规划和建设时应充分考虑局部环流小气候的影响，在注意降低污染的同时，也要考虑如何改善城市热环境。

7.5.3 人为释热

在城市中存在形态各异的人为热源。城市热源可分为两类：即生活热源和生产热源。生活热源包括各种生活用能，如烧火做饭、冬季取暖、夏季制冷及家庭轿车等。生产热源则包括了一切形式的生产活动，因为一切生产活动都需要由能量作为动力，这些能量最终或者被固化到产品中由消费者释放出来，或者在生产的过程中以各种各样的形式排放出去，如热电厂排放的废热水、废水蒸气等。

由于城市是人类集中活动的区域，所以人为释热是城市热平衡中不可忽略的重要项目。如北欧不少城市单位面积的人为释热量已经超过该地区所获得的太阳辐射量，随着人们日益重视生活质量，我国城市的人为释热总量和强度均在稳定增长。由于人为释热直接改变了局地的热平衡，所以由人为释热所导致的热岛效应随着城市的发展正变得越来越强。一般意义上，热岛效应多指冬季由于取暖等导致的城市高温，而实际上，随着夏季制冷需求的大幅度增加，夏季的热岛效应也越来越强。

7.6 城市热污染治理的生态学途径和方法

7.6.1 运用生态学原理改善城市热环境

城市生态学方法是通过调节城市生态系统内生物群落和周围环境之间相互作用而平衡、改善城市热环境的方法。改善城市热环境的任务就是对生态系统施加有益影响，建立合理的热平衡系统结构，创造舒适的热环境。

（1）鼓励生态住宅建设，发展生态建筑

所谓生态住宅就是最大限度地利用自然资源维持运行的住宅，如夜间照明、夏季降温、冬季供热依靠太阳能，部分食品自己生产等。生态住宅的支持核心是太阳能技术，即如何有效、廉价地将太阳能转化为电能并予以储存。生态建筑提倡利用风的压差对建筑物内进行自然通风，创造有利于自然通风的环境。通过对建筑物平面、剖面和立面以及外部空间进行合理设计与组织，利用由于建筑物影响而产生的"建筑风"，影响对太阳辐射的吸收率以及建筑物吸热和散热的效果，从而创造良好的城市微气候和舒适住区热环境。

（2）采用系统综合利用的方法防治热污染

制定排放标准，加强管理，对温室气体及废热水的排放加以限制。强化环境监测。依靠科技，改善能量利用，加强点源余热的综合利用。例如，发电厂采用新技术，提高发电效率，减少废热排放；改善冷却方式，使冷却水达到排放标准。另外，综合利用温排水中携带的巨大的潜在热能，运用生态学能量转换的原理，在水产养殖、农业及林业等领域充分利用温排水余热，变废为宝。

美国、日本、前苏联以及德国等许多国家，利用余热开展水产养殖业已有很多成果。温水养殖多是高密度的工厂化精养，不仅可减少对土地的占用，与其他方式相比，还具有投资少、收益多的优点。

美国、前苏联、瑞典及原联邦德国还发展了以生产电能和供热为双重目的的电厂。前苏联在20世纪70年代已有1 000多座这样的电厂，为800多个城市、工业区和人口集中区供热。瑞典在许多城市的市区也装备了利用电厂热能的供热体系，使电厂的热效率达到85%。

温排水作为一种低热水源，用于农林灌溉、温室种植，既能提高产量，又能使这部分余热得到利用，达到经济效益、社会效益和生态效益三者的统一。如美国的俄亥俄州，采用铺设地下管道的方法把温排水余热输送到田间土壤中，用加温土壤来促进作物的生长或延长生长时间。在法国，人们还将这种方法应用于果园和林业生产中，或采用温水喷灌法使花芽免受春季的低温冻害，初期急速生长，增加产量。

对于城市热环境的监测可以用现代化手段"遥感"来完成，既迅速又准确。用红外遥感获得瞬时信息，可以对城市热环境的空间格局和动态变化进行分析。

7.6.2　科学规划并加大城市绿色工程建设

（1）根据城市功能定位确定城市生态容量

控制或限制城市的生态容量是减少城市释热、改善城市热环境的基础。合理的城市容量是指一个城市能够最大限度地实现经济效益和社会效益，保持生态平衡的人口数量与密度。城市容量和环境相联系，改善了环境可适当提高城市容量。因此，要通过建立生态系统，并进行系统分析，采取合理地规划用地、绿化等措施，最后得出最优化的容积率、建筑密度及绿化率等规划指标，形成优化的生态系统。人们也要转变居住观念，随着交通工具的发展和交通道路的便捷，部分人口可以住到郊区，降低城市中心区的人口密度。

（2）根据城市生态容量规划城市绿色建设

城市要改善热环境，需建立良好的绿化系统。在城市规划时就要确定合理的绿化率，注意维护和发展城市景观的异质性，充分发挥森林植被和水体作用。尽量增加城市绿化面积，减少城市的"热岛效应"。这样不仅可以美化市容、净化空气及减轻污染，还可以为居民提供休息娱乐的场所，有利于丰富居民的生活，提高居民健康水平。在合肥市的夏天，没有草坪的土壤表面温度为 40 ℃，沥青路面的温度为 55 ℃，而草坪地表温度仅为 32 ℃。多铺设草坪可减少地表放热，降低城市气温。据测定，夏季的草坪能降低气温 3 ~ 5 ℃，而冬季的草坪却能增温 6 ~ 6.5 ℃，极大地降低了城市的热岛强度。因而在城市设计时，要根据各地的土壤、水分及植物生长空间等条件，正确选择树种、草种，适地种植，并尽可能采用原有树木，保持地方特色。

绿色植物的光合作用吸取太阳能，而树木的光合作用量最大，春夏尤强。每公顷森林的光合作用，平均每天能吸取 1 t CO_2，草坪每公顷可吸取 0.2 t CO_2。植物蒸腾作用释放大量水汽，提高空气湿度，降低气温。林木的遮光、吸热和反射长波辐射，可使夏季晴天的地表温度降低 4 ~ 5 ℃。

绿色植物的生理活动，既能吸收大气中 CO_2，减轻热回流的反射，有利地面的积热逸散，又能遮光吸热、释放水汽、减轻太阳辐射热、降低气温和杀死病菌，对防治热污染具有巨大的生态功能。要充分认识和发挥植被以及水体对改善城市热环境的重要作用，并加以重点保护。并根据实际情况加以改造，使其充分发挥对改善整个城市热环境的有益作用。

总之，只有综合运用上述方法，从人口容量、建筑群的容量和密度、道路网络、绿化系统及水体诸方面进行合理规划，才能有效地改善城市热环境，防治热污染。

 思考题

1. 热污染的定义是什么？试举例说明。
2. 热污染有哪些类型？
3. 热污染有哪些危害？
4. 如何有效防治热污染现象？

参考文献

[1] http：//baike. baidu. com/view/18369. htm? fr = ala0_ 1_ 1.

[2] http：//baike. baidu. com/view/1029479. htm? fr = ala0_ 1.

[3] http：//www. hnyr. gov. cn/neirong. jsp? id = ABC00000000000029624.

[4] http：//www. cqvip. com/onlineread/onlineread. asp? ID = 15949566#.

[5] 马宏权，龙惟定. 水源热泵应用与水体热污染[J]. 暖通空调，2009，39（7）：66－70.

[6] http：//www. cnli. net《不容忽视的热污染》上海青浦中学——高燕课题组.

[7] 周晓英，胡德宝，王赐震，等. 长江口海域表层水温的季节、年际变化[J]. 中国海洋大学学报，2005，35（3）：357-362.

[8] 吴传庆，王桥，王文杰，等. 利用 TM 影像监测和评价大亚湾温排水热污染[J]. 中国环境监测，2006，22（3）：80-84.

[9] 王明国，付祥钊，王勇，等. 利用长江水作水源热泵冷热源的探讨[J]. 暖通空调，2008，38（4）：33-34，82.

[10] 王新兰. 热污染的危害及管理建议[J]. 环境保护科学，2006，32（6）：69-71.

[11] 张庆国，杨书运，刘新，等. 城市热污染及其防治途径的研究[J]. 合肥工业大学学报（自然科学版），2005，4：360-363.

[12] 王亚军. 热污染及其防治[J]. 安全与环境学报，2004，85-87.

[13] 常丽莎，方蕴丹，冷御寒. 武汉地区城市住宅室内热环境现状分析[J]. 华中科技大学学报（城市科学版），2002，19（4）：58-60.

[14] 张宽权. 舒适度指标的模糊分析[J]. 四川建筑科学研究，2002，28（1）：68-70.

[15] 王志熙. 城市生态学[M]. 北京：中国林业出版社，1992，145-236.

[16] 张立生，姚士谋，朱振国. 长江流域城市生态环境问题与跨世纪持续发展战略[J]. 长江流域资源与环境，1999，8（3）：229-234.

[17] 蒋美珍. 城市绿地的生态环境效应[J]. 浙江树人大学学报，2003，3（1）：79-81.

[18] 吴泽民. 合肥市区城市森林景观格局分析[J]. 应用生态学报，2003，14（12）：2 117-2 122.

[19] 徐华君，甘湘南. 试论城市商业性污染及其管理[J]. 中国环境管理，1994，（1）：19-21.

[20] 贾生元，叶正丰. 中国城市道路的环境问题与生态建设[J]. 内蒙古环境保护，1996，8（3）：15-17.

[21] 曹京杭. 城市绿化覆盖率与大气环境的关系探讨[J]. 环境监测管理与技术，2000，12（增刊）：52-62.

[22] 王毅进，马开元. 申城热岛大扫描[J]. 沿海环境，2000，（9）：9-11.

[23] 林志垒. 福州市热岛效应动态分析研究[J]. 东北测绘，2001，24（1）：3-5.

[24] 杨会晏，岳晓波，董秀萍. 用生态理念重新设计未来的城市[J]. 吉林省经济管理干部学院学报，2004，18（2）：11-14.

[25] 杨经文，单军. 绿色摩天楼的设计与规划[J]. 世界建筑，1999，（2）：21-29.

[26] 段斐. 关于构建生态园林城市的思考[J]. 陕西农业科学，2004，（5）：84-85.

[27] 陈云浩，李晓兵，史培军，等. 上海城市热环境的空间格局分析[J]. 地理科学，2002，22（3）：317-323.

[28] 赵建林. 绿色工程防治城市热污染[J]. 安徽林业，2001，（5）：9-10.

[29] 汤惠君. 广州城市规划的气候条件分析[J]. 经济地理，2004，24（4）：490-493.

[30] 闫慧琴，田琼，干地玛. 城市建筑立体绿化建设初探[J]. 内蒙古环境保护，2004，16（2）：51-53.

第8章 光污染防护材料与应用

8.1 概　　述

8.1.1 光环境

　　光环境指的是由光（照度水平和分布、照明的形式）与颜色（色调、色饱和度、室内颜色分布、颜色显现）在特定空间建立的同空间有关的生理和心理环境。人们通过听觉、视觉、嗅觉、味觉和触觉认识世界，在所获得的信息中有 80% 来自光引起的视觉。光环境对人的精神状态和心理感受可产生积极的影响。例如，对于生产、工作和学习的场所，良好的光环境能振奋精神，提高工作效率和产品质量；对于休息、娱乐的公共场所，合宜的光环境能创造舒适、优雅、活泼生动或庄重严肃的气氛。

　　对建筑物而言，光环境是由光照射于其内外空间所形成的环境。因此，光环境形成一个系统，包括室外光环境和室内光环境。前者是在室外空间由光照射而形成的环境，其功能是要满足物理、生理（视觉）、心理、美学、社会（指节能、绿色照明）等方面的要求；后者是在室内空间由光照射而形成的环境，其功能是要满足物理、生理（视觉）、心理、人体功效学及美学等方面的要求。上述的光源是天然光和人工光。

　　光环境和空间两者有着互相依赖、相辅相成的关系。空间中有了光，才能发挥视觉功效，能在空间中辨认人和物体的存在；同时光也以空间为依托显现出它的状态、变化（如控光、滤光、调光、混光、封光等）及表现力。在室内空间中光通过材料形成光环境，例如光通过透光、半透光或不透光材料形成相应的光环境。此外，材料表面的颜色、质感、光泽等也会形成相应的光环境。

8.1.2 光源及其类型

　　光源类型可以分为自然光源和人工光源。昼光由直射地面的阳光和天空光组成。自然光源主要是日光，日光的光源是太阳，太阳连续发出的辐射能量相当于约 6000 K 色温的黑色辐射体，但太阳的能量到达地球表面时，经过了水分、尘埃微粒的吸收和扩散。被大气层扩散后的太阳能能产生蓝天，或称天光，这个蓝天才是有效的日光光源，它和大气层外的直接的阳光是不同的。当太阳高度角较低时，由于太阳光在大气中通过的路程长，太阳光谱分布中的短波成分相对减少更为显著，故在朝、暮时，天空呈红色。当大气中的水蒸气和尘雾多，混浊度大时，天空亮度高而呈白色。人工光源主要有白炽灯、荧光灯、高压放电灯。家庭和一般公共建筑所用的主要人工光源是白炽灯和荧光灯，放电灯由于其管理费用较少，近年也有所增加。每一种光源都有其优点和缺点，但和早先的火光和烛光相比，显然是一个很大的进步。

背光源的分类：

背光源目前按光源类型分，主要有 EL、CCFL 及 LED 三种背光源；依光源分布位置的不同，则分为边光式和底背光式（直下式）两种。

1）边光式（EL）。即将线形或点状光源设置在经过特殊设计的导光板的侧边做成的背光源。根据实际使用的需要，又可做成双边式，甚至三边式。边光式背光一般可做得很薄，但光源的光利用率较小，且越薄利用率越小，最大约 50%。其技术核心是导光板的设计和制作。边光式最常用的有 LED 灯背光和 CCFL 背光。随着 LCD 模组不断向更亮、更轻、更薄方向发展，侧光式 CCFL 式背光源成为目前背光源发展的主流。

（1）LED 灯背光。LED 灯又称发光二极管，比起其他光源，单个 LED 灯的功耗是最小的。按发光强度分为普通亮度 LED（发光强度 < 10 mcd）和高亮度 LED（发光强度 10 ~ 100 mcd）和超高亮度 LED（发光强度 > 100 mcd）。

（2）CCFL 背光。此种背光的最大优点是亮度高，所以面积较大的黑白负相、蓝模负相和彩色液晶显示器件基本上都采用它。理论上，它可以根据三基色的配色原理做出各种颜色。其缺点是功耗较大，还需逆变电路驱动，而且工作温度较窄，为 0 ~ 60 ℃ 之间，而 LED 等其他背光源都可达到 − 20 ~ 70 ℃ 之间。

2）底背光式。是一种有一定结构的平板式的面光源，可以是一个连续均匀的面光源，如 EL 或平板荧光灯，也可以是一个由较多的点光源构成，如点阵 LED 或白炽灯背光源等。常用的是 LED 点阵和 EL 背光。

（1）EL 背光。即电致发光，是靠荧光粉在交变电场激发下的本征发光而发光的冷光源。其最大的优点是薄，可以做到 0.2 ~ 0.6 mm 的厚度。缺点是亮度低，寿命短（一般为 3000 ~ 5000 h），需逆变驱动，还会受电路的干扰而出现闪烁、噪声等不良现象。EL 的驱动有逆变器、Driver IC 驱动两种。因为目前 Driver IC 的频率和负载输出电压达不到 EL 的典型条件（400 Hz、AC100 V），所以亮度较逆变器驱动更低。最近陆续有白光（全色）EL 和 LCD 背光源开发出来，但由于亮度较暗，基本上用于 4 英寸以下小尺寸液晶显示，如：手机、PDA、游戏机等。全色（白光）、大尺寸亮度背光源，现在主流仍然是用 CCFL 做光源。到目前为止，尚未开发出 EL 背光源。

（2）LED 底背光。优点是亮度高，均匀性好。缺点是厚度较大（大于 4.0 mm），使用的 LED 数量较多，发热现象明显。一般采用低亮的颜色进行设计，而高亮的颜色由于成本高基本上不考虑。

8.1.3　光污染

城市照明工程为城市带来了美丽的夜景，我国越来越多城市的夜晚被绚丽多彩的灯光点亮。然而夜景灯在使城市变美的同时，也给都市人的生活带来了一些不利影响。城市上空不见了星辰，刺眼的灯光让人紧张，人工白昼使人难以入睡。城市在亮起来的同时伴随着光污染，"只追求亮，越亮越好"的做法更是会带来难以预计的危害。光污染问题日益受到人们的重视。

最早提出光污染问题是在 20 世纪 30 年代，即气体汞灯开始广泛应用的时期。白炽灯的难熔灯丝不易在瞬间熄灭，所以亮度的变化不明显，而日光灯则 1s 内就有 20 次完全不发光，这对眼睛十分有害。日光灯下皮肤会发绿，伤害人的心理健康，长期在这种灯光下工作易患上精神病。

狭义的光污染指干扰光的有害影响，其定义是："已形成的良好的照明环境，由于逸散光而产生被损害的状况，又由于这种损害的状况而产生的有害影响。"逸散光指从照明器具发出的，使本不应是照射目的的物体被照射到的光。干扰光是指在逸散光中，由于光量和光方向，使人的活动、生物等受到有害影响，即产生有害影响的逸散光。

广义的光污染指由人工光源导致的违背人的生理与心理需求或有损于生理与心理健康的现象，包括眩光污染、射线污染、光泛滥、视单调、视屏蔽、频闪等。广义光污染包括了狭义光污染的内容。广义光污染与狭义光污染的主要区别在于狭义光污染的定义仅从视觉的生理反应来考虑照明的负面效应，而广义光污染则向更高和更低两个层次做了拓展。在高层次方面，包括了美学评价内容，反映了人的心理需求；在低层次方面，包括了不可见光部分（红外光、紫外光、射线等），反映了除人眼视觉之外，还有环境对照明的物理反应。

光污染属于物理性污染，它有两个特点：（1）光污染是局部的，会随距离的增加而迅速减弱；（2）在环境中不存在残余物，光源消失，污染即消失。国际上一般将光污染分成3类，即白亮污染、人工白昼和彩光污染。

① 白亮污染。阳光照射强烈时，城市里建筑物的玻璃幕墙、釉面砖墙、磨光大理石和各种涂料等装饰反射光线，明晃白亮、炫眼夺目。

② 人工白昼。在夜间，商场、酒店上的广告灯、霓虹灯闪烁夺目，令人眼花缭乱。有些强光束甚至直冲云霄，使得夜晚如同白天一样，即所谓人工白昼。

③ 彩光污染。舞厅、夜总会安装的黑光灯、旋转灯、荧光灯以及闪烁的彩色光源构成了彩光污染。

除了上述光污染源外，太白的纸、光滑的粉墙、电视、电脑等也会对视力造成危害。汽车排出的碳氢化合物和氮氧化合物在紫外线作用下会产生光化学烟雾，造成更大污染。工业应用的紫外线辐射（电弧、气体放电等）、红外线辐射（加热金属、熔融玻璃、发光硅碳棒、钨灯、氙灯、红外激光器等）都是人工光污染源。核爆炸、熔炉等发出的强光辐射更是一种严重的光污染。

光污染对人们的生产和生活会产生潜在的危害。

（1）导致城市交通事故增加

由玻璃幕墙造成的光污染是制造意外交通事故的凶手，矗立的一幢幢玻璃幕墙大厦，就像一大块几十米宽、近百米高的巨大镜子，对交通情况和红绿灯进行反射（甚至是多次反射），反射光进入高速行驶的汽车内，会造成人的突发性暂时失明和视力错觉；刺眼的路灯和沿途灯光广告及标志，也会使汽车司机感到开车紧张，易导致交通事故的发生。

（2）光污染给居民生活带来麻烦

夏天，玻璃幕墙强烈的反射光进入附近居民楼房内，增加了室内温度，影响正常的生活。有些玻璃幕墙是半圆形的，反射光汇聚还容易引起火灾，在德国柏林，1987年曾发生一场大火，警方在建筑物内部始终未找到起火原因，最后终于发现对面高层玻璃幕墙产生的聚光才是真正的"元凶"。2015年11月，北京电视台播放了一条咄咄怪闻：停在某商厦前的一辆小轿车，因受幕墙玻璃的太阳光反射，车门橡胶密封条被烤化流淌。1997年，上海和北京环保部门首次收到关于光污染的投诉信。上海市四川中路458号的30户居民向黄浦区环保局投诉，状告他们所在居民楼西面仅30 m处的一幢28层金融大厦采用玻璃幕墙，给他们的生活造成不利影响。几经交涉，大厦最后只好采用了反射率比较低的玻璃及小面积幕墙，并上门免费为投诉者安装了空调、百叶窗等。但因玻璃幕墙引致的各种隐患和纠纷并未因此化解。

（3）对人体健康产生影响

光污染主要来源于人类生存环境中日光、灯光以及各种反射、折射光源造成的各种逾量和不协调的光辐射。人们长期处于光污染环境中，会出现头晕目眩、失眠等神经衰弱症状，正常的生物钟规律被扰乱，人的大脑中枢神经会受到影响；光污染会导致视疲劳和视力急剧下降，加速白内障形成；强烈的光污染还会诱发皮肤癌。夜幕降临后的"人工白昼"，使人夜晚难以入睡，扰乱人体正常的生物钟，导致白天工作效率低下。科学研究表明，彩光污染不仅有损人的生理功能，还会影响心理健康。

（4）破坏生态环境

光污染在危害人类健康的同时，还影响动植物生长繁殖，使数量巨大的城市昆虫死于非命，人工白昼还会伤害鸟类和昆虫，强光可能破坏昆虫在夜间的正常繁殖过程，生态平衡遭到破坏。

（5）浪费能源

现在全国很多地方用电极度紧张，对不少居民和工厂采取拉闸限电或者限时供电的措施，我国照明耗电量为 1433 ~ 1720 亿度，其三分之二为火力发电，火力发电中，又有四分之三是使用燃煤。按每生产 1 度电产生的污染物二氧化碳为 1100 克、二氧化硫为 9 克计算，每年要排放 7 千万 ~ 9 千万吨二氧化碳和 60 万 ~ 70 万吨二氧化硫。因此，城市照明中的光污染，不仅耗电过多，也消耗了资源，污染了自然环境。

8.2 光 学 基 础

8.2.1 光的基本物理量

光学与光相关的常用量有 4 个：发光强度、光通量、照度、亮度。这 4 个量尽管是相关的，但是不同的，不能相混，正像压力、重力、压强、质量是不同的物理量一样。

1）发光强度（I，Intensity），单位：坎德拉，符号为 cd。

定义：光源在给定方向的单位立体角中发射的光通量定义为光源在该方向的（发）光强（度）。

解释：是针对点光源而言的，如果发光体相对较小也可适用。这个量是表明发光体在空间发射的会聚能力的。

现在 LED 也用这个单位来表示，比如某 LED 是 15000 的，单位是 mcd，1000 mcd = 1cd，因此 15000 mcd 就是 15 cd。

常见光源发光强度（cd）：太阳，2.8×10^{27}；高亮手电，10000；5 mm 高亮 LED，15。

2）光通量（F，Flux），单位：流明，符号为 lm。

定义：光源在单位时间内发射出的光量称为光源的发光通量。

解释：同样，这是对光源而言，是描述光源发光总量大小的，与光功率等价。

对于各向同性的光，则 $F = 4\pi I$。也就是说，若光源的 I 为 1 cd，则总光通量为 $4\pi =$

12. 56 lm。

人眼对不同颜色的光的感觉是不同的，此感觉决定了光通量与光功率的换算关系。对于人眼最敏感的 555 nm 的黄绿光，1W = 683 lm，也就是说，1 W 的功率全部转换成波长为 555 nm 的光，为 683 流明。这是最大的光转换效率，因为人眼对 555 nm 的光最敏感。对于其他颜色的光，比如 650 nm 的红色，1 W 的光仅相当于 73 流明，这是因为人眼对红光不敏感。对于白色光，要看情况，因为很多不同的光谱结构的光都是白色的。例如 LED 的白光、电视上的白光以及日光就差别很大，光谱不同。

常见发光的大致效率（lm/W）：白炽灯，15；白色 LED，20；日光灯，50；太阳，94；钠灯，120。

3）光照度（E，Illuminance），单位：勒克斯，符号为 lx（以前叫 lux）。

定义：1 lm 的光通量均匀分布在 1 m^2 表面上所产生的光照度。

解释：光照度是对被照地点而言的，但又与被照射物体无关。一个流明的光，均匀射到 1 m^2 的物体上，照度就是 1 lx。为了保护眼睛便于生活和工作，在不同场所下到底要多大的照度都有规定，例如机房不得低于 200 lx。阳光下的照度是为 11 万勒克斯左右。

常见照度（lx）：阳光直射（正午）下，110000；普通房间灯光下，100；满月照射下，0.2。

4）亮度（L，Luminance），单位：坎德拉每平方米（cd/m^2）。

定义：单位光源面积在法线方向上，单位立体角内所发出的光流。

解释：亮度是针对面光源而言。常见发光体的亮度（cd/m^2）：红色激光指示器，2×10^{10}；太阳表面，2×10^9；白炽灯灯丝，1×10^7；阳光下的白纸，3×10^4；人眼能习惯的亮度，3000；满月表面，2500；人眼能比较好的分辨出颜色的亮度，1；满月下的白纸，0.07；无月夜空，0.0001。

8.2.2　电光源的基本技术参数

电光源的技术参数主要有：光效、色温、显色指数、配光曲线等。

光源所发出的总光通量与该光源所消耗的电功率（瓦）的比值，称为该光源的光效，单位：流明/瓦（lm/W）。

当光源所发出的光的颜色与黑体在某一温度下辐射的颜色相同时，黑体的温度就称为该光源的色温，单位用热力学温度 K（kelvin）表示。

为了对光源的显色性进行定量评价，引入显色指数的概念。以标准光源为准，将其显色指数定为 100，其余光源的显色指数均低于 100。显色指数用 Ra 表示，Ra 值越大，光源的显色性越好。

配光曲线是指光源（或灯具）在空间各个方向的光强分布。

8.3　光环境评价与质量标准

8.3.1　天然光环境的评价

天然光强度高，变化快，不易控制，因而天然光环境的质量评价方法和评价标准有许多不同于人工照明的地方。

采光设计标准是评价天然光环境质量的准则，也是进行采光设计的主要依据。发达国家大都通过照明学术组织编制本国的采光设计规范、标准或指南，国际照明委员会（CIE）1970 年曾发表有关采光设计计算的技术文件，其后又组织各国天然采光专家合作编写了《CIE 天然采光指南》，我国于 2001 年发布了 GB/T 50033—2001《建筑采光设计标准》。有关天然光照明质量评价的主要内容有：

1. 采光系数

在利用天然光照明的房间里，室内照度随室外照度即时变化。因此，在确定室内天然光照度水平时，须同室外照度联系起来考虑。通常以两者的比值，作为天然采光的数量指标，称为采光系数，符号为 C，以百分数表示。采光系数定义为室内某一点直接或间接受天空漫射光所形成的照度与同一时间不受遮挡的该天空半球在室外水平面上所产生的天空漫射光强度之比，如式（8-1）所示：

$$C = \frac{E_n}{E_w} \times 100\% \tag{8-1}$$

式中，E_n 为室内某点的天然光照度，lx；E_w 为与 E_n 同一时间，室内无遮挡的天空在水平面上产生的照度，lx。

应当指出，两个照度值均不包括直射日光的作用。在晴天或多云天气，在不同方位上的天空亮度有差别。因此，按照上述简化的采光系数概念计算的结果与实测采光系数值会有一定的偏差。

2. 采光系数标准

作为采光设计目标的采光系数标准值，是根据视觉工作的难度和室外的有效照度确定的。当室外照度高于临界值时，才考虑室内完全用天然光照明，以此规定最低限度的采光系数标准。表 8-1 列出我国工业企业作业场所工作面上的采光系数标准值，这是一个最低限度的标准，是在天然光视觉试验及对现有建筑采光状况普查分析的基础上，综合考虑我国光气候特征及经济发展水平制定的。由于侧面采光房间的天然光照度随离开窗户的距离增大而迅速降低，照度分布很不均匀，所以采光系数标准采用最低值 C_{min}；顶部采用室内的天然光照度能达到相当好的均匀度，因而取采光系数平均值 C_{av} 作为标准。此外，开窗位置和面积常受建筑条件的限制，所以采光标准的视觉工作分级较人工照明照度标准粗糙一些。

民用建筑的采光系数标准值多数是按照建筑功能要求规定的。例如德国的采光规范规定居室内 0.85 m 高水平面上，位于 1/2 进深处，距两面侧墙 1 m 远的两点采光系数最低值不得小于 0.75%，且其平均值至少应达到 0.9%，如果相邻的两面墙上都开窗，上述两点的采光系数平均值不应小于 1.0%。

表 8-1 视觉作业场所工作面上的采光系数标准值   （C/%）

采光等级	视觉作业分类		侧面采光		顶部采光	
	作业精确度	识别对象的最小尺寸 d/mm	室内天然光临界照度/lx	采光系数 C_{min}/%	室内天然光临界照度/lx	采光系数 C_{av}/%
1	特别精细	$d \leq 0.15$	250	5	350	7
2	很精细	$0.15 < d \leq 0.3$	150	3	225	4.5

续表

采光等级	视觉作业分类		侧面采光		顶部采光	
	作业精确度	识别对象的最小尺寸 d/mm	室内天然光临界照度/lx	采光系数 C_{min}/%	室内天然光临界照度/lx	采光系数 C_{av}/%
3	精细	$0.3 < d \leqslant 1.0$	100	2	150	3
4	一般	$1.0 < d \leqslant 5.0$	50	1	75	1.5
5	粗糙	$d > 5.0$	25	0.5	35	0.7

注：① 表中所列采光系数标准值适用于我国Ⅲ类光气候。

　　② 亮度对比小的Ⅱ、Ⅲ级视觉作业，其采光等级可提高一级采用。

8.3.2 人工光环境的评价

为了建立人对光环境的主观评价与客观的物理指标之间的对应关系，世界各国的科学工作者进行了大量的研究工作，通过大量视觉功效的心理物理实验，找出了评价光环境质量的客观标准，为制定光环境设计标准提供了依据。下面讨论优良光环境的基本要素与评价方法。

1. 适当的照度水平

对办公室和车间等工作场所在各种照度条件下感到满意的人数调查结果表明，随着照度的增加，满意人数百分比也增加，与最大百分比对应的照度为 1500～3000lx，照度超过此数值范围，满意人数反而减少。不同工作性质的场所对照度值的要求不同，适宜的照度应当是在某具体工作条件下，大多数人都感觉比较满意且保证工作效率和精度均较高的照度值。

（1）照度标准

确定照度标准要综合考虑视觉功效、舒适感与经济、节能等因素。照度并非越高越好，提高照度水平对视觉功效只能改善到一定程度。无论从视觉功效还是从舒适感考虑，选择的理想照度最终都要受经济水平特别是能源供应的限制。所以，实际应用的照度标准大都是折中的标准。

在没有专门规定工作位置的情况下，通常以假想的水平工作面照度作为设计标准。对于站立的工作人员水平面距地 0.90 m；对于坐着的人是 0.75 m（或 0.80 m）。

根据韦伯定律，主观感觉的等量变化大体是由光量的等比变化产生的。所以，在照度标准中以 1.5 左右的等比级数划分照度等级，而不采取等差级数。例如，CIE 建议的照度等级（单位为 lx）为 20、30、50、75、100、150、200、300、500、750、1000、1500、2000、3000、5000 等。

我国于 2013 年发布了 GB 50034—2013《建筑照明设计标准》。《建筑照明设计标准》将生产作业按照识别对象的最小尺寸（假定视距为 500mm）分为 10 等，其中Ⅰ～Ⅳ等又按亮度对比的大小细分为甲、乙两级，分别规定了不同照明方式下每一视觉工作等级的照度范围。这是一个原则性的生产作业标准，尚需结合各类生产活动的特点制定具体的实施标准。

（2）照度均匀度

对一般照明的评价还应当提出照度均匀度的要求。照度均匀度是表示给定平面上照度分布的量，可用工作面最小照度与平均照度之比表示。规定照度的平面（参考面）往往就是工作面，通常假定工作面是由室内墙面限定的距地面高 0.7～0.8m 高的水平面。一般照明是为照亮整个假定工作面而设的均匀照明，不考虑特殊局部的需要，参考面上的照度应尽可能均匀，否则易引起视觉疲劳。照度均匀度不得低于0.7，CIE建议值为0.8。

（3）空间照度

在交通区、休息区、大多数的公共建筑，以及居室等生活用房，照明效果往往用人的容貌是否清晰和自然来评价。在这些场所，适当的垂直照明比水平面的照度更重要。近年来已经提出两个表示空间照明水平的物理指标：平均球面照度与平均柱面照度。实践表明，后者有更大的实用性。空间一点的平均柱面照度定义为：在该点的一个假想小圆柱体侧面上的平均照度，圆柱体的轴线与水平面相垂直，并且不计圆柱体两端面上接收的光量。

2. 舒适的亮度比和亮度分布

舒适的亮度比和亮度分布是对工作面照度的重要补充。人眼的视野很宽，在工作房间里，除了视看对象外，工作面、顶棚、墙、窗户和灯具等都会进入视野，这些物体的亮度水平和亮度对比构成人眼周围视野的适应亮度，若亮度相差过大，则会加重眼睛瞬时适应的负担，或产生眩光，降低视觉功效；此外，房间主要表面的平均亮度，形成房间明亮程度的总印象，其亮度分布使人产生不同的心理感受。因此，舒适且有利于提高工作效率的光环境还应具有合理的亮度分布。

在工作房间，作业近邻环境的亮度应尽可能低于作业本身亮度，但最好不低于作业亮度的1/3。而周围视野（包括顶棚、墙、窗户等）的平均亮度，应尽可能不低于作业亮度的1/10。灯和白天的窗户亮度，则应控制在作业亮度的40倍以内。

3. 适宜的光色

良好的光环境离不开颜色的合理设计。光源的颜色质量常用两个性质不同的术语，即光源的表观颜色和显色性来同时表征。前者常用色温定量表示，后者是指灯光对被照射物体颜色的影响作用，两者都取决于光源的光谱组成。但不同光谱组成的光源可能具有相同的色表，而其显色性却大不相同；同样，色表完全不同的光源可能具有相等的显色性。CIE取一般显色指数 Ra 为指标，对光源的显色性能分类，提出了每一类显色性能适用的范围，可供设计时参考。

4. 适宜的光色

眩光俗称"晃眼"，CIE对眩光定义为一种视觉条件，这种条件的形成是由于亮度分布不适当，或亮度变化幅度太大，或空间、时间上存在着极端的对比以致引起不舒适或降低观察重要物体的能力，或同时产生这两种现象。

CIE眩光公式以眩光指数 CGI 为定量评价不舒适眩光的尺度。三个单位整数是一个眩光等级。一个房间内照明装置的眩光指数计算规则是以观测者坐在房间中线上靠后墙的位置，平视时作为计算条件，如式（8-2）所示：

$$CGI = 8\lg2\left(\frac{1 + \dfrac{E_d}{500}}{E_i + E_d} \sum \frac{L^2 W}{P^2} \right) \qquad (8-2)$$

式中，E_d 为全部照明装置在观测者眼睛垂直面上的直射照度；E_i 为全部照明装置在观测者眼睛垂直面上的间接照度；W 为观测者眼睛同一个灯具构成的立体角；L 为此灯具在观测者眼睛方向上的亮度，cd/m^2；P 为考虑灯具与观测者视线相关位置的一个系数。

5. 立体感

在照明领域，三维物体在光的照射下会呈现具有立体感的造型效果，这主要是由光的投射方向及垂直光同漫射光的比例决定的。对造型效果的主观评价，往往是心理因素决定的。

但为了指导设计，可采用以下三种评价造型立体感的物理指标定量表达人们对三维物体造型的满意程度，同时提供相应的计算和测量方法来预测并检验室内光环境的造型效果。

（1）矢量/标量比

空间一点的标量照度 E_s 是在该点的一个小球元面上的平均照度。因此，用半径为 r 的小球接受光通量为 ϕ 的一束光所获得的标量照度 E_s 如式（8-3）所示：

$$E_s = \frac{\phi}{4\pi r^2} \tag{8-3}$$

而在半径为 r 的圆平面上获得的照度 E 如式（8-4）所示：

$$E = \frac{\phi}{\pi r^2} \tag{8-4}$$

（2）平均柱面照度与水平面照度之比（E_c/E_h）

平均柱面照度与水平面照度之比为 $0.3 \leqslant E_c/E_h \leqslant 3$ 时，可获得较好的造型立体感效果。以 E_c/E_h 作为造型立体感的评价指标，不用另外规定光的照射方向。因为，当光线从上方向下直射时 $E_c = 0$，$E_c/E_h = 0$；当光线仅来自水平方向时，$E_h = 0$，$E_c/E_h \rightarrow \infty$，所以给出的量值已包含了光线方向的因素。

（3）垂直照度与水平照度之比（E_v/E_h）

这是一种最简单的表达照明方向性效果的指标。为了达到可接受的造型效果，在主要视线方向上，E_v/E_h 至少应为 0.25；获得满意的效果则需要 0.50。

8.4　光污染防治材料与应用实例

8.4.1　可见光污染防治材料

玻璃幕墙作为建筑的围护结构，由金属框和玻璃组成，因此玻璃对幕墙起关键性作用。根据玻璃的一些参数特征，慎重选择用于幕墙的玻璃类型，选用无眩光的玻璃用于幕墙是防止玻璃幕墙光污染的关键。玻璃对于光有透射、吸收和反射特性，设计玻璃幕墙时应根据这些特性采用不同类型玻璃。需要开发和使用对现有玻璃略加处理既能减少定向反射光，同时又不增加温室效应的材料，这是一种最简捷的构造技术方法。这类材料有：①吸热玻璃：是已开发使用的一种幕墙玻璃，其定向反射光弱，光污染轻；大部分光透入室内，而热量被玻璃吸收，然后散发到室内外，因此使用不理想；②回反射玻璃：是一种新型玻璃材料，它可把太阳照射光顺原来方向反射回去，从而消除射向周围的反射光，减少了进入室内的热量，在以后幕墙中会得到广泛应用；③玻璃上贴反射膜可以使室内采光不受影响，但可反射一定的太阳光，但定向反射光不足 1%。欲增加室内的天然采光，可以采用部分贴膜处理。如何科学合理地开发低反射率幕墙玻璃，减少光污染，是当前关心的问题。近年来如采用的 Low-E 型低反射玻璃、微晶玻璃、茶色玻璃（反射率为 11%）、宝石流色玻璃（反射率为 12%）等低反射玻璃用于幕墙是值得推广的。

8.4.2 红外线、紫外线污染防治材料

1. 红外吸收材料

红外吸收材料是指对红外光区特定频段有较强选择性红外吸收作用的功能材料。红外吸收材料从形态上分，主要有粉体类、固体薄膜类和溶液类等类型。红外吸收材料可以是单一材料，也可是多种材料构成的复合材料。将多种材料通过物理方法复合形成的复合红外吸收材料具有比单一材料更好的红外吸收性能。然而，通过化学方法将多种红外吸收材料组合形成的红外吸收材料因材料间的相互作用，使材料在包含单一材料性能外还具有更强的红外吸收效果。因此，采用化学法制备具有优异红外吸收性能的新型材料是未来发展的重要方向。

（1）红外吸收材料作用原理

选择性红外吸收材料对红外光区的特定频段有较强的吸收，红外吸收材料的作用原理是材料微观的分子处在不停地转动和振动过程中，对特定频段的红外线具有吸收作用。检测到的选择性红外吸收材料的表观红外吸收作用包括部分散射。不同材料因其化学组成和化学性质不同，其红外吸收性能各异，除了自身化学性质和化学组成直接影响材料的红外吸收波段之外，材料微观粒径的物理尺寸也对材料的红外吸收具有很大的影响，在化学组成、结构及性质相同的情况下，不同粒径的材料的红外吸收作用是不同的。材料粒径由微米级下降到纳米级时，红外吸收性能逐渐下降。米氏（Mie）定律解释了这一现象，定律主要内容：某种红外吸收材料的粒度分布均匀且粒径大小和相应的红外线波长相近时，其对此波长红外线的吸收最强，即在粒径大小与红外波长相当时，红外吸收材料的红外吸收性能最强。因此，同一种材料可通过控制粒径得到对特定波长红外线吸收性能更好的红外吸收材料，如对长波段红外线的吸收可通过将红外吸收材料的粒径调控至与红外线波长相近，从而增强红外吸收性能。此外，当红外吸收材料微粒形状均匀且粒径大小与红外波长相当时，可根据米氏定律对材料红外吸收性能进行定量分析。红外吸收材料主要靠单位体积内无数的尺寸相近或者略大于辐射波长的微粒进行红外吸收，材料的红外消光系数越大，证明其在限定波段范围内红外吸收功能越强。

（2）选择性红外吸收材料发展现状与要求

目前，选择性红外吸收材料通常分为热红外吸收材料和冷红外吸收材料。热红外吸收材料进行红外吸收时通常伴随着化学反应的发生，并散发出热量。热红外吸收材料主要包含三类：① 金属粉末和有机卤化物的红外吸收材料，如由一定比例的铝粉、六氯乙烷、氧化锌制备的气溶胶红外吸收材料；② 金属粉末和有机卤化物中添加具有更强红外吸收性能的物质得到的改进型红外吸收材料，该红外吸收材料的特征是进行红外吸收时伴随着强烈的氧化还原反应，并在反应过程中产生红外吸收小微粒，增强红外吸收性能；③ 含磷型红外吸收材料。红磷发烟红外吸收材料具有良好的红外吸收性能，以硝酸钾和高氯酸作氧化剂，以金属镁作燃烧剂制得的红外吸收材料在长波（7 ~ 14μm）波段有良好的吸收性能，平均透过率不足百分之十。因此，含磷红外吸收材料可用于长波波段的红外吸收。冷红外吸收材料发生作用时通常仅包含物理过程，不会释放出大量的热。根据材料的形态可分为两种类型，分别为液体类型红外吸收材料和固体类型红外吸收材料。其中液体型红外吸收材料具有熔点沸点低、绿色无污染的特点，通常包括水、硫酸铝的水溶液以及一些液体有机物。固体类红外吸收材料包含：金属粉类，如铝粉、铜粉等；有机、无机粉末，如高岭土、石墨、滑石粉、柠檬酸钠等；表面涂有金属的空心球红外吸收材料。

红外吸收性能主要依赖于材料的化学组成、粒径分布、粒子对光谱的吸收散射作用及其在大气中的质量浓度。因此，发展绿色环保、粒径可控、高效费比且对设备无损的新型材料是红外吸收材料的发展方向。同时，未来的红外吸收材料在性能方面向着多功能，即能够吸收毫米波、微波、红外线和可见光的方向发展。同时，通过延长红外吸收材料在空气中的漂浮持续时间，可加强材料的红外吸收作用。目前研制并广泛应用的红外吸收材料主要是含有机氯或氟、金属及其合金的热红外吸收材料。有机化合物具有毒性和腐蚀性，易对人员造成伤害并对设备造成严重的腐蚀，同时也会引起环境污染，而金属及其合金易造成导电设备短路，从而限制了其作为选择性红外吸收材料的应用。滑石粉等无机粉末具有良好的红外吸收性能，且不会对设备造成腐蚀和干扰，但因材料粒径不可控，给材料设计带来困难，无法按照需求调整红外吸收波段。

2. 紫外吸收材料

紫外线对人体的危害远大于它的有利作用。紫外线能使皮肤产生红斑或水疱，促进黑色素形成，产生色素沉着，形成褐斑。敏感皮肤在日光下连续经过紫外线的辐射还能损伤DNA，使免疫力下降，甚至诱发皮肤癌。此外，紫外线还会使塑料等高分子材料产生光老化和光降解现象。随着工业化进展，地球环境不断恶化，大气污染加剧，臭氧层遭到日趋严重的破坏，地面接收的紫外线辐射量不断增加，给人类带来的影响已被世界范围所认识。因此如何防范紫外线辐射已引起人们的广泛关注。

为防止过量的紫外线辐射给人体带来的严重危害，在日常生活中，防晒剂被越来越多的人所使用。由于防晒剂直接与人体皮肤长时间连续接触，因此，必须安全、无毒、无副作用。目前化妆品中的防晒剂可分为有机紫外线吸收剂和无机紫外线屏蔽剂两大类，它们各有其优缺点。

以对氨基苯甲酸类、肉桂酸类等有机物为代表的有机紫外线吸收剂品种多，对一定波长的紫外线吸收能力较强，但由于在使用过程中和皮肤直接接触，易对皮肤产生刺激、过敏现象，引起皮肤红疹、发炎、变黑，并可透过皮肤被人体吸收，存在安全隐患。以往解决的办法主要是衍生化处理，例如将对氨基苯甲酸中氨基上的两个氢原子进行烷基化处理，将羧基酯化处理，其结果降低了对氨基苯甲酸对皮肤的刺激性，提高了耐酸性和光稳定性，但另一方面却提高了产物的油溶性，其透皮吸收的可能性增大。一些复杂的衍生化处理，步骤多，成本高，尽管有一定的效果，但不能从根本上解决问题。

鉴于有机紫外吸收剂存在的各种问题，人们将目光转向了无机物。以二氧化钛、二氧化铈等半导体型金属氧化物为代表的无机紫外线屏蔽剂近几年来的研究很热，它们的特点是对紫外线有较强的屏蔽作用，很少引起皮肤的过敏反应，没有透皮吸收现象，但缺点是半导体型金属氧化物通常具有很强的光催化或氧化催化活性，易使化妆品中配伍的油脂基质发生化学变化。为解决此问题，人们使用如硬脂酸铝、卵磷脂及有机硅表面活性剂等材料包覆氧化物粒子，或者使用有机高分子化合物进行表面涂层等处理，但难以保证在化妆品的制造过程（如加热乳化、高速均质等）以及贮存过程中这些包覆层或涂布层不破裂或失效，因此存在潜在的危险性。此外，这些无机氧化物的表面遮蔽力强，制成品透明感差，影响感官效果，同时由于密度较高，较难稳定在低黏度的防晒化妆品（如防晒油）中，这也使其应用受到限制。

近几年来，科研人员在有机和无机紫外吸收剂的基础上又研制出了一系列新型复合紫外吸收剂。这类吸收剂趋向于多功能化，并且进一步扩大了紫外吸收剂的应用范围和领域。复合二氧化硅紫外线吸收剂是这类复合紫外吸收剂中的典型代表，它以二氧化硅、滑石和云母体质颜料为基体，在表面结晶氧化铈涂层而制得，紫外吸收范围广且寿命长。氧化钛和氧化铁的复合物可吸收 320～400 nm 波段的紫外光，也能吸收 290～320 nm 波段的紫外线，是一种紫外吸收复合体系。二氧化钛与聚甲基丙烯酸酯的复合物为透明物质，不仅具有高效吸收紫外光的功能，而且对紫外光也具有很好的屏蔽能力。

8.4.3　光污染防治材料应用实例

紫外吸收剂是目前使用最普遍的光稳定剂，它是一类能够强烈地选择吸收高能量的紫外光，并进行能量转换，以热能或无害的低能辐射将能量释放或消耗掉的物质。按照紫外吸收剂的化学结构，紫外吸收剂主要分为以下几类：苯并三唑类、三嗪类、水杨酸酯类、氰代丙烯酸类以及二苯甲酮类等。

三嗪类衍生物在工业及医药中有许多重要的用途，可以作为杀菌剂、医药中间体、高聚物的抗氧剂及紫外线吸收剂。最近出现了一些三嗪类的紫外线吸收剂，例如 Cibafast P、Tinuvin 400、Cyasorb UV1164、Tinuvin 1577FF 等。国内山西省化工研究所进行了大量的工作，成功开发了三嗪-5 后，又以三聚氯氰、间二甲苯、间苯二酚为原料合成了三嗪-425，该产品的紫外线吸收率高、色泽浅、用量少，是国内紫外线吸收剂的一个新亮点。

氰代丙烯酸类光稳定剂的典型产品是 BASF 公司的 Uvinnl N-35。该产品主要用于汽车修理用涂料和高层建筑用涂料，其吸收强度不高。

国内外二苯甲酮类紫外线吸收剂产品主要有 2-羟基-4-甲氧基二苯甲酮，商品名为 UV-9；2-羟基-4-正辛氧基二苯甲酮，商品名为 UV-531；2-羟基-4-甲氧基-5-磺酸基二苯甲酮，商品名为 UV-30 等。这些常用的二苯甲酮类紫外吸收剂由于相对分子质量较小，存在与高分子材料相容性不好或在高分子材料加工过程中易挥发等缺点，从而使材料性能达不到预期效果，应用范围受到限制。

增加紫外线吸收剂的相对分子质量，可解决助剂易挥发造成的环境污染和高成本问题。Ciba Specialty 公司将长链的聚烷氧基连接在二苯甲酮分子上，制成高相对分子质量稳定剂，可用于油墨、塑料、橡胶等高分子材料。紫外线吸收剂 UV-B 是由 UV-0 与苄氯反应制成，该产品含有一个疏水性很强的苄基，因而其挥发性、耐水性和耐水抽出性较好。

美国 Nat. Starcbwc 公司开发的牌号为 Permasorb MA 的反应性二苯甲酮类紫外线吸收剂，是由 UV-0 和甲基丙烯酸缩水甘油酯在氢氧化钠（或硝酸铵）存在下反应制得。该产品是反应性紫外线吸收剂，能强烈地吸收波长为 280～350 nm 紫外光线。因其含有活性双键，故可与聚合物的单体共聚。又因其含有羟基，故可在聚氨酯、醇酸树脂及聚氨酯等缩聚树脂的制造过程中以化学键结合到聚合物上。

思考题

1. 什么是光污染？光污染的主要类型有哪些？
2. 试说明光通量与发光强度、照度与亮度之间的区别和关系。
3. 什么是眩光污染？试述其产生原因、危害及防治措施。

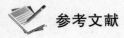 **参考文献**

[1] 陈杰瑢. 物理性污染控制[M]. 北京：高等教育出版社，2007.

[2] 何德文. 物理性污染控制工程[M]. 北京：中国建材工业出版社，2015.

[3] 董文杰. 大尺寸层状复合金属氢氧化物的可控制备及红外吸收性能研究[D]. 北京：北京化工大学，2015.

第9章 电磁波防护材料

众所周知，所有用电的器具——手机、电视、电脑、电动机、输电线路工作时无不发出种种频率的电磁波。电磁波在空中互相干扰，给飞机的导航、电信设备的正常工作、信息系统的保安等方面带来许多不容忽视的安全问题，目前在飞机上、加油站、医院院区禁打手机就是出于安全的考虑。至于电磁辐射对人体健康的影响，更是科学家们关注的课题。电磁波看不见，摸不着，嗅不到，所以比其他污染更难避免。人们对它也容易忽视，因此被称为"隐形杀手"。如何对付这个"杀手"，电磁波防护材料在此显示出诱人的商机。

9.1 电磁波辐射对人体健康的危害及其机制

电磁波是一种物质存在形式，与人类生存、生活息息相关，比如阳光波长在 100 ~ 760 nm，是我们视觉系统感知这个世界的信号基础，是万物生长的能量来源，是地球生态圈不可缺少的组成部分。人体本身就是个生物带电体，生物电流无时无刻不在人体的组织细胞间传递着信息，它产生的电磁场与天然电磁辐射与人类自身的进化繁衍有着良好的适应关系。然而随着科学技术尤其是电子技术的发展，架设的电源线越来越多，电视、电脑、移动电话、微波炉走入我们的生活，原本完美的生态和谐被打破了。波长更长，频率在 30 GHz 内的电磁辐射充斥着我们的空间，破坏了良好的电磁生态环境，使自动控制失灵、信息传导失误、飞机导航失事、人体机能障碍等。

9.1.1 电磁波辐射对人体健康的危害

电磁波对人体的伤害早已被发现。在 20 世纪 50 年代科学家们就发现从事微波工作的人员在无防护的条件下工作半年，白内障的发病率增高。1974 年从事儿童白血病课题研究的流行病学家南希沃特海姆多次发现，白血病患儿家庭的庭院内往往装有电力变压器。一份来自加拿大-法国的联合调查表明，电磁辐射与白血病的发生有着相关性。1988 年，美国加利福尼亚的一个科研小组对从事视屏作业的妊娠妇女进行跟踪调查，结果发现孕妇如一周内有 20 h 在电脑前工作，其流产率会增加一倍。据报道，美国明尼苏达州有家农场，1978 年上空架设了 3765 kV 的高压输电线，由于输电线所放出来的强大电磁能的作用，使电线下面的植物叶子枯萎，在下面劳动的人常常毛发竖立，感到身上有蜘蛛在爬似的。又如，美国、俄罗斯等国操纵电子理疗设备的人员，相继出现头痛、头昏、失眠多梦、白细胞总数升高等症状。中国科学院生物物理所 1995 年的一份研究报告表明，功率密度 30 ~ 40 mV/cm^2、频率在 21 ~ 22 GHz 的辐射场下照射 30 ~ 110 min，则小鼠的生精细胞受到破坏，且证实为非热效应所致。因此，电磁波辐射可以对生物体造成极大的伤害，对人体健康存在严重威胁。可以看出，正如工业革命带来诸如"三废"环境污染一样，各种现代电子设备的广泛使用亦同时导致了严重的环境电磁污染，已成为人类社会的"隐形杀手"。

9.1.2　电磁辐射伤害人体的机理

对电磁波辐射对人体造成伤害的机理，生物物理学家们进行了深入的研究，取得了许多重要的实验性结果。人体是个导电体，电磁辐射作用于人体产生电磁感应，并有部分的能量沉积。电磁感应可使非极性分子的电荷再分布，产生极性，同时又使极性分子再分布，即偶极子的生成。偶极子在电磁场的作用下的取向异常将导致生物膜电位异常，从而干扰生物膜上受体表达酶活性，导致细胞功能的异常及细胞状态的异常。

（1）电磁辐射对人体电生理的影响　人体的感受器，如眼、耳、皮肤上的冷、热、触、疼等感受器接受外界刺激将产生神经冲动。神经冲动由周围神经系统再传到中枢神经系统产生反馈，反馈信息传给人体的效应器，产生人的有意识的行动。神经冲动及所反馈信息实质上就是神经细胞上的电传导。电磁辐射改变了生物膜电位，也就改变了神经细胞的电传导，扰乱人的正常电生理活动。日积月累会导致神经衰弱、植物神经功能紊乱等症状群。神经衰弱具体表现为头痛、头晕、失眠、多梦、健忘等，严重者可致心悸及心率失常。

（2）电磁辐射可导致内分泌紊乱　植物神经功能紊乱，腺体细胞功能状态的异常，将导致激素分泌异常。电磁辐射作用于肾上腺则肾上腺素和去甲肾上腺素水平降低，直接导致抗损伤能力降低。作用于垂体则使生长激素水平降低，导致儿童生长迟缓。作用于甲状腺及旁腺将使甲状腺素和甲状旁腺素异常，导致儿童发育障碍。作用于松果体则松果体素水平下降，使人的免疫力下降，疾病发生率增高，同时导致生物钟紊乱。

（3）电磁辐射可诱导变异细胞的产生　生物体是由细胞构成，其遗传物质是 DNA。母细胞复制细胞的过程就是 DNA 的复制传递及表达的过程。当这一过程受到电磁波及其他致癌因素干扰时，就会诱发癌基因表达，导致癌细胞及其他变异细胞的产生。因此当人体处在免疫力低下时就会使癌症的发生率增高。电磁辐射使生物膜功能紊乱甚至破坏或抑制细胞活性，如精子生成减少及活性降低而导致不育症，脸部皮肤细胞代谢障碍而产生色素沉着等。

电磁辐射作为一种能量传递方式，还会直接将能量传递给原子或分子，使其运动加速，进而在体内形成热效应。当微波作用于人的眼睛，眼睛晶状体水分较多，更易吸收较多的能量，从而损伤眼的房水细胞。晶状体内无血管成分，代谢率低，很难将损伤或死亡的细胞吸收掉，日积月累在晶状体内形成晶核，导致白内障的产生，视力下降，甚至失明。目前，电磁波辐射对人体造成的损害机理正不断得到深入研究，电磁污染的防护与治理也日益受到人们的普遍关注和重视。

目前，避免电磁波辐射常采用的防护措施是采用电磁波屏蔽材料和电磁波吸收材料。

9.2　电磁波屏蔽材料

现代社会离不开电，电周围产生电场，电荷的流动产生磁场，两者合称电磁场。电磁场以电磁波的形式传递电磁能量。目前，有效地抑制电磁波的辐射、泄漏、干扰和改善电磁环境，主要以电磁屏蔽为主。因此，对电磁屏蔽机理和屏蔽材料都有较为深入的研究。

9.2.1 电磁辐射的屏蔽机理

电磁屏蔽是利用屏蔽体阻止或减少电磁能量传输的一种措施，能有效地抑制空间中传播的各种电磁干扰。通常，屏蔽材料对空间某点的屏蔽效果用屏蔽效能 SE（Shielding Efftivenes-s，单位为 dB）表示，按式（9-1）计算：

$$SE = 20\lg\frac{E_0}{E_1} \quad 或 \quad SE = 20\lg\frac{H_0}{H_1} \tag{9-1}$$

式中，E_0、H_0 为无屏蔽时某点的电场强度或磁场强度；E_1、H_1 为安放屏蔽体后同一点的电场强度或磁场强度。

通常认为，SE 在 0～10 dB 的材料几乎没有屏蔽作用；SE 在 10～30 dB 的材料有较小的屏蔽作用；SE 在 30～60 dB 的材料具有中等屏蔽作用，可用于一般工业或商业用电子设备；SE 在 60～90 dB 的材料，屏蔽作用较好，可用于航空、航天及军用仪器设备的屏蔽；SE 在 90 dB 以上的材料则屏蔽作用最佳，适用于要求苛刻的高精度、高敏感度产品。根据实用需要，大多数电子产品的屏蔽材料，SE 在 30～90 dB 范围内。

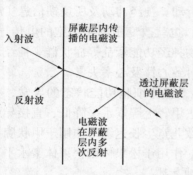

图 9-1　电磁场屏蔽机理

Schelkunoff 电磁屏蔽理论认为，电磁波传播到屏蔽材料表面时，通常有三种不同机理进行衰减。电磁波通过屏蔽材料表面时由阻抗突变引起的电磁波的反射损耗（R）、电磁波在屏蔽材料内部传输时电磁能量被吸收的损耗（A）、电磁波在屏蔽材料的两个界面间多次反射时需考虑的多次反射修正系数（B），如图 9-1 所示。

用式（9-2）表示：

$$SE = R + A + B \tag{9-2}$$

式中，吸收损耗 $A = 1.314d\ (f\mu_f\sigma_f)^{\frac{1}{2}}$ $\tag{9-3}$

电磁波单次反射衰减（远场源）按式（9-3）计算：

$$R = 168 - 10\lg(f\mu_r/\sigma_r)$$

多次反射修正系数按式（9-4）计算：

$$B = 20\lg(1 - e^{\frac{-2d}{\delta}}) \tag{9-4}$$

式中，d 为屏蔽材料的厚度，cm；f 为电磁波频率，Hz；σ_f 为屏蔽材料相对于铜的电导率；μ_f 为屏蔽材料的相对磁导率；δ 为趋肤深度，cm，$\delta = (\pi\mu\sigma_f)^{-\frac{1}{2}}$。

吸收损耗 A 是导体材料中的电偶极子或磁偶极子与电磁场作用的结果。由于吸收损耗 A 发生在屏蔽体内，它与波的类型（电场波或磁场波）无关，只与屏蔽层的厚度、频率、导电率及磁导率有关。d、f、μ_f、σ_f 值越大，A 值越大。因此具有较大磁导率的镍-铁-钼超导磁合金和镍－铁高导磁合金具有良好的吸收电磁波的性能。多层材料叠加可以减小磁畴壁，增加磁导率，因此材料越厚，A 值也就越大。

反射损耗 R 只是由于空间阻抗和屏蔽层的固有阻抗之间不匹配而引起的，是导体材料中的带电粒子（自由电子或空穴）与电磁场的相互作用的结果，其大小与 μ_r/σ_r 大小有关。具有越高的电导率或越低的磁导率的材料，反射损耗越大。因此金、银、铜等金属都是电磁波的良反射体。反射损耗不仅与材料的表面阻抗有关，也与辐射源的类型及屏蔽体到辐射源的距离（D）有关。对于近场源磁场波按式（9-5）计算：

$$R = 20 \lg \left\{ \left[1.173 (\mu_r / \sigma_r f)^{-\frac{1}{2}} / D \right] + 0.0535 D (f \sigma_f / \mu_f)^{-\frac{1}{2}} + 0.354 \right\} \tag{9-5}$$

对于近场源电场波按式（9-6）计算：

$$R = 362 - 20 \lg \left[(f \mu_r / \sigma_r)^{-\frac{1}{2}} D \right] \tag{9-6}$$

由于透射波通过内部衰减后，又碰到屏蔽层的另一侧，在这个侧面上又进行反射和透射，反射波再次通过内部，如此进行多次的反复反射，使能量迅速衰减。对于高频，当 d/δ 或 A 很大时，多重反射消耗趋于 0，可忽略不计。而对于低频，由于 d/δ 或 A 很小，应考虑多重反射。通常对于 $A > 10$ dB 时，多重反射损耗可以忽略。由于电子设备的高精密发展，要求反射回来的电磁波尽可能少，以免影响设备的正常工作，因此研究高吸收低反射的电磁屏蔽材料是当前研究的重点。可是很难找到一种单一的材料，同时满足 $\mu_r \sigma_r$ 乘积大而 μ_r / σ_r 比值小的要求。因此高吸收低反射的电磁屏蔽材料的研究成了电磁屏蔽材料界的难点。

电磁屏蔽材料，按屏蔽材料的组成可分为铁磁类、良导体类和复合类。按屏蔽材料制备与存在形态可分为涂覆型和结构复合型。目前主要有以下四种形式的屏蔽材料：高分子导电涂料、表面覆层型屏蔽材料、纤维类复合屏蔽材料、泡沫金属类屏蔽材料。

9.2.2　复合型高分子导电涂料

高分子导电涂料可分为本征型和复合型两大类。本征型高分子导电涂料（亦称结构型导电涂料）是用电解聚合法合成的分子结构本身或经过掺杂处理后具有导电功能的共轭 π 键高分子聚合物，是目前较为活跃的一个研究领域。而复合型导电涂料是以高分子聚合物为基体加入导电物质，利用导电物质的导电作用达到涂层电导率达到 10^{-12} S/m 以上。它既具有导电功能，同时又具有高分子聚合物的许多优异特性，可以在较大范围内根据使用需要调节涂料的电学和力学性能，且成本较低，简单易行，因而获得较为广泛的应用。

9.2.2.1　复合型导电涂料中的填料

复合型导电涂料由高分子聚合物、导电填料、溶剂及助剂等组成。导电填料是复合型导电涂料的导电载体，导电填料的选择主要是根据需要选择合适的种类、形状和用量。常用的导电填料包括碳系填料、金属系填料、金属氧化物系填料、复合填料以及导电玻璃纤维等。

（1）碳系填料　碳系导电涂料是应用最广且前景广阔的大系列，具有来源广泛、价格低廉和电阻可调节等优点，包括碳纤维、炭黑和石墨三类。碳纤维（CF）是一种高强度、高模量的高分子材料，不仅具有导电性，而且综合性能良好，与其他导电填料相比，具有密度低（$1.5 \sim 2.0$ g/cm^3）、力学性能好、材料导电性能持久等优点。碳纤维的电磁屏蔽性能主要源于自身良好的导电性，其电导率随热处理温度的升高而增大，因此高温处理下得到的碳纤维的导电率已接近导体，具有较高的电磁屏蔽性能，如经高温处理后的 PAN 基碳纤维与环氧树脂复合制得的复合材料，在频率为 500 MHz 时其屏蔽效果可达 37 dB。另外，普通碳纤维的电磁屏蔽性能可采用金属包覆等方法得到进一步提高。

炭黑具有容易加工、控制添加量能得到任意电导率、对边料有补强作用等特点，作为导电填料在塑料中应用较为广泛。影响炭黑导电性能的因素较多，主要有炭黑的粒径、结构、表面状态等因素。炭黑的粒径只有控制在一定范围内，才能使炭黑既可在塑料中获得良好的分散，又可增加塑料中单位体积内炭黑粒子的效果，提高塑料的导电性能。炭黑的结构是表示非常细的炭黑粒子间聚集成链状的程度，由聚集体的尺寸、形态和每一聚集体中粒子数量所决定。同时由于炭黑的导电需要一定的粗糙度，使炭黑易形成导电通道，因此要求炭黑的吸附表面积大。炭黑在导电塑料领域的应用主要集中在炭黑填料的改性和新型导电炭黑的开发两个方面。炭黑改性通常进行高温处理，增大炭黑表面积并改善表面化学特性，而新型导电炭黑的开发也引人注目。

石墨作为导电填料在塑料中应用较早，只是由于石墨导电性能不稳定，因而作为导电填料使用时间很短。近年来，随着纳米技术的发展，将石墨纳米材料与基体复合制得的导电塑料日益兴起。石墨经高温膨胀后，其片层被剥离，导致片状石墨粒子具有巨大的径厚比，原位插层复合使得石墨粒子能均匀分散在尼龙基体中，使得该复合材料具有高导电性能。

（2）金属系填料　金属系列填料主要有金属粉末、金属纤维和金属合金。人们最早在聚合物中掺入导电性良好的银粉、铜粉和镍粉等金属粉末作为导电填料，用它们作填料与高分子基体共混，可得到较好的混合均匀性，但各有优劣。用银粉作导电填料具有突出的屏蔽效果，但银属于贵金属，仅在特殊场合下使用。铜的导电性能良好，价格适中，但铜的密度高，使用时金属铜粉易下沉，造成导电填料在基体中分散不佳而影响屏蔽效果，且铜在空气中易被氧化而影响其导电性。镍粉虽不像铜粉那样容易氧化，但镍的电导率较低。如果将几种金属粉末混合使用，则可达到理想的屏蔽效果，但由于高填充量的粉末导电填料会使塑料力学性能大幅度下降，因此近年来使用纤维状金属填料制造导电塑料的研究较多。

与金属粉末相比，金属纤维有较大的长径比和接触面积，在相同填充量的情况下，金属纤维易形成导电网络，其电导率也较高，如借助微振动切割技术制得的黄铜纤维，少量填充即可达到较佳的屏蔽效果，如果用这种短纤维填充尼龙，其临界填充率仅为 5% ~ 7%（体积分数），当填充量增加到 10%（体积分数）时，体积电阻率就达到 10^{-2} $\Omega \cdot cm$ 以下。铁纤维填充塑料是新开发出来的一个品种，其综合性能优良，成型加工性好。用铁纤维填充尼龙，产品韧性好，与 PP 复合的屏蔽材料质量轻，与 PC 复合的塑料制品尺寸稳定性高。不锈钢纤维具有耐磨、耐腐蚀、抗氧化性好、导电性能高等特点，虽然价格较高，但用量少，对塑料制品和设备的影响也小，如用 6%（质量分数）直径为 7 μm 的不锈钢纤维填充塑料，其 SE 值与填充 40%（质量分数）铝片的相当，填充 1%（体积分数）直径为 8 μm 的不锈钢纤维于热塑性树脂中可达到 40 dB 的屏蔽效能。因此，金属纤维填充复合型屏蔽塑料具有优良的导电性能、屏蔽效率高、综合性能好，是一类很有发展前途的电磁屏蔽材料。

另外，以增强树脂与填料的相容性、提高导电性为目的，也开展了金属合金作为导电填料的开发应用工作，尤其是一些可与树脂熔融共混的低熔点合金得到迅速发展。如 Zn/Sn 合金适用于 PC、PBT/ABS 和 PP，Zn/Al 合金适用于 PEEK，Bi、Sb、Sn 等与聚合物注射成型可制成 EMI 导电塑料。美国普林斯顿聚合物实验室的科学家用低熔点合金（60% 锡和 40% 锌）与树脂相混，制成了低电阻（如 0.3 Ω）、高屏蔽效果（1000 MHz 时 40 dB）和良好综合性能的屏蔽材料。

（3）金属氧化物系填料　金属氧化物系导电填料主要有氧化锡、氧化锌、氧化钛、铁氧体等。由于其电性能优异、颜色浅，较好地弥补了金属导电填料抗腐蚀性差和碳系填料装饰性能差等缺陷，因而得到迅速发展。用物理气相沉积法、溅射法、离子喷镀法制成的掺杂 5% ~ 10% 的锡的透明铟——锡氧化膜电阻率可达 10.3 ~ 10.4 $\Omega \cdot cm$。由于金属氧化物导电填料的密度较低，在空气中稳定性好并可制备透明塑料，已被广泛应用于防静电领域。国外在 20 世纪 90 年代就已研制出以金属氧化物为导电填料的浅色、白色抗静电导电高分子材料。液氮温度下电阻可降到零的高温超导体作为种新型材料，在低频波段的屏蔽性能超过目前所有的材料，近年来也引起了人们的广泛关注。粒径为 $2 \sim 6 \; \mu m$ 的 $YBa_2Cu_3O_7$ 粉末烧结成直径为 24 mm 圆盘状填料，在 $75 \sim 125$ GHz 液氮温度下屏蔽能效可达到 $70 \sim 80$ dB，但该类填料生产成本高、密度高，使其推广应用受到一定的限制。

（4）复合导电填料　上述导电填料的各种缺陷，使其使用范围受到限制。为了降低导电填料成本，提高涂料的导电性能和装饰性能，国内外致力于开发浅色系列复合导电填料。这类复合导电填料是以质轻、价廉、色浅的材料为基质，通过表面处理，在基质表面形成导电性氧化层，或用半导体掺杂处理而得到具有导电功能性的半导体颜（填）料。这类复合型导电颜料根据基质的不同，可分为导电云母粉、导电钛白粉、导电硫酸钡和导电二氧化硅等，其外观一般呈灰白色或浅灰色粉末，具有色浅、易分散、导电性好、稳定性高、耐热、耐腐蚀、阻燃、透波性好、价格低等特点，可与其他颜料配合，制成近白色等各种颜色的永久性导电、防静电涂料，广泛应用于石油、化工、建材、电子、机电、汽车、医药、航空航天、兵器等各个工业部门及人们的日常生活的导电、防静电领域。其中以复合型云母导电粉（亦称片状导电珠光颜料）的综合性能最好。导电云母粉因具有密度低、永久导电性能好、化学性能稳定、颜色可调、装饰性强、使用方便、范围广等优点而受到广泛重视。

（5）导电玻璃纤维　导电玻璃纤维是用化学镀方法在玻璃纤维上沉积金属层面制得。玻璃纤维用作导电填料国外早有报道，它具有导电性好、易与树脂结合、强度高、价格便宜等特点，在涂料中具有很好的应用前景。日本研制的 EMTTEC 纤维已广泛应用，我国也开展了这方面的研究工作。中国建材科学院鲍红权等研制的玻纤/Cu/Ni-Cu-P 导电纤维，采用双镀层结构，把 Cu 的高导电性和 Ni-Cu-P 镀层优良的抗氧化性及热稳定性结合起来而使涂料具有良好的导电性、抗氧化性和热稳定性。导电玻璃纤维可以做成不同形式的屏蔽材料，如导电填料、板材、导电玻璃纤维纸等。如将其作为导电填料加入树脂中，当加入量为 $10\% \sim 15\%$（体积分数）时，体积电阻率就达 $100 \sim 0.1 \Omega \cdot cm$，屏蔽效能可达 $50 \sim 60$ dB（500 MHz），同时还大大增强了树脂的拉伸强度、弯曲强度和耐热性。

（6）导电塑料　导电塑料可以使成形加工与屏蔽一次完成，便于大量生产，不会像导电膜那样一旦有一处破损，其屏蔽效果便会受到影响。影响导电高分子材料屏蔽效果的因素比较复杂，导电填料和基质的性质、形态，导电填料在聚合物基体中的填充量和分散程度等，均与导电高分子材料的屏蔽效果密切相关。由于高填充量的粉末导电填料会使塑料的力学性能下降，因此，一般使用纤维状、球状、网状、树枝状或片状的填料制造导电塑料。目前，国外开发的有代表性的导电塑料如表 9-1 所示。

表 9-1　导电塑料及其电磁屏蔽性能

导电填料	塑料	屏蔽效能/dB	生产厂家
Al	聚碳酸酯、ABS 混料	$45 \sim 65$（$0.5 \sim 960$）	美国 Mobay Chemical 公司
Fe 纤维	尼龙 6、聚丙烯、PP、PC	$60 \sim 80$	日本钟纺公司
不锈钢纤维	聚氯乙烯	40	美国 Brunswick 公司
Cu 纤维	聚苯乙烯	67（100 MHz）	日本日立化成
镀镍石墨纤维	ABS 树脂	80（1000 MHz）	美国氰胺公司
超细炭黑	PP	40（1000 MHz）	日本三菱人造丝公司

9.2.2.2　纳米石墨基导电复合涂料

纳米石墨基导电复合涂料制备的主要原材料包括丙烯酸树脂（Neo Cryl B-805、Neo Cryl

B-808）、醇酸树脂、环氧树脂、表面改性剂、工业溶剂、纳米石墨微片（无规则片状结构、粒径为 0.5~20 μm，微片厚度为 30~80 nm）等。按一定比例称取纳米石墨微片和树脂，加入溶剂，搅拌、浸润一定时间，研磨至分散均匀，通过控制溶剂的量调节涂料产品至合适黏度。表 9-2 所示为纳米石墨微片（GNs）用量对导电涂料性能的影响。

表 9-2　纳米石墨微片用量对导电涂料性能的影响

导电填料用量 $w/\%$（质量分数）	涂层的表面电阻率 $\rho/(\Omega \cdot m)$	涂膜厚度 $d/\mu m$
5	0.29×10^5	50
10	0.47×10^3	55
15	12.97	55
20	13.37	50
25	6.10	50
30	4.73	55
33	4.28	45
40	4.13	45

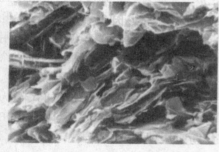

图 9-2　涂料涂膜断裂面的 SEM 照片

可见，涂料的导电性能随着填料用量的增加开始急剧提高，当填料用量达到 15% 时，复合体系已经具有相当好的导电性。随着填料用量的继续增加，导电网络不断被完善，导电性能提高趋缓。为了获得足够的导电性，填料用量必须达到 30%。在 w 为 30% 的复合体系中，内部石墨微片互相搭连形成很好的导电网络，图 9-2 所示为其 SEM 照片。继续增大填料质量分数，涂料的导电性能提高很少。

表 9-3 所示为基体树脂种类对导电涂料能的影响。理论上，基体树脂的相对分子质量越大，凝聚力越大，导电填料在其中的填充率越高，但相对分子质量（M_r）过大，黏度会增大，势必会增加填充导电粒子之间接触的阻力，从而降低其导电性能。

表 9-3　基体树脂种类对导电涂料性能的影响（w 为 30%）

基体树脂	M_r	涂层的表面电阻率 $\rho/(\Omega \cdot m)$	涂膜厚度 $d/\mu m$
Neo Cryl B-805	85000	4.73	55
Neo Cryl B-805	90000	11.37	55
环氧树脂	210~240	51.50	45
醇酸树脂	20000	59.51	40

可见，树脂种类对导电涂料的导电性能影响很大，丙烯酸树脂与石墨微片具有更好的匹配优势。丙烯酸树脂作为胶粘剂的漆膜表观也比较好，平整不粗糙，醇酸树脂次之，而环氧树脂漆膜则应力大，性脆。

表 9-4 所示为添加表面改性剂后涂料配方对导电涂料性能的影响。纳米石墨微片，其粒

径小、表面积大、表面能高、极易发生团聚。为了提高纳米石墨微片的分散性，在系统中添加十二烷基磺酸钠（SDS）、壬基醚（EO）和铝酸酯（ACA）三种表面改性剂。

表 9-4　添加表面改性剂后涂料配方对导电涂料性能的影响

配方	w/%					$\rho/(\Omega \cdot m)$
	GNs	SDS	EO	ACA	Neo Cryl B-805	
1	30	5	—	—	65	4.75
2	30	—	2	—	68	6.00
3	30	—	—	2	68	63.75
4	30	—	—	—	70	92.60

可见，添加表面改性剂后，涂膜的导电性能都有一定程度的提高。因表面改性剂中的极性端与石墨表面发生吸附作用，在石墨片表面形成一包覆层，降低了石墨微片间的吸引力和凝聚力，使得纳米石墨微片不易发生团聚。同时，表面改性剂中的柔性端与基体树脂又能很好地相容，使得石墨微片在体系中获得了较好的分散稳定性，而填料的分散稳定性有利于提高导电涂料的导电性。三种表面活性剂中以添加分散剂 SDS 得到的涂膜导电性能最好。表9-5 所示为所得纳米石墨基导电复合涂料电磁屏蔽效能和导电性能的关系。

表 9-5　涂料的电磁屏蔽效能和导电性能的关系

w/%	频率/MHz	SE/dB	$\rho/(\Omega \cdot m)$
15	300	23.20	2.17
	1000	26.10	
	1500	28.06	
30	300	19.73	0.60
	1000	20.08	
	1500	37.85	
30[①]	300	22.06	0.60/2.73
	1000	31.14	
	1500	41.03	

① 双面样品，三明治型电磁屏蔽涂膜材料。

可见，涂层的导电性越好，材料的电磁屏蔽效能越强，屏蔽效果越好。质量分数为15% 的导电涂料，其涂层电磁屏蔽性能接近 30 dB，可满足普通民用要求。通过增大纳米石墨微片的质量分数，可显著提高石墨基导电涂料的电磁屏蔽效能。

9.2.2.3　镍基导电涂料

镍基导电涂料制备所用材料包括镍粉（粒度分别为 0.2~3.2 μm、80~120 nm）、金属纤维（长径比为 6:1~10:1）、钛酸酯偶联剂、改性丙烯酸酯树脂及专用稀释剂。镍基填充剂先经过偶联处理，再用适量的稀释剂润湿，按比例同丙烯酸酯树脂混合、研磨后，用适量的稀释剂调整涂料黏度。图 9-3 所示为两种粒度不同的镍粉在涂料中的分布状况，其中微米镍粉、纳米镍粉涂料的表面电阻率分别为 0.431、0.072 Ω·m。

可见，纳米镍粉在高分子树脂中的分散程度比微米镍粉高，导电网络更加密集，因此涂料的表面电阻率更低，导电性更好。在低电场中，导电涂料的导电机理主要有两种。一是导电通道学说，即导电微粒直接形成通路而使电子可自由移动。F. Bueche 提出的掺和型导电高聚物导电无限网络理论指出，在含有金属微粒的高聚物体系中，金属微粒的浓度达到某一临界值后，体系中的金属微粒会形成一种导电无限网链，这种作用如同桥的作用，使自由载流子从高聚物的一端到桥的另一端，从而使绝缘体变成半导体或导体。涂层中金属微粒形成的导电网链的层数多、网眼密，涂层的导电性能好。二是隧道效应，即导电粒子间距小于一定距离时（大约 10 nm），由于热振动引起电子在导电粒子间迁移而形成导电网络。

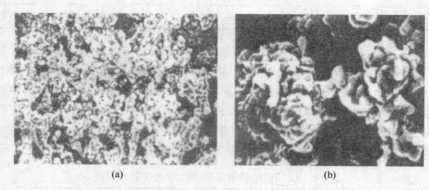

图 9-3　两种粒度不同的镍粉在涂料中的分布状况
（a）微米镍粉；（b）纳米镍粉

研究表明，掺和型涂料中，镍粉微粒与周围其他微粒相互接触的数量与微粒总表面积成正比。纳米镍粉的粒径小，总表面积比相同体积的微米镍粉大，在高分子树脂中更易形成导电网络。同时，非平衡热力学理论指出，导电粒子与高分子树脂间的界面效应直接影响导电性能。粒子的界面能越高，越有利于形成导电网络。纳米镍粉的界面原子所占比例大，具有较大的晶格畸变和悬挂链，因此有较大的界面能，更有利于形成导电网络。图 9-4 所示为两种粒度不同的镍粉所制涂料的电磁屏蔽性能比较。

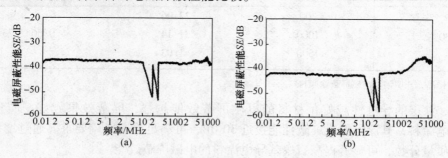

图 9-4　镍基导电涂料的电磁屏蔽性能
（a）微米镍粉；（b）纳米镍粉

可见，纳米镍粉填充的导电涂料电磁屏蔽效能高于微米镍粉涂料。纳米镍粉、微米镍粉的电磁屏蔽效能 SE 在 9 kHz ~ 100 MHz 低频和中频段中分别稳定在 43 dB、37 dB；而在 100 MHz ~ 1.3 GHz 频段，电磁屏蔽效能 SE 分别在 36 ~ 43 dB、36 ~ 39 dB 范围发生轻微波动。随着频率的增加，纳米镍粉导电涂料的屏蔽效能降低至与微米镍粉电磁屏蔽涂料相同的水平，原因可能是纳米镍粉团聚力大、在高分子树脂中分散程度不高引起的。

掺和型涂料的微观结构中存在大量非导电性的高分子树脂区域，它们对电磁波是"透明"的，在导电的网络中形成大小不一的"孔洞"。电磁波与"孔洞"和镍粉导电网络的交互作用，随着频率的增加，电磁波通过"孔洞"发生泄漏的程度相应增加，电磁屏蔽效能发生变化。镍粉在高分子树脂中的分散效果越好，电磁屏蔽效能变化的范围越小。

镍基导电涂料的导电性能是由于镍微粒在涂层中形成导电网络及隧道效应所致，但实际过程中，导电涂层不可避免地会产生各种微观缺陷，如针孔、沉降、导电微粒分布不均匀等而影响导电网络的完整性和隧道效应的实现，降低其导电性能。加入金属纤维可减小出现微观缺陷的概率，避免导电涂料导电性能的降低。图 9-5 所示为掺入的金属纤维和微米镍粉在涂料中的分布状况。

可见，金属纤维的加入可使金属纤维与微米镍粉间相互接触，金属纤维间也能相互搭接，增强了涂层的导电网络。同时，金属纤维在喷涂过程中可以弯折，提高了导电网络的空间密度。金属纤维的韧性好，在混料研磨的过程中不易折断，保持了稳定的长径比。通常纤维的长径比越大涂层的导电性能越好。因此，加入适当的金属纤维，可提高镍基导电涂料的导电性能。图 9-6 所示为金属纤维含量与涂层表面电阻率的关系。

图 9-5　金属纤维和微米镍粉
在涂料中的分布

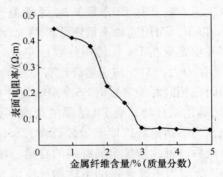

图 9-6　金属纤维含量与
涂层表面电阻率的关系

可见，当纤维含量在 1%～3% 范围时，涂层的表面电阻率随纤维含量的增加而急剧下降，当纤维含量大于 3% 以后，涂层的表面电阻率随纤维含量的增加而呈缓慢下降的趋势。因涂层中的导电通道在纤维含量达到 3% 左右时，逐渐趋于饱和，再增加纤维的含量，对导电网络的影响不大。因此，涂层表面电阻率不再随纤维含量的增加而显著下降。

图 9-7 所示为加入金属纤维的微米镍粉涂料的电磁屏蔽性能曲线。可见，金属纤维的加

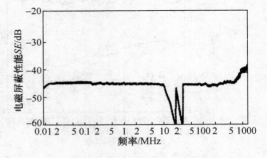

图 9-7　加入金属纤维的微米镍粉
涂料的电磁屏蔽性能

入，将微米镍粉涂料的电磁屏蔽效能提高了 10 dB，在 9 kHz～500 MHz 低频磁屏蔽效能 SE 为 45 dB，在 500 MHz～1.3 GHz 频段，随着频率的增加，电磁泄漏增加，电磁屏蔽效能降低至 38 dB。

9.2.2.4　金属纤维填充聚合物复合材料

用不锈钢纤维作填料，分别与 ABS 和 PP 两种聚合物复合制备电磁屏蔽用导电性高分子复合材料。将直径为 8 μm 的不锈钢长纤维束剪成长度为 5～8 mm 的短纤维，按一定配比与 ABS 或 PP 树脂一起在 200 ℃、转速 32 r/min 的螺杆中混炼 10min，再将混合料破碎放入模具，于马弗炉内升到指定温度，在平板硫化机上热压成型，待冷却至 50 ℃ 退模即制成。图 9-8 所示为不锈钢纤维/聚合物复合材料中纤维含量与体积电阻率的关系。

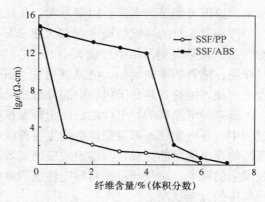

图 9-8　复合材料体积电阻率
与不锈钢纤维含量的关系

可见，当金属纤维填充量较小时，金属纤维间由于不能形成导电网络，复合材料体积电阻率与基体接近。随着金属纤维含量的增加，导电网络逐渐形成。当金属纤维含量达到 4%（体积分数）时，复合材料体积电阻率突降 10 个数量级之多，出现与颗粒填料相同的渗滤现象。对于不锈钢纤维填充 ABS，在纤维含量达到 4%～5%（体积分数）时可使复合材料的体积电阻率从 10^{15} Ω·cm 突降到 10^4 Ω·cm 以下，而用同种不锈钢纤维填充结晶性的 PP 基体时，出现上述电阻率转变所需的纤维临界填充量在 1%（体积分数）左右。造成这种差别的原因主要有两个：一个是 ABS 比 PP 表面张力大，ABS 与金属纤维有更强的相互作用，包裹纤维更紧密，纤维间接触电阻较大，因而在相同纤维含量时 SSF/ABS 复合材料比 SSF/PP 复合材料的体积电阻率更大；二是 PP 是结晶性聚合物，受 PP 结晶的影响，金属纤维在非晶区富集较多，容易形成导电网络。因此，当不锈钢纤维填充量较低时，SSF/PP 复合材料的体积电阻率先产生突降，当导电网络形成后，继续增加金属纤维的含量，体积电阻率的变化幅度较平缓。

图 9-9 所示为不同含量的不锈钢纤维填充 PP 或 ABS 所得的复合材料板（3 mm 厚）在不同频率下的屏蔽效果。

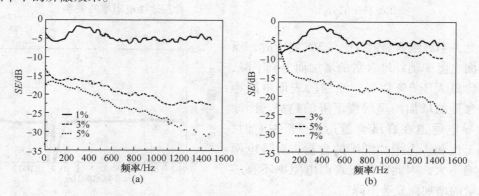

图 9-9　不同纤维含量对填充 PP 或 ABS 复合材料的屏蔽效果（纤维含量皆为体积分数）
(a) SSF/PP 复合材料；(b) SSF/ABS 复合材料

可见，对 SSF/PP 复合材料，当 SSF 含量为 1%（体积分数）时，由于导电网络刚形成，材料的体积电阻率较大（$\rho > 10^3$ Ω·cm），对电磁波的屏蔽能力很低（在 0～10 dB 以内）。当 SSF 含量达到 3%（体积分数）或 5%（体积分数）时，导电网络已经形成，材料对电磁波有一定屏蔽能力，并且其屏蔽效果随频率的升高而增强，在 1500 Hz 时分别达到 25 dB 和 32 dB。对于 SSF/PP 复合材料，当不锈钢纤维含量为 5%（体积分数）时，在 1400 Hz 可达到 30 dB 的屏蔽效果，而 SSF/ABS 复合材料，当纤维含量达到 7%（体积分数）时，屏蔽效果还不到 30 dB。

不锈钢纤维填充的两种热塑性高分子复合材料的导电性能和电磁屏蔽性能与基体树脂的凝聚态结构密切相关，在不锈钢纤维含量相同的条件下，结晶性 PP 复合材料的导电率和屏蔽效果均优于无定形 ABS 复合材料。

9.2.3　表面覆层型屏蔽材料

这类屏蔽材料通常采用化学镀金、真空喷镀、贴金属箔及金属熔射等技术，使绝缘的塑料表面覆盖一层导电层，达到电磁屏蔽的效果。

9.2.3.1　各种表面覆层方法

（1）化学镀金　化学镀金是目前塑料表面金属化用得最多和效果最好的一种方法，它采用非电解法在 ABS 等工程塑料表面镀上具有电磁屏蔽特性的金属导电层。其镀层均匀且与基体粘附力强，可双面镀以提高屏蔽效果的可靠性，可大批量生产，屏蔽效果好且成本低。目前常用的塑料是电镀级 ABS 工程塑料，对于屏蔽要求一般的可以采用化学镀镍，屏蔽效果要求较高的则采用以化学镀铜作底层、化学镀镍作面层的复合镀层。在 30～1000 MHz 频率范围内，当化学镀镍层厚度为 1.27 μm 时，其屏蔽效果为 40～60 dB。而同样厚度的化学镀铜加化学镀镍复合镀层，其屏蔽效果可达 60～120 dB。单层化学镀铜在 1.27 μm 厚度时，虽然也可达到 60～120 dB 的屏蔽效果，但由于铜在大气中容易氧化，抗蚀性能差而不单独使用。

化学镀金法是目前唯一不受壳体材料形状及大小限制而在所有平面上能获得厚度均匀导电层的方法，从而提供了电磁屏蔽效果好、质量轻、全金属化的塑料壳体，但适宜电镀的塑料品种较少。通过共混改性技术使 ABS 与其他塑料形成塑料合金，或采用表面接枝、表面化学处理等方法，使某些难以电镀的塑料获得可电镀性，从而拓展了这类材料的应用范围。

（2）真空喷镀　真空喷镀法一般是在 10^{-9}～10^{-8} MPa 的真空条件下加热，使 Al、Cr、Cu 等金属粒子蒸发到塑料表面形成均匀的金属膜导电层。它具有导电性好、镀层沉积速度快、粘附力强等优点，尤其对大面积的平坦表面具有明显的快速处理效果，但对形状复杂的表画处理则比较困难，且真空容器的大小使塑料制品的尺寸受到限制。镀层与基体的粘附力是一个界面科学问题，需要塑料表面保持高度清洁，不受污染。通常，预先将塑料表面进行清理，去除杂质，使处理后的表面变得粗糙，从而提高金属镀层的粘附性。对于聚烯烃类塑料在喷镀前还应先通过电晕处理，以提高表面氧化基团的含量和极性。预处理方法有喷铁砂清洁处理、化学浸蚀和涂底漆三种。其中涂底漆法既不需特殊的喷砂设备，也不会造成危害性较大的化学污染，且具有相当快的生产速率，因此是一种比较先进的预处理方法。喷镀时，先把硅胶分散于有机基体的涂料中，再加催化剂与其混合，把底漆喷涂于塑料表面，底漆固化后再喷镀金属膜，从而使塑料壳体获得预期的电磁屏蔽性能。

（3）贴金属箔　将铝箔、铜箔或铁箔等与塑料薄片、薄板或薄膜先用粘合剂粘结在一起，再用层压法压制成型。金属箔可贴在表面，也可夹在两层塑料之间。如选用拉伸强度高的金属箔和塑料，则可制造加工深度更大的电磁屏蔽材料，其优点是粘接强度高、导电性能好，屏蔽效果可达 60～70 dB，但它不能制成形状复杂的壳体材料。日本日立化成工业公司研制的铝箔和铜箔与聚酯复合的电磁屏蔽材料，商品牌号为 YALT-5050、YALT-2510 和 YCUT-2535，其中铝箔复合材料在 500 MHz 时的屏蔽效果为 50 dB。而铜箔在同样频率下可达 60 dB，这两种材料已用于电子计算机的终端屏蔽以及通信电缆或办公机器用电源电缆的屏蔽。东洋钢板公司生产的电解法纯铁箔（IF）具有拉伸强度高、易与树脂复合等优点，厚度为 20~50 μm。常用的贴合方法有耐燃聚酯/IF/耐燃聚酯和聚氨酯/IF/聚氨酯层压复合法，前者一般用作电视机和集成电路的屏蔽材料，除耐燃聚酯外，也可采用耐燃 PVC 和耐燃 PP 等；而后者由于聚氨酯的柔软性较好，故适于加工深度较大的电磁屏蔽材料，一般的加工深度为 50~80 mm。

（4）金属熔射　将金属锌经电弧高温熔化后，用高速气流将其以极细的颗粒状粉末吹到塑料表面，从而在塑料表面形成一层极薄的金属层，厚度约为 70 μm，具有良好的导电性能，体积电阻率在 10^{-2} Ω·cm 以下，屏蔽效果为 70 dB。但是锌层与塑料之间的粘接强度相对较差，容易脱层。

总的来说，采用表面镀金或贴金属箔等方法制成的表面导电材料普遍具有导电性能好、屏蔽效果明显等优点，但镀层或金属箔在使用过程中容易产生剥离，而且二次加工性能较差。如果将导电材料与塑料进行填充复合，一次加工成型，使制品本身具有屏蔽性能，则可以缩短加工工艺过程，便于批量生产。因此这类导电复合材料是目前的发展方向。

目前有代表性的表面导电膜屏蔽材料的性能特点如表 9-6 所示，其中磁控溅射 Cu/Ni 膜的屏蔽值是在 10 kHz~1000 MHz 范围内测得的，用其余的工艺方法得到的导电膜的屏蔽值是在 30~1000 MHz 范围内测得的。

表 9-6　表面导电膜屏蔽材料的性能特点

工艺方法	膜厚/μm	屏蔽值/dB
磁控溅射 Cu/Ni 膜	1.00~4.00	80~110
喷镀金属锌	50.80	60~120
双面化学镀 Cu/Ni 膜	1.27	60~120
真空镀 Al	0.50~1.30	50~70
贴金属箔	35.00	70 以上

9.2.3.2　镀镍 PET 纤维/环氧树脂复合材料

所用材料有双酚 A 型 E4-4 环氧树脂、N，N-二甲基苄胺（固化剂）、涤纶（PET）纤维（直径 20 μm 使用时剪成 10 cm 长，进行化学镀镍）。图 9-10 所示为镀镍 PET 纤维/环氧树脂复合材料制备工艺流程。

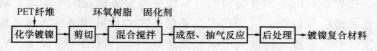

图 9-10　镀镍 PET 纤维/环氧树脂复合材料制备工艺流程

为了使镍镀层能均匀地沉积在 PET 纤维表面，在化学镀镍的过程中采用超声波处理，即在超声波振动器内进行除油、清洗、表面粗化、清洗、敏化、活化、还原、化学镀镍等工艺过程，再将镀镍导电纤维剪成 2~3 mm 长，与环氧树脂按一定质量比混合搅拌 10 min，加入固化剂搅拌 10 min，使纤维与环氧树脂混合均匀。80 ℃放于模具中抽气反应 60 min，升温至 120 ℃，后处理 2 h，固化后取出。图 9-11 所示为采用超声波化学镀镍得到的 PET 纤维表面形貌特征。

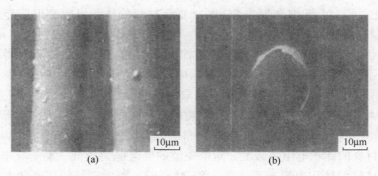

(a)   (b)

图 9-11 化学镀镍 PET 纤维表面形态结构

（a）纤维表面镍镀层；（b）镀镍纤维横截面

可见，采用超声波化学镀镍 PET 纤维其镍镀层能很好地均匀沉积在纤维的表面，且镍镀层表面较光滑、致密和均匀，未见镀层脱落。镀层与 PET 纤维之间无空隙、无气泡，说明镍镀层与 PET 纤维之间有很好的结合力。图 9-12 所示为复合材料冲击断面的形态结构。

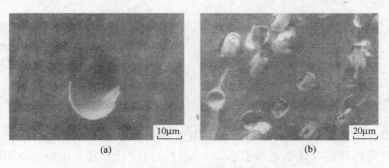

(a)   (b)

图 9-12 复合材料冲击断面的形态结构

（a）纤维拉出留下的镍层空洞；（b）复合材料冲击断面的形态

可见，纤维从环氧树脂基体中拉出，而留下镍层的空洞。在纤维的拔出端，镍层的附着部分依然没有明显撕裂、无破碎，因在纤维的拔出过程中，镀层和纤维间存在较大的结合力，镀层和纤维之间难以分离，镀层依然很好地包覆在纤维的表面，阻止了纤维的弹性生长。但在环氧树脂基体上留有纤维拔出后的空洞。由于环氧树脂较脆而首先断裂，但在环氧树脂断裂的地方，镍镀层由于受到很大的外力作用导致脆裂，纤维由于具有韧性而被拉长，当所受到的拉力大于纤维和镀层之间的结合力时，纤维必然从镀层中拉出而留下空洞。

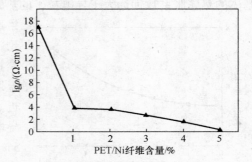

图 9-13 复合材料的体积电阻率和
导电纤维含量的关系

图 9-13 所示为复合材料的体积电阻率和纤维含量的关系，采用长度为 2～3 mm 的镀镍 PET 纤维和环氧树脂共混，经固化后得到的导电环氧复合材料。

可见，当纤维含量很低时，镀镍纤维之间不能形成导电网络，复合材料的体积电阻率与基材接近。当纤维含量为1%（质量分数）时，导电网络即已形成，复合材料的体积电阻率突降十个数量级之多。在纤维含量为5%时，复合材料的体积电阻率已降至2.83 Ω·cm，可用作电磁屏蔽材料。

图9-14所示为纤维含量为3%和5%的镀镍PET纤维填充环氧树脂所得的复合材料板（3 mm厚）在不同频率时的屏蔽效果。在低频时，材料的屏蔽效果主要来源于反射，导电性越好，反射越强。而高频时，屏蔽效果主要取决于电磁波在材料内部传播时的吸收损耗。

可见，当纤维填充量为3%时，填充环氧树脂所得的复合材料的电磁屏蔽性能较低，在5~10 dB以内；纤维填充量达到5%的复合材料的电磁屏蔽效果要好得多，因导电纤维含量为3%时，复合材料的体积电阻率较大，对电磁波的屏蔽能力较低。而当导电纤维含量上升至5%时，复合材料的体积电阻率下降到2.83 Ω·cm，对电磁波的屏蔽频率在900 MHz附近为31 dB。图9-15所示为纤维含量为3.5%和5%的复合材料电阻随温度变化的关系。

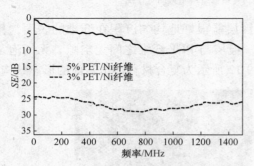

图9-14　PET/Ni-EP复合材料的电磁屏蔽效果

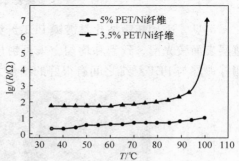

图9-15　复合材料电阻和温度的关系

可见，纤维含量为3.5%的复合材料，其电阻在一个特定的温度之前，随着温度的升高而线性增大，这是焦耳热和热膨胀所引起的。超过该温度后，复合材料的电阻随温度的升高而急剧增大，呈强烈的正温度效应，称为PTC（positive temperature coefficient）效应，该特定温度称为居里温度T_c。Kohler认为，PTC效应的产生是由于导电填料和基体的热膨胀系数不同造成的，分布于基体中的导电粒子，最初以导电网络的形式存在，当温度升高时，由于基体的热膨胀系数远远大于导电粒子的热膨胀系数，因此使导电粒子间的距离增大，导电网络遭到破坏，使材料电阻率急剧升高。根据这一理论，PTC强度最大值应发生在体积发生急剧变化的高聚物熔点或玻璃化温度附近。基体环氧树脂的玻璃化温度为101.2 ℃，与该复合材料的居里温度相当接近。说明复合材料的PTC效应主要应为环氧树脂与导电纤维的热膨胀系数不同所致。而对于纤维含量为5%的复合材料，复合材料的电阻随着温度的升高而线性增加，没有出现电阻突然增大的现象，这是因为复合材料中的纤维含量较高，所形成的导电网络交联点较多，当温度上升至T_c时，还存在着较多的交联点而没有被破坏，此时的复合材料依然具有较好的导电性能。因此，这类热固性导电复合材料的PTC效应只有当填料含量在一定范围内才出现。图9-16所示为镀镍PET纤维含量与复合材料冲击强度的关系。

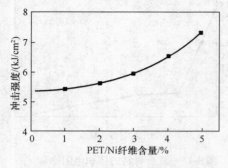

图9-16　复合材料的冲击强度与镀镍PET纤维含量的关系

可见复合材料的冲击强度在纤维含量为 5% 以下时随纤维含量的增加而呈现上升的趋势。这与一般的脆性基体复合材料断裂不同，作为一般脆性基体复合材料，它们的断裂韧性可能随着界面的粘结性的提高而降低。因为裂纹的扩展能力决定着复合材料的强度，而韧性基体能抑制在界面上所引发的裂纹扩展。在脆性基体中一根或局部纤维断裂时所释放出的脉冲能量足以引发出一个裂纹，除非基体与第二根纤维之间的粘结力非常弱，否则将导致第二根纤维的断裂。但对镀镍 PET 纤维填充的复合材料，当其中的一根纤维断裂时，因 PET 纤维具有韧性，将使镍层和 PET40 纤维发生分离，这里镍层将很好地起到对纤维断裂时所释放出的脉冲能量的缓冲作用。可以预见，当进一步增加纤维的含量时，必将使材料的冲击性能下降。图 9-17 所示为镀镍 PET 纤维含量与复合材料的拉伸强度与弯曲强度之间的关系。

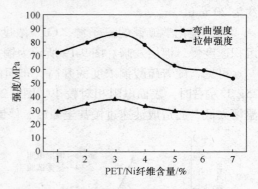

图 9-17　复合材料的拉伸强度与弯曲强度与镀镍 PET 纤维含量的关系

可见，镀镍纤维填充的环氧树脂复合材料，随着纤维含量的增加，拉伸强度先增强后减弱。直径细的 PET 纤维在其含量较低且均匀分散于基体中时，可充当增强组分使复合材料的拉伸强度增高，但当其含量较高时，由于分散不好、缺陷增多而使复合材料的拉伸强度下降。镀镍 PET 纤维含量与复合材料弯曲强度之间的关系相似，当纤维含量小于 3% 时，复合材料的弯曲强度随纤维含量的增加而增高，当纤维含量大于 3% 时，复合材料的弯曲强度随纤维含量的增加而降低。复合材料的力学性能不仅取决于纤维和基体的特性，而且取决于纤维和基体的协同作用。在复合材料的断裂过程中，当纤维的断头要从基体中拔出时，由于基体的弹性，致使纤维上受到剪切应力的作用，这样就把应力转移到断裂纤维上。正是由于这种载荷转移，使断裂纤维在复合材料中仍能起到一定的增强作用。因此，复合材料在断裂前能承受更大的应力，在纤维和基体的协同作用下，增强了复合材料断裂所需要的功，从而提高了复合材料的强度。但因存在一个临界点的关系，导致纤维含量增加到一定程度时，其弯曲强度反而下降。

9.2.3.3　锡/铜柔性电磁屏蔽材料

通过在织物上进行化学镀铜、电镀锡得到一种锡/铜柔性电磁屏蔽材料，该织物布面比较柔软，锡无毒，能消除目前常见镀镍织物对人造成的致敏、毒害等副作用，在民用电磁辐射防护服装市场上有广阔的应用前景。所用原料包括涤纶平纹织物、重铬酸钾、硫酸铜、2,2′-联吡啶、氯化亚锡、EDTA 二钠盐、亚铁氰化钾、锡粒、氯化镍、硫酸亚锡、聚乙烯醇。图 9-18 所示为其制备工艺流程。

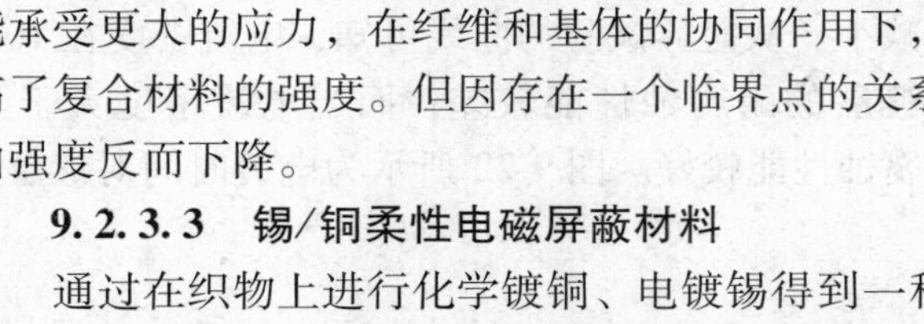

```
织物布 → 剪切 → 清洗 → 催化活化 → 水洗 → 烘干
                                              ↓
锡/铜导电布 ← 电镀锡 ← 晾干 ← 水洗 ← 化学镀铜
```

图 9-18　锡/铜柔性电磁屏蔽材料制备工艺流程

织物布剪切、清洗后，用 Pd 催化活化。水洗、烘干后首先进行化学镀铜以在织物表面获得导电性能优良的铜镀层。经过化学镀铜后的织物布具有良好的导电性，作为电镀阴极，以传统的电镀工艺施行电镀，获得锡镀层。对获得的锡/铜柔性电磁屏蔽材料进行中性盐雾试验以测定其耐蚀性能。

（1）化学镀铜　采用的化学镀铜工艺条件：硫酸铜 10～25 g/L、甲醛 15～20 mL/L、络合剂 30 g/L、稳定剂 0.1 g/L 等，调节 pH 值至 11.9，反应温度 10～50 ℃，化学镀铜的时间约为 20 min。

铜盐是化学镀铜的离子源，Cu^{2+} 浓度过高时，镀液稳定性比较差；Cu^{2+} 浓度过低时，沉积速度慢，镀层发暗。图 9-19 所示为铜盐浓度对镀层性能的影响。

可见，随着硫酸铜浓度的升高，布面的表面电阻降低，镀层厚度增加。硫酸铜浓度在 25g/L 左右时，表面电阻相对较小。图 9-20 所示为镀液温度对镀层性能的影响。如果镀液温度太低，会造成镀速过慢甚至漏镀、停镀，温度过高又会造成镀速太快和镀液不稳定。

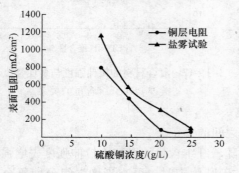

图 9-19　铜盐浓度对镀层性能的影响

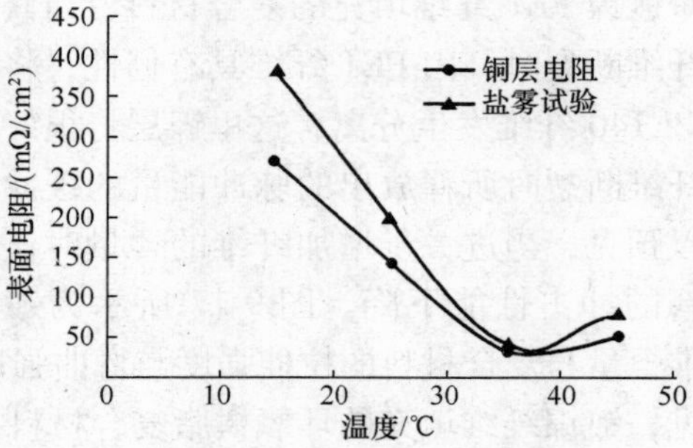

图 9-20　镀液温度对镀层性能的影响

可见，随着温度的升高，布面的表面电阻降低；当温度升高到一定值后，布面的表面电阻升高。镀液温度在 20～40 ℃时，镀层的表面质量较好。

（2）电镀锡　采用的电镀锡工艺条件：加入硫酸锡、甲酚磺酸、硫酸、表面活性剂等，调节 pH 值至 4 左右，反应温度 20～50 ℃，电镀时间在 300～800 s。电流对镀锡层外观的影响较大，图 9-21 所示为电流密度对镀锡层表面电阻的关系曲线。

可见，在电流密度大于 35 mA/cm² 时，表面电阻随电流密度的增大而增大；小于 35 mA/cm² 时，表面电阻随电流密度的增大而减小。从盐雾试验的曲线可知，电流密度在 10～20 mA/cm² 时，表面电阻变化很大，此时镀层的耐腐蚀性能较差；而当电流密度大于 20 mA/cm² 时，表面电阻变化很小，镀层的耐腐蚀性能较好。图 9-22 所示为电镀时间对镀层效果的影响。电镀时间越长，织物镀层越厚。

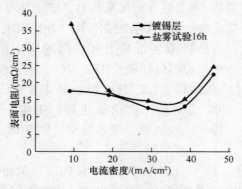
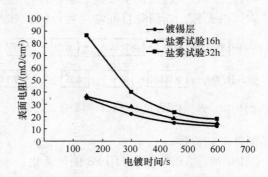

图 9-21　电流密度对镀层效果的影响

图 9-22　电镀时间对镀层效果的影响

可见，随着电镀时间的增加，镀层的厚度增加，表面电阻减小。由 32h 盐雾试验的曲线可知，电镀时间 200 ~ 400 s 时曲线较陡，说明此时镀层的耐腐蚀性能较差。

图 9-23 所示为温度对镀层效果的影响。升高温度得到的镀层内应力低，延展性好，镀液的导电性能好，沉积速度快，能使阳极溶解正常。但温度过高，镀层会出现针孔，阴极极化降低；温度过低，镀层的覆盖能力差，易烧焦，且阴极电流效率降低。

可见，随着温度的上升，特别是温度在 25 ~ 30 ℃时，布面的表面电阻呈下降趋势。但当温度超过 30 ℃后，织物的表面电阻反而升高。这是由于亚锡盐的氧化水解和添加剂的消耗随镀液温度的升高而加快，锡层厚度增加。但当温度上升到一定值后，亚锡盐的添加剂消耗过快，致使布面镀锡层不均匀，金属与金属之间孔隙较大，使得布面的表面电阻随着温度的升高有升高的趋势。

（3）镀锡织物的摩擦磨损性能　图 9-24 所示为电流密度对织物耐摩擦磨损性能的影响。电流密度增大，镀层的沉积速度相应地增大。

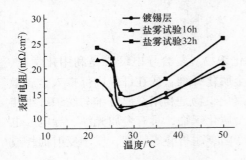

图 9-23　温度对镀层效果的影响

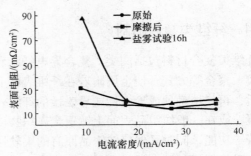

图 9-24　电流密度对织物摩擦磨损性能的影响

可见，当电流密度大于 15 mA/cm² 时，织物在进行 16 h 的盐雾试验后，表面电阻的变化值并不是很大，并且在经过摩擦磨损后，织物仍有较低的表面电阻，这充分显示了织物具有较好的耐腐蚀性能。而当电流密度小于 15 mA/cm² 时，虽然织物表面电阻没有多大变化，然而经过盐雾试验以及摩擦试验后，发现织物的电阻升高，织物的耐腐蚀性能大大下降。

图 9-25 所示为电镀时间对摩擦磨损性能的影响。电镀时间长，织物镀层厚。

可见，随着电镀时间的延长，织物表面电阻及摩擦磨损后织物的表面电阻下降幅度较小，但经过盐雾试验后，织物的表面电阻下降幅度较大。这是由于电镀时间较短，织物表面无法得到完整的锡镀层，锡不能将镀层完全覆盖所致。而电镀时间较长时，无多大影响。若时间太长，表面沉积的金属锡越来越多，织物厚度增加，柔性降低。

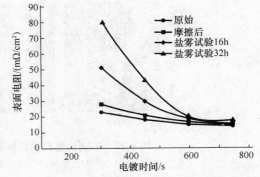

图 9-25　电镀时间对摩擦磨损性能的影响

图 9-26 所示为镀铜、锡/铜复合镀层的织物表面形貌。可见，镀铜织物中织物纤维根根分明，铜层均匀包围在织物纤维上，表面光滑。化学镀铜织物表面上进行电镀锡后的织物表面织物纤维能分辨清楚，金属锡能完全覆盖在金属铜层表面。

织物镀铜可形成均匀稳定的铜镀层，使织物具有良好的导电性能。继续镀锡后可得到电阻较小、摩擦磨损性能良好的锡镀层，镀层具有良好的耐腐蚀性能和摩擦损失性能。

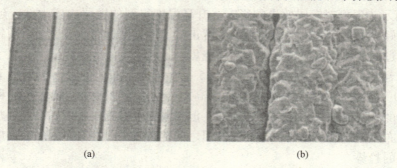

图9-26 镀铜、锡/铜复合织物的表面形貌

(a) 镀铜织物；(b) 锡/铜复合柔性织物

9.2.4 纤维类复合材料

纤维类复合材料包括两类：复合导电纤维和金属化织物。复合导电纤维是利用化学镀、真空镀、聚合等方式，使金属附着在纤维表面上形成金属化纤维，或在纤维内部掺入金属微粒物质，再经熔融抽成导电性或导磁性的纤维。而金属化织物是利用金属纤维与纺织纤维相互包覆，或在一般纺织品表面上镀覆金属织物以制造金属化织物，具有金属光泽、导电、电磁屏蔽等功能，同时又保持纺织品原有的柔软性、耐弯曲、耐折叠等特性，属于反射损耗或反射与吸收损耗相结合材料。

9.2.4.1 复合导电纤维——柔性电磁屏蔽材料

采用电化学改性的方法，以合成纤维作基体材料，制备的具有复合夹层屏蔽结构的柔性电磁屏蔽材料，在较宽的电磁波频段范围内，能够满足中等级（30~60 dB）、高等级（60~90 dB）和最优级（90 dB以上）的屏蔽标准。图9-27所示为不同复合夹层屏蔽结构材料的截面微观形貌图，其中A、C为复合材的外层，B为中间夹层。

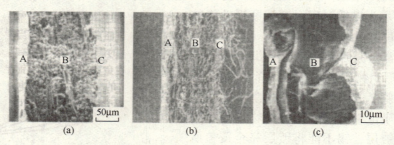

图9-27 不同的复合夹层屏蔽结构材料的SEM截面微观形貌

(a) 铜/玻璃纤维；(b) 针刺型无纺布；(c) 改性锦纶

铜/玻璃纤维布夹层，由于热压的压力较大，造成了材料在垂直板材平面方向的压缩形变，A、C外层屏蔽材料与B介质夹层材料的特殊波阻抗分界面非常清晰。针刺型无纺布属于涤纶合成纤维的一种，表面孔隙率较大、单根纤维直径较小（30 μm）、内部结构疏松、较厚（4 mm）。改性锦纶织物表面孔隙率低、单根纤维直径较大（50 μm）、经纬交织整齐、很薄（0.081 mm），锦纶表面非常光滑。在纤维织物两个外表面均匀地附着了0.3 μm左右的复合镀层。它是以铜作底层、镍合金作外层的结构。

　　图 9-28 所示为金属化改性后的锦纶表面 SEM 形貌。通过脉冲电镀镍合金处理的织物，镍合金层十分致密、均匀，不但表面电阻率比用化学镀镍合金处理的低很多，而且附着力也有明显增强。

 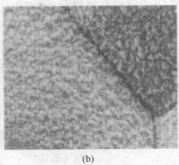

(a) (b)

图 9-28　锦纶合成纤维金属化改性后的 SEM 表面形貌

(a) 低倍放大图；(b) 高倍放大图

　　图 9-29 所示为涤纶无纺布经过复合夹层改性处理后的屏蔽效能测试。由于材料本身的因素有限，材料的屏蔽效能不是很高，在 30 ~ 1000 MHz 电磁频率范围内为 52 ~ 73 dB。单一镀铜的复合材料易氧化，SE 值较低，镀铜再镀镍铁合金的复合材料 SE 值有了明显提高。两条曲线所对应的 SE 值随入射电磁波频率的增高而增大，这与复合夹层屏蔽材料的特征相符合。

　　图 9-30 所示为对锦纶进行复合夹层改性处理后的屏蔽效能曲线。可见，当只进行镀铜处理时，由于改性的锦纶纤维织物抗氧化性差及其本身性质的影响，SE 值在 55 ~ 70 dB 之间，甚至出现了在高频段 SE 值下降的情形。镀铜再镀镍铁合金改性处理后，锦纶的镀铜层被不易氧化的镍铁合金层牢固地包覆着，消除了单镀铜层的弊病，当入射电磁波频率在 1 ~ 1000 MHz 范围内时，SE 值均大于 77 dB。

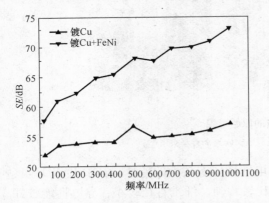

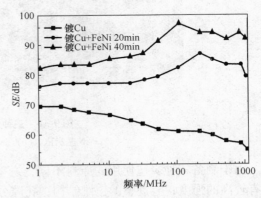

图 9-29　无纺布改性处理后的屏蔽效能

图 9-30　锦纶经不同镀层改性处理后的屏蔽效能

　　处理时间越长，复合屏蔽层越厚，材料的电磁屏蔽特性越强。经 40 min 镍铁合金脉冲电镀处理的锦纶，其最高屏蔽效能值可达 98 dB。由锦纶织物作介质材料、铜镍铁合金镀层作外层屏蔽材料所组成的复合夹层屏蔽结构，它的 SE 值除在高频区有一些抖动外，总的趋势是随频率的增高而增大的。

此外，织物金属化保持了织物原有的物理特性，可以通过弯曲、折叠、粘结、缝制等手段制成任意几何形状的电磁屏蔽复合材料，具有良好的应用开发前景。

9.2.4.2　电镀炭毡

炭毡由有机纤维毡经高温氧化炭化制成，按原始纤维种类不同可分为黏胶基、沥青基和聚丙烯腈（PAN）基三类，最常用的是 PAN 基炭毡。炭毡纤维柔性好，比表面积大，热稳定性高，化学性能稳定，耐化学物质及气体以及强酸性介质腐蚀，具有多孔结构，易与热塑性及热固性树脂复合制备成复合材料，在功能材料领域有广泛的应用前景，在制备屏蔽材料、微波吸收材料、电池电极材料方面，都具有很大的优势。表9-7 所示为三类炭毡的性能指标。

表9-7　三类炭毡的性能指标

性　能	PAN 基炭毡	黏胶基炭毡	沥青基炭毡
电阻率 $\rho/(\times 10^{-2}\Omega \cdot m)$	1.6～5	>10	0.5～0.7
单丝直径/μm	6～8	12～20	12～15
杨氏模量/GPa			30～40
密度/(g/cm^3)	1.65～1.9	1.0～1.4	1.23～1.9
体积密度/(g/cm^3)	0.15	0.09	

炭毡电镀时，先经 65% 的硝酸浸泡处理 0.5～1h，以除去制备过程中表面产生的有机热解产物、油脂、灰尘等，然后在不同的电镀液中分别沉积 Cu、Ni 或 Fe-Ni 合金层。将镀铜的炭毡与环氧树脂在模具中层压复合，制成直径 120 mm、厚 1～5 mm 的电磁屏蔽材料。将镀铁镍合金层的碳纤维毡和环氧树脂复合，同时加入适量的金属粉末和铁氧体，加上透波层后在模具中固化成型。图 9-31 所示为三种炭毡的原始形貌。

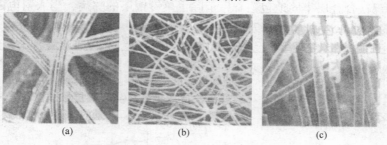

图 9-31　三种炭毡的原始形貌
（a）PAN 基炭毡；（b）黏胶基炭毡；（c）沥青基炭毡

由于制备三种炭毡使用的原料不同，炭毡的电镀性能有较大的差异。其中 PAN 基炭毡具有较高的强度，有规整的三维结构，孔隙分布比较均匀，纤维直径较小，导电性能较好。黏胶基炭毡整体强度较低，三维结构完整，孔隙分布最均匀，但导电性能较差。沥青基炭毡的强度较高，但没有完整的三维结构，纤维分布较为杂乱，导电性最好。由于 PAN 基炭毡具有较好的导电性，很容易在其表面沉积铜、镍及铁镍合金。而黏胶基炭毡由于导电性差，且孔隙较小，用通用型镀液很难得到优良的镀层。沥青基炭毡很容易沉积各类金属镀层。图9-32 所示为 PAN 基炭毡镀金属后的形貌。

可见，PAN 炭毡镀铜或镍后，在炭毡纤维的表面形成了非常均匀的铜或镍镀层，使炭毡的电阻大大降低，导电能力相应提高，如图 9-33 所示。同时，当镀层达到一定的厚度后，电阻率的降低将非常缓慢。又由于铜的电导率比镍的高，在金属含量相同时，镀铜炭毡的电阻率下降更快。

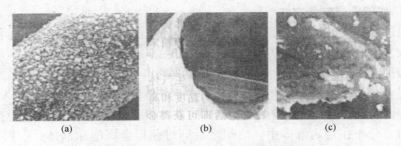

图 9-32　PAM 基炭毡镀金属后的形貌
（a）镀铜；（b）镀镍；（c）镀铁镍合金

图 9-34 所示为镀铜炭毡/环氧树脂复合材料的屏蔽性能，环氧树脂对 20～1000 MHz 范围内电磁波无屏蔽作用，而在树脂中加入未镀金属的炭毡后，屏蔽效率 SE 可提高到 20～35 dB，加入镀铜炭毡后，SE 迅速提高，并随镀层厚度的增大，屏蔽效率可达到 60～70 dB。

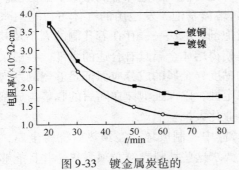

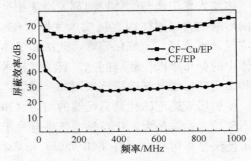

图 9-33　镀金属炭毡的
电阻率与电镀时间的关系

图 9-34　镀铜炭毡/环氧树脂
复合材料的屏蔽效果

由于炭毡纤维构成大量的闭合回路，在炭毡表面形成了很大的电感，即在低频下，炭毡以电感形式消耗电磁能。而在高频段，由于炭毡的空洞尺寸非常小，并且是多层集合在一起，电磁波穿透时，受到多重反射，使高频电磁波被大量吸收，使炭毡在很宽的频带中具有优良的屏蔽性能。在炭毡纤维的表面镀铜、镀镍以后，其电阻率迅速降低，按照电磁理论，界面的阻抗相差越大，则表面反射越强，因此反射衰减越大。

总之，PAN 基炭毡经过电镀金属处理后，其电磁性能得到改善，可用于制备多种功能复合材料。镀铜炭毡/环氧树脂复合材料的屏蔽性能优良，其屏蔽效率在 20～2000 MHz 的范围内可达到 60 dB 以上，高于同类材料，是一种有应用前景的新型电磁屏蔽材料。

9.2.5　泡沫金属类屏蔽材料

泡沫金属是一种由金属基体和气孔组成的新型多孔复合材料，属于多孔材料的一个分支，一般是指孔隙率为 40%～98% 的多孔金属。原子结构中含有未成对电子的金属具有铁磁性，制成发泡金属后仍保留这种性质，因此发泡金属具有电磁屏蔽性。对需要透气散热的电子仪器的通风窗进行电磁屏蔽时，原来只能采用金属网或蜂窝状截止波导。由于金属网的屏蔽效果较差，对于一些精密仪器设备往往不能满足要求。蜂窝状截止波导的效果虽然很好，但其体积很大，不便于安装在精密仪器和设备中。安装电磁屏蔽性能优良、透气结构良好的发泡金属是精密仪器设备的散热屏蔽的理想选择。

9.2.5.1 发泡金属制备方法

发泡金属的制备方法，大体可分为铸造法和非铸造法两种。铸造法又分熔体发泡剂发泡法、气体注入发泡法和渗流法三种。非铸造法又分粉末冶金法、烧结溶解法、喷溅沉积法和金属沉积法四种。

（1）铸造法　熔体发泡剂发泡法是将能够产生气体的物质（发泡剂）加入熔融金属中，使之受热分解而产生气体，通过增加金属液体的黏度和高速搅拌以及恰当的温度控制，使产生的气体均匀地分布在金属液体中，冷却之后即可获得金属泡沫固体。一般采用金属钙、镁、铝粉等作为增黏剂，发泡剂多为金属氢化物。氢化钛、氢化镉用于生产泡沫铝，氢化铒、氢化镁用于生产泡沫锌和泡沫铅。该法制备的泡沫金属孔洞的尺寸大小及其在金属基体中的分布难以控制。为解决孔洞不均匀及其尺寸过大等问题，一些研究者采取了高速搅拌、宽结晶温度范围合金、加入熔体增黏剂、控制发泡剂分解以及熔体发泡等措施，但均未取得实质性进展。

气体注入发泡法与熔体发泡剂发泡法相类似，是目前生产泡沫金属最廉价的方法。该方法是向熔融的金属熔体内直接吹入气体而使金属熔体发泡，发泡用的气体可以是氧气、氩气、空气、水蒸气、二氧化碳等。此法和熔体发泡剂发泡法一样存在着孔洞的大小及其在金属基体中的分布难以控制等问题，其关键技术是使得熔体金属具有合适的黏度，一般采取添加钙和碳化硅粉增黏剂等措施来增加金属熔体的黏度，金属的成分应保证足够宽的发泡温度区间，使所形成的泡沫孔具有足够的均匀性和稳定性，以保证泡沫在随后的收集与成型的过程中不破碎。此法最大的优点是造价低且易于工业化大批量生产。

渗流法是将可移去颗粒（如 NaCl）堆积在铸模中压制成坯，经预热后浇铸金属，再将颗粒去除，制备孔洞相互连接的通孔泡沫结构。要求这些填料颗粒必须耐热，并且能够在溶液中溶解。渗流法制造工艺的中心问题仍然是孔结构的控制问题。由于大多数金属特别是铝的表面张力较大，使熔融金属向颗粒间隙的填充困难。通过抽真空使模具内产生负压，并向熔融金属施加压力促使其向填料粒子中渗流。选择适当尺寸的填料颗粒，合理选择模具、填料粒子的预热温度和金属的浇铸温度等措施可以很好地控制孔结构。采用渗流法制备泡沫金属的成本不高，其局限性在于所获得泡沫金属的孔隙率只限制于比较窄的范围。

（2）非铸造法　粉末冶金法是将金属粉末与发泡剂（TiH_2）混合，发泡剂的含量通常不超过总量的1%，将充分混匀的粉末经过冷压或热压成型后还可以进一步加工，如轧制、模锻或挤压以使其成为半成品，然后将此种可发泡的半成品加热到接近或高于混合物熔点的温度。在加热过程中，发泡剂受热分解，释放出大量气体（氢气），迫使致密的压实材料膨胀，从而形成多孔隙的泡沫材料。它具有两个优点，一是可用于比其他方法更为广泛的合金成分，由此控制泡沫金属的机械性能；二是可直接制造三维尺寸、形状复杂的部件，已经制造出泡沫铝芯三明治零件以及泡沫铝填充的涡轮机结构件。也可用造孔剂取代发泡剂，在烧结过程中使其挥发或分解，并在烧结后将其去除，这种造孔剂可以是颗粒状的碳、萘、尿素、锯末、纤维、塑料等，但工艺成本较高，成品质量还有待于提高。

烧结溶解法所用的原料为铝粉和氯化钠盐粉以及少量促进烧结的添加剂（镁粉等），工艺过程包括混粉、压坯、烧结和析盐四个阶段。盐粉的颗粒形状和大小决定最终所得泡沫铝的孔洞形貌与尺寸，可按需选择，典型的颗粒直径为 100 ~ 3000 μm。对铝粉的颗粒形状和大小无特殊的要求，但颗粒直径一般应小于盐粉的颗粒直径，一般在 200 μm 以下。将铝粉和盐粉按预定的体积比例均匀混合，盐分（盐粉在混合粉末中所占的体积分数比）决定最终所得泡沫铝的孔隙率，应控制在 50% ~ 85% 之间。将混好的粉末样品压制成坯，在压制过程中，盐粉基本保持原貌，铝粉发生塑性变形，填充盐粒之间的大部分空隙形成连续的网状基体。然后再将坯置入电炉中烧结，烧结温度通常可选择在所用铝合金的熔点附近，烧结时间因坯而异，一般 1 ~ 2 h，使网状铝基体结合成坚固的一体，烧结完毕后，出炉冷却。最后，将烧结后的坯样置于热水中，使坯内的盐粒溶解，滤除，即得到均匀的多孔泡沫铝件。所得泡沫铝的化学成分与原始铝粉相同，孔洞的形状及尺寸分布与所用盐粉的颗粒形状和直径大致相当，孔隙率则几乎等于原坯中的盐分。此法的优点是，通过选择盐粉形状与颗粒直径，可在一定范围内方便地控制孔洞的形貌和尺寸，是目前制造微孔泡沫铝的最佳方法。通过采用具有不同粉末颗粒直径和体积比的一系列铝盐混合物，可以调控孔洞的空间分布和孔隙率。但该法只能获得孔隙率在 50% ~ 85% 范围的中密度泡沫铝。当孔隙率较低或溶解不充分时，成品内常会残留少量氯化钠，容易造成铝基的局部腐蚀，影响产品的性能和外观。由于烧结和析盐阶段耗时较多，工艺周期较长。

　　喷溅沉积法是生产胞状结构泡沫金属的方法。在惰性气氛下，用喷溅技术将金属溅射到金属的表面，使溅射层均匀地夹有惰性气体原子，再将所获得的金属物体加热至熔点以上，保温足够时间，使溅射层捕获的惰性气体膨胀而形成孔隙。

　　金属沉积法是利用金属化过程在聚氨酯泡沫上涂上一层很薄的环氧树脂使聚氨酯具有足够的刚度，防止制备出的金属泡沫变形。再通过化学镀在聚氨酯表面形成非常薄的金属导电层。最后进行电镀，在聚氨酯泡沫上形成金属覆盖层，用热分解将聚氨酯去除，即可得到泡沫金属。由金属沉积法制备的金属泡沫极为均匀，孔隙度高。

9.2.5.2　泡沫铝硅合金材料

　　利用传统熔体发泡法制备泡沫铝，产品的孔径大小很难精确控制。采用金属铝粉为增黏剂，通过对铝粉的含量、发泡剂的含量以及发泡剂加入后熔体中的发泡温度的控制，可制备出孔结构均匀、密度和孔径大小不同的泡沫铝，整个制备过程平稳、易控制和调整。图 9-35 所示为采用不同的工艺参数

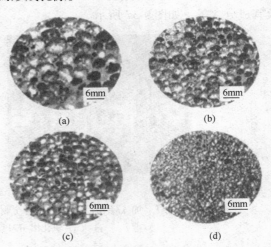

图 9-35　孔径不同的泡沫铝产品剖面
（a）孔径 7mm；（b）孔径 5mm；
（c）孔径 4mm；（d）孔径 2mm

制得的孔径不同的泡沫铝产品的剖面图，具体工艺参数及结果如表 9-8 所示。

表 9-8　孔径不同的泡沫铝产品的制备工艺参数和结果

产品孔径/mm	铝粉/%	TiH$_2$/%	发泡温度/℃	孔径/mm	孔隙率/%	$\rho/(g/cm^3)$
7	3	2.5	680	7	98	0.27
5	4	2.0	660	5	88	0.32

续表

产品孔径/mm	铝粉/%	TiH₂/%	发泡温度/℃	孔径/mm	孔隙率/%	$\rho/(g/cm^3)$
4	4	1.8	660	4	83	0.49
2	5	1.5	650	2	67	0.67

可见，泡沫铝产品孔径的大小随增黏所用的铝粉含量、增黏时的熔体温度、发泡剂的含量以及发泡剂加入后熔体中的发泡温度的变化而改变。

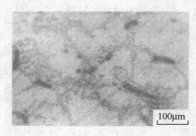

图9-36 加入铝粉增黏剂
搅拌的金相图

（1）铝粉增黏剂对产品性能的影响 要获得均匀的孔结构，熔体发泡过程中的增黏处理非常必要。黏度过低，气体易外逸，且在生长过程中易聚集、破灭，气泡也难以稳定存在。加入铝粉后，不仅使铝液的黏度增高，而且对于发泡剂分解后所产生的气泡的稳定性也有较好的作用。铝粉加入后，细小的铝粉在铝液中形成固体悬浮液，液体中因有一定数量的固相质点而成为不均匀的多相系统，将使液态金属内摩擦力增加，而金属液体的黏滞性起因于质点间的内摩擦力，因此初步提高了铝液的黏度。图9-36所示为加入铝粉后增黏搅拌7min所得的金相图。

对图中黑色物质区域进行 SEM 扫描电镜和 EDS 能谱分析，可得到其中氧化铝 SEM 形貌及其成分含量，如图9-37所示。

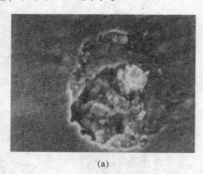
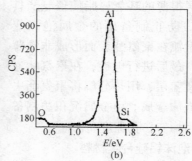

(a)   (b)

图9-37 加入铝粉后泡沫铝硅合金材料中氧化铝的 SEM 形貌与 EDS 谱线
（a）氧化铝 SEM 图；（b）EDS 谱线

可见黑色物质中除了 Al、Si 元素外，还含有大量的 O 元素。其中 Al、Si、O 三种元素的质量分数分别为 53.47%、5.87%、40.65%，原子分数分别为 41.88%、4.42%、53.70%，由此推测黑色物质为氧化铝。因此可认为加入铝粉后，由于不断搅拌带入的空气与铝粉颗粒发生了化学反应而形成了大量氧化铝薄膜。生成的氧化铝与液态金属铝间的表面张力较小，悬浮在液态金属中，增加了金属质点间的内摩擦力，也增加了铝液的黏度。同时，熔体中存在的细小固体悬浮颗粒粘附于气泡的表面，对液膜排液和气体扩散起阻滞作用，从而阻止了气泡的凝聚，使气泡尺寸变大，气泡壁变厚，提高了泡沫铝中气泡的稳定性。另外，选择铝粉做增黏剂是因为铝粉与铝合金液的润湿性好，密度相近，较易分散均匀，增黏速度便于控制，且不存在环境污染。为了获得孔径尺寸较大的泡沫铝，铝粉的含量不宜太高。当加入量为3%时，铝液已具有较高的黏度，同时也能较好地稳定所产生的气泡，控制气泡聚并的发生。要获得孔径尺寸较小的泡沫铝，需适当增加铝粉的含量，因铝粉含量较多时，它在铝液中能较好地阻碍气泡在铝液中的合并和长大，但铝粉的含量不宜过高，太多使熔体的黏度过高，不利于发泡剂均匀分散，使孔结构不均匀。

（2）发泡剂对产品性能的影响　发泡剂加入黏度适中的铝液中，应确保其混合均匀并在混合过程中尽量减缓放氢的反应速度。TiH₂发泡剂在一定温度下发生的分解反应式为：

$$TiH_2 \longrightarrow Ti + H_2 \uparrow$$

图 9-38 所示为 0.074mm 以下 TiH₂ 发泡剂 DTA 曲线，Ar 气保护，升温速率 20 ℃/min。

可见，TiH₂ 在 440 ℃ 开始发生明显分解，在 555 ℃ 左右存在一个明显的放热峰，此时分解速度较快，607 ℃时的分解速度最快。若将 TiH₂ 直接加入熔体进行快速搅拌混合，则在 10～30 s 内，TiH₂ 迅速反应，开始放出大量氢气，使熔体体积膨胀，造成混合困难。因此，对 TiH₂ 粉末需进行特殊缓释处理，以消除发泡剂中活性较高的氢，同时在发泡剂表面形成一层氧化物膜，使发泡剂的分解速度减

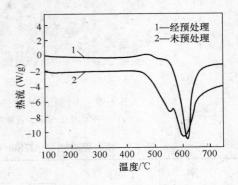

图 9-38　发泡剂 DTA 曲线

缓。发泡剂经过处理后，其分解的起始温度由处理前的 440 ℃提高到 550 ℃，对应分解速度最快的温度由处理前的 607 ℃提高到 620 ℃，从而在较大程度上延长了搅拌混合时间，使 TiH₂ 与熔体能够充分混合。

为了获得孔径尺寸较大的泡沫铝，需加入较多的发泡剂，以便于在铝液熔体中产生较多的气体，但太多的发泡剂导致最后熔体内气体的压力过大，使气体冲破气孔壁，导致产品有严重的气泡塌陷现象，结构不均匀。

（3）发泡温度对产品性能的影响　影响产品孔径和孔隙率的发泡温度包括起始发泡温度和最终保温发泡温度。起始发泡温度指增黏后加入发泡剂时的温度，若此时温度太高，发泡剂在搅拌过程中分解太快，使发泡剂难以混合均匀。而温度太低，不利于发泡剂的热分解，使熔体中无法形成大量的气泡核。因此在工艺上选择起始发泡温度为 600 ℃。而最终保温发泡温度的控制对于发泡产品的孔径大小及最终产品的孔隙率有很大的影响。温度越高，发泡剂分解放出的气体越多，同时铝液的黏度低，铝液中气泡长大较易。为了获得孔径尺寸较大的泡沫，最终发泡温度应选择 680 ℃，高于此温度，发泡过程结束后泡沫熔体不能及时凝固，气体易外逸，导致孔隙率不高。要获得孔径尺寸较小的泡沫铝，最后的温度也不宜太高，太高的温度会促进气泡的生长，扩大铝熔体中形成的气孔孔径。制备 2 mm 小尺寸孔径的泡沫铝最终发泡温度选择 650 ℃较好。

9.2.5.3　泡沫 SiC 颗粒增强铝基复合材料

泡沫 SiC 颗粒增强铝基复合材料的孔隙率为 60%～85%，用 TiH₂ 作发泡剂，采用直接发泡工艺制备。由于复合材料熔体自身黏度较高，不需要采用任何增黏措施，发泡工艺简单，易于操作，比普通泡沫铝或铝合金具有更高的拉伸、压缩强度。孔隙率和孔洞尺寸主要是通过固态发泡剂的加入量、搅拌速度、发泡剂中 TiH₂ 和分散剂配比来控制。图 9-39 所示为两种不同孔径大小的泡沫 SiC 颗粒增强铝基复合材料的截面。

复合材料泡沫力学性能与孔隙率、孔洞尺寸有关。表 9-9 所示为 15%（体积分数）和 20%（体积分数）SiC 颗粒增强的 Al7Si0.4Mg 复合材料泡沫在不同孔隙率和孔径下的

拉伸和压缩强度。

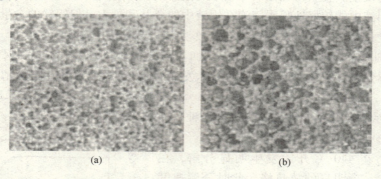

图 9-39　不同孔径大小的泡沫 SiC 颗粒增强铝基复合材料的截面

（a）平均孔径 2.5mm，孔隙率 70%；（b）平均孔径 4.5mm，孔隙率 82%

表 9-9　SiC 颗粒增强 Al7Si0.4Mg 铸造铝基复合材料泡沫拉伸、压缩强度

孔隙率/ %	平均孔径/ mm	20%（体积分数）SiC		15%（体积分数）SiC	
		拉伸强度/MPa	压缩强度/MPa	拉伸强度/MPa	压缩强度/MPa
82	4.5	3.58	5.78	3.36	4.74
75	2.5	4.32	12.78	4.23	7.84
70	2.5	7.47	16.25	6.99	13.35
65	2.5	9.16	25.34	7.78	23.36

可见，当复合材料含有 20%（体积分数）SiC 时，82% 孔隙率的 SiC 颗粒增强复合材料泡沫的拉伸强度达到 3.58 MPa，该泡沫比普通铝或铝合金泡沫具有更高的强度。

9.2.5.4　基于发泡剂预处理的两步法泡沫铝

直接发泡工艺是泡沫金属制备的一种主要工艺，是将发泡剂 TiH_2、ZrH_2 等加入金属熔体，热分解产生气体，气体滞留在熔体内凝固后即产生大量孔洞。由于气体易于从熔体中逃逸，很难控制孔洞的均匀性，而两步法工艺，将发泡剂在熔体中的分散和分解发泡分开，可实现发泡剂的均匀分散和孔结构的有效控制。图 9-40 所示为两步法制备泡沫铝工艺原理图。

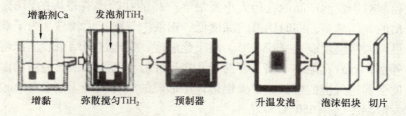

图 9-40　两步法制备泡沫铝工艺原理图

第一步获得可发泡的预制品。用溶胶-凝胶法在 TiH_2 表面形成一层 Al_2O_3 薄膜，以推迟 TiH_2 发泡时间并改善发泡剂对铝液的润湿性。再将处理过的发泡剂在铝液中弥散均匀，发泡剂表面的氧化层会阻碍 H_2 的逸出，推迟发泡，从而有较充裕的时间使 TiH_2 在熔体中均匀分布。降温，获得由金属、发泡剂和增黏剂组成的可发泡的预制体。第二步进行升温发泡。将预制品按需要进行加工后，加热到一定温度，使 TiH_2 分解释放 H_2 得到泡沫铝产品。通过控制发泡温度和时间，调节孔径和孔隙率。

图 9-41 所示为发泡剂用量对泡沫铝产品形貌的影响，搅拌转速 800 r/min，搅拌时间 3 min，所得预制品在 720 ℃发泡 5 min。

(a)　　　　　　　　　(b)　　　　　　　　　(c)

图 9-41　发泡剂用量对泡沫铝产品形貌的影响
(a) 发泡剂用量 1.5%；(b) 发泡剂用量 2%；(c) 发泡剂用量 3%

可见，当发泡剂用量低于 2% 时，不能达到良好的发泡效果。发泡剂用量太大时，分布于铝液中的发泡剂较多，发泡时产生的气泡很容易发生连接合并，导致发泡效果较差。图 9-42 所示为发泡剂用量对泡沫铝孔隙率及孔径变化的影响。

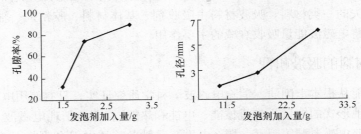

图 9-42　发泡剂用量对孔隙率及孔径变化的影响

可见，当发泡剂用量为 1.5% 时，截面上的孔洞较少，孔与孔之间的距离较大，表明孔隙率较低。当发泡剂用量达到 2% 时，截面的 70% 以上被孔洞所占，且孔洞之间的连接较少，绝大多数的孔洞能够保持完整的球形。当发泡剂用量达到 3% 时，孔隙率达到 90% 以上，但孔洞之间的连接合并较为严重。发泡剂用量的增加，一方面表现为孔隙率增大，一方面表现为孔径增大。当发泡剂的用量增加到一定程度后，继续增加并不能使孔隙率再增加，而有可能产生很大的缺陷。

图 9-43 所示为搅拌时间对泡沫铝形貌的影响，发泡剂用量 2%，搅拌转速 800 r/min。

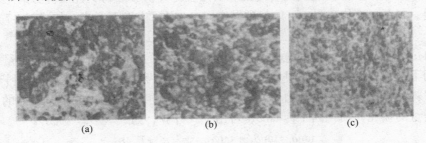

(a)　　　　　　　　　(b)　　　　　　　　　(c)

图 9-43　搅拌时间对泡沫铝产品形貌的影响
(a) 搅拌 2 min；(b) 搅拌 3 min；(c) 搅拌 5 min

图 9-44 所示为搅拌时间对泡沫铝孔隙率的影响。

可见，搅拌时间为 2 min 时，产品内的孔洞比较集中，孔洞的连接合并也比较严重，因而孔结构很不均匀，表明搅拌时间太短，不能将发泡剂均匀分散在预制品中，此时产品孔隙率最高。当搅拌时间达到 3 min 时，产品内的孔洞基本达到均匀分布，孔洞的形状也基本为规则的球形，且孔洞的连接合并较少，孔隙率仍然比较高。当搅拌时间长达 5min 时，孔洞分布很均匀，但由于发泡剂大部分已发生分解，滞留于顶制品中未分解的发泡剂量较少，在发泡时释放出来的气体量也少，造成孔隙率下降较多。

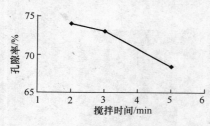

图 9-44　搅拌时间对泡沫铝孔隙率的影响

9.3　电磁波吸收材料

电磁波吸收材料指能吸收、衰减入射的电磁波，并将其电磁能转换成热能耗散掉或使电磁波因干涉而消失的一类材料。吸波材料由吸收剂、基体材料、胶粘剂、辅料等复合而成，其中吸收剂起着将电磁波能量吸收衰减的主要作用。

9.3.1　吸波材料的吸波机理

电磁屏蔽不能从根本上削弱、消除电磁波。科学研究证实，只有使用电磁波吸收材料把电磁能转化为其他形式的能量（如机械能、电能和热能），才能消耗电磁波。从电磁能量角度出发，如果忽略电磁泄漏等因素，那么电磁波反射 E_r、透射 E_t 和吸收 E_a 有以下关系：

$$E_0 = E_r + E_t + E_a$$

式中，E_0 为入射电磁波总能量；E_a 值越大，说明吸波效果越好。理想的电磁波吸收材料是能完全吸收投射到其表面的电磁波能量：即 $E_a \approx E_0$、$E_r \approx 0$、$E_t \approx 0$。但是，由于材料本身的物理化学性质和对电磁波吸收频率的选择性，对电磁波不可能达到 100% 的吸收。

材料对电磁波的吸收强烈依赖于材料本身的电磁特性。材料的电阻率（ρ）、介电常数（ε）、磁导率（μ）、介质损耗因子（$\tan\delta$）等参数是保障材料原始组分和整个材料吸收电磁波的基本物理特性，是评价吸波材料的主要参数。介电常数（ε）、磁导率（μ）是吸波材料电磁特性的两个基本参数，它们的合理性和实用性是评价吸波材料性能优劣的主要依据。对于一般材料，材料的介电常数（ε）与磁导率（μ）可写成以下形式，如式（9-7）所示：

$$\varepsilon = \varepsilon' - \varepsilon''; \quad \mu = \mu'\mu'' \tag{9-7}$$

式中，ε' 和 μ' 分别为吸波材料在电场或磁场作用下产生的极化和磁化强度的变量；ε'' 为在外加磁场作用下材料电偶矩产生重排引起损耗的量度；μ'' 为在外加磁场作用下材料磁偶矩产生重排引起损耗的量度。根据电动力学，对介质而言，承担着对电磁波吸波功能的是 ε'' 和 μ''，它们引起能量的损耗，损耗因子为 $\tan\delta$，可由下式计算，如式（9-8）所示：

$$\tan\delta = \tan\delta_E + \tan\delta_M = \varepsilon''/\varepsilon' + \mu''/\mu' \tag{9-8}$$

可见，$\tan\delta$ 随 ε'' 和 μ'' 的增大而增大。$\tan\delta$ 是表征吸收波的一个重要电磁参数，在实践中应用较为广泛。在损耗取决于电导的情况下，$\tan\delta$ 由介电常数决定，$\tan\delta = \varepsilon''/\varepsilon'$；在损耗取决于磁导的情况下，$\tan\delta$ 由磁导常数决定，$\tan\delta = \mu''/\mu'$。由此可知，能量损耗是由介电常数和磁导率的虚部（ε''、μ''）决定的。因此，探索制备吸收波材料时必须充分考虑介电常数和磁导率的影响因素。

材料对电磁波的吸收与电磁波的频率也有关，只有在某一频率范围，材料对电磁波才具有最有效的吸收。由于窄带吸波材料在实际应用中意义不大，因此在考虑吸收波材料电磁特性的同时，必须考虑材料的吸收带宽。Ruck 提出材料的相对带宽可以用式（9-9）表示：

$$B = 2\left(\frac{ff_0}{2}\right) \approx \frac{2 \mid R \mid}{\pi \mid \mu_r - \varepsilon_r \mid \times (d/\lambda_0)} \tag{9-9}$$

式中，R 为吸收率；B 为相对带宽；f_0 为中心频率；λ_0 为中心波长；d 为材料厚度。由公式知，$\mid \mu_r - \varepsilon_r \mid$ 值越小，吸收带宽 B 值越大。因此 $\mid \mu_r - \varepsilon_r \mid \rightarrow 0$ 成为设计宽频、超宽频吸波材料的一个基本原则。对于一般的材料 $\varepsilon_r > \mu_r$；而磁性材料的 μ_r 值增大，使得 $\mid \mu_r - \varepsilon_r \mid$ 值减小，可以有效展宽带宽 B。

设计吸波材料除了尽可能提高损耗外，还要考虑另一关键因素，即波阻抗匹配问题，使介质表面对电磁波的反射系数为零，电磁波入射到介质进而被吸收。由电磁理论可知，垂直入射介质时的反射系数（γ），如式（9-10）所示：

$$\gamma = \frac{z_2 - z_1}{z_2 + z_1} \tag{9-10}$$

式中，z_1、z_2 分别表示自由空间波阻抗和介质表面的波阻抗，波阻抗按式（9-11）计算：

$$z = \frac{E}{H} = \sqrt{\frac{\mu}{\varepsilon}} \tag{9-11}$$

式中，E 为电场强度；H 为磁场强度；当 $z_1 = z_2$ 时，称波阻抗匹配；$\gamma = 0$，接近于全吸收。

由此可见，要获得性能优良的吸波材料，必须综合考虑电磁阻抗和阻抗匹配两种因素，尤其是材料的介电常数、磁导率和厚度参数。

吸波材料种类很多，按使用时间顺序可分为传统吸波材料和新型吸波材料。铁氧体、金属微粉、钛酸钡、碳化硅、石墨、导电纤维等属于传统吸波材料。新型吸波材料包括纳米材料、金晶铁纤维、手性材料、导电高聚物及电路模拟吸波材料等。

9.3.2　铁氧体吸波材料

铁氧体吸波材料是研究比较多也比较成熟的吸波材料。由于其在高频下有较高的磁导率，而且电阻也比较大，电磁波易进入并快速衰减，被广泛地应用在雷达吸波材料领域中。铁氧体吸波材料种类很多，本书重点阐述几种较新且较有代表性的铁氧体吸波材料。

9.3.2.1　M 型钡铁氧体吸波材料

M 型钡铁氧体 $BaFe_{12}O_9$ 吸波性能优良，既能产生磁损耗，又能产生介电损耗，是吸波材料中应用最广的一种。图 9-45 所示为溶胶-凝胶自蔓延工艺制备 M 型钡铁氧体工艺流程。

图 9-45　溶胶-凝胶自蔓延工艺制备 M 型钡铁氧体工艺流程

以硝酸铁 $Fe(NO_3)_3 \cdot 9H_2O$、硝酸钡 $Ba(NO_3)_2$ 为前驱物，蒸馏水为溶剂，柠檬酸 $C_6H_8O_7 \cdot H_2O$ 为络合剂制备溶胶。硝酸铁、硝酸钡、柠檬酸分别配制成一定浓度的溶液，在磁力搅拌器上将硝酸盐溶液缓慢倒入柠檬酸溶液中，边搅拌边混合，搅拌均匀后向混合溶液中滴加浓氨水，边搅拌边滴加，直至溶胶呈现适当 pH 值。再加入少量聚乙二醇 PEG 以增强溶胶的稳定性和分散性。将形成的溶胶在 80 ℃水浴锅上静置 4 h，再经加热蒸煮脱水逐渐形成凝胶，凝胶膨胀冒出大量浓烟，以致自燃生成蓬松的树枝状前驱体自燃粉，将前驱体研磨、煅烧，得到 M 型钡铁氧体产物。钡铁氧体 $BaFe_{12}O_9$ 形成过程可描述为：

$$Fe^{3+} + NH_3 \cdot H_2O \longrightarrow \gamma\text{-}Fe_2O_3$$

$$\gamma\text{-}Fe_2O_3 + Ba^{2+} \longrightarrow BaFe_2O_4$$

$$5\gamma\text{-}Fe_2O_3 + BaFe_2O_4 \longrightarrow BaFe_{12}O_{19}$$

在反应过程中，Fe_2O_3 的结晶类型对 M 型钡铁氧体 $BaFe_{12}O_{19}$ 的形成起着至关重要的作用。$\gamma\text{-}Fe_2O_3$ 是尖晶石型结构，分子式为 $Fe[Fe_{5.33}\square_{1.33}]O_4$（□代表阳离子空位），它的结构与 $BaFe_2O_4$ 相同，与 $BaFe_{12}O_{19}$ 中的 S 块相近，极易与 $BaCO_3/BaO$ 反应生成 $BaFe_2O_4$。

$\gamma\text{-}Fe_2O_3$ 是 $\alpha\text{-}Fe_2O_3$ 亚稳相，温度升高时 $\gamma\text{-}Fe_2O_3$ 极易转化为 $\alpha\text{-}Fe_2O_3$。$\alpha\text{-}Fe_2O_3$ 为铁钛石型结构，与 $BaFe_{12}O_{19}$ 中的 S 块结构不相近。因此，如果反应过程中生成 $\alpha\text{-}Fe_2O_3$，则形成 $BaFe_{12}O_{19}$ 需经历一个晶形转变过程，需要较高的煅烧温度和较长的反应时间。由于 $\gamma\text{-}Fe_2O_3$ 有利于最终产物的形成，因此前驱体自燃粉需先在 450 ℃预烧 2 h 以纯化 $\gamma\text{-}Fe_2O_3$ 晶相，然后再进行高温煅烧。表 9-10 所示为高温煅烧温度对磁粉成分的影响。

表 9-10　煅烧温度对磁粉成分的影响

煅烧温度/℃	煅烧时间/h	$BaFe_{12}O_{19}$ 成分/%	$\gamma\text{-}Fe_1O_3$ 成分/%
700	3	52	47
800	3	65	34
850	3	100	0

可见，煅烧温度不同，磁粉成分不同。随着煅烧温度的升高，主晶相 $BaFe_{12}O_{19}$ 的含量逐渐升高，杂相 $\gamma\text{-}Fe_2O_3$ 的含量逐渐降低，当温度升高至 850 ℃时，粉体基本上为目的产物 $BaFe_{12}O_{19}$。因此，煅烧温度是影响粉末物相结构的决定性因素。表 9-11 所示为溶胶 pH 值对磁粉性能的影响。

表 9-11　溶胶 pH 值对磁粉磁学性能的影响

溶胶 pH 值	饱和磁化强度 $M_s/(M/m)$	矫顽力 $H_c/(A/m)$	溶胶 pH 值	饱和磁化强度 $M_s/(M/m)$	矫顽力 $H_c/(A/m)$
3.00	1090.5	2153.38	7.50	1221.5	3333.53
4.50	1126.8	3027.15	8.50	1193.8	2910.17
6.00	1180.3	3045.45			

可见，饱和磁化强度 M_s 随溶胶 pH 值的升高先增大后减小，在 pH 值为 7.50 处达最大值。矫顽力 H_c 表现出同样的变化规律。这与柠檬酸的电离有关。

柠檬酸分子式为 $C_6H_8O_7 \cdot H_2O$，含有 3 个羧基、1 个羟基，为三元酸，存在三级电离，其电离反应式为：

$$H_3L \Longrightarrow H_2L^- + H^+ \qquad k_1 = 7.4 \times 10^{-4}$$

$$H_2L^- \Longrightarrow HL^{2-} + H^+ \qquad k_2 = 1.7 \times 10^{-5}$$

$$HL^{2-} \Longrightarrow L^{3-} + H^+ \qquad k_3 = 4.0 \times 10^{-7}$$

其中二级电离产生的 HL^{2-} 与 Ba^{2+} 和 Fe^{3+} 都有很强的络合性。电离形成的各类阴离子浓度与 pH 值密切相关。理论上，当 pH 值低于 4.0 时，因酸度过高，HL^{2-} 浓度较小，很难络合 Ba^{2+} 和 Fe^{3+} 而形成稳定的溶胶。当 pH 值高于 7.5 时，会造成 Fe^{3+} 的水解而影响溶胶的均一性。表 9-12 所示为柠檬酸与含金属离子摩尔比对磁粉磁学性能的影响。

表9-12 不同摩尔比对磁粉磁学性能的影响

溶胶 pH 值	摩尔比	饱和磁化强度 M_s/(A/m)	矫顽力 H_c/(A/m)	溶胶 pH 值	摩尔比	饱和磁化强度 M_s/(A/m)	矫顽力 H_c/(A/m)
7.50	1:1	1188.9	1783.35	7.50	2:1	1221.53	333.53
7.50	1.5:1	1193.8	3027.15	7.50	3:1	1184.6	3823.73

可见，饱相磁化强度 M_s 随摩尔比的升高先增大后减小，当摩尔比为 2:1 时达到最大值，矫顽力 H_c 则随摩尔比的升高而增大。柠檬酸电离产生的 HL^{2-} 与 Ba^{2+} 和 Fe^{3+} 在溶液中发生 1:1 的络合反应，通常取摩尔比大于 1，既能保证络合反应的充分进行，同时过量的柠檬酸又能起到分散溶胶的作用。但摩尔比不能太高，因为自蔓延的过程实质上是一个氧化还原过程，柠檬酸充当还原剂，硝酸根离子充当氧化剂，摩尔比太高会造成氧化剂含量不足，不利于反应体系的燃烧合成，导致燃烧不完全。

图 9-46 所示为 $BaFe_{12}O_{19}$ 微粉的吸波性能。铁氧体主要依靠磁滞损耗、涡流损耗、畴壁共振、自然共振等磁损耗和介电损耗吸收、衰减电磁波。损耗角正切随频率的变化趋势能直接反映粉体的吸波频率与吸波性能的高低。

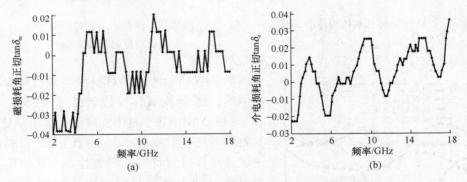

图9-46 $BaFe_{12}O_{19}$ 微粉的损耗角正切随电磁频率的变化

(a) 电磁损耗变化；(b) 介电损耗变化

可见，$BaFe_{12}O_{19}$ 粉体在 2~5 GHz、8~11 GHz 及 13~16 GHz 范围内磁损耗较大。在 2~5 GHz 频段内的损耗主要由畴壁共振引起，8 GHz 以上频段的损耗主要由自然共振引起。介电损耗在 8~11 GHz 及 12~17 GHz 范围内也较大，主要损耗原因为固有电偶极子的取向极化，因为铁氧体在烧结过程中会发生失氧现象，部分 Fe^{3+} 被还原为 Fe^{2+}，形成了电偶极子，且分子中微观电荷分布的不均匀也导致了固有电偶极子的形成。在交变电场作用下，电极子在两个或两个以上的平衡位置间发生平行或反平行的转向极化而引起了损耗。

9.3.2.2 铁氧体与水泥复合吸波材料

以碳酸锰、氧化锌和氧化铁为原料，经球磨、煅烧得到锰-锌铁氧体粉体，然后与水泥复合制得水泥基复合吸波材料。

图9-47所示为锰-锌铁氧体粉体的XRD。锰-锌铁氧体粉体的制备，以碳酸锰、氧化锌和氧化铁为原料，按一定的配比将三者混合球磨，干燥后850℃预烧2 h，冷却、球磨，再在1250℃煅烧12 h，再球磨，经180目筛分而得到。

可见，所得铁氧体粉体中含有微量的Fe_2O_3，无单质MnO_2和ZnO存在，表明所制备的材料是锰-锌铁氧体，其平均粒径在2 μm左右。

图9-48所示为锰-锌铁氧体用量对水泥复合材料反射率的影响。可见，随着铁氧体用量的增加，水泥材料的反射率逐渐下降。当掺量达到35%时，其平均反射率最低。铁氧体吸波剂对电磁波的吸收是由介电损耗、电磁损耗和材料对电磁波的干涉作用组成。当其用量增加时，铁氧体与水泥复材料的介电常数实部和虚部增大，吸收峰向低频移动，其介电损耗、电磁损耗和复合材料对电磁波的干涉作用加强，使其反射率降低，吸波性能提高。而当掺量增加到45%后，由于材料的波阻抗与自由空间波阻抗不匹配，使电磁波在材料表面的反射率增大，吸波性能下降。

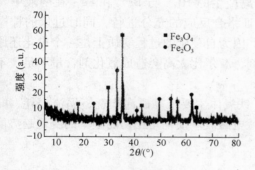

图9-47　锰-锌铁氧体粉体的XRD

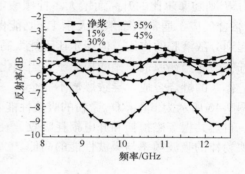

图9-48　铁氧体用量对水泥复合材料反射率的影响

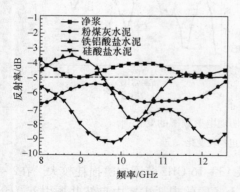

图9-49　胶凝材料种类对材料反射率的影响

图9-49所示为胶凝材料种类对材料吸波性能的影响，锰-锌铁氧体吸波剂掺量为35%。可见，在8～12.5 GHz频率范围，硅酸盐水泥基复合吸波材料的平均反射率最小，不同的胶凝材料能改变水泥基复合吸波材料的吸波性能，选用恰当胶凝材料将有助于改善材料的吸波性能并拓宽吸收频带。

图9-50所示为硅酸盐水泥基复合吸波材料的表面形状对其反对率的影响，锰-锌铁氧体吸波剂掺量为35%，胶凝材料为硅酸盐水泥，吸波材料厚度为15 mm。

可见，表面粗糙度对材料的反射率有较大的影响，增加表面粗糙度有利于提高材料的吸波性能并拓宽吸收频带。据有关报道，当材料表面的平整度为电磁波波长的1/8以上时，其表面可看作粗糙面，它对入射电磁波产生漫反射，其回波强度较弱，导致反对率降低。图中粗糙表面凸起部分的高度约0.32 mm，而该波段电磁波的波长在2.40～3.75 cm之间，其波长的1/8值为0.30～0.47 cm，材料表面粗糙度比1/8电磁波波长的最小值0.30要大，故其对电磁波会产生部分漫反射，使其回波强度下降，导致其反射率降低，吸波性能相应提高。如继续提高表面粗糙度，其吸波性能有可能进一步得到改善。表 9-13 所示为不同龄期硅酸盐水泥基复合吸波材料的强度。

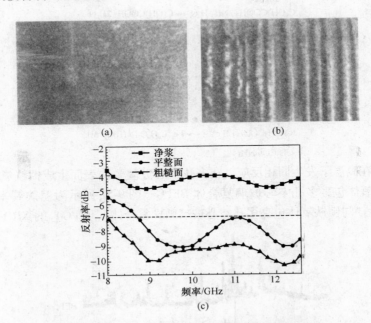

(a)　　　　　　　　　　(b)

(c)

图 9-50　两种表面形状对吸波材料反射率的影响

（a）表面平整的吸波材料；（b）表面粗糙的吸波材料；（c）影响曲线

表 9-13　不同龄期硅酸盐水泥基复合吸波材料的强度

材料编号	铁氧体掺量 /%	水泥掺量 /%	7d/MPa		28d/MPa	
			抗折	抗压	抗折	抗压
A	0	100	6.64	73.5	8.10	95.6
B	35	65	5.93	62.4	7.85	84.7

可见，掺有铁氧体的 B 材料，其 7 d 和 28 d 的强度均比水泥净浆 A 材料有一定程度的降低。由于铁氧体的加入，水泥用量相应降低，在水泥水化过程中所生成的 CSH 凝胶减少，导致其强度稍有下降，其 28 d 抗折和抗压强度分别降低 3.09% 和 11.4%，下降幅度不太大，不会影响其实际使用。

9.3.2.3　空心铁氧体微珠吸波材料

铁氧体是广泛使用的吸波材料，电磁波通过铁氧体时，因电磁损耗而降低能量，提高铁氧体的电磁损耗性能是强化材料吸波性能的前提。研究表明，铁磁体内掺杂质的穿孔作用引起磁畴面积变化从而使畴壁能量变化，形成对畴壁位移的阻力，可引起较大的磁损耗。采用柠檬酸盐溶胶-凝胶法在多孔玻璃微珠表面包覆钡铁氧体薄膜以形成吸波性能良好的空心铁氧体微粒，即是铁磁体内掺杂增加磁损耗，提高其吸波性能的成功例子。

所用原料有 $Fe(NO_3)_3$、$Ba(NO_3)_2$、氨水、柠檬酸（络合剂）、多孔空心玻璃微珠（粒径为 5~20 μm）。将 $Ba(NO_3)_2$:$Fe(NO_3)_3$:柠檬酸按 1:12:19 混合制得前驱体，再按前驱体:多孔空心玻璃微珠 1:1 混合，加入蒸馏水溶解，滴入氨水调节溶液 pH 值为 7，置于 90 ℃恒温水浴上搅拌 4~5 h，至液体成为黏稠的溶胶。将溶胶在 120 ℃下恒温干燥 4 h，得到干燥凝胶，即为空心铁氧体微珠吸波材料。制备过程的主要反应式为：

$$
\begin{array}{l}
\text{CH}_2\text{COOH} \\
| \\
\text{C(OH)COOH} + 2\text{NH}_3 \cdot \text{H}_2\text{O} \longrightarrow \\
| \\
\text{CH}_2\text{COOH}
\end{array}
\quad
\begin{array}{l}
\text{CH}_2\text{COONH}_4 \\
| \\
\text{C(OH)COOH} + 2\text{H}_2\text{O} \\
| \\
\text{CH}_2\text{COONH}_4
\end{array}
$$

$$
\begin{array}{l}
\text{CH}_2\text{COONH}_4 \\
| \\
\text{C(OH)COOH} + \text{Be}^{2+} \longrightarrow \\
| \\
\text{CH}_2\text{COONH}_4
\end{array}
\quad
\begin{array}{l}
\text{CH}_2\text{COONH}_3 \\
| \\
\text{C(OHCOOH} \\
| \\
\text{CH}_2\text{COONH}_3
\end{array}
\bigg\} \text{Ba} + 2\text{H}^+
$$

$$
\begin{array}{l}
\text{CH}_2\text{COONH}_4 \\
| \\
3\text{C(OH)COOH} + 2\text{Fe}^{3+} \longrightarrow \text{Fe}_2[\text{C}_6\text{H}_6\text{O}_7(\text{NH}_3)_2]_3 + 6\text{H}^+ \\
| \\
\text{CH}_2\text{COONH}_4
\end{array}
$$

反应络合物在高温下发生固相反应，在多孔空心玻璃微珠表面生成钡铁氧体 $\text{BaO} \cdot 6\text{Fe}_2\text{O}_3$ 薄膜，形成钡铁氧体包裹多孔空心玻璃复合体 BEPG。图 9-51 所示为钡铁氧体（B）、多孔空心玻璃微珠（PG）与钡铁氧体包裹多孔空心玻璃微珠复合体（BEPG）的 XRD 图谱。

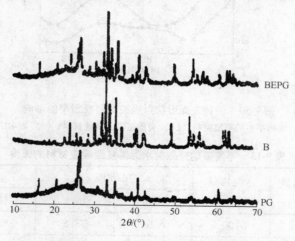

图 9-51　B、PG、BEPG 的 XRD 图谱

可见，多孔空心玻璃微珠表面包覆的产物为六角磁铅石型钡铁氧体 $\text{BaFe}_{12}\text{O}_{19}$。图 9-52 所示为 PG 与 BEPG 的扫描电镜图。

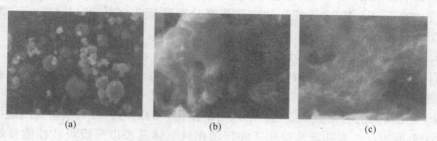

图 9-52　PG 与 BEPG 的扫描电镜图
（a）PG 表面形貌；（b）BEPG 表面 A 区域；（c）BEPG 表面 B 区域

可见，多孔空心玻璃微珠 PG 为表面光滑的球形颗粒，粒径 5~20 μm。BEPG 的 A 区域内铁氧体均匀分布、表面光滑，颗粒之间呈膜状连接，而 B 区域内铁氧体呈网络状分布。

图 9-53 所示为 A 区域、B 区域的 EDS 谱图。

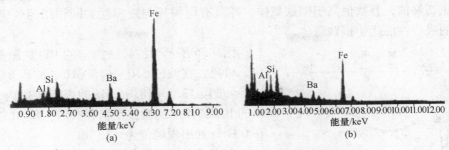

图 9-53　BEPG 的表面 A 区域、B 区域的 EDS 谱图

（a）A 区域；（b）B 区域

　　A 区域的特征峰表明该区域内主要元素为 Ba、Fe，而 Si、Al 的特征峰较低。B 区域内 Fe、Si、Al 元素的特征峰高度基本相同，表明该区域铁氧体层厚度较薄，电子束穿过铁氧体薄层后，作用到多孔玻璃微珠表面，分别激发出 Ba、Fe、Si、Al 元素所致。Si、Al 元素特征峰高度的变化反映了钡铁氧体层厚度的影响。从 EDS 原理可知，电子束穿透厚度为几纳米至 1 μm，因此，钡铁氧体层的厚均小于 1 μm。

　　图 9-54、图 9-55 所示分别为 BEPG 和 BaFe$_{12}$O$_{19}$ 磁损耗角正切 tanδ$_M$、电损耗角正切 tanδ$_E$ 与频率之间的关系。损耗角正切常用于表征材料的吸波性能，其值越大，材料对电磁波的损耗程度越强，吸波性能越好。

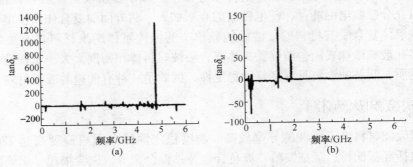

图 9-54　BEPG 和 BaFe$_{12}$O$_{19}$ 磁损耗角正切 tanδ$_M$ 与频率关系

（a）BEPG；（b）BaFe$_{12}$O$_{19}$

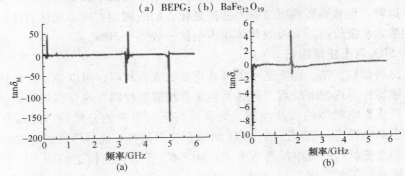

图 9-55　BEPG 和 BaFe$_{12}$O$_{19}$ 电损耗角正切 tanδ$_E$ 与频率关系

（a）BEPG；（b）BaFe$_{12}$O$_{19}$

　　可见，钡铁氧体的磁损耗性能较好，电损耗变化小，属于磁损耗型吸波材料。与钡铁氧

体比较，多孔玻璃微珠表面包覆钡铁氧体薄层后，吸波频段变宽，BEPG 出现多个磁损耗与电损耗角正切峰值，且数值高于钡铁氧体，即具有电损耗与磁损耗共同作用的效应。BEPG 对电磁波的吸收性能优于钡铁氧体。

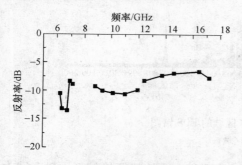

图 9-56　BEPG 涂层的吸波性能

图 9-56 所示为波导法测定的 BEPG 微波反射损失。可见，在波段 5.0 ~ 6.5 GHz、波段 8.2 ~ 12.4 GHz、波段 12.5 ~ 18.0 GHz 的广泛频段内，18 mm 厚的 BEPG 涂层的微波反射损失在 − 8 dB 以上，并在 6 GHz 处出现峰值为 − 15 dB。

在交变电磁场作用下，铁磁体被周期性反复磁化，产生能量损耗（磁损耗）。铁磁体中存在的粒子（包括原子、离子、电子、空穴等）在平衡时处于最低自由能状态，在外磁场作用下，粒子磁化状态发生变化，包括畴壁位移、磁畴转化，这个变化不是立即完成的，通常是通过粒子的扩散实现重新分布，使粒子处于新的自由能最低状态。在新的平衡未达到稳定前，这些粒子会阻碍磁化状态的改变而表现出磁黏滞性的阻尼作用，导致磁损耗。铁磁体内存在掺杂、非铁磁相或弱铁磁相等杂质时，杂质的穿孔作用引起畴壁面积变化，从而使磁畴能量变化，形成对畴位移的阻力，这可能引起较大的磁损耗。钡铁氧体包裹玻璃微珠，引入非铁磁相或弱铁磁相令电磁损耗增大，同时由于多孔空心玻璃微珠系多孔空心结构，包覆铁氧体薄膜后形成多孔、曲折的吸波表面，使得电磁波在介质传播过程中形成了多次反射、折射，在此过程中，钡铁氧体得以充分吸收电磁能量，使电磁波的衰减加大，两方面的复合作用使多孔玻璃微珠表面包覆钡铁氧体复合吸波材料的吸波性能较单一的钡铁氧体纳米材料具有更好的吸波性能。此外，多孔玻璃微珠表面包覆钡铁氧体复合吸波材料体积密度大大小于钡铁氧体并具有良好的工艺性质，制备的涂料具有良好的稳定性，因此是一种有前途的吸波材料。

9.3.3　金属微粉吸波材料

金属微粉吸波材料具有吸波磁导率较高、温度稳定性好（居里温度高达 770 K）等优点。它主要包括羰基铁粉、羰基镍粉、坡莫合金及钴镍合金等，磁滞损耗、涡流损耗等是其主要的吸波机理。目前金属微粉吸波材料已广泛应用于隐身技术，如美国隐身飞机使用了羰基铁微粉吸波材料。但金属微粉吸波材料的抗老化、耐酸碱能力远不如铁氧体，介电常数较大且频谱特性差，密度较高，其吸收剂体积占空比一般大于 50%。

9.3.3.1　SiO₂ 包覆超微镍粉

金属磁性材料如铁、钴、镍等是一类极其重要的吸波材料，可以弥补铁氧体类磁性材料的密度高、高频特性不理想等缺点，但这类金属微粉吸波材料普遍存在易聚集、体系单分散性差的缺点，严重影响粉体的吸波性能。为了提高金属微粉的分散性，进而改善其吸波性能，通常需对金属微粉进行表面改性，SiO₂ 纳米颗粒因其具有优异特性已经被广泛地用于金属微粉的改性和改变材料的光电性质等方面。图 9-57 所示为液相法制备 SiO₂ 包覆超微镍粉获得无机改性镍粉的工艺流程。

将 20 g Ni 粉（400 目）颗粒加入 200 mL 去离子水中快速搅拌制成 Ni 粉悬浮液，90 ℃ 恒温快速搅拌下用 0.15 mol/L NaOH 溶液调节 pH 值。30 min 内，将 25 mL 的 0.5 mol/L Na₂SiO₃ 溶液加入悬浮液中，同时用 1% 的 H₂SO₄ 溶液调节 pH 值，滴加完毕后，进行后处理，得最终包覆样品。图 9-58 所示为镍粉、SiO_2 包覆镍粉的显微照片。

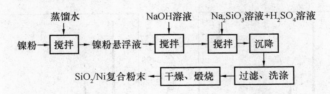

图 9-57 液相法制备 SiO_2 包覆 Ni 粉体工艺流程图

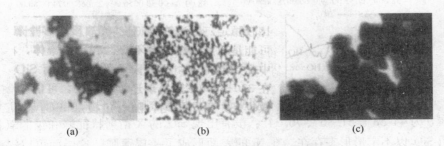

图 9-58 镍粉、SiO_2 包覆镍粉的显微照片

（a）镍粉；（b）包覆镍粉；（c）包覆镍粉 14 万倍 TEM 图

可见，SiO_2 包覆前后，镍粉的分散状态不同。包覆后的 Ni 粉颗粒较小，粒径分布均匀，颗粒表面光滑，不易团聚，分散性加强。而未经包覆的 Ni 粉表面晶化不好，粗糙，特别容易自聚成大颗粒，分散性较差。包覆 Ni 粉实图放大 14 万倍所见颗粒的粒径约为 60 nm，它的表面为一层均匀的 SiO_2 膜，层厚约为 10 nm，超微镍粉表面形成了一层 SiO_2 包覆膜。图 9-59 所示为 Ni 粉、SiO_2 包覆前后的红外谱图。

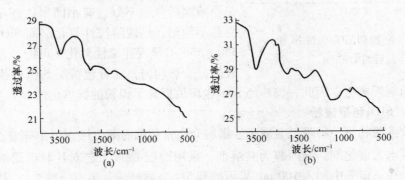

图 9-59 Ni 粉、SiO_2 包覆 Ni 粉的红外谱图

（a）镍粉；（b）包覆镍粉

可见，未包覆 Ni 粉在波数 3400 cm^{-1} 处吸收峰最大，而 O—H 在 3650 ~ 3200 cm^{-1} 处有吸收，所以 3400 cm^{-1} 处的特征吸收峰为 O—H 的特征峰，它的透过率为 26.2%。而 SiO_2 包覆 Ni 粉在波数 3400 cm^{-1}、1100 cm^{-1} 左右处都有吸收峰，在 3400 cm^{-1} 处的特征峰为 O—H 特征峰，其透过率为 29.1%，在 1100 cm^{-1} 处的特征吸收峰为 SiO_2 配位的 Si—O 振动吸收峰，它的透过率为 26.20%，此吸收波段较宽。

Ni 粉中有 O—H 键，包覆 Ni 粉 O—H 键的数量有所减少，是因为灼烧作用和表面 O—H 参与了成膜反应。包覆 Ni 粉中 Si—O 键的特征吸收峰很明显且较宽，说明 SiO_2 已经包覆在

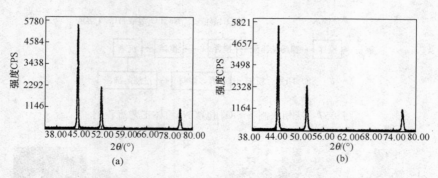

图 9-60 Ni 粉在 SiO$_2$ 包覆前后的 XRD 谱图

（a）镍粉；（b）包覆镍粉

可见，Ni 粉、SiO$_2$ 包覆 Ni 粉的峰形和峰宽几乎没有变化，谱图上有 Ni 的三个特征衍射峰，分别在 θ 为 44.58°、51.86°、76.34°，没有出现 SiO$_2$ 的 X 衍射特征峰和镍的氧化物的特征峰，说明 SiO$_2$ 以不定形形态存在，在 Ni 的表面形成了一层薄膜，这层膜可以提高镍粉的抗氧化性。

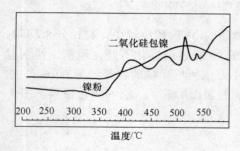

图 9-61 Ni 粉和 SiO$_2$ 包覆 Ni 粉
前后的 DSC 图

图 9-61 所示为镍粉和 SiO$_2$ 包覆镍粉在 200 ~ 600 ℃的 DSC 图。

可见，在 350 ℃前，镍粉的谱图一直低于包覆镍粉的谱图，可能是镍粉表面所吸附的杂质不断分解吸热所致，而包覆镍粉在这个温度范围内比较稳定。镍粉在 350 ~ 550 ℃段有多个氧化放热峰，可能是原始镍粉分散不好，有小团聚体，在加热过程中受热不均匀，呈现阶段性氧化。而 SiO$_2$ 包覆镍粉在 350 ~ 550 ℃呈现连续性氧化，可能是包覆镍粉分散较好，受热均匀，随着包覆层 SiO$_2$ 的耐热不稳定分解，镍粉开始缓慢氧化。因此，镍粉经 SiO$_2$ 包覆后提高了镍粉的抗氧化性。

9.3.3.2　SiO$_2$ 包覆磁粉

用 SiO$_2$ 改性磁粉是一种降低金属磁性微粉介电常数的有效方法。以正硅酸乙酯（TEOS）为前驱体，氨水为催化剂，异丙醇为共溶剂，采用溶胶-凝胶工艺对片状金属磁粉吸收剂进行表面改性。在三口瓶中加入 100 mL 异丙醇和 5 g 金属磁粉，超声分散 1 h，待微粉均匀分散后，加入适量去离子水和氨水（使整个体系的 pH 值保持在 9 左右），边搅拌边滴加 10 mL 预先制备的 TEOS 混合溶液（将 TEOS 和异丙醇按体积比 1∶9 均匀混合），机械搅拌 12 h，静置，去其清液，用水和无水乙醇充分洗涤、抽滤，110 ℃真空干燥 4 h，制得 SiO$_2$/磁粉复合材料。图 9-62 所示为金属磁粉改性前后的显微照片。

可见，片状金属微粉改性前后其表面发生了明显变化。改性前的金属微粉表面光滑，改性后的金属微粉表面粗糙，包裹了一层薄膜相物质，可看到一些颗粒较大的 SiO$_2$ 纳米颗粒。从改性后微粉的 TEM 图也可看到，金属磁粉表面有一层极薄的膜相物质，其厚度约 60 ~ 80 nm，呈现出明显的壳-核结构。

图 9-63 所示为金属磁粉改性前后的 RA-IR 图。可见，改性后的金属微粉在 1124 cm^{-1} 和

$1020 \ cm^{-1}$ 处出现了明显的 Si—O—Si 键和 Si—O—Me 键的特征吸收峰。

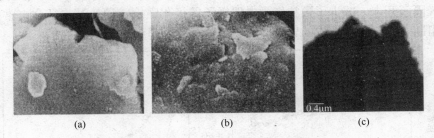

图 9-62 金属磁粉改性前后的显微照片

(a) 金属磁粉；(b) 改性金属磁粉；(c) 改性金属磁粉 TEM

碱性条件下 TEOS 水解过程是一种亲核反应，半径较小的 OH^- 直接与硅原子核发生亲核反应，使硅原子核带负电，并导致电子云向另外一侧的 —OC$_2$H$_5$ 基团偏移，使该基团的 Si—O 键被削弱而最终断裂，完成水解反应，反应式为：

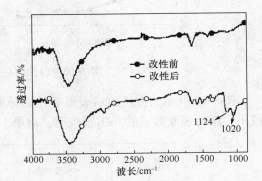

图 9-63 改性前后金属磁粉的 RA-IR 图

水解生成的硅醇 Si(OH)$_4$ 很容易发生缩聚反应，形成活性极强的低聚物吸附在金属粒子表面：

同时，低聚物上多余的 Si—OH 与金属微粉表面上的 —OH 形成氢键，加热固化过程中伴随脱水反应而与金属形成 Si—O—Me 共价键。SiO$_2$ 纳米颗粒膜的形成如图 9-64 所示。

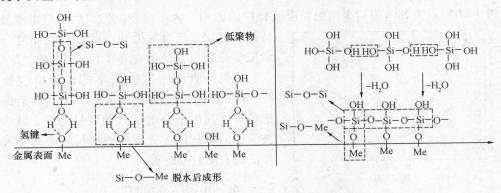

图 9-64 金属表面上 SiO$_2$ 膜形成过程示意图

图 9-65 所示为改性前后金属磁粉介电常数的变化。可见，改性后的金属磁粉介电常数明显降低。在含有金属微粉等强散射体的随机混合媒质中，金属微粉可以等效为电偶极子并

存在强烈的相互作用，由于改性后的金属微粉表面形成致密、均匀的 SiO_2 绝缘薄膜，各个颗粒被薄膜隔离开来，减少了颗粒作为电偶极子的极化强度，导致其本征介电常数 ε 降低。绝缘薄膜阻断了金属微粉形成的导电网络，降低了整个网络的电导率。

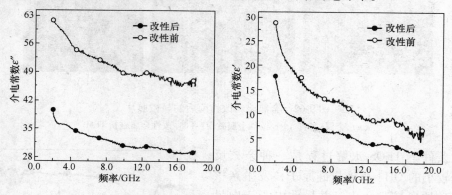

图 9-65　改性前后金属磁粉介电常数的变化

图 9-66 所示为改性前后金属磁粉磁导率的变化。可见，改性后的金属磁粉磁导率变化较小。微粉表面形成的 SiO_2 膜较薄，对单个磁粉的磁导率 μ 影响不大。

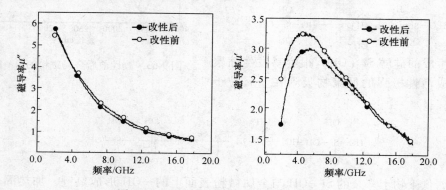

图 9-66　改性前后金属磁粉磁导率的变化

图 9-67 所示为 SiO_2 膜对金属磁粉吸收特性的影响。为了比较改性前后材料电磁波吸收特性的变化，将金属微粉吸收剂与树脂复合（前者质量分数为 70%）制备 1 mm 厚的吸波涂层。

可见，吸波涂层吸收率的极值由改性前的 8.8 dB。提高到改性后的 9.3 dB。改性后的金属磁粉吸收剂由于介电常数的明显降低，减少了吸波涂层的阻抗匹配，使吸波涂层吸收带宽和吸收性能都有明显的改善。

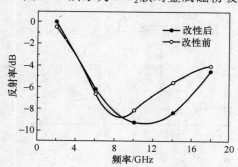

图 9-67　改性前后金属磁粉吸收率的变化

9.3.4　陶瓷吸波材料

陶瓷材料具有优良的力学性能和热物理性能，特别是耐高温强度高、蠕变低、膨胀系数小、耐腐蚀性强和化学稳定性好，同时又具有吸波功能，能满足隐身的要求，因此已被广泛用作吸收剂。陶瓷吸波材料主要有碳化硅吸波材料、碳化硅复合吸波材料以及前面阐述的铁氧体吸波材料等。

9.3.4.1　碳化硅网眼陶瓷吸波材料

在陶瓷吸波材料中，碳化硅是制作多波段吸波材料的主要组分，有可能实现质轻、薄层、宽频带和多频段吸收，很有应用前景。

SiC 陶瓷吸波材料的损耗机理较为复杂，一般认为是多种损耗机制的共同作用。在不同条件下（如热处理条件、晶粒大小、形貌以及掺杂多少等），以不同的损耗机制作为吸收的主要原因。在一定条件下，SiC 的损耗机制以介电极化为主，如图 9-68 所示。

目前，碳化硅吸波材料的应用形式多以碳化硅纤维为主，即吸收层是由碳化硅的纤维组成。这种吸收剂在强度、耐热和耐化学腐蚀方面性能较好，并且能得到满意的宽频带吸收性能。但从多孔结构对声波具有衰减作用受到启发，可以推测具有相互贯通开口气孔的网眼结构对微波具有明显的衰减作用。对于碳化硅网眼陶瓷，它对微波的吸收不仅来源于碳化硅本身，还来源于网眼结构对微波能量的衰减。可以设想，碳化硅网眼陶瓷比碳化硅实心致密烧结体陶瓷材料将具有更好的吸波性能。

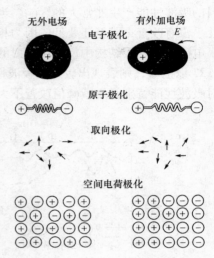

图 9-68　SiC 介电材料的极化机制

图 9-69 所示为碳化硅网眼多孔陶瓷的典型结构。它是通过改进的有机泡沫浸渍工艺制备而成的，网眼孔径大小（通常用 ppi 表示，即每英寸长度上的孔格数目，ppi 值大则孔径小）分别为 5 ppi、13 ppi 和 25 ppi，晶相组成为碳化硅、氧化铝、莫来石和方石英。

图 9-70 所示为网眼孔径大小对吸波性能的影响。可见，相对于实心块体来说，网眼结构体的吸波性能几乎提高了两倍以上，微波衰减峰值达 20 dB 以上。与 OB-pact 材料［组分中碳化硅约 60%（质量分数）］相比，尽管碳化硅含量大大增加了，但 OB-pact 材料的吸波性能并没有明显提高，这有力地说明了网眼材料在吸波性能上的改善主要来源于具有相互连通开口气孔的网眼结构。

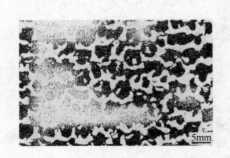

图 9-69　碳化硅网眼多孔陶瓷的典型结构

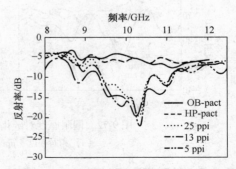

图 9-70　网眼尺寸大小对材料吸波性能的影响

由于存在复杂的孔道结构，当电磁波进入到这些孔道中进行传播时，会遇到阻挡的孔筋而发生反射、散射。由于这些孔筋呈复杂的网状结构，发生反射、散射的电磁波再次遇到孔筋后将发生新的反射、散射。这种非常复杂的反射、散射将导致电磁波的能量损失。此外，电磁波在网眼结构中发生的干涉作用也将引起能量衰减。

网眼孔径大小对吸波性能产生明显的影响。三种网眼结构中以 13 ppi 的试样吸波特性最好，衰减高于 10 dB 的频带接近 2 GHz，这也表明孔径过小反而损害材料的吸波性能。

图 9-71 所示为相对密度对碳化硅网眼吸波性能的影响。可见，相对密度对网眼结构材料的吸波性能产生非常大的影响。当相对密度低于一定值时，与实心块体相比，其吸波性能几乎没有改善，甚至还要低，因为相对密度太低时，增加了电磁波直接透过材料的量而减少了电磁波在网眼结构中反射、散射的概率，降低了结构对电磁波的衰减量。当相对密度达到 0.27 以上时，则表现出较好的吸波性能。但当相对密度达到 0.30 左右时，再增加相对密度对吸波性能特别是衰减峰值改善不大，这对网眼型吸波材料的设计是非常有指导意义的。

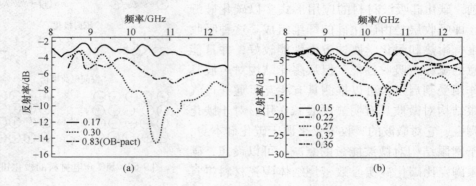

图 9-71　相对密度对碳化硅网眼吸波性能的影响
（a）相对密度 5 ppi；（b）相对密度 13 ppi

图 9-72 所示为碳化硅网眼厚度对吸波性能的影响。可见，厚度对材料的吸波性能影响较大。材料的吸波性能随厚度的增加面提高，但并不是厚度越大吸波性能就越佳。厚度的增加实际上是增加了电磁波在网眼结构中的反射、散射位置，提高了网眼结构对电磁波的衰减量。当网眼厚度超过 5 cm 时，吸波性能没有明显的改善。

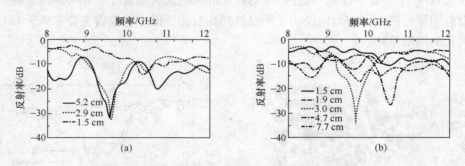

图 9-72　网眼厚度对碳化硅网眼材料吸波性能的影响
（a）相对密度 5 ppi；（b）相对密度 13 ppi

9.3.4.2　钛酸钡陶瓷材料

钛酸钡是最早发现的钙钛矿铁电体之一，它在不同温度下具有不同类型的晶体结构。在居里温度附近，钛酸钡的相结构由立方相转变为四方相，从而形成具有优良铁电和压电性能的陶瓷材料。

钛酸钡陶瓷粉末可采用溶胶-凝胶法制备。将 0.1 mol/L BaCO$_3$ 加入醋酸溶液中（40 mol

醋酸:60 mol 去离子水），置于 50 ℃ 水浴上充分搅拌使之完全溶解；将 0.1 mol 钛酸丁酯溶于 0.6 mol 异丙醇中，在室温下剧烈搅拌约 0.5 h，再向其中滴加 0.3 mol 醋酸，搅拌 0.5 h，使其成为透明的钛酰型化合物溶液；室温下将以上两种溶液混合均匀搅拌 0.5 h 后得到透明淡黄色溶液，磁力搅拌器搅拌 3 h 得到近乎透明的凝胶体，待其老化后取出捣碎，真空抽滤、洗涤，并在真空干燥箱中 80 ℃ 下充分干燥后，再在 900 ℃ 隔绝空气煅烧 6 h 得到钛酸钡陶瓷材料。图 9-73 所示为所制备钛酸钡的红外吸收光谱。

可见，主要吸收峰有 2357 cm^{-1}、1424 cm^{-1}、528 cm^{-1} 和 424 cm^{-1}。其中，2357 cm^{-1} 吸收峰对应于晶粒中 O—H 键的伸缩振动，1424 cm^{-1} 吸收峰和 528 cm^{-1} 吸收峰对应于晶粒中的 O—H 键的伸缩振动，424 cm^{-1} 吸收峰对应的是 $BaTiO_3$ 的特征吸收峰。因此，钛酸钡晶体中存在一定量的 O—H 缺陷。

图 9-74 所示为 900 ℃ 煅烧 2 h 后钛酸钡粉末的 XRD 谱图。可见，粉末中含有少量 $BaCO_3$（$\theta = 23.87°$），这可能是在干燥的过程中，粉体与空气中的 CO_2 反应生成少量的 $BaCO_3$。经 900 ℃ 煅烧后粉体主要是四方相的 $BaTiO_3$，能反映晶相为四方相的重叠衍射峰已显现。

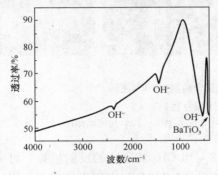

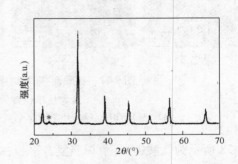

图 9-73　钛酸钡的红外吸收光谱　　　　图 9-74　钛酸钡的 XRD 谱图

根据 X 射线衍射分析的波长 λ、各衍射峰的半高宽 $\beta(\theta)$ 以及衍射角 θ，利用谢乐公式

$$d = \frac{kl}{\beta(\theta)\cos\theta}(k \text{ 为常数})$$

可计算得到所得钛酸钡粉体的平均粒径为 38.2 nm。

图 9-75 所示为钛酸钡颗粒的 TEM 照片。可见，钛酸钡颗粒呈团聚态，平均粒径为 30 ~ 40 nm，晶格间距为 0.28 nm，这与 XRD 计算结果基本吻合。

图 9-76 所示为含有 70%（质量分数）的钛酸钡粉体与石蜡形成的复合体在室温下的复

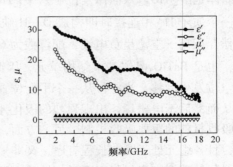

图 9-75　钛酸钡颗粒的 TEM 照片　　　　图 9-76　钛酸钡颗粒的电磁常数

介电常数和复磁导率在 2 ~ 18 GHz 的测试曲线，ε'、ε'' 分别代表复合体介电常数的实部和虚

部；μ'、μ''分别代表复合体磁导率的实部和虚部。

可见，随着频率的增高，磁导率实部μ'接近1，而虚部μ''接近0，在电磁场作用下的钛酸钡颗粒几乎没有任何磁性能。因此，钛酸钡属于介电型损耗介质。随着电磁波频率的增高，介电常数实部ε'和虚部ε''呈逐渐减小趋势，具有明显的频响特性，而介电常数实部ε'仅与偶极子间的相互作用有关，介电常数虚部ε''与钛酸钡的介电损耗有关。

图9-77所示为钛酸钡/环氧树脂复合材料的微观组织。可见，呈白色块状团聚态的钛酸钡分布在颜色较暗的环氧树脂中，随着钛酸钡颗粒含量的增加，颗粒间的树脂层逐渐变薄。图中还可看到环氧树脂基体中有少量气孔存在，这可能是由于搅拌或丙酮、固化剂及环氧树脂作用产生的气泡没有完全释放而存留在复合材料内部造成的。

图9-77　钛酸钡/环氧树脂复合材料的SEM照片

（含量单位皆为体积分数）

（a）5% BaTiO$_3$；（b）10% BaTiO$_3$；（c）20% BaTiO$_3$；（d）30% BaTiO$_3$

图9-78所示为钛酸钡/环氧树脂复合平板在8～18 GHz频段内的反射损耗。可见，随着钛酸钡体积含量由5%逐渐增加到30%时，复合平板的吸波性能有很大的提高。当钛酸钡的含量为20%时，复合平板吸波性能高于−10 dB的有效带宽约为10 GHz。当含量达到30%时，虽然吸收峰有所改善，但有效吸收带宽却变窄了。这表明，环氧树脂中钛酸钡体积含量为20%时，钛酸钡/环氧树脂复合平板有较好的吸波性能，其吸波机理可从以下两方面来理解。

一方面，由于钛酸钡粉末颗粒具有高的比表面积，表面原子所占比率高，悬浮键多，因此表面原子受到的束缚较弱，在外电磁场的作用下很容易吸收能量产生极化。根据结晶学原理，BaTiO$_3$晶体是由[TiO$_6$]八面体及位于八个[TiO$_6$]八面体中央的Ba^{2+}构成，当钛氧八面体中的氧与一个质子H$^+$相连接时即构成O—H缺陷。为满足电中性要求，这类O—H缺陷需要电荷补偿。阳离子空位呈负电性，配位数为6的[TiO$_6$]八面体是ABO$_3$型化合物中Ti^{4+}的稳定结构，也是BaTiO$_3$晶体基本结构单元，因此，最有可能存在的是Ba^{2+}空位。在电磁场的作用下空位发生漂移，当空位从一个平衡位置跃迁到另一个平衡位置的时候，要克服一定的势垒，从而滞后于电磁场，出现强烈的极化弛豫，损耗电磁波能量。因此钛酸钡的界面极化效应是吸收材料的重要吸收机制。另一方面，钛酸钡陶瓷材料的晶粒较小，晶界组元所占比率很大，且各组元处于既非长程有序，又非短程有序排列状态，晶粒的取向趋于无穷。当电磁波入射到钛酸钡陶瓷材料表面时，钛酸钡颗粒与微波作用产生瑞利散射，瑞利散射使入射波在各个方向上减弱以致消失。

良好的吸波性能必须具备两个条件。一是材料波阻抗必须尽量与自由空间波阻抗相匹配，以便能使入射的电磁波最大限度地进入材料内部；二是材料应该具备较强的电磁波衰减特性，以便使进入材料内部的电磁波最大限度地被损耗掉。因此，当复合平板中钛酸钡含量较少时（5%～10%，体积分数），虽然材料与自由空间的阻抗匹配较好，但较少的钛酸钡

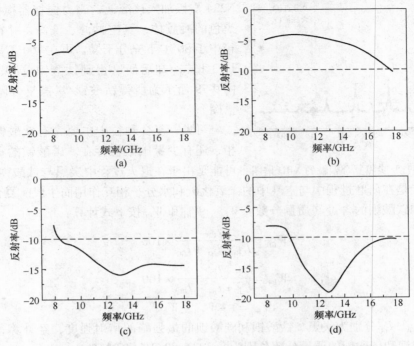

图 9-78　钛酸钡/环氧树脂复合平板对电磁波反射损耗的影响
(a) 5% $BaTiO_3$；(b) 10% $BaTiO_3$；(c) 20% $BaTiO_3$；(d) 30% $BaTiO_3$

含量引起的界面极化效应相对较弱，而且钛酸钡偏聚现象较为严重，因而对电磁波的损耗也就较弱。当含量逐渐升高到 20%（体积分数）时，钛酸钡在微波场的作用下能引起强烈的界面极化，对入射电磁波有较大的损耗，而且较好的阻抗匹配使工作带宽能达到 10 GHz 左右。但并非钛酸钡含量越高越好，当钛酸钡含量达到 30%（体积分数）时，虽然反射损耗峰值在 12.8 GHz 达到 – 18 dB 左右，但吸波材料在整个 8～18 GHz 频段内的工作带宽与20%（体积分数）时相比有所下降。这可能是由于钛酸钡在平板中含量很高时，大量钛酸钡颗粒间距变小而形成较好的链状分布，从而影响与自由空间的波阻抗匹配而导致其吸收性能下降。因此，复合平板中钛酸钡体积含量为 20%（体积分数）时对电磁波的吸收效果比较理想。

9.3.4.3　壳-芯复合陶瓷材料

钛酸钡（$BaTiO_3$，BT）是一种典型的钙钛矿陶瓷材料，由于其优良的介电性和耐高温性能，在吸波材料中有着广阔的应用前景。炭黑在电磁场作用下具有良好的电磁性能，对其吸波性能有着比较广泛和成熟的研究。但单一的吸波剂通常无法满足新型吸波材料的要求，为了提高吸波剂对电磁波的吸收性能，采用溶胶-凝胶沉淀法制备表面包覆炭黑薄膜的钛酸钡复合陶瓷材料，即钛酸钡/炭黑壳-芯型复合陶瓷材料。

制备钛酸钡/炭黑复合颗粒时，将 0.1 mol/L $BaCO_3$ 加入醋酸溶液中（40 mol 醋酸：60 mol 去离子水），置于 50 ℃水浴上充分搅拌使之完全溶解。将 0.1 mol 钛酸丁酯溶于 0.6

mol 异丙醇中，在室温下剧烈搅拌约 0.5 h，再向其中滴加 0.3 mol 醋酸，搅拌 0.5 h，使其成为透明的钛酰型化合物溶液。室温下将以上两种溶液混合均匀搅拌 0.5 h 后得到透明淡黄色溶液，再将 2 g 经酸、碱、丙酮充分洗涤后的 N234 炭黑加入该溶液，磁力搅拌器搅拌 3 h 得到黑色的凝胶体，真空抽滤、洗涤，并在真空干燥箱中于 80 ℃下充分干燥，再在 700 ℃隔绝空气煅烧 3 h，冷却后研磨得到钛酸钡/炭黑复合颗粒。图 9-79 所示为所得钛酸钡/炭黑复合颗粒的 XRD 谱图。

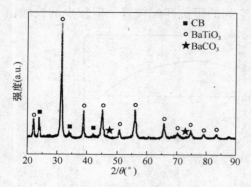

图 9-79　钛酸钡/炭黑复合颗粒的 XRD 谱图

可见，复合颗粒中主要含有钛酸钡和炭黑两相，还有少量碳酸钡存在。碳酸钡的存在一部分可能是由于在退火过程中炭黑与钛酸钡反应生成，另一部分可能是在研磨过程中与空气中的二氧化碳和水分子相互作用而生成。复合颗粒中炭黑、钛酸钡和碳酸钡的含量（质量分数）W_{CB}、W_{BT} 和 W_{BC} 按下式计算：

$$W_{CB} = \frac{I_{CB}}{I_{CB} + I_{BT} + I_{BC}} \times 100 \tag{9-12}$$

$$W_{BT} = \frac{I_{CB}}{I_{CB} + I_{BT} + I_{BC}} \times 100 \tag{9-13}$$

$$W_{BC} = 1 - W_{CB} - W_{BT} \tag{9-14}$$

式中，I_{CB}、I_{BT}、I_{BC} 分别为炭黑、钛酸钡和碳酸钡的最强峰的衍射强度，经计算，复合颗粒中炭黑、钛酸钡和碳酸钡的质量分数分别为 8.3%、89.3% 和 2.4%。

图 9-80 所示为钛酸钡/炭黑复合颗粒的 TEM 照片。可见，钛酸钡外表面包覆着一层比较致密的炭黑薄膜。钛酸钡大体呈球状分布，粒径为 50～60 nm，包覆层厚度约为 10～20 nm。由于炭黑有较好的吸附性能，因此包覆层之间相互黏结，复合颗粒整体表现为多个复合颗粒相互连接形成颗粒直径为 150～200 nm 的"大颗粒"分布状态。

表 9-14 所示为钛酸钡、炭黑及钛酸钡/炭黑复合颗粒的导电性能，根据 GB 1410 三电极测试方法测定，电阻率按式（9-15）计算：

$$\rho_v = \frac{U}{I} \times \frac{S}{d} = \frac{U}{I} \times \frac{\pi \times 5.055^2}{4 \times 0.1} \tag{9-15}$$

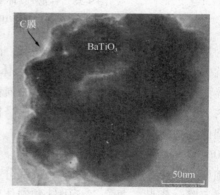

图 9-80　钛酸钡/炭黑复合颗粒的 TEM 照片

式中，U 为电压；I 为电流；S 为有效电极面积；d 为测试材料厚度。

表 9-14　钛酸钡、炭黑及钛酸钡/炭黑复合颗粒的导电性能

名　称	U/mV	I/A	Q/（$\Omega \cdot$ cm）
钛酸钡	2.022×10^3	0.61×10^3	6.6526×10^8
炭黑	0.124	0.2433	2.0456×10
钛酸钡/炭黑复合颗粒	5.040	0.2409	8.4126

可见，炭黑导电性能较好，钛酸钡/炭黑复合颗粒导电性能次之，钛酸钡导电性能最差。钛酸钡电阻率很高，属于绝缘体。钛酸钡/炭黑复合颗粒的体电阻率与钛酸钡颗粒相比，降低了近 8 个数量级。这是由于炭黑颗粒对钛酸钡进行了表面包覆，使得钛酸钡/炭黑复合颗粒比钛酸钡有了较好的导电性能。

图 9-81 所示为室温下钛酸钡/炭黑复合颗粒和钛酸钡颗粒分别与石蜡基体复合在 2 ~ 18 GHz 频段内的电磁常数测试曲线。

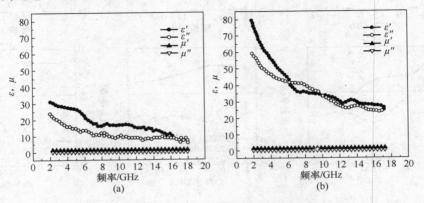

图 9-81 钛酸钡/炭黑复合颗粒和钛酸钡颗粒的电磁常数
(a) 钛酸钡；(b) 钛酸钡/炭黑复合颗粒

可见，钛酸钡/炭黑复合颗粒和钛酸钡颗粒磁导率实部接近 1，而虚部几乎为零，因而钛酸钡和复合颗粒对电磁波均表现为介电型损耗，且在 2 ~ 18 GHz 内随着频率的增高，钛酸钡和复合颗粒的介电常数都呈下降趋势，都具有频响效应。复合颗粒的介电常数明显大于钛酸钡颗粒的介电常数，主要是因为炭黑的加入使复合体系表现为绝缘体和导体的过渡状态，导电炭黑在电磁场的作用下可以在更大程度上诱发钛酸钡的极化，使单位体积上的材料具有较大的电容量，介电常数得到进一步提高。

图 9-82 所示为钛酸钡/炭黑复合颗粒和纯炭黑颗粒分别与环氧树脂混合制备的吸波材料在 8 ~ 18 GHz 频段内的反射损耗。

可见，当吸波材料中吸波剂的质量分数分别为 5%、10% 和 15% 时，复合颗粒与环氧树脂形成的吸波材料与纯炭黑/环氧树脂制备的吸波材料相比，钛酸钡/炭黑复合颗粒并未提高吸波材料的吸波效能，反而有所下降。当吸波剂在环氧树脂基体中的含量增加到 20% （质量分数）或者更高含量时，复合颗粒与环氧树脂形成的吸波材料的有效工作带宽（优于 −10 dB）明显增加，大大改善了吸波材料对电磁波的吸波效能，并且复合颗粒对电磁波的吸收能力与纯炭黑相比，有了很大的提高。在环氧树脂基体中吸波剂含量较低时 [<20% （质量分数）]，由于炭黑/环氧树脂电阻率较高，与空气波阻抗匹配较好，所以电磁波在它的表面反射较少，大部分电磁波能进入炭黑/环氧树脂内部并通过其电阻损耗而部分被衰减。复合颗粒中的钛酸钡呈绝缘性，与纯炭黑/环氧树脂相比，复合颗粒/环氧树脂的体电阻率进一步提高，但在吸收剂低含量下靠电阻损耗机制来衰减电磁波，电阻率的提高无疑将减弱复合颗粒/环氧树脂对电磁波的损耗，此时由于吸波剂的低含量及钛酸钡颗粒被包覆，钛酸钡的介电极化损耗较小。

当环氧树脂基体中吸波剂含量较高时（20%，质量分数），纯炭黑/环氧树脂中有着较发达的导电网络，纯炭黑/环氧树脂与空气的波阻抗匹配较差，其表面对电磁波的反射较大，

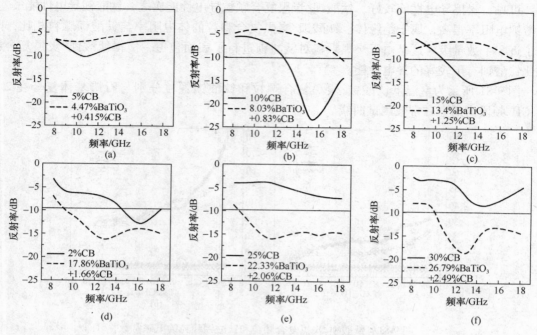

图 9-82 钛酸钡/炭黑复合颗粒对电磁波的反射损耗

严重影响其对电磁波的吸收。当加入炭黑与钛酸钡形成壳-芯复合颗粒后，复合颗粒的电阻率明显降低，因此复合颗粒/环氧树脂的体电阻率有所减小，这有利于电磁波进入复合颗粒/环氧树脂内部。此时，复合颗粒/环氧树脂对电磁波的电阻损耗、钛酸钡自身的介电损耗以及炭黑导电网络诱发界面极化是复合颗粒/环氧树脂损耗电磁波的主要机理。它与纯炭黑/环氧树脂相比，对电磁波有更大的损耗，而且随着吸收剂含量的增加，复合颗粒/环氧树脂对电磁波的损耗也增大。这主要是因为在大量炭黑表面的电场作用下能在更大程度上诱发钛酸钡极化，并且钛酸钡颗粒之间通过隧道效应发生强烈的极化弛豫效果，从而进一步使复合颗粒/环氧树脂表面的极化效应增强。因此复合颗粒与环氧树脂形成的吸波材料在吸收剂含量较高时对电磁波的吸收来自多重方面的贡献，对拓宽吸收工作带宽有重要作用，是一种比较有应用价值的吸波材料

9.3.5 纳米吸波材料

纳米吸波材料具有良好的吸波特性，具有频带宽、兼容性好、质量好和厚度薄等特点，是一种很有发展前途的雷达吸波材料。纳米吸波材料的吸波机制还需进一步研究，一般认为它对电磁波能量的吸收是由晶格电场热运动引起的电子散射、杂质和晶格缺陷引起的电子散射以及电子与电子之间的相互作用三种效应共同决定的。

9.3.5.1 Fe_3O_4 纳米材料

纳米 Fe_3O_4 具有较好的磁性能，在信息材料、吸波材料中有着广泛的应用前景。通常采用化学还原-共沉淀法制备纳米 Fe_3O_4 吸收剂，水溶液中用表面活性剂包覆，使外表面形成保护层，避免 Fe_3O_4 中的 Fe^{2+} 的氧化。所用原料有 $FeCl_3 \cdot 6H_2O$、$Na_2SO_4 \cdot 7H_2O$、$NH_3 \cdot H_2O$、十烷基苯磺酸钠、TX-10 等阴离子与非离子表面活性剂、脲。室温下，将一定体积的浓度为 2 mol/L 的 $FeCl_3 \cdot 6H_2O$ 水溶液置于烧杯中，用恒温磁力搅拌器均匀搅拌，加入浓度为

1 mol/L的 $Na_2SO_3 \cdot 7H_2O$ 水溶液，适度搅拌，使 Fe^{3+} 部分还原成 Fe^{2+}，加入内包覆剂。向体系中加入 $w_{(NH_3 \cdot H_2O)} = 50\%$ 的氨水，生成大量的 Fe_3O_4 后，控制搅拌反应速度，加入脲、阴离子、非离子表面活性剂进门外包覆，搅拌 20 min 后离心分离，所得沉淀用纯水反复洗涤、离心分离，再在温度 60～80 ℃恒温干燥，得到纳米 Fe_3O_4 粉体。过程的主要反应式：

$$2Fe^{3+} + SO_3^{2-} \longrightarrow [Fe_2(SO_3)]^{4+}$$
$$[Fe_2(SO_3)]^{4+} + H_2O \longrightarrow 2Fe^{2+} + SO_4^{2-} + 2H^+$$
$$2Fe^{3+} + Fe^{2+} + 4OH^- \longrightarrow Fe_3O_4 \downarrow + 4H^+$$

图 9-83 所示为制备所得的 Fe_3O_4 粉体的红外吸收光谱。三种 Fe_3O_4 产品的特征吸收峰为 586.65 cm^{-1}，图中小的振动峰为表面包覆物的吸收峰。

可见，所得 Fe_3O_4 产品的红外光谱与标准 Fe_3O_4 相比，振动峰峰形加宽，未包覆的产品 1 在空气中吸水性强，在 3450 cm^{-1} 处有一个较强的吸收峰。

图 9-84 所示为所得纳米 Fe_3O_4 材料的 SEM 照片及能谱分析（EDX）图。可见，所得纳米 Fe_3O_4 粒径均匀，呈规则的球形，圆度较好。另

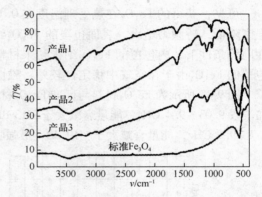

图 9-83 制备所得 Fe_3O_4 粉体的红外光谱图

外，新制备的 Fe_3O_4 呈墨黑色，未经表面包覆不稳定，干燥后在研磨过程中颜色开始发生变化，由黑色逐渐变成黑褐色，随着时间的延长，颜色的变化越趋明显。表面包覆的 Fe_3O_4 纳米粉干燥研磨后，在空气中长期放置仍然呈现刚制备完成时的墨黑色。

(a)

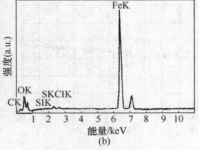

(b)

图 9-84 纳米 Fe_3O_4 材料的 SEM 照片及 EDX 分析
(a)SEM 照片；(b)EDX 分析

能谱分析表明，图中除 Fe_3O_4 峰外，其他均为包覆物的峰。经 X 衍射与 SEM 测定，Fe_3O_4 的晶粒尺寸分布在 27～122 nm，平均粒径 66 nm。表 9-15 所示为温度对纳米粉末 Fe_3O_4 磁性能的影响。

表 9-15 干燥温度对 Fe_3O_4 磁性能的影响

Fe_3O_4 包覆形式	干燥温度/℃	磁饱和强度 M_s/(kA/m)	剩磁 M_r/(kA/m)	矫顽力 H_c/(kA/m)
内包覆	80	375.9	41.1	6.7
内包覆	300	279.1	93.5	21.4

续表

Fe₃O₄ 包覆形式	干燥温度/℃	磁饱和强度 M_s/(kA/m)	剩磁 M_t/(kA/m)	矫顽力 H_c/(kA/m)
未包覆	80	324.7	82.7	17.0
未包覆	300	227.5	59.9	17.4
外包覆	80	342.7	85.7	16.9
外包覆	300	272.6	103.5	23.3

　　可见，获得的 Fe_3O_4 在热处理温度在 0 ℃时磁饱和强度最高，随着温度的升高，磁饱和强度降低，矫顽力增大。表面包覆的 Fe_3O_4 纳米材料的磁饱和强度高于未包覆的粉末材料。在同等条件下，内包覆的 Fe_3O_4 纳米粉末材料具有更高的磁饱和强度和更低的矫顽力。未被包覆的 Fe_3O_4 由于在空气中稳定性较差，磁性能下降。

　　图9-85 所示为 Fe_3O_4 材料与标准 Fe_3O_4 材料的微波吸收性能比较。当涂层厚度为 1.8 mm，在波段 9.03 ~ 9.4 GHz，能量衰减大于 −13 dB，频带宽 ≥400 MHz。最强吸收超过 −17 dB；在 9.7 ~ 9.9 GHz，能量衰减大于 −19 dB，最强吸收超过 −23 dB，频带宽 ≥200 MHz。

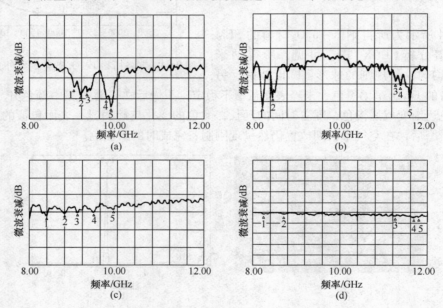

图 9-85　Fe_3O_4 材料与标准 Fe_3O_4 材料的微波吸收性能比较

(a) Fe_3O_4 厚度 1.8 mm；(b) Fe_3O_4 厚度 2.7 mm；(c) 标准 Fe_3O_4 厚度 1.8 mm；(d) 标准 Fe_3O_4 厚度 2.7 mm

　　当涂层厚度为 2.7 mm 时，在 8.2 ~ 8.6 GHz，能量衰减大于 −14 dB，频带宽 ≥400 MHz，最强吸收超过 −34 dB，在 10.2 ~ 12.0 GHz，能量衰减大于 −10 dB，最强吸收超过3 dB，频带宽 ≥1.8 GHz。而粒径为微米级的标准 Fe_3O_4，涂层厚度为 1.8 mm 时，在 8.2 ~ 9.8 GHz，能量衰减 ≤ −5 dB 以下，频带窄，吸收峰不明显，厚度为 2.7 mm 时基本无吸收。

9.3.5.2　铁系氧化物纳米晶粉/环氧树脂杂化材料

　　铁系氧化物是指铁与其他一种或几种金属所形成的复合氧化物，是一类重要的磁性材料，可采用硬脂酸凝胶法制备。铁系氧化物 $Ba_2Co_2Fe_{28}O_{46}$ 纳米晶粉制备所用原料包括硝酸铁 $Fe(NO_3)_3 \cdot 9H_2O$、硝酸钴 $Co(NO_3)_2 \cdot 8H_2O$、氢氧化钡 $Ba(OH)_2 \cdot 8H_2O$、硬脂酸 $C_{18}H_{36}O_2$、

E－51环氧树脂、651低分子聚酰胺树脂。将氢氧化钡、硝酸钴和硝酸铁按物质的量之比 $n(Ba)$：$n(Co)$：$n(Fe)=1:1:14$ 配成溶质A，加入适量熔融的硬脂酸中，在 $80\sim90$ ℃搅拌3 h形成棕红色溶胶，自然冷却成凝胶，研磨后得凝胶粉，一定温度下灼烧一定时间可制得不同粒径的铁系氧化物纳米晶粉。图9-86所示为灼烧温度对纳米晶粉粒径与形貌的影响。

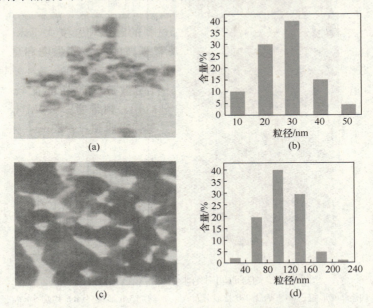

图9-86 灼烧温度对 $Ba_2Co_2Fe_{28}O_{46}$ 纳米晶粉粒径与形貌的影响

（a）600 ℃形貌；（b）灼烧温度600 ℃时粒径分布；（c）900 ℃形貌；（d）灼烧温度900 ℃时粒径分布

可见，600 ℃灼烧后的 $Ba_2Co_2Fe_{28}O_{46}$ 晶粉颗粒细小，40 nm以下的颗粒占总数的95%。而900 ℃灼烧后的 $Ba_2Co_2Fe_{28}O_{46}$ 晶粉颗粒粗大，多数颗粒粒径达到或超过100 nm。随着灼烧温度的升高，纳米晶体表面的原子振动加剧，能量增加，相互作用加强，使晶核逐渐长大，晶粒分布变宽，平均粒径变大，并逐渐接近普通材料。

图9-87所示为在温度650 ℃时灼烧时间对纳米晶粉粒径与形貌的影响。可见，灼烧时间延长，可使 $Ba_2Co_2Fe_{28}O_{46}$ 晶粉粒径稍有增加，但其影响程度远不及提高灼烧温度的影响明显。

图9-88所示为超声波分散对纳米晶粉在环氧树脂中分散效果的影响。纳米晶粉粒径极其微小，极易产生团聚现象。利用超声波产生的空化作用，使纳米晶粉颗粒克服相互之间的表面能，减轻团聚现象。

可见，未经超声波分散处理的纳米晶粉/环氧树脂杂化材料的团聚现象十分严重，而采用超声波分散处理的纳米晶粉/环氧树脂杂化材料则呈分散的絮状物。

表9-16所示为超声波分散法对纳米晶粉/环氧树脂杂化材料吸波性能的影响。可见，采用超声波处理能有效减轻纳米晶粉的团聚现象，使材料吸收的微波分贝数提高1倍以上。

表9-16 超声波分散法对纳米晶粉/环氧树脂杂化材料吸波性能的影响

试样制备方法	未经超声波分散		采用超声波分散	
微波频率/GHz	35	40	35	40
吸收的微波分贝数	1.5	1.8	3.1	3.7

硬脂酸凝胶法是制备铁系氧化物纳米晶粉的一种简便、有效的方法。在制备过程中，硬脂酸的羧基与金属粒子配位成盐，而其烷基长链又对金属离子产生机械隔离作用，从而保证了金属离子的均匀分散，改善了纳米晶粉的团聚现象，从而提高吸波性能。

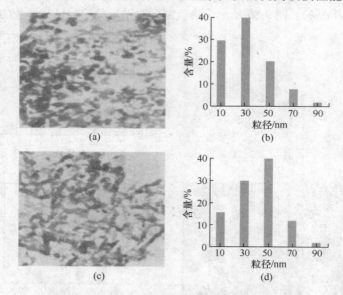

图 9-87　灼烧时间对纳米晶粉粒径与形貌的影响

（a）灼烧 2 h 形貌；（b）灼烧 2 h 粒径分布；（c）灼烧 5 h 形貌；（d）灼烧 5 h 粒径分布

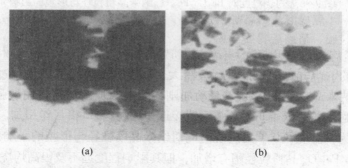

图 9-88　纳米晶粉/环氧树脂杂化材料的电镜照片（4.8 万倍）

（a）未经超声波分散；（b）采用超声波分散

9.3.5.3　纳米碳管/羰基铁粉复合吸波材料

纳米碳管管径小、长径比大，直径为几十纳米以内，管的轴向长度为微米至厘米量级，是目前最细的纤维材料，这种独特的结构使纳米碳管具有优异的力学性能和独特的电学性能。羰基铁粉是目前最为常用的微波吸收剂，具有吸收强、应用方便等优点，是典型的磁损耗型微波吸收剂。将纳米碳管与羰基铁粉复合可制备吸波性能优良的复合吸波材料。

用竖式炉流动法，以二茂铁为催化剂，噻吩为助催化剂，苯为碳源，通过催化裂解反应制备纳米碳管，反应温度 1100～1200 ℃。图 9-89 所示为所制备的纳米碳管以及羰基铁粉的电镜照片。可见，纳米碳管的外径为 20～50 nm，内径 10～30 nm，长度 50～1000 μm。羰基铁粉的粒径 0.1～0.2 μm，呈球形。

以纳米碳管、羰基铁粉、纳米碳管与羰基铁粉的混合物为吸收剂制备微波吸收材料，制备方法相同。首先。将纳米碳管在二甲苯和正丁醇组成的润湿剂中润湿，然后加入环氧树脂进行强力搅拌，使纳米碳管与环氧树脂胶粘润湿，超声波分散后再加入聚酰胺固化剂，浇注、真空排气、固化而制成 18 mm × 180 mm 的微波吸收材料，纳米碳管的含量为 5%（质

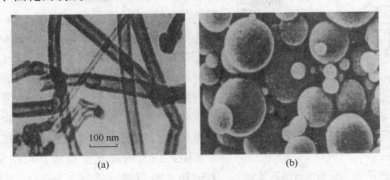

图 9-89　纳米碳管和羰基铁粉电镜照片

（a）纳米碳管 TEM 图；（b）羰基铁粉 SEM 图

量分数）。采用同样方法制备羰基铁粉、纳米碳管/羰基铁粉复合微波吸收材料，前者羰基铁粉含量为 75%（质量分数），后者纳米碳管含量为 5%（质量分数）、羰基铁粉含量为 75%（质量分数），所用羰基铁粉的密度为 6.9 g/cm³。以上三种微波吸收材料的厚度为（1.2 ± 0.2）nm。图 9-90 所示为纳米碳管、羰基铁粉及其复合粉体的 SEM 照片。可见，纳米碳管和羰基铁粉在微波吸收材料中的分散比较均匀。

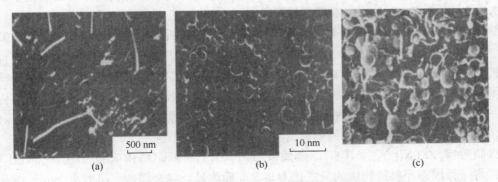

图 9-90　纳米碳管、羰基铁粉及其复合粉体的 SEM 照片

（a）纳米碳管；（b）羰基铁粉；（c）复合粉体

图 9-91 所示为纳米碳管、羰基铁粉及其复合粉体的反射衰减频率特性。可见，纳米碳管微波吸收材料和羰基铁粉微波吸收材料吸收峰的位置比较接近，前者的吸收峰在 11.4 GHz，最大吸收为 22.89 dB；后者的吸收峰在 11 GHz，最大吸收为 16.93 dB，纳米碳管的整体微波吸收性能比羰基铁粉要好，而且纳米碳管的密度比羰基铁粉要低得多。因此，纳米碳管是一种比较理想的微波吸收材料。纳米碳管与羰基铁粉复合微波吸收材料的吸收峰，在 2～18 GHz 波段，明显向低频移动，吸收峰在 6 GHz，最大吸收为 11.3 dB。

Johnson 对微波吸收材料的工作原理进行了解释，认为微波首先通过阻抗为 Z_0 的自由空间传输，然后投射到阻抗为 Z_1 的介电或磁性介质表面，并产生部分反射，其反射系数 R 按式（9-16）计算：

$$R = \frac{1 - Z_1/Z_0}{1 + Z_1/Z_0}, Z_0 = \sqrt{\frac{\mu_0}{\varepsilon_0}}, Z_1 = \sqrt{\frac{\mu_1}{\varepsilon_1}} \tag{9-16}$$

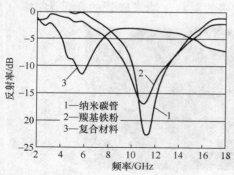

图9-91　纳米碳管、羰基铁粉及其复合粉体的反射衰减频率特性

式中，ε 和 μ 分别为复介电常数和复磁导率，微波吸收性能由材料的 ε 和 μ 决定。为了达到无反射，R 必须为零，即满足 $Z_0 = Z_1$ 或 $\mu_1/\varepsilon_1 = \mu_0/\varepsilon_0$，因此理想的微波吸收材料应该 $\mu_1 = \varepsilon_1$，而且 μ 值应尽可能的大，以便达到最薄层的最大吸收。但在微波段 ε_1 一般不接近 μ_1，因此必须对吸波材料进行优化设计，才能达到好的吸波效果。通过控制吸波材料的组成（介电或磁性）和厚度、损耗因子和阻抗以及内部光学结构，可以实现单一窄频、多频和宽频吸波。在纳米碳管羰基铁粉复合微波吸收材料中，纳米碳管与羰基铁粉的混合改变了材料的 ε 和 μ，从而使吸收峰在 $2 \sim 18$ GHz 明显向低频移动，通过调控二者的含量改变 ε 和 μ，可以吸收不同波段的电磁波。

纳米碳管的直径为纳米量级，在 $2 \sim 18$ GHz 微波的波长在厘米量级，纳米碳管的尺寸比微波的波长短得多，纳米碳管与微波作用时产生瑞利散射，瑞利散射使入射微波在各个方向上被基体吸收。另外纳米碳管的直径在纳米量级，与基体材料在复合过程中形成大量的界面，界面极化引起的介电损耗对微波的吸收也起很大的作用，从而提高了吸波性能。

9.3.5.4　$ZnFe_2O_4$ 纳米微粉吸波材料

锌铁氧体（$ZnFe_2O_4$）是一种重要的催化剂和磁性材料，已经确认 $ZnFe_2O_4$ 为正尖晶石结构，通常 Zn^+ 离子全部占据四面体的"A"位置，Fe^{3+} 全部占据八面体的"B"位置，可表示成 $Zn[FeFe]O_4$，分子总磁矩为零，为反磁性材料。但当 $ZnFe_2O_4$ 尺寸达到纳米级时，由于纳米粒子的小尺寸效应、表面与界面效应、量子尺寸效应的影响，导致其晶格结构发生变化，其磁性能发生突变，呈现超顺磁性状态，而有着非常广阔的应用前景。因此，对纳米 $ZnFe_2O_4$ 及其复合材料的制备和性质的研究越来越受到重视。

以硝酸锌[$Zn(NO_3)_2 \cdot 6H_2O$]、硝酸铁[$Fe(NO_3)_3 \cdot 9H_2O$]和草酸[$H_2C_2O_4 \cdot 2H_2O$]为原料，将三种固态原料按物质的量之比 $1:2:5$ 准确称量，混合均匀，研磨 40 min，得到黄色浆状物。静置 1 h 后将所得的产物分散于无水乙醇中，洗净抽滤，在 -40 ℃、1×10^{-3} Pa 条件下真空冷冻干燥 $8 \sim 12$ h，得到复合草酸盐前驱体粉末。前驱体粉末经过真空 450 ℃煅烧 1.5 h，获得具有特殊性能红棕色的微晶 $ZnFe_2O_4$ 铁氧体粉体和材料。制备过程中发生的主要反应式有：

$$2Fe(NO_3)_3 \cdot 9H_2O + 2H_2C_2O_4 \cdot 2H_2O = Fe_2(C_2O_4)_3 \cdot 2H_2O + 6HNO_3 + 19H_2O$$

$$Zn(NO_3)_2 \cdot 6H_2O + H_2C_2O_4 \cdot 2H_2O = ZnC_2O_4 \cdot 2H_2O + 2HNO_3 + 6H_2O$$

$$Fe_2(C_2O_4)_3 \cdot 2H_2O + ZnC_2O_4 \cdot 2H_2O = ZnFe_2O_4 + 4H_2O + 8CO_2$$

图9-92 所示为所得 $ZnFe_2O_4$ 微晶 X 射线分析和粒度分析。经检索，确认为尖晶石结构，产物主要由 $ZnFe_2O_4$ 和少量 ZnO、$\alpha\text{-}Fe_2O_3$ 组成。所得 $ZnFe_2O_4$ 散粉的粒度分布在 $30 \sim 110$ nm 之间，平均粒度在 40 nm 左右。

图9-93 所示为 $ZnFe_2O_4$ 粉体在四氢呋喃中经超声分散 $3 \sim 5$ min，涂片后得到的 SEM 照片。可见，$ZnFe_2O_4$ 颗粒呈球形，分布较均匀。

图 9-94 所示为 $ZnFe_2O_4$ 微晶的磁化特性在室温（$T = 296$ K）下测定的磁化曲线。

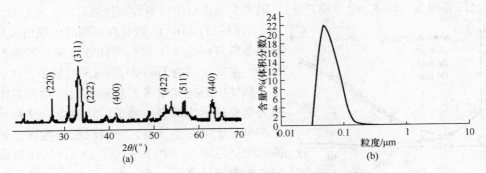

图 9-92 $ZnFe_2O_4$ 纳米微晶的 XRD 分析和粒度分析

（a）XRD 分析；（b）粒度分析

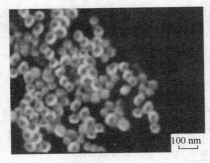

图 9-93 $ZnFe_2O_4$ 粉末的 SEM 照片

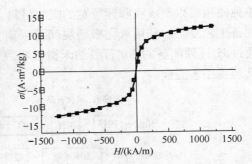

图 9-94 $ZnFe_2O_4$ 微晶在室温下的磁化曲线

可见，微晶在室温下的磁化曲线表现出非线性特性，矫顽力 $H_c = 0$，不太强的磁场（$H \leqslant 1200$ kA/m）下具有非零的磁化强度，在 $H = 1200$ kA/m 时远未达到饱和，呈超顺磁性状态。这与普通大颗粒 $ZnFe_2O_4$ 晶体的磁特性有着本质的区别。通常 $ZnFe_2O_4$ 为尖晶石结构，化学式为 $(Zn_{1-c}Fe_c)[Zn_cFe_{2-c}]O_4$，其中圆括号和方括号分别表示四面体（A）和八面体（B）间隙，c 是倒反系数。在锌铁氧体的晶格中，相邻 A 位与 B 位上的金属离子被半径较大的非金属离子 O^{2-} 隔开，以至他们的电子波函数（环形轨道）很少重叠，因此不可能有直接的交换作用。导致铁氧体磁性的不是磁性离子间的直接交换作用，而是通过夹在磁性离子间的氧离子而形成的间接交换作用，这种间接交换作用被称为超交换作用。在普通大颗粒 $ZnFe_2O_4$ 晶体中，Zn^{2+} 总是处于四面体间隙（A），Fe^{3+} 处于八面体间隙（B）中，倒反系数 $c = 0$，磁性离子之间的超交换作用只有一种：B-O-B 超交换作用，呈反铁磁性有序结构。当 $ZnFe_2O_4$ 粉末尺寸减小到纳米级时，微晶体中阳离子的分布发生显著的变化，有一部分 Fe^{3+} 跃居四面体间隙（A），一部分 Zn^{2+} 跃居八面体间隙（B），出现较强 A-O-B 超交换作用，倒反系数 $c \neq 0$。此时，所有 A 位上的 Fe^{3+} 磁矩与所有 B 位上的 Fe^{3+} 磁矩反平行排列，而 A 位上的 Fe^{3+} 的总磁矩与 B 位上的 Fe^{3+} 的总磁矩不相等，导致 $ZnFe_2O_4$ 纳米粒子的净磁矩不为零，表现出较强的亚铁磁性。因此，在小尺寸下，当晶粒磁各向异性应变能、热运动能可比拟时，磁化方向就不再固定在一个易磁化的方向，磁化方向作无规则变化，导致超顺磁性出现。

图 9-95 所示为 $ZnFe_2O_4$ 微晶损耗角正切的频率特性。可见，$ZnFe_2O_4$ 的介电损耗随着频

率的升高而迅速下降，相应的磁损耗却随频率的升高而逐渐增大。在高频带，$ZnFe_2O_4$ 的介电损耗已降得很低（$\tan\delta_E = 2 \times 10^{-4}$），总损耗主要决定于材料的磁损耗。

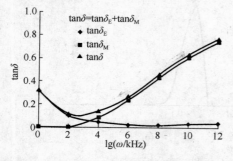

图 9-95　$ZnFe_2O_4$ 微晶损耗角正切的频率特性

所制备的 $ZnFe_2O_4$ 微晶在高频时表现出很高的磁损耗系数（$\tan\delta_E = 0.7$），可用作高频下的磁性吸波材料。主要是因为 $ZnFe_2O_4$ 微粉晶粒度小，比表面积大，晶体中悬挂键增多，从而界面极化和多重散射成为重要的吸波机制，量子尺寸效应又使得纳米粒子的电子能级发生分离，分裂的能级间隔正处于微波的能量范围内（$10^{-3} \sim 10^{-2}$ eV），从而形成了新的共振吸波通道。

9.3.5.5　镍/石墨纳米复合材料

石墨、炭黑等传统微波吸收材料由于只具有电损耗，单独使用难以制成吸收频带宽的吸波材料，而过渡金属及过渡金属氧化物，大多密度较高、制备工艺复杂。利用氧化石墨层间可吸附大量离子的特性使 Ni^{2+} 吸附到氧化石墨层间，再通过 H_2 还原制备的 Ni/石墨纳米微波吸收材料可克服单一材料的各种缺陷。图 9-96 所示为其制备工艺流程。

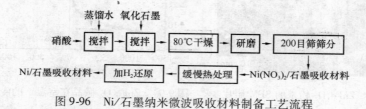

图 9-96　Ni/石墨纳米微波吸收材料制备工艺流程

图 9-97 所示为 H_2 还原温度不同时 Ni/石墨纳米复合材料的 SEM 表面形貌图。

图 9-97　加 H_2 还原温度不同对 Ni/石墨纳米复合材料形貌的影响
（a）300 ℃；（b）600 ℃；（c）900 ℃

可见，图中石墨仍保持片层结构，但存在较多的缺陷。纳米 Ni 颗粒分布在石墨层间或附着在石墨片层表面，并随着还原温度的升高而不断长大。在还原温度为 300 ℃时，可观察到存在于石墨片层边缘和部分表面上的 Ni 颗粒，表明 Ni^{2+} 已开始被还原为单质 Ni。还原温度达到 600 ℃时，出现大量近球形的纳米 Ni 颗粒，且粒径大多小于 100 nm，表明提高温度有利于 $Ni(NO_3)_2$ 的还原。当还原温度进一步提高至 900 ℃时，Ni 颗粒的粒径大多为 100 ~ 300 nm 之间，这显然是由于 Ni 颗粒相互融并成直径更大的球形颗粒而有利于表面能的降低。

图 9-98 所示为加 H_2 还原温度对 Ni/石墨纳米复合材料晶体结构的影响。可见，三种不同还原温度所得材料在 $44.5°$、$52°$、$76.3°$ 处均出现了单质 Ni 的（111）、（200）、（220）面衍射峰，且随着还原温度的提高，衍射峰的强度不断增高，宽度有所减小，表明提高还原温度有利于单质 Ni 晶粒的生长和结晶完整程度的提高。

三种材料均在 $26.5°$ 附近出现了石墨的 G（002）峰，表明氧化石墨均已被还原成石墨。单质 Ni 的衍射峰强度较高，石墨的 G（002）峰的强度较低。此外由于氧化石墨层间残存少量的 SO_4^{2-}，因此在 $21.7°$、$31°$、$37.8°$ 处出现了强度较弱的 Ni_3S_2 衍射峰。

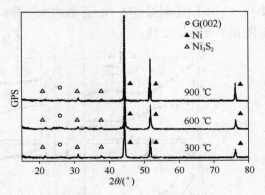

图 9-98　三种 Ni/石墨纳米复合材料的 X 射线衍射图

图 9-99 所示为还原温度对 Ni/石墨纳米复合材料磁学性能的影响。可见，三种材料的磁滞回线的面积和剩磁都较小，表明 Ni/石墨纳米复合材料属于典型的软磁性材料。但由于还原温度的不同，各材料表现出来的磁性不完全相同。磁性的差别可以通过其主要磁性参数如密度 ρ、饱和磁化强度 M_s、剩余磁化强度 M_r 及矫顽力 H_c 等来表征。

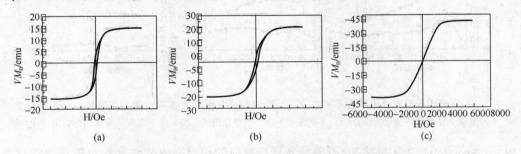

图 9-99　还原温度对 Ni/石墨纳米复合材料磁滞回线的影响

（a）300 ℃；（b）600 ℃；（c）900 ℃

表 9-17 所示为不同还原温度所得的 Ni/石墨纳米复合材料的主要磁性参数。可见，与微米镍粉相比，Ni/石墨纳米复合材料具有密度低、饱和磁化强度低、矫顽力大等特点。且随着还原温度的升高，饱和磁化强度 M_s 有增大的趋势，这主要是由于更多的 Ni 被还原和单质 Ni 的晶粒尺寸增大所造成的；而矫顽力 H_c 随还原温度的升高呈下降的趋势，则显然是由于随着还原温度的升高，纳米 Ni 的粒径逐渐增大，纳米效应逐渐减弱的缘故。

表 9-17　Ni/石墨纳米复合材料和微米镍粉的主要磁性参数

磁性参数	300 ℃还原复合材料	600 ℃还原复合材料	900 ℃还原复合材料	微米镍粉
$\rho/(g/cm^3)$	2.99	3.61	4.26	8.88
$M_s/(kA/m)$	46.228	79.445	185.544	455.54
$M_r/(kA/m)$	11.870	13.339	2.258	
$H_c/(A/m)$	10186	9868	2069	8515

可见，三种材料中，300 ℃还原和600 ℃还原所得材料的矫顽力较高，磁滞回线面积较大，磁滞损耗较大，亦即在电磁场的辐射下，这两种材料中的原子、电子运动最剧烈，电磁能更易转化成热能，因此可推测它们具有较好的微波吸收性能。

图9-100所示为还原温度对Ni/石墨纳米复合材料电磁参数及理论反射损耗的影响，图中列出了不同还原温度下Ni/石墨纳米复合材料的电磁参数和介电损耗角、磁损耗角的正切值随频率变化的曲线。

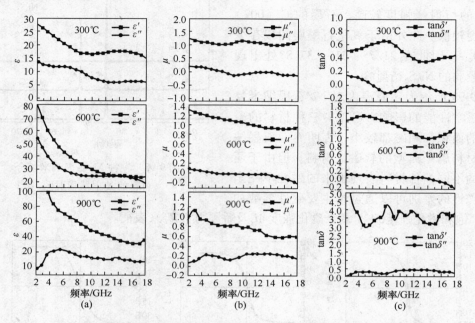

图9-100 还原温度不同的Ni/石墨纳米复合材料的各项性能变化曲线
（a）不同温度下介电常数变化曲线；（b）不同温度下磁导率变化曲线；（c）不同温度下损耗角正切值变化曲线

可见，不同的还原温度对Ni/石墨纳米复合材料的相对介电常数和相对磁导率随频率的变化趋势影响不尽相同。介电损耗角的正切值$\tan\delta_E$在整个频段范围内都大于其磁损耗正切值$\tan\delta_M$，说明Ni/石墨纳米复合材料是一种以电损耗为主的微波吸收材料，其磁损耗较低的原因可能与Ni含量较低有关。根据各种材料的电磁参数，按式（9-17）和式（9-18）计算出相应材料的阻抗Z和反射系数R：

$$Z = \sqrt{\frac{\mu_r}{\varepsilon_r}}\ \text{th}\left(j\frac{2\pi fd}{3\times10^8}\right)\sqrt{\mu_r\varepsilon_r} \tag{9-17}$$

$$R = \frac{Z-1}{Z+1} \tag{9-18}$$

再求出如图9-101所示的理论频率衰减曲线（$RL=20\lg|R|$）。

可见，温度300 ℃和600 ℃的反射损耗随频率的变化规律大致相似，即随着材料厚度的增加，吸收频段向低频方向移动，匹配频率处的反射损耗量呈下降的趋势。当材料厚度为1 mm时，温度300 ℃材料的反射损耗较高，但频段范围较窄；当厚度为1.5 mm时，最大反射损耗达 -17.5 dB，反射损耗低于5 dB的频段范围为8.5~14.5 GHz，频宽高达6 GHz。相同厚度的温度600 ℃的材料的反射损耗虽然远低于温度300 ℃的材料，但吸收频段范围较宽。不同厚度的温度900 ℃的材料的理论反射损耗都较低。因此，温度300 ℃的材料微波吸波效果最好，即 300 ℃ 为制备 Ni/石墨纳米复合吸波材料的最佳还原温度。

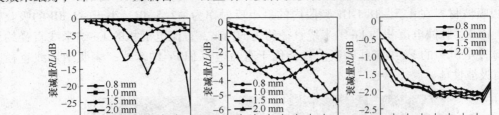

图 9-101　厚度不同的 Ni/石墨纳米复合材料的理论反射损耗随频率的变化

(a) 300 ℃；(b) 600 ℃；(c) 900 ℃

9.3.5.6　Fe 磁性纳米线

纳米金属与其氧化物、线及薄膜对微波乃至光波具有优异的宽频吸收性能，纳米线、膜组装或自组装纳米结构已成为纳米吸波剂的发展重点。

以氧化铝模板的孔洞为模型，利用直流电沉积法可制备铁磁性纳米线，但制备的关键是多孔氧化铝模板（porous anodic aluminum oxide，AAO 模板）的制备。多孔阳极氧化铝模板采用两步阳极氧化法制备。第一步将铝箔用 4%（质量分数）草酸溶液（电解液）进行阳极氧化 1 h，溶液温度控制在 20~35 ℃，电极工作电压由 20 V 逐渐升至 40 V，然后将样品置于 6% H_3PO_4、18% H_2CrO_4 溶液中，直到基体铝上生成的 AAO 膜彻底被侵蚀掉后，将样品取出清洗。然后进行第二步阳极氧化，条件与第一步相同，时间 1 h，取出，风干，便制成了 AAO 模板。将经过两步阳极氧化的 AAO 模板在 30 ℃、1 mol/L 的草酸中浸泡 30 min，使铝基 AAO 模板底部的致密阻挡层调整到适当的厚度（10~20 nm），以确保在模板纳米孔中顺利沉积生成纳米线。以 AAO 模板为阴极，纯 Fe 板为阳极进行点沉积，所用电解液为 160 g/L 的 $FeSO_4$、60 g/L 的 $(NH_4)_2SO_4$、3.5 g/L 的抗坏血酸、2 mol 甘油和 14.3 g/L 的硼酸，室温沉积，电压控制在 2~3 V，沉积所得产品即铁磁性纳米线，用氮气吹干，真空保存。图 9-102 所示为沉积于铝基多孔氧化铝膜中的 Fe 纳米线的截面 SEM 照片。

图 9-102 中（a）、（b）分别为直流电沉积和脉冲电沉积 Fe 纳米线的 AAO 模板截面照片。可见，在 AAO 膜中分布着较为均匀的竖立 Fe 纳米线；图中（c）、（d）分别为除去氧化铝膜后直流电沉积和脉冲电沉积 Fe 纳米线的截面 SEM 照片。可见，失去氧化铝模板孔壁支持的一束束 Fe 纳米线弯曲变形、近似杂乱地交联在一起。

比较可知，脉冲电流沉积的 Fe 纳米线直径约为 30 nm，直流电沉积的 Fe 纳米线直径约为 50 nm。电沉积反应是受扩散控制的，直流电沉积时，电极表面金属离子消耗后得不到及时补充恢复，放电离子在电极表面浓度低，电极表面形成晶核速度慢，晶粒长大速度较快，因此在直流电沉积条件下，纳米孔中的 Fe 纳米线晶粒随沉积时间的延长而增长变粗，形成粗晶。但在脉冲电沉积条件下，脉冲电沉积比直流电沉积极化要强，在沉积过程中存在着间歇周期，在这一时期内，电极表面消耗的金属离子可得到及时补充，金属离子的放电过程仍然受到电化学极化的控制，这样电极表面就不断形成新的晶核，因而晶粒成核多而细小。

图 9-103 所示为脉冲电沉积、直流电沉积的铝基吸波材料在微波频段的反射特性。

可见，脉冲电沉积铁纳米线组装后的铝基 AAO 模板吸波材料在 2~18 GHz 频段内的最小反射率为 -4.8 dB，小于 -1 dB 的频带约为 10 GHz。铝基 AAO 模板组装了铁纳米线后有良好的吸波效果。与脉冲电沉积的铝基吸波材料的性能不同，直流电沉积铁纳米线的铝基AAO 模板吸波材料在 4.5～18 GHz 频段内的最小反射率为 -1.5 dB，小于 -1 dB 的吸收带宽约为 3 GHz。脉冲电沉积的 Fe 纳米线直径约为 30 nm，直流电沉积的 Fe 纳米线直径约为 50nm。脉冲电沉积的 Fe 纳米线的吸波性能优于直流电沉积 Fe 纳米线，表明纳米线直径减小可提高吸波性能。

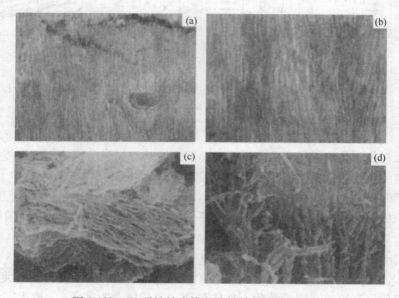

图 9-102　Fe 磁性纳米线吸波材料断面 SEM 形貌

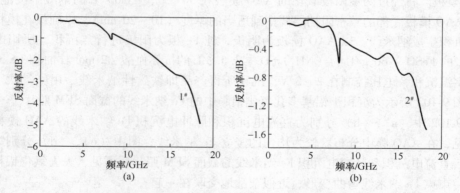

图 9-103　Fe 磁性纳米线吸波材料微波反射率-频率曲线
（a）脉冲电沉积；（b）直流电沉积

当金属粒子尺寸下降至纳米范围的某一值时，金属粒子费米面附近电子能级由准连续变为离散能级，并且纳米半导体微粒存在不连续的最高被占据的分子轨道和最低未被占据的分子轨道能级，使得能隙变宽，量子尺寸效应使纳米粒子的电子能级发生分裂，分裂的能级间隔有些正处于微波的能量范围（10^{-5}～10^{-2} eV）内，从而导致新的吸波通道的形成。同时由于纳米粒子尺寸小，比表面积大，表面原子比率高，悬挂键增多，因此界面极化和多重散射成为重要的吸波机制。

9.3.5.7　镍纳米线

Ni 是一种具有优良磁学性能的金属，对金属 Ni 纳米线的磁学性能的研究已引起了广泛的关注，以氧化铝薄膜的孔洞为模型，利用直流电沉积法制备镍纳米线所用氧化铝薄膜的制备方法与铁磁性纳米线相同。以所制备的氧化铝模板为阴极，纯镍板为阳极，在室温下进行电沉积制备 Ni 纳米线，所用电沉积溶液主要为：$NiSO_4$ 200 g/L，$NiCl_2$ 50 g/L，H_3BO_3 45 g/L，pH 值 4.4 ~ 5.2，室温下采用 5 V 电压进行 Ni 的电沉积。图 9-104 所示为所得到的 Ni 纳米线的电镜照片。

 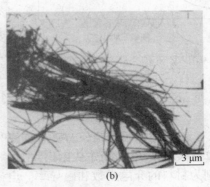

图 9-104　Ni 纳米线的电镜照片
（a）SEM 照片；（b）TEM 照片

可见，Ni 纳米线的直径约为 50 nm（与氧化铝模板的孔径相当），长度约为 2.5 μm，长径比约为 50。Ni 纳米线的长度随着电沉积时间的延长而增大，即长径比随着时间的延长而增大，最大直径取决于氧化铝模板的最大厚度。另外，Ni 纳米线具有很高的密度，在整个长度范围内具有均一的直径。Ni 纳米线彼此之间具有比较好的分散性。

图 9-105 所示为 Ni 纳米线的电磁性能，测试前将 Ni 纳米线与石蜡以质量比 1∶1 混合制成厚度 2 mm 的复合材料。

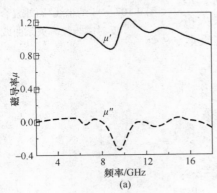 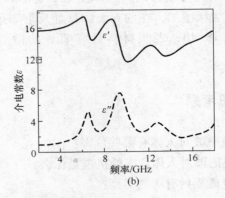

图 9-105　Ni 纳米线/石蜡复合材料的电磁性能
（a）磁导率；（b）介电常数

可见，Ni 纳米线/石蜡复合材料的磁导率实部 μ' 及虚部 μ'' 的值均很小，说明它不是磁损耗型介质；而其介电常数的实部 ε' 及虚部 ε'' 的值均较大，说明该材料属于介电损耗介质。在约 9 GHz 处出现一个显著的吸收峰，最大值为 7.5，这可能是界面极化引起的。

根据 $\tan\delta = \varepsilon''/\varepsilon'$，可计算得到如图 9-106 所示的 Ni 纳米线/石蜡复合材料的介电损耗曲线。

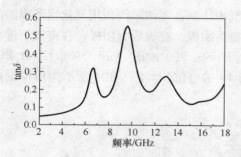

图 9-106　Ni 纳米线/石蜡复合
材料的介电损耗曲线

可见，Ni 纳米线/石蜡复合材料的介电损耗随着频率的变化有较大的变化，在约 9.5 GHz 处最大介电损耗为 0.55。原因可能是在电场作用下，Ni 纳米线的导电载流子做定向漂移，在与石蜡的混合物中形成传导电流，这部分电流以热的形式消耗掉形成电损耗。另外，Ni 纳米线的直径与电磁波的波长相比很小，电磁波与纳米线表面的散射作用增加了电磁波的损耗。根据传输线理论，对具有良好导电性的金属为基底的单层吸波材料，其空气材料界面间的输入阻抗 Z_{in} 由式（9-19）给出：

$$Z_{in} = Z_0 (\mu_r/\varepsilon_r)^{1/2} \tanh[j(2\pi f d/c)(\mu_r\varepsilon_r)^{1/2}] \tag{9-19}$$

式中，d 为吸收剂厚度，m；f 为电磁波频率，Hz；c 为光速，m/s；Z_0 为自由空间阻抗，Ω；ε_r，μ_r 分别为材料的介电常数和磁导率。电磁波垂直入射在吸收剂表面的反射率 R_1 可由式（9-20）给出：

$$R_1 = 20 \lg \left| \frac{Z_{in} - Z_0}{Z_{in} + Z_0} \right| \tag{9-20}$$

图 9-107 所示为理论计算得到的 Ni 纳米线/石蜡复合材料的反射率与频率的关系曲线。

可见，当厚度分别为 1.5 mm 和 2.0 mm 时，最大吸收可以达到 – 10 dB，反射率小于 – 5 dB 的频带宽可以达到 4 GHz 左右；随着厚度的增加，最大吸收峰不断向低频移动，当厚度为 3.0 mm 时，最大吸收值大幅增加，在约 6.5 GHz 处反射率最大可以达到 – 18 dB，表明材料具有明显的微波吸收性能。

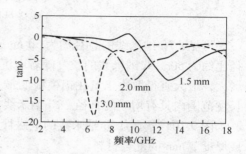

图 9-107　Ni 纳米线/石蜡复合材料的
反射率与频率关系曲线

思考题

1. 电磁波对人体有哪些危害？
2. 电磁波对人体危害的机理是什么？
3. 电磁辐射有哪些类型？
4. 简述电磁波防护材料的屏蔽机理。
5. 简述电磁屏蔽材料的类型。

参考文献

［1］赵鹤云，项金钟，吴兴惠．电磁污染与电磁波吸收材料［J］．云南大学学报：自然科学版，2002，24（1A）：58262．

［2］王磊，张玉军，张伟儒，等．吸波材料的研究现状与发展趋势［J］．现代技术陶瓷，2004，（4）：

23-25.

[3] 王生浩, 文峰, 郝万军, 等. 电磁污染及电磁辐射防护材料[J]. 环境科学与技术, 2006, 29(12): 96-98.

[4] 师春生, 马铁军, 李家俊. 炭毡的电镀及其在功能复合材料中的应用[J]. 炭素技术, 2000, (2): 15-18.

[5] 张晓宁, 王群, 葛凯勇, 等. 合成纤维复合夹层屏蔽结构改性及其电磁特性研究[J]. 复合材料学报, 2003, 20(1): 85-90.

[6] 王桂芹, 陈晓东, 段玉平, 等. 钛酸钡陶瓷材料的制备及电磁性能研究[J]. 无机材料学报, 2007, 22(2): 293-297.

[7] 朱新文, 江东亮, 谭寿洪. 碳化硅网眼多孔陶瓷的微波吸收特性[J]. 无机材料学报, 2002, 17(6): 1152-1156.

[8] 杨雪娟, 刘颖, 李梦, 等. 多孔金属材料的制备及应用[J]. 材料导报, 2007, 21(专辑): 380-383.

[9] 桂满昌, 吴洁君, 袁广江, 等. 泡沫 SiC 颗粒增强铝基复合材料的制备工艺和拉伸强度[J]. 材料工程, 2001, (1): 26-27.

[10] 魏鹏, 柳林. 孔径可调的泡沫铝材料制备研究[J]. 材料工程, 2005, (9): 33.

[11] 游晓红, 王录才, 于利民, 等. 基于发泡剂预处理的两步法泡沫铝制备工艺研究[J]. 铸造, 2005, 54(3): 286-289.

[12] 周向阳, 刘希泉, 李初, 等. 采用新型发泡剂制备泡沫铝[J]. 中国有色金属学报, 2006, 16(11): 1983-1987.

[13] 汪桃生, 吴大军, 吴翠玲, 等. 纳米石墨基导电复合涂料的电磁屏蔽性能[J]. 华侨大学学报: 自然科学版, 2007, 28(3): 278-281.

[14] 吴行, 饶大庆, 谢宁, 等. 镍基电磁屏蔽涂料的研究[J]. 功能材料, 2001, 32(3): 240-242.

[15] 曾炜, 谭松庭. 镀镍 PET 纤维/环氧树脂复合材料的性能[J]. 材料工程, 2004, (7): 40-43.

[16] 陆邵闻, 王炜, 陈华根. 新型电磁屏蔽材料锡/铜导电布的研制[J]. 材料开发与应用, 2007, 22(2): 44-47.

[17] 于美, 刘建华, 李松海. Ni 纳米线的制备以及微波吸收电磁性能[J]. 金属学报, 2007, 43(1): 99-102.

[18] 王岩. M 型钡铁氧体的制备及其吸波性能表征[J]. 哈尔滨商业大学学报: 自然科学版, 23(4): 435-438.

[19] 叶越华, 左跃, 李坚利. 铁氧体水泥复合吸波材料的研究[J]. 化工新型材料, 2007, 35(7): 75-78.

[20] 李红霞, 李新其. 二氧化硅包覆超微镍粉的制备与性能表征[J]. 表面技术, 2007, 36(1): 28-30.

[21] 谢建良, 陆传林, 邓龙江. 氧化硅/片状金属磁粉核枝子制备及电磁特性[J]. 复合材料学报, 2007, 24(2)18-22.

[22] 李波, 邹艳红, 刘洪波. 石墨纳米复合材料的制备及微波吸收性能研究[J]. 炭素技术, 2007, 26(4): 6-11.

[23] 张晏清, 张雄. 包覆钡铁氧体的多孔玻璃微珠吸波材料制备与性能[J]. 无机材料学报, 2006, 21(4): 861-866.

[24] 涂国荣, 刘翔峰, 杜光旭, 等. Fe_3O_4 纳米材料的制备与性能测定[J]. 精细化工, 2004, 21(9): 641-644.

[25] 陈晓东, 王桂芹, 段玉平, 等. 壳芯型复合陶瓷材料的制备及其电磁特性[J]. 无机材料学报, 2007, 22(3): 456-460.

[26] 金和, 顾有伟, 袁春, 等. 铁系氧化物纳米晶粉/环氧树脂杂化材料的制备[J]. 化工新型材料, 2006, 34(2): 43-45.

［27］ 赵东林，沈曾民．含纳米碳管微波吸收材料的制备及其微波吸收性能研究［J］．无机材料学报，2005，20（3）：608-612.

［28］ 陆胜，刘仲娥．ZnFe$_2$O$_4$纳米微粉低温制备及其电磁特性［J］．硅酸盐学报，2005，33（6）：665-668.

［29］ 李波，邹艳红，刘洪波．Ni/石墨纳米复合材料的制备及微波吸收性能研究［J］．炭素技术，2007，26（4）：6-11.

第 10 章 环境修复材料

环境修复是指对被污染的环境采取物理、化学与生物学技术措施，使存在于环境中的污染物质浓度减少或毒性降低或完全无害化。常见的修复材料包括不同种类的微生物、不同种类的植物、不同种类的非金属矿物以及无机、有机化学药剂等。

10.1 环境修复用微生物

微生物修复是微生物催化降解有机污染物，转化其他污染物而消除污染的一个受控或自发进行的过程。微生物降解污染物的巨大潜力在控制污染、修复污染环境中发挥着重要作用。微生物对植物生长的促进和其他有益作用，有助于缓解生态破坏、恢复受损生态系统。

10.1.1 微生物在自然界物质循环中的作用

自然界的物质循环主要可归纳为两个方面：一是无机物的有机质化，即生物合成作用，二是有机物的无机质化，即矿化作用或分解作用。这两个过程既对立又统一、构成自然界的物质循环。在物质循环过程中，以高等绿色植物为主的生产者，在无机物的有机质化过程中起着主要的作用，以异养型微生物为主的分解者，在有机质的矿化过程中起着主要作用，如果没有微生物的作用，自然界各种元素及物质，就不可能周而复始地循环利用，自然界生态平衡就不可能保持，人类社会也将不可能生存发展。

10.1.1.1 微生物在碳素循环中的作用

碳素是构成各种生物体最基本的元素，没有碳就没有生命，碳素循环包括 CO_2 的固定和 CO_2 的再生，如图 10-1 所示。绿色植物和微生物通过光合作用固定自然界中的 CO_2 合成有机碳化物，进而转化为各种有机物。植物和微生物进行呼吸作用获得能量，同时释放出 CO_2。

微生物参与了固定 CO_2 合成有机物的过程，但数量和规模远远不及绿色植物。而在分解作用中，则以微生物为首。据统计，地球上有 90% 的 CO_2 是靠微生物的分解作用而形成的。经光合作用固定的 CO_2 大部

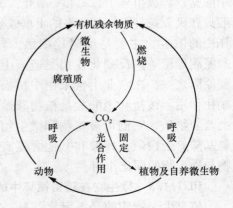

图 10-1 碳素循环

分以纤维素、半纤维素、淀粉、木质素等形式存在，不能直接被微生物利用。对于这些复杂的有机物，微生物首先分泌胞外酶将其降解成简单的有机物再吸收利用。由于微生物种类及所处条件不一，进入体内的分解转化过程也各不相同。在有氧条件下，通过好氧和兼性厌氧微生物分解被彻底氧化为 CO_2，在无氧条件下，通过厌氧和兼性厌氧微生物的作用产生有机

酸、CH_4、H_2 和 CO_2 等。

10.1.1.2　微生物在氮素循环中的作用

氮素是核酸及蛋白质的主要成分，是构成生物体的必需元素。虽然大气体积中约有78%是分子态氮，但所有植物、动物和大多数微生物都不能直接利用。氮素循环包括许多转化作用，如微生物的固氮作用、氨化作用、硝化作用、反硝化作用以及植物与微生物的同化作用等，如图 10-2 所示。

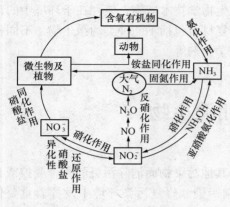

图 10-2　氮素循环

分子态氮被还原成氨或其他氮化物的过程称为固氮作用。大气中90%以上的分子态氮只能由微生物的活性而固定成氮化物。能固氮的微生物均为原核生物，包括细菌、放线菌和蓝细菌。微生物分解含氮有机物产生氨的过程称为氨化作用。含氮有机物的种类很多，如蛋白质、尿素和壳多糖等。氨化作用在农业上十分重要，施入土壤中的各种动植物残体和有机肥料，包括绿肥、堆肥和厩肥等都是富氮有机物，它们需通过各类微生物的作用，尤其需先通过氨化作用才能成为植物吸收和利用的氮素养料。微生物将氨氧化成硝酸盐的过程称为硝化作用。硝化作用分两步进行：

$$NH_4^+ + \frac{3}{2}O_2 \longrightarrow NO_2^- + 2H^+ + H_2O + 276kJ$$

$$NO_2^- + \frac{1}{2}O_2 \longrightarrow NO_3^- + 73\ kJ$$

把铵氧化成亚硝酸的代表性细菌为亚硝化单细胞菌属，把亚硝酸氧化成硝酸的代表性细菌是硝化杆菌属，前者称为亚硝化菌，后者称为硝化菌，两者统称为硝化细菌。微生物还原硝酸盐，释放出分子态氮和一氧化二氮的过程称反硝化作用或称为脱氮作用。反硝化作用一般只在厌氧条件下，如淹水的土壤或死水塘（pH 值自中性至微碱性）中发生。参与反硝化作用的微生物主要是反硝化细菌，如地衣芽孢杆菌、脱氮副球菌等。反硝化作用是造成土壤氮素损失的重要原因之一，在农业上常采用中耕松土的办法抑制反硝化作用。铵盐和硝酸盐是植物和微生物良好的无机类营养物质，它们可被植物和微生物吸收利用，合成氨基酸、蛋白质、核酸和其他含氮有机物，这就是植物与微生物的同化作用。

10.1.1.3　微生物在硫素循环中的作用

硫是生命物质的必需元素，是一些必需氨基酸和某些维生素、辅酶等的成分，其需要量大约是氮素的1/10。硫素循环可划分为脱硫作用、同化作用、硫化作用和反硫化作用，如图 10-3 所示。

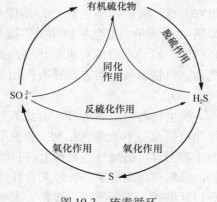

图 10-3　硫素循环

微生物参与了硫素循环的各个过程，并在其中起很重要的作用。动植物和微生物尸体中的含硫有机物被微生物降解成 H_2S 的过程称为脱硫作用。含硫有机物大都含有氮素，在微生物分解中，既产生 H_2S，也产生 NH_3，因此生成 H_2S 的脱硫氢基过程和生成 NH_3 的脱氨基过程常在一起进行，一般的氨化微生物都有此作用。

硫化作用，即硫的氧化作用，是指硫化氢、元素硫或硫化亚铁等在微生物的作用下被氧化生成硫酸的过程。自然界能氧化无机硫化物的微生物主要是硫细菌，可分为硫黄细菌和硫化细菌两类。

同化作用由植物和微生物引起，可把硫酸盐转变成还原态的硫化物，然后再固定到蛋白质等成分中（主要以巯基形式存在）。

硫酸盐在厌氧条件下被微生物还原成 H_2S 的过程称为反硫化作用。参与此过程的微生物是硫酸盐还原菌。

在农业生产上，由微生物硫化作用所形成的硫酸，不仅可作为植物的硫素营养源，而且还有助于土壤中矿质元素的溶解，对农业生产有促进作用。但在通气不良的土壤中所进行的反硫化作用，会使土壤中 H_2S 含量提高，对植物根部有毒害作用。

除以上三种主要循环外，还有磷循环、铁循环等。磷是所有生物都需要的生命元素，遗传物质的组成和能量储存都需要磷。磷的生物地球化学循环包括三种基本过程：①有机磷转化成溶解性无机磷（有机磷矿化）；②不溶性无机磷转化成溶解性无机磷（磷的有效化）；③溶解性无机磷转化成有机磷（磷的同化）。微生物参与磷循环的所有过程，但在这些过程中，微生物不改变磷的价态，因此微生物所推动的磷循环可看成是一种转化。

铁循环的基本过程是氧化和还原。微生物参与的铁循环包括氧化、还原和螯合作用。由此延伸出的微生物对铁作用的三个方面：①铁的氧化和沉积，在铁氧化菌作用下亚铁化合物被氧化成高铁化合物而沉积下来；②铁的还原和溶解，铁还原菌可以使高铁化合物还原成亚铁化合物而溶解；③铁的吸收，微生物可以产生非专一性和专一性的铁螯合体作为结合铁和转运铁的化合物。通过铁螯合化合物使铁活跃以保持它的溶解性和可利用性。

锰的转化与铁相似。许多细菌和真菌有能力从有机金属复合物中沉积锰的氧化物和氢氧化物。钙是所有生命有机体的必需营养物质，钙的循环主要是钙盐的溶解和沉淀，$Ca(HCO_3)_2$ 具有高溶解度，而 $CaCO_3$ 难溶解。硅是某些生物细胞壁的重要成分，硅循环表现在溶解和不溶解硅化合物之间的转化。

10.1.2　污染环境的微生物修复

微生物修复基础是发生在生态环境中微生物对有机污染物的降解作用。由于自然的微生物修复过程一般较慢，难以实际应用，微生物修复则是工程化在人为促进条件下的生物修复。它是传统的生物处理方法的延伸，治理的对象是较大面积的污染。由于污染环境和污染物的复杂多样，因而产生了不同于传统治理点源污染的新概念和新的技术措施。

目前微生物修复技术主要用于土壤、水体（包括地下水）、海滩的污染治理以及固体废弃物的处理，主要降解的污染物是石油烃及各种有毒有害难降解的有机污染物。

10.1.2.1　微生物对一般有机物的降解

人类生产和生活活动产生的废水、废气及固体废弃物都可以用微生物方法进行处理。微生物处理废水是一种常用且有效的方法，微生物处理生活垃圾也已实用化。以微生物处理废水为例说明微生物降解一般有机物的过程。

微生物处理污水过程的本质是微生物代谢污水中的有机物，作为营养物取得能量而生长繁殖的过程，这和一般的微生物培养过程是相同的。微生物在对溶解性和悬浮的有机物酶解（降解）过程中产生能量，所产生的能量 2/3 被转化成生物能，1/3 被用于维持生长，而当外源有机物减少时，微生物进入内源呼吸，以消耗胞内有机物来维持微生物的存活。

依处理过程中氧的状况，微生物处理可分为好氧处理系统和厌氧处理系统。好氧处理系统包括活性污泥法和生物膜法。图 10-4 所示为活性污泥法流程图。

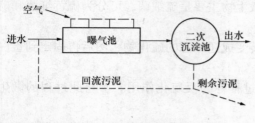

图 10-4　活性污泥法流程

活性污泥是由复杂的微生物群落与污（废）水中的有机、无机固体物混凝交织在一起构成的絮状物。这种处理方法对生活污水的 BOD_5 去除率可达 95%，悬浮固体的去除率也达 90% 左右，是一种使用最广泛的氧二级处理方法。它相当于一个有部分细胞回流的完全混合的均一连续培养系统。进入曝气池的污水与污泥相接触，使污水得到净化。净化过程包括两种作用，一是生化作用，污水中的有机物为微生物所代谢；二是物理吸附、化学分解等物理、化学作用。活性污泥在曝气池中呈悬浮状态，而在沉淀池中因其重力而沉淀实现固液分离，沉淀下来的活性污泥被连续回流到曝气池，以维持污水处理所需的一定污泥浓度。多余的污泥被排出。

污水处理过程中的微生物是一个按一定需要组合的适应污水的极为复杂的群落，包括细菌、真菌、藻类、原生动物和极少数的后生动物。其中异养细菌的数量最多，作用最大，除膨胀的活性污泥外真菌一般数量较少，藻类也少，相当数量的原生动物起重要作用。活性污泥法一般用自然的混合微生物群体来处理污水，也可以用人工选育的（包括从自然环境中分离或遗传工程菌）一种、两种或多种微生物组合种群。

图 10-5 所示为生物膜法净水原理图。生物膜法净化污水的主要原理是附着在滤料表面的生物膜对污水中有机物的吸附与氧化分解作用。生物膜的功能和活性污泥法中的活性污泥相同，其微生物的组成也类似。因膜有一定的厚度，在膜的表面、底部和中间分布着不同类型的微生物。

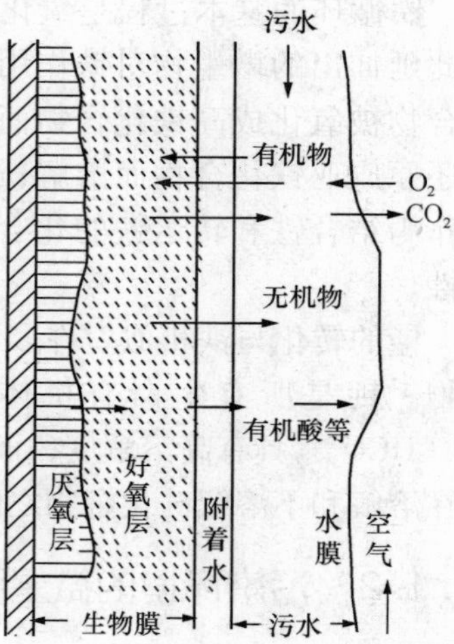

图 10-5　生物膜

生物膜的表面总是吸附着一层薄薄的污水，其外是能自由流动的污水，当"附着水"中的有机物被生物膜中的微生物吸附、吸收和氧化分解时，附着水层中的有机物浓度随之降低，由于运动水层中有机物浓度高，便迅速地向附着水层转移，并不断地进入生物膜被微生物分解。微生物所需的氧从空气→运动水层→附着水层而进入生物膜，微生物分解有机物产生的代谢产物及最终生成的无机物及 CO_2 等，则沿相反方向移动。

图 10-6 所示为氧化塘净化原理，它属于厌氧发酵过程，涉及不同的微生物种群，是不同种群微生物交替作用的过程。

氧化塘主要用于处理农业和生活废弃物或污水处理厂的剩余污泥，也可用于处理面粉厂、食品厂、造纸厂、制革厂、酒精厂、糖厂、油脂厂、农药厂或石油化工厂的废水等。

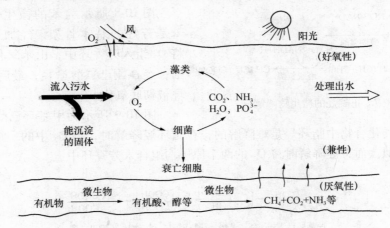

图 10-6　氧化塘净化原理

10.1.2.2　微生物对有毒有机物的降解

有毒污染物通过小剂量持续不断地侵入人体，经过相当长时间，才显露出对人体的慢性危害或远期危害，甚至影响到子孙后代的健康，如农药、苯酚、多氨联苯等有机毒物。

（1）农药　农药是除草剂、杀虫剂、杀菌剂等化学制剂的总称，我国每年使用 50 多万吨农药，利用率只有 10%，绝大部分残留在土壤中，有的被土壤吸附，有的经空气、江河传播扩散，引起大范围污染。目前的农药多是有机氯、有机磷、有机氮、有机硫农药，其中有机氯农药危害性最大。这些有毒化合物在自然界存留时间长、对人畜危害严重。实验证明，环境中农药的清除主要靠细菌、放线菌、真菌等微生物的作用，如 DDT 可被芽孢杆菌属、棒杆菌属、诺卡菌属等微生物降解，五氯硝基苯可被链霉菌属、诺卡菌属等微生物降解，敌百虫可被曲霉菌属、青霉菌属降解等。

微生物降解农药的方式有两种，一种是以农药作为唯一碳源和能源，或作为唯一的氮源物质，此类农药能很快被微生物降解，如氟乐灵（2,6-二硝基-N,N-二丙基-4-三氟甲基苯胺），这是一种新型除草剂，它可作为曲霉菌属的唯一碳源，所以很易被分解；另一种是通过共代谢作用，共代谢是指一些很难降解的有机物，虽不能作为微生物唯一碳源或能源被降解，但可通过微生物利用其他有机物作为碳源或能源的同时被降解的现象，如直肠梭菌降解六六六时，需要有蛋白胨之类物质提供能量才能降解。微生物降解农药主要是通过脱卤作用、脱烃作用、对酰胺及脂的水解、氧化作用、还原作用及环裂解、缩合等方式把农药分子的一些化学基本结构改变而达到的。

（2）烃类化合物　烃类化合物包括相对分子质量为 16～1000 左右的碳氢化合物，包括烷烃、烯烃、炔烃、芳烃、脂环烃。存在状态有气体（甲烷、乙烷、乙炔、乙烯等）、挥发性液体（汽油、苯等）、固体（蜡），烃类是石油的主要组成成分。

微生物对烃类化合物的降解主要是在加氧酶的催化条件下，将分子氧（O_2）渗入到基质中形成一种含氧的中间产物，然后转化成其他物质参与代谢过程。烃类降解主要包括烷烃、芳烃、脂环烃的降解。图 10-7 所示为正烷烃的微生物降解过程。

当加氧酶作用后产生醇，然后通过脱氢作用生成醛和脂肪酸，脂肪酸通过 β-氧化降解成醋酸后进入 TCA 循环，最后彻底降解为 CO_2 和 H_2O。

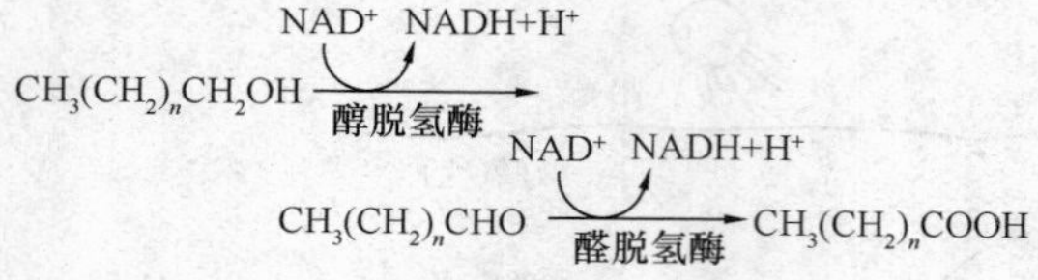

$$CH_3(CH_2)_nCH_2OH \xrightarrow[\text{醇脱氢酶}]{NAD^+ \quad NADH+H^+}$$

$$CH_3(CH_2)_nCHO \xrightarrow[\text{醛脱氢酶}]{NAD^+ \quad NADH+H^+} CH_3(CH_2)_nCOOH$$

图 10-7 正烷烃的微生物降解

图 10-8 所示为苯的微生物降解过程。苯是芳烃的基本骨架，经加氧酶的作用，将 O_2 组入芳香环中，由苯氧化产生邻苯二酚，经 β-酮己二酸途径，最后进入 TCA 循环被彻底氧化。

图 10-9 所示为甲基环己烷的微生物降解过程。在烃类化合物中脂环烃是难降解的，在脂环烃降解时，将 O_2 中的一个原子组合进去，与烷烃相似。而芳烃降解时将 O_2 的两个原子均组合入芳香环中。

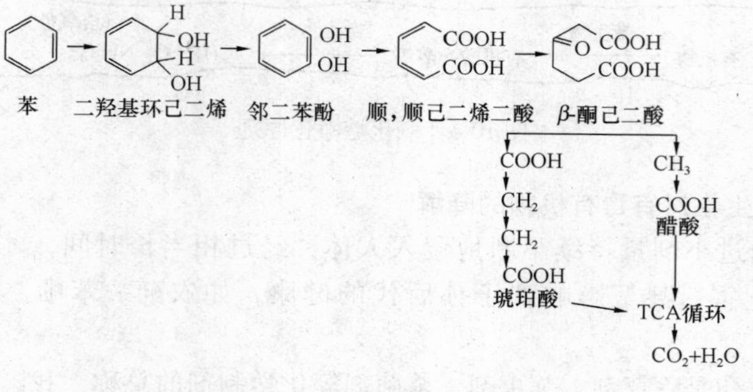

图 10-8 苯的微生物降解

能降解烃类化合物的微生物很多，已报道约有 100 余属、200 多种，包括细菌、放线菌、霉菌、酵母菌、藻类及蓝细菌。其他有机化合物如表面活性剂、多氯联苯、氰和腈等广泛应用在工业和生活中，微生物对这些物质的转化也起重要作用。

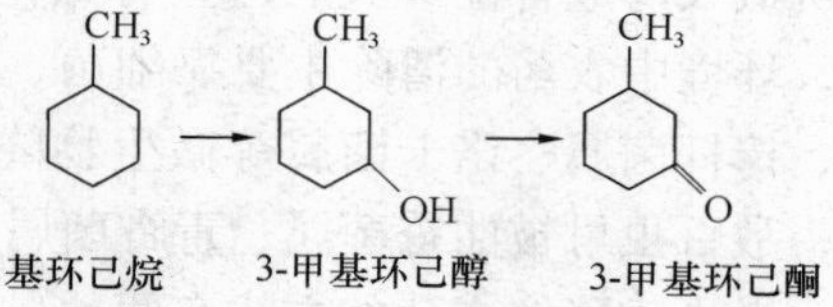

图 10-9 甲基环己烷的微生物降解

10.1.2.3 微生物对重金属的转化

自然界存在多种重金属，如汞、砷、铅、镉、铬等，这些金属并非生物生活所必需，但达到一定浓度时会对生物产生抑制和致死作用。重金属对人的毒性作用常与它的存在状态有密切关系。一般情况下，金属存在形式不同，其毒性作用也不同，例如，有机汞和有机铅化合物对环境的危害超过它们的无机化合物。微生物虽不能降解重金属，但能通过改变其存在状态，从而改变其毒性。表 10-1 所示为微生物对重金属的转化作用。

表 10-1 微生物对重金属的转化作用

重金属	转化作用	转化的微生物
汞（元素汞、无机汞、有机汞等）	汞离子的甲基化：$Hg^{2+} \rightarrow CH_3Hg \rightarrow (CH_3)_2Hg$	甲烷生成菌、匙形梭菌、荧光假单胞菌、产气杆菌、真菌等
	还原作用：有机汞 $\rightarrow Hg$；无机汞 $\rightarrow Hg$	柠檬酸杆菌、假单胞菌、节杆菌、隐球菌等

续表

重金属	转化作用	转化的微生物
砷及砷化物	砷盐甲基化	真菌（曲霉、毛霉、青霉等）、甲烷杆菌等
	砷酸盐→亚砷酸盐	海洋细菌、酵母菌、微球菌等
	亚砷酸盐→砷酸盐	无色杆菌、产碱杆菌、假单胞菌等
铅	使铅甲基化	假单胞菌、产碱杆菌属、黄杆菌属等

　　重金属污染的微生物修复仅在最近几年才引起人们的重视。重金属污染的微生物修复包含生物吸附和生物氧化还原两个方面。前者是重金属被活的或死的微生物体所吸附的过程，后者则是利用微生物改变重金属离子的氧化还原状态，降低环境和水体中的重金属水平。

　　在有毒金属离子中，对铬污染的微生物修复研究较多。在好氧或厌氧条件下，已知有许多异养微生物催化 Cr^{6+} 至 Cr^{3+} 的还原反应。许多研究还显示有机污染物如芳香族化合物可以作为 Cr^{6+} 还原的电子供体，这一结果表明微生物可同时修复有机物和铬的污染。同样，U^{6+} 还原微生物在还原 U^{6+} 的同时把有机污染物氧化成 CO_2。微生物还可以通过产生还原性产物如 Fe^{2+} 和硫化物间接促进 Cr^{6+} 的还原，Fe^{2+} 和硫化物可还原 Cr^{6+}。最近研究发现，微生物可以去除98%以上的硒，同时经反硝化作用除去 NO_3^-，铁还原细菌可把 Co^{3+}-EDTA 中的 Co^{3+} 还原成 Co^{2+}，这具有较大的实用价值，因为放射性 Co^{3+}-EDTA 的水活性很高，而 Co^{2+} 与 EDTA 结合较弱，可使钴的移动性降低。

　　除了通过还原金属离子形成沉淀外，微生物还可把一些金属还原成可活性的或挥发性的形态。如一些微生物可把难溶性的 Pu^{4+} 还原成活性的 Pu^{3+}。一些微生物可把 Hg^{2+} 还原成挥发性的 Hg。铁锰氧化物的还原也可把吸附在难溶性 Fe^{3+}、Mn^{4+} 氧化物上的重金属释放出来。一些微生物在厌氧气条件下以 As^{5+} 为电子受体，把其还原成 As^{3+}，这一过程可以促进砷的淋溶，因为 As^{3+} 的溶解度大于 As^{5+}。

　　微生物修复被污染的环境能否成功取决于微生物的降解速率，在微生物修复中采取强化措施促进微生物降解十分重要。这包括：①接种微生物，目的是增加降解微生物数量，提高降解能力，针对不同的污染物可以接种人工、筛选分离的高效降解微生物，接入单种、多种或一个降解菌群，人工构建的遗传工程菌被认为是首选的接种微生物；②添加微生物营养盐，微生物的生长繁殖和降解活动需要充足均衡的营养，为了提高降解速度，需要添加缺少的营养物；③提供电子受体，为使有机物的氧化降解途径畅通，要提供充足的电子受体，一般为好氧环境提供氧，为厌氧环境的降解提供硝酸盐；④提供共代谢产物，共代谢有助于难降解有机污染物的微生物降解；⑤提高微生物的可利用性，低水溶性的疏水污染物难以被微生物降解，利用表面活性剂、各种分散剂来提高污染物的溶解度，可提高微生物的可利用性；⑥添加微生物降解促进剂。一般使用 H_2O_2 可明显加快微生物降解的速度。

10.2　环境修复用植物

　　植物是生物圈生态系统的重要成员，它既是环境的感受者，又是环境的改造者。由于植物在维持生态平衡中的特殊地位，人们对于植物与环境的关系格外关注，试图充分认识环境对植物的影响及植物对环境变化的反应，以达到利用植物修复受污染的生态系统、改善人类生存条件的目的。植物修复即把某些对污染物具有承耐力和高积累特性的植物种植于污染区，利用植物自身的生长代谢或与其根系微生物共同作用，将环境中的污染物质吸收固定或消除，并在适当的时间对植物进行收割处理，使污染的环境恢复到原初状态的一种原位污染治理技术，它可广泛应用于土壤、大气和水污染的治理。

10.2.1 植物修复环境的机理

植物修复作用机理如图10-10所示，主要是通过植物自身的光合、呼吸、蒸腾和分泌等代谢活动与环境中的污染物质和微生态环境发生交互反应，从而通过吸收、分解、挥发、固定等过程使污染物达到净化和脱毒的修复效果。

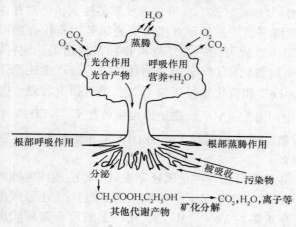

图10-10 植物修复作用原理

10.2.1.1 植物吸收、排泄与积累

修复植物对污染土壤和水体的治理是通过其自身的新陈代谢活动实现的，在修复植物的新陈代谢过程中始终伴有对污染物质的吸收、排泄和积累过程。

（1）植物吸收 植物为了维持正常的生命活动，必须不断地从周围环境中吸收水分和营养物质。植物体的各个部位都具有一定的吸收水分和营养物质的能力，其中根是最主要的吸收器官，能从其生长介质土壤或水体中吸收水分和矿质元素。植物对土壤或水体中污染物质的吸收具有广泛性，因为植物在吸收

营养物质的过程中，除对少数几种元素表现出选择性吸收外，对大多数物质并没有绝对严格的选择作用。对严格的选择作用，对不同的元素只是吸收能力大小不同而已。植物对污染物质的吸收能力除受本身的遗传机制影响外，还与土壤理化性质、根际圈微生物区系组成、污染物质在土壤溶液中的浓度等因素有关。其吸收机理是主动吸收还是被动吸收尚不清楚。研究表明其情形可能有以下三种：一是植物通过适应性调节后，对污染物质产生耐性，吸收污染物质。植物虽能生长，但根、茎、叶等器官以及各种细胞器受到不同程度的伤害，生物量下降，这种情形可能是植物对污染物被动吸收的结果；二是完全的"避"作用，这可能是当根际圈内污染物质浓度低时，根依靠自身的调节功能完成自我保护，也可能无论根际圈内污染物质浓度有多高，植物本身具有的这种"避"机制，可以免受污染物质的伤害，但这种情形可能很少；第三种情形是植物能够在土壤污染物质含量很高的情况下正常生长，而且生物量不下降，如重金属超积累植物和某些耐性植物等。

（2）植物排泄 植物也像动物一样需要不断地向外排泄体内多余的物质和代谢废物，这些物质的排泄常常是以分泌物或挥发的形式进行。所以在植物界，排泄与分泌、挥发的界限一般很难分清。分泌是细胞将某些物质从原生质体分离或将原生质体的一部分分开的现象。分泌的器官主要是植物的根系，其他的还有茎、叶表面的分泌腺。分泌的物质主要有无机离子、糖类、植物碱、单宁、树脂、酶和激素等生理上有用或无用的有机化合物以及一些

不再参加细胞代谢活动而去除的物质，即排泄物。挥发性物质除随分泌器官的分泌活动排出植物体外，主要是随水分的蒸腾作用从气孔和角质层中间的孔隙扩散到大气中。植物排泄的途径通常有以下两条，一条途径是经过根吸收后，再经叶片或茎等地上器官排出去。如某些植物将羟基卤素、汞、硒从土壤溶液中吸收后，将其从叶片中挥发出去。高粱叶鞘可以分泌一些类似蜡质物质，将毒素排泄出体外；另一条途径是经叶片吸收后，通过根分泌排泄，如1,2-二溴乙烷通过烟草和萝卜叶片吸收，然后迅速将其从根排泄。其他的如酚类污染物、苯氧基醋酸和2,4,5-三氯苯氧基醋酸都从叶片吸收后再通过根分泌排泄。植物根从土壤或水体中吸收污染物后，经体内运输会转移到各个器官中去，当这些污染物质含量超过一定临界值后，会对植物组织、器官产生毒害作用，进而抑制植物生长甚至导致其死亡。在这种情况下，植物为了生存，也常分泌一些激素（如脱落酸）来促使积累高含量污染物质的器官，如老叶，加快衰老速度而脱落，重新长出新叶用以生长，进而排出体内有害物质，这种"去旧生新"的方式是植物排泄污染物质的另一条途径。

（3）植物积累　进入植物体内的污染物质虽可经生物转化过程成为代谢产物经排泄途径排出体外，但大部分污染物质与蛋白质或多肽等物质具有较高的亲和性而长期存留在植物的组织或器官中，在一定的时期内不断积累增多而形成富集现象，还可在某些植物体内形成超富集（hyperaccumulation），这是植物修复的理论基础之一。超富集植物在超量积累重金属的同时还能够正常生长，这可能是液泡的区室化作用和植物体内某些有机酸对重金属的螯合作用起到解毒的结果。通常用富集系数（bioaccumulation factor，BCF）来表征植物对某种元素或化合物的积累能力，即

$$富集系数 = 植物体内某种元素含量/土壤中该种元素含量$$

用位移系数（translocation factor，TF）来表征某种重金属元素或化合物从植物根部到植物地上部的转移能力，即

$$位移系数 = 植物地上部某种元素含量/植物根部该种元素含量$$

富集系数越大，表示植物积累该种元素的能力越强。位移系数越大，说明植物由根部向地上部运输重金属元素或化合物的能力越强。对某种重金属元素或化合物位移系数大的植物显然有利于植物提取修复。不同植物对同种污染物质的积累能力不同，同一种植物对不同污染物质及同一种植物的不同器官对同一种污染物质的积累能力也不同，而且积累部位表现出不均一性，富集系数可以是几倍乃至几万倍，但富集系数并非可以无限地增大。当植物吸收和排泄的过程呈动态平衡时，植物虽仍以某种微弱的速度在吸收污染物质，但在体内的积累量已不再增加，而是达到了一个极限值，叫临界含量，此时的富集系数称为平衡富集系数。

（4）植物吸收、排泄和积累间的关系　植物对污染物质的吸收、排泄和积累的过程始终是一个动态过程，如图 10-11 所示。

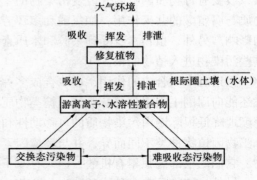

图 10-11　植物对根际圈污染物质吸收、排泄与积累的关系

在植物生长的某个时期可能会达到某种平衡状态，随后因一些影响条件的改变而打破，并随植物生育时期的进展再不断建立新的平衡，直到植物体内污染物质含量达到最大量，即临界含量，亦即吸收达饱和状态时，植物对

污染物质的积累才基本不再增加。影响植物吸收、排泄和积累的因素很多，如土壤、水分、光照植物根系与根际圈以及植物本身的因素等。其中污染物质间的相互作用是较为重要的影响因素，因为植物根系只能吸收根际圈内溶解于水溶液中的元素，这些元素既包括碳、氢、氧、氮、磷、钾、钙、镁、硫、铁、锰、硼、锌、铜、钴、氯等必需元素，也包括镉、汞、铅、铬等有害重金属元素。它们以有机化合物、无机化合物或有机金属化合物的形式存在于土壤中。根据植物根对土壤中污染物质吸收的难易程度，可将土壤中污染物大致分为可吸收态、交换态和难吸收态三种状态。土壤溶液中的污染物如游离离子及螯合离子易为植物根所吸收，为可吸收态；残渣态等难为植物吸收的为难吸收态；而介于两者之间的便是交换态，主要包括被黏土和腐殖质吸附的污染物。可吸收态、交换态和难吸收态污染物之间经常处于动态平衡，可吸收态部分的重金属一旦被植物吸收而减少时，便主动从交换态部分来补充，而当可吸收态部分因外界输入而增多时，则促使交换态向难吸收态部分转化，这三种形态在某一时刻可达到某种平衡，但随着环境条件（如植物吸收、资合作用及温度、水分变化等）的改变而不断地发生变化。

10.2.1.2　植物根的生理作用

根是植物体的重要器官，它具有固定植株、吸收土壤中水分和矿质营养、合成和分泌有机物等生理特性。首先，植物根具有深纤维根效应，根的形态可影响污染物的生物可利用性和降解程度。研究表明，根所触到的根际环境会因根的深度和分枝的伸展模式不同而不同。植物根系的生长能不同程度地打破土壤的物理化学结构，使土壤产生大小不等的裂缝和根槽，这可使土壤通风，并为土壤中挥发和半挥发性污染物质的排出起到导管的作用。显然，植物修复需要理想的、扩散面积大的复杂根系环境，如大草原上的深根系统可改善土壤微生物的活动，根毛-土壤界面可使微生物、污染物有较大、较多的接触空间，根际圈的细菌与真菌合作可产生较高的多种代谢率，根际分泌物可以诱导高分子有机污染物的共代谢，从而加强其生物降解。而浅根和低扩散的根，即使能支持一个具有高降解能力的微生物群的生长与繁衍，但却满足不了亚表层土壤中污染物的生物降解与修复的需要。

其次，根可以通过吸收和吸附作用在根部积累大量的污染物质，加强对污染物质的固定，其中根系对污染物质的吸收在污染土壤修复中起重要作用。根际圈内较高的有机质含量可以改变有毒物质的吸附、改变污染物的生物可利用性和淋溶性。根际圈微生物可促进有毒物质与腐殖酸的共聚作用，如氯酚和多环芳烃与土壤有机质的关系直接或间接受根际微生物的影响。另外，植物本身受到果胶和木质素保护，可以去除或吸附高分子疏水化合物，阻止这些污染物进入植物的根。

根还有生物合成的作用，可以合成多种氨基酸、植物碱、有机氮和有机磷等有机物，同时还能向周围土壤中分泌有机酸、糖类物质、氨基酸和维生素等有机物，这些分泌物能不同程度地降低根际圈内污染物质的可移动性和生物有效性，减少污染物对植物的毒害。植物根分泌物因植物种类不同而异，并与环境因素有关。调查表明，缺铁的双子叶植物和单子叶植物，它们的根部能积累有机酸，但只有双子叶植物具有较强的将质子释放到根部的能力。

另外，植物具有多种物理和生化防范功能，可以阻止有毒物质的浸入，并排斥根表的多种非营养物质进入植物体。一旦有机毒物进入到植物根部，它们就可被代谢或通过分室储存，形成不溶性盐，与植物组分以络合或键合为结构聚合物的方式固定下来。

10.2.1.3　植物根际圈生态环境对污染修复的作用

（1）植物根际圈　植物根际圈指由植物根系和土壤微生物之间相互作用而形成的独特

圈带，植物根部具有一个良好的适应微生物群落生长的生态环境。植物根不断地向根际圈输入光合产物，并且枯死的根细胞和植物分泌物的积累使根际圈演变成一块十分富饶的土壤，使根际圈构成为由土壤为基质，以植物的根系为中心，聚集大量的细菌、真菌等微生物和蚯蚓、线虫等一些土壤动物的独特的"生态修复单元"。根际圈包括根系、与之发生相互作用的生物以及受这些生物活动影响的土壤。实际上由于根系的性质多变而难以区分，它的范围一般是指离根表几毫米到几厘米的圈带，但通常用模拟方法进行研究和划分，如根际箱或根际袋等。

（2）植物-微生物-污染物在根际圈的相互作用　植物的根系从土壤中吸收水分、矿质营养的同时，向根系周围土壤分泌大量的有机物质，而且其本身也产生一些脱落物，这些物质促使某些土壤微生物和土壤动物在根系周围大量地繁殖和生长，使得根际圈内微生物和土壤动物数量远远大于根际圈外的数量，而微生物的生命活动如氮代谢、发酵和呼吸作用及土壤动物的活动等对植物根也产生重要影响，它们之间形成了互生、共生、协同及寄生的关系。

生长于污染土壤中的植物首先通过根际圈与土壤中污染物质接触，根际圈通过植物根及其分泌物质和微生物、土壤动物的新陈代谢活动对污染物（重金属和难以降解的多环芳烃等有机污染物）产生吸收、吸附和降解等一系列活动。大量研究表明，有害物质在多种植物根际圈被微生物降解，这种根际微生物群落提供的外部保护对微生物和植物双方是互利互惠的。微生物受益于植物的营养供给，而植物受益于由根际圈微生物伴随的土壤中有机有毒物质的脱毒作用，以根分泌物形式存在的光合产物维系正常非压力条件下的微生物群落。当土壤中因化学品出现而产生压力时，植物的响应是增加根际圈的分泌物，其结果导致微生物群落增加对毒性物质的转化率。微生物的响应是增加微生物数量，这时合成脱毒酶的数量增加，降解污染物的根际圈微生物基质相对丰度也发生了变化。植物通过诱导根际圈微生物群落的代谢能力而获得保护。根际圈作为微生物活动较强的地带，可加强污染物的降解和转化。

（3）植物根际圈的生物降解　植物根际圈为好氧、兼性厌氧及厌氧微生物的同时生存提供了有利的生存环境，各种微生物可利用不同有机污染物为营养源进行长年繁殖。首先，植物发达的根系为微生物附着提供了巨大的表面积，易于形成生物膜，促进污染物被微生物降解利用。其次，植物自身的光合作用借助于光能这一清洁能源为推动力，能将部分可溶性污染物及被微生物分解的污染物同化吸收。同时，光合过程中生成的 O_2，可通过根茎输向水体或土壤，使根区周围依次形成多个好氧、缺氧与厌氧小区，为好氧、兼性厌氧及厌氧微生物生存提供了良好的生存环境。如污水土地处理系统中芦苇的根茎上，好氧微生物占优势，芦苇根系区好氧与兼性厌氧微生物均有活动，而远离根系区则为厌氧微生物的主要活动场所。研究表明，对同一种污染物的矿化而言，混合微生物群落比单一微生物更为有效，污染物有时不能被氧化它们的那组微生物所同化，但是却可以被其他的微生物种群转化。这种共栖关系可大大增强难降解污染物的矿化率，从而防止有机有害污染物中间体的产生与积累。

微生物矿化污染物的能力还可以通过遗传改性的方式得到加强。细菌的基因转化可自然发生。通过结合、传导和转变等过程，质粒转变可以使细菌在它们的环境中快速变化。通过传播遗传信息，合成降解新基质所必需的酶，可使细菌降解外来污染物，降解酶的合成是微生物有利控制环境质量的原因之一。此外，有毒有机污染物还可以通过微生物的腐殖化作用转变为惰性物质被固定下来，达到脱毒的目的。

10.2.2　环境污染的植物修复

大多数植物对污染物都具有一定的清除能力，只有那些清除能力强的植物才具有实际应用价值。至今能适用于工程化修复环境污染的植物种类、数量十分有限，寻找筛选和栽培驯化自然界中存在的修复植物，使其能适用于修复重金属污染的土壤、净化污水和固化污染物的实际应用，是当前植物修复研究的关键。

10.2.2.1　植物修复大气污染

大气污染的植物修复以太阳能为动力，利用绿色植物及其相关的生物区对环境污染物质进行分解、去除、屏障或脱毒。大气污染植物修复包括植物吸附与吸收修复、植物降解修复、植物转化修复及植物同化和超同化修复。

（1）植物吸附与吸收修复　根据北京地区测定，绿化树木地带对飘尘的减尘率为21%～39%，而南京测得的结果为37%～60%，因此可认为森林是天然的吸尘器。并且由于森林树林高大，林冠稠密，能减小风速，可使尘埃沉降下来，从而起到净化大气的作用。植物对于污染物的吸附与吸收主要发生在地上部分的表面及叶片的气孔，将其扣留在叶片的皮面。在很大程度上，吸附是一种物理过程，其与植物表面的结构如叶片形态、粗糙程度、叶片生长角度和表面的分泌物有关，植物可以有效地吸附空气中的浮尘、雾滴等悬浮物及其吸附着的污染物。绿色植物都有滞尘作用，叶总面积大、叶面粗糙多绒毛、能分泌黏性油脂或浆汁的物种，如核桃、板栗、臭椿等可被选为滞尘树种。据研究，阔叶林的滞尘能力为10.11 t/hm²（1 hm² = 10000 m²），针叶林因生长周期长，滞尘能力为33.2 t/hm²。根据南京植物所在水泥粉尘源附近的调查与测定，各种树木叶片单位面积上的滞尘量如表10-2所示。

表10-2　各种树木叶片的滞尘量　　（g/m²）

树种	滞尘量	树种	滞尘量	树种	滞尘量
刺楸	14.53	楝子	5.89	泡桐	3.53
榆树	12.27	臭椿	5.88	五角枫	3.45
朴树	9.37	枸树	5.87	乌桕	3.39
木槿	8.13	三角枫	5.52	樱花	2.75
广玉兰	7.1	夹竹桃	5.39	腊梅	2.42
重阳木	6.81	桑树	5.28	加拿大白杨	2.06
女贞	6.63	丝棉木	4.77	黄金树	2.05

树叶的总叶面积大、叶面粗糙多绒毛，能分泌黏性油脂或浆汁的树种都是比较好的防尘树种，如核桃、毛白杨、枸树、板栗、臭椿、侧柏、华山松、刺楸、朴树、重阳木、刺槐、悬铃木、女贞、泡桐等。

病原体能经空气传播，由于空气中的病原体一般都附着在尘埃或飞沫上随气流移动，绿色植物的滞尘作用可以减小其传播范围，且植物的分泌物具有杀菌作用，如桉树、松树、柏树、樟树等能分泌柠檬油，其他常见的植物分泌物如松脂、肉桂油、丁香粉等（称为杀菌素）均能够直接杀死细菌、真菌等微生物。研究显示，面积为1.0×10^4 m²的桧柏林，一昼夜能分泌 30 ~ 60 kg 的"杀菌素",它们可杀死肺结核、伤寒、痢疾等病菌。表 10-3 所示为杀菌能力强的树种和杀死原生动物所需的时间。

表 10-3　杀菌能力强的树种和杀死原生动物所需的时间

树种	时间/min	树种	时间/min	树种	时间/min
黑胡桃	0.08 ~ 0.25	柠檬	5	柳杉	8
柠檬桉	1.5	茉莉	5	稠李	10
悬铃木	3	薜荔	5	积壳	10
紫薇	5	复叶槭	6	雪松	10
橙	5	白皮松	8	柏木	7

　　绿化树种对颗粒物中的重金属也有较好的吸收和吸附作用。根据污染金属的种类和树种的不同有明显差异,对铅吸收量高的树种有桑树、黄金树、榆树、旱柳、梓树。吸镉量高的树种有美青杨、桑树、旱柳、榆树、梓树、刺槐。国槐是北方树种,对环境污染有较强的抗性和适应性,在城市绿化中,国槐长势旺,枝条多,树冠大,遮阴效果好,作为行道树、公园绿化等,能够成大面积的植被群体,吸收污染物,净化和美化环境。

　　除了对颗粒物进行吸收和吸附外,植物还可以吸收空气中的气态污染物,包括 SO_2、Cl_2、HF 等。植物吸收大气中污染物主要是通过气孔,并经由植物维管系统进行运输和分布。对于可溶性的污染物包括 SO_2、Cl_2 和 HF 等,随着污染物在水中溶解性的增强,植物对其吸收的速率也会相应增大,湿润的植物表面可以显著增加对水溶性污染物的吸收,光照条件由于可以显著地影响植物生理活动,尤其是控制叶片气孔的开闭,因而对植物吸收污染物有较大的影响。据北京园林局调查,对 SO_2 的吸收能力以阔叶树最强,为 $12.0 \ kg/hm^2$;杉类、松类为 $9.8 \ kg/hm^2$。据报道,落叶树木对 NO_x 等气体的吸收能力和解毒作用比长绿树木要强得多。氟化物的吸收能力以阔叶树最强,最高可达 $4.68 \ kg/hm^2$,果树其次。

　　根据各树种间吸硫量的差异,按吸硫量 $45 \ g/m^2$ 叶面积距离截取,可将绿化树种划分为三类:Ⅰ类吸硫量高(吸硫量 $>90 \ g/m^2$ 叶面积,修复能力强);Ⅱ类吸硫量中等(吸硫量在 $45 ~ 90 \ g/m^2$ 叶面积,修复能力中等);Ⅲ类吸硫量低(吸硫量 $<45 \ g/m^2$ 叶面积,修复能力弱)。对大气 SO_2 污染修复能力强的树种有加拿大杨、旱柳、花曲柳。对 SO_2 污染修复能力中等的树种有榆树、京桃、皂角、刺槐、桑树。对 SO_2 污染修复能力弱的有美青杨和丁香。

　　大多数植物都能吸收臭氧,其中银杏、柳杉、樟树、青冈栎、夹竹桃、刺槐等十余种树木净化臭氧的作用较强。吸滞大气氯污染能力强的树种有榆树、京桃、枫杨、皂角、卫矛、美青杨、桂香柳。吸滞大气氟污染能力强的树种有榆树、花曲柳、刺槐、旱柳等。

　　(2) 植物降解修复　植物降解修复主要针对大气中有机物污染,利用植物含有一系列代谢异生素的专性同工酶及相应的基因来完成对有机污染物的分解。参与植物代谢异生素的酶主要包括细胞色素 P450、过氧化物酶、加氧酶、谷胱甘肽-S-转移酶、羧酸酯酶、O-糖苷转移酶、N-糖苷转移酶、O-丙二酸单酰转移酶和 N-丙二酸单酰转移酶等。而能直接降解有机物的酶类主要有脱卤酶、硝基还原酶、过氧化物酶、漆酶和腈水解酶等。研究显示,在生长季植物树冠的吸收作用可使大气中的 H^+、NO_3^- 和 NH_4^+ 减少 50% ~ 70%,NH_3 几乎被全部吸收。同位素标记实验表明,植物中的酶可以直接降解三氯烯(TCE),先生成三氯乙醇,再生成氯代醋酸，最后生成 CO_2 和 Cl_2。研究发现，主要是细胞色素 P450 而不是过氧化物酶导致植物体内多氯联苯（PCBs）的氧化降解。而将人的细胞色素 P450-2E1 基因转入烟草后，提高了转基因植株氧化代谢三氯乙烯（TCE）和二溴乙烯（EDB）的能力约 640 倍。此外，植物体内的脂肪族脱卤酶也可以直接降解三氯乙烯。对于一些在植物体内较难降解的污染物如多氯联苯，将动物或微生物体内能降解这些污染物的基因转入植物体内可能是一种好办法。这种基因工程的手段不仅能提高植物降解有机污染物的能力，还可以使植物修复具有一定的选择性和专一性。这也是基因工程技术的一个重要应用领域。

植物从外界吸收各种物质的同时，不断分泌各种物质。这些分泌物成分非常复杂，其中包括一些能够降解有机污染物的酶类。植物分泌的酶类对有机污染物有一定的降解活性，从而对有机污染物的环境污染起修复作用。如玉米根的分泌物能够促进芘的矿化作用。而且，不同诱导条件下植物分泌产物的组成不同。采用强启动子可以使分泌物的含量增加，也可以使植物分泌物中特定组分增加。这些技术已经部分用于增强植物修复能力的研究中。将 35S 启动子驱动的棉花 GaLACl（基因编码 GaLACl 是一种分泌型漆酶）转入拟南芥中，转基因植株的根部漆酶活性比野生型高约 15 倍，比分泌到培养基中漆酶的活性高约 35 倍。用根特异性表达启动子和分泌性信号肽使植物分别大量分泌多个异源基因表达的蛋白。这些方法都可以用来增强植物修复环境的能力。

（3）植物转化修复　植物转化修复是利用植物的生理过程将污染物由一种形态转化为另一种形态的过程。最典型也是最重要的转化修复是植物通过光合作用吸收大气中的二氧化碳，释放出氧气。利用基因工程技术使植物将空气中的 NO_x 大量地转化为 N_2 或生物体内的氮素，原理是 NO_3^-（或 NO_2^-）在反硝化细菌的作用下可以转化成 N_2，在真菌的作用下就会转化为 N_2O，这一作用即反硝化作用。反硝化作用在全球的氮循环中有很重要的作用。可以试图利用基因工程技术将这种"功能"移入植物体内，借助这种气-气转化，植物把 NO_2 转化为 N_2O 或者 N_2。臭氧是近地表大气中主要的二次污染物，可产生活性氧对动植物造成伤害。可以利用专性植物有效地吸收空气中的臭氧，包括其他的光氧化物，并利用其体内的一系列酶如超氧化物歧化酶 SOD、过氧化物酶、过氧化氢酶等和一些非酶抗氧化剂如维生素 C、维生素 E、谷胱甘肽等进行转化清除。

通常植物不能将有机污染物彻底降解为 CO_2 和 H_2O，而是经过一定的转化后隔离在植物细胞的液泡中或与不溶性细胞结构如木质素相结合。植物转化是植物保护自身不受污染物影响的重要反应过程。植物转化需要有植物体内多种酶类的参与，其中包括乙酰化酶、巯基转移酶、甲基化酶、葡萄糖醛酸转移酶和磷酸化酶等。具有极性的外来化合物可以与葡萄糖醛酸发生结合反应。

（4）植物同化和超同化修复　大气有害物质中的硫、碳、氮等都是植物生命活动所需的营养元素，植物通过气孔将 CO_2、SO_2 等吸入体内、参与代谢，最终以有机物的形式储存在氨基酸和蛋白质中。除了以上所提到的 CO_2 外，植物可以有效地吸收空气中的 SO_2，并迅速将其转化为亚硫酸盐或硫酸盐，再加以同化利用。超同化植物是指具有超吸收和代谢大气污染物能力的天然或转基因的植物。超同化植物可将含有植物所需营养元素的大气污染物如氮氧化合物、硫氧化合物等，作为营养物质源高效吸收与同化，同时促进自身的生长。这种现象也可称为超同化作用（hyperasimilation）。从天然植物中筛选或通过基因工程手段培育"超同化植物"及其理论和技术的发展是今后一个重要而有应用前景的研究工作。

NO$_2$ 是汽车尾气中重要的大气污染物，可利用筛选"嗜 NO$_2$ 植物"吸收 NO$_2$，将其中的氮转化为植物本身的有机组分。可试图从自然界中寻找一种以 NO$_2$ 作为唯一氮源的"嗜 NO$_2$ 植物"。Morikawa 等研究了 217 种天然植物同化 NO$_2$ 的情况，包括从人行道边采集的 50 种野生草本植物、60 种人工草本植物、107 种人工木本植物进行实验，采用的方法是人工模拟熏气实验，用 ^{15}N 标记熏气用的 NO$_2$ 气体，结果发现不同植物同化 NO$_2$ 的能力差异达 600 倍。在 217 种天然植物中，有 9 种植物同化 NO$_2$ 中氮的指数超过了 10%，其中 Solanaceae 和 Salicaceae 两个科中的植物具有较强的同化 NO$_2$ 的能力，因 NO$_2$ 中的氮源在这些植物的新陈代谢过程中起着很重要的作用，可用来筛选"嗜 NO$_2$ 植物"

此外，可利用转基因植物（超同化植物）对 NO$_2$ 的同化作用。植物吸收利用 NO$_2$ 中的氮素时通常需要经过一个亚硝酸盐的转化过程，故参与亚硝酸盐代谢的各种酶类就起很重要的作用。所涉及的酶类最重要的是硝酸盐还原酶（NR），其次是亚硝酸盐还原酶（NIR）和谷氨酰胺合成酶（GS）。这几种酶的基因已经被成功地转入了受体植株中，并随着转入基因的表达和相应酶活性的提高，转基因植株同化 NO$_2$ 的能力有了不同程度的提高。这些研究成果不仅为培育高效修复大气污染的植物提供了快捷的途径，为研制转基因"嗜 NO$_2$ 植物"提供了基因基础，同时也为修复植物的生理基础研究提供了新的实验工具。

利用植物同化作用还可对大气中二氧化硫和氟化氢等污染进行修复。

现实中的工业区往往有多家工厂并存，各厂排放的大气污染物各异，在这种情况下选择树种时，应首先找出主要的大气污染物，然后针对主要污染物选择树种。如钢铁、化肥、火力发电厂、建材、陶瓷等并存的工业区，SO$_2$ 和 HF 污染都很严重，此时应选择抗 SO$_2$ 和 HF 都较强的植物树种。

总之，植物不但能改变城市的景观状况，而且选择合适的树种对于修复城市大气污染有着非常重要的作用，表 10-4 总结了不同绿化植物对大气污染的修复能力。

表 10-4　不同绿化植物对大气污染的修复作用

主要污染物	修复能力	乔　木	灌木、草木等
物理性颗粒	较强	毛白杨、臭椿、悬铃木、雪松、广玉兰、女贞、泡桐、紫薇、核桃、板栗、大叶黄杨	丁香、榆叶梅、侧柏
	中等	国槐、旱柳、白蜡、紫荆、小叶黄杨	紫丁香、月季
SO$_2$	强	女贞、枸树、棕榈、沙枣、苦楝、石榴、樟树、小叶榕、垂柳、臭椿、加拿大杨、花曲柳、刺槐、旱柳、枣树、水曲柳、新疆杨、水榆、小叶黄杨	竹节草、绊根草、松叶牡丹、凤尾兰、夹竹桃、丁香、玫瑰
	较强	桑树、合欢、榆树、朴树、紫穗槐、梧桐、国槐、泡桐、白蜡、玉兰、栾树	紫藤、竹子、榆叶梅、竹节草
	敏感	复叶槭、梨、苹果、桃树、核桃、油松、黑松、沙松、雪松、白皮松、樟子松、落叶松、水杉、银杏、棕榈、槟榔、悬铃木、马尾松、赤杨、白杨、枫杨、梅花	向日葵、紫花苜蓿、月季、暴马丁香、连翘

续表

主要污染物	修复能力	乔 木	灌木、草木等
Cl₂	强	棕榈、木槿、枸树、女贞、罗汉松、加拿大杨、紫薇、紫荆、山杏、家榆、紫椴、水榆、白桦	小叶黄杨、夹竹桃、卫矛、凤尾兰、紫藤、竹节草
	较强	臭椿、朴树、小叶女贞、桑树、梧桐、玉兰、枫树、龙柏、花曲柳、桂香柳、皂角、枣树、枫杨	大叶黄杨、文冠果、连翘、石榴
	敏感	垂柳、银杏、水杉、银白杨、复叶槭、油松、悬铃木、雪松、柳杉、黑松、广玉兰、沙松、旱柳、云杉、木棉	万寿菊、假连翘、向日葵、黄菠萝、丁香
HF	强	女贞、棕榈、小叶女贞、朴树、桑树、枸树、梧桐、泡桐、白皮松、侧柏、臭椿、银杏、枣树、山杏、大叶黄杨、白榆	卫矛、冬青、凤尾兰、美人蕉、竹节草、绊根草、松叶牡丹
	较强	木槿、梓树、苦楝、合欢、白蜡、旱柳、广玉兰、玉兰、刺槐、国槐、杜仲、茶条槭、复叶槭、加拿大杨、皂角、紫椴、雪松、水杉、云杉、沙松、落叶松、华山松、青杨、垂柳、胡桃、银白杨、桃树、核桃、小叶黄杨	石榴、丁香、紫丁香、毛樱桃、接骨木
	敏感	葡萄、杏树、黄杉、稠李、樟子松、油松、山桃、梨树、钻天杨	唐菖蒲、小仓兰、郁金香、苔藓、烟草、芒果、四季海棠、榆叶梅
O₃	较强	洋白蜡树、颤杨、美国五针松、五角枫、臭椿、侧柏、银杏、圆柏、玫瑰、国槐、钻天杨、红叶李、紫穗槐	苜蓿、烟草、葡萄
	敏感	美国白蜡	牵牛花、牡丹
气态汞	较强	瓜子黄杨、广玉兰、海桐、蚊母、墨西哥落叶杉、棕榈	
菌类	较强	龙柏、芭蕉、圆柏、银杏、侧柏、松类、榆树、水杉、夹竹桃	

与其他治理大气污染的方法比较，大气污染的植物修复具有以下优点：①绿色净化，清洁并储存可利用的太阳能；②经济有效，具有潜在的环境价值。目前的大气污染治理方法集中在对燃料的脱硫脱氮以减少污染物的排放，改进燃烧装置和燃烧技术以提高燃烧效率和降低 NO_x 的排放量以及对汽车尾气、工业废气的净化吸收方面。这些措施是很重要的大气污染控制方法，但是仍有一部分废气会扩散到大气中，这部分废气只能以植物修复的方式去除，而且利用植物修复可做到一举两得。一株 50 年龄的树木，一年产生的氧价值 3.2 万美元，吸收有毒气体、防止大气污染价值 3.25 万美元；③美化环境，大众普遍接受。大众对该项技术有较好的心理承受能力，易为社会所接受。污染地附近的居民总是期望有一种治理方案既能保护他们的身心健康，美化其生活环境，又能消除环境中的污染物，植物修复技术恰恰能满足这一点；④适用植物修复的污染物范围较广，如重金属（Pb、Cd 蒸气、Hg 蒸气）、有毒化学气体（HF、Cl_2、O_3、SO_2、NO_2 等）、放射性物质、有机物（苯、甲苯、三

氯乙烯、PCBs、PAHs）等。

但大气污染植物修复存在耗时长、污染物可通过食用含污染物植物的昆虫和动物进入食物链、有毒污染物可能在植物体内转化为毒性更强的物质、植物修复能力受水力控制等不足。在生长季节，植物向大气中蒸发大量的水分，植物的蒸腾作用能阻止污染物质从渗流区向饱和区的向下沉降流动。人们正在利用植物的蒸腾作用来阻止或减慢在渗流区与饱和区边界中污染物质的迁移。当然，这种抽提作用只是在植物能进行光合作用时才会发生。例如，在冬天，落叶树不能起到这种蒸发抽提作用。

虽然以上限制因素对大气污染的植物修复技术提出了挑战，但与此同时也给这种技术的研究与发展带来了机遇。这种污染大气生物修复的思想及技术对城市园林绿化、环境规划和生态环境建设具有直接的指导意义和应用价值。

10.2.2.2 植物修复污染土壤

物理化学方法修复被污染的土壤成本昂贵并易导致土壤结构破坏和土壤肥力减退，因此植物修复应运而生，成为国内外环境工作者研究的热点和前沿领域。土壤植物修复是指利用植物清除或固定污染土壤中的某种或某些化学物质净化土壤的过程。

（1）植物修复土壤过程原理　图 10-12 所示为污染土壤植物修复过程示意图。

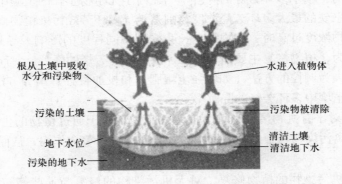

图 10-12　污染土壤植物修复过程示意图

运用农业技术改善污染土壤对植物生长不利的化学和物理方面的限制条件，使之适于种植，并通过种植优选的植物及其根际微生物直接或间接地吸收、挥发、分离或降解污染物，恢复和重建自然生态环境和植被景观，使之不再威胁人类的健康和生存环境。可根据需要对所种植物、灌溉条件、施肥制度及耕作制度进行优化，使修复效果达到最好。

植物修复对环境扰动少，一般属于原位处理。植物在修复土壤的同时也净化和绿化了周围环境。植物修复污染土壤的过程也是土壤有机质含量和土壤肥力增加的过程，被植物修复净化后的土壤适合于多种农作物的生长。植物固化可使地表长期稳定，可控制风蚀、水蚀，减少水土流失，有利于生态环境的改善和野生生物的繁衍。植物修复土壤的成本较低，据美国 Cunningllam 等研究，用植物修复 1 hm^2 土地的种植及管理费用为 200～10000 美元，即每年土壤 1 m^2 的处理费用仅 0.02～1 美元，比物理和化学处理费用低几个数量级。

（2）土壤中有机污染物的修复　植物对有机污染物的修复集中于对有机物的吸收、降解和稳定等方面。

① 植物吸收。植物对有机物的吸收与有机物的相对亲脂性有关。这些化合物一旦被植物吸收，会有多种去向，实际上多种化合物是以一种很少能被生物利用的形式被植物束缚在

其组织中，普通的化学提取方法根本无法将其提取出来。

另一个运用植物从土壤中直接提取有机污染物的方法是根累积后经木质部转运，再从叶表挥发得以去除。MTBE 是一种常用汽油添加剂，通过废气排放而污染土壤。MTBE 水溶性很好，不易吸附在土壤上，易进入地下水而对地下水产生持久性污染。杨柳春等的研究表明，利用杨树等植物可将其挥发。TNT 也可被植物去除，如美国依阿华州军火工厂建造的一块人工湿地用于全面的修复工程，湿地中包括三种水生植物、眼子菜、葛和金鱼藻，在湿地周边种植了杨树，结果表明，每天能去除 0.019 mg/L 的 TNT。

② 植物降解。一些有机污染物能被植物或其根际微生物降解甚至矿化。植物的根和茎都有相当强的代谢活性，即使在植物根以外或根际，一些代谢酶在植物修复中也能起作用。如植物根中的硝基还原酶，可降解含硝基的有机污染物，植物中的脱卤素酶和漆酶可被用来降解含氯有机物及其他有机污染物。植物的这些能力会由于植物根际微生物群落的活动而得到提高，微生物群落可分布在根际、根组织、木质部液流、茎叶组织中以及叶的表面。在根际，某些杀虫剂成分，如三氯乙烯和石油醚等能快速降解，而在土体中降解的整体速率和数量都相对较小。

鉴于多环芳烃的毒性和难降解性，用植物修复多环芳烃污染的研究较多。多数的研究结果表明，在有根际的土壤中多环芳烃的降解率明显高于无植物生长的土壤中的多环芳烃的降解率。但植物可以忍受的最大多环芳烃浓度范围是土壤多环芳烃污染植物修复技术面临的现实问题，因为污染物浓度过高时，植物的生长会受到不同程度的影响，导致生物量的下降。此外，研究者们认为，植物修复主要适合于二、三环多环芳烃的降解，对高分子多环芳烃则很难降解。但通过人为调控的方法（如增强土壤肥力和投加特种真菌等方法），可以改善这种状况，从而提高土壤中多环芳烃的降解率。

③ 植物稳定。对于有机物污染土壤，植物稳定修复在于通过植物的生长改变土壤的水流量，使残存的游离污染物与根结合，增加对污染物的多价螯合作用，从而防止污染土壤的风蚀和水蚀。

（3）土壤中无机污染物的植物修复　对无机污染物的修复与那些能被矿化的有机物不同，有两种方式可供选择，即机械地将污染物移出土体和使污染物转变成一种无生物活性的形态。目前关于无机污染土壤的植物修复主要集中在对重金属污染的修复。土壤的重金属污染不同于其他类型污染，具有普遍性、隐蔽性、表聚性和不可逆转性，重金属可直接对环境中的大气、水、土壤造成污染，致使土壤肥力下降、资源退化、作物产量品质降低，并且在土壤中不易被淋滤，不能被微生物分解，有些重金属元素还可以在土壤中转化为毒性更大的甲基化合物，在遭受污染的土壤中种植农产品或是用遭受污染的地表水灌溉农产品，能使农产品吸收大量有毒、有害物质，由此形成土壤—植物—动物—人体之间的食物链，严重损害人们的身体健康。重金属在土壤作物中的迁移吸收具有一定的模式，如图 10-13 所示。

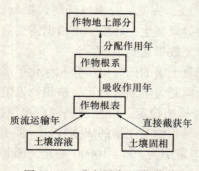

图 10-13　重金属在土壤-作物
系统中的迁移

目前国内外在治理土壤重金属污染研究方面，取得了较好效果的是土地复垦、植物修复技术和土壤微生物修复技术，我国的土地复垦尚处于初级阶段。植物修复主要集中在铅、锌、铜、钴、镍、锰、铬、砷、硒、汞、铀、铯、铌等多种重金属、类金属和放射性元素等方面。用于植物修复的植物，既包括高大的乔木（如杨树、桦树、柳树、橡树）、野生的灌木、草类（如苋、荨麻、苜蓿、西洋蓍草、酢油草），也包括作物（如向日葵、烟草、玉米、大豆、芥菜），还包括水生植物（如浮萍、水葫芦）等多种多样的植物品种。植物修复的介质既包括固相的土壤、沉积物、污泥，也包括液相的地下水和地表水。植物修复的过程既包括对污染物的吸收和清除，也包括对污染物的原位固定或分解转化，即植物萃取、植物固定、根系过滤、植物挥发、根际降解。

植物具有生物量大且易于后处理的优势，因此用植物对金属污染位点进行修复是解决环境中重金属污染的一个很有前景的选择。目前，植物修复方法主要有两种。①超富集植物提取修复。大量地方性植物物种的发现促进了耐金属植物的研究，同时那些能够富集重金属的植物的相继发现以及实地应用效果显示了植物修复具有巨大的商业化前景。超积累植物可以从自然界现有资源中筛选或利用其突变体培育新的植物品种。但超积累植物是在重金属胁迫环境下长期强化、驯化的一种适应性突变体，往往生长缓慢，周年生物量受到限制。另外，超积累植物多为野生型稀有植物，对生物气候条件的要求比较严格，区域性分布较强，因而筛选工作量大，且超积累植物移植到本地时，其生态位低于本土植物，处于竞争劣势；②普通富集植物的强化修复。鉴于本地植物特别是速生草本植物适应性强，周年生长量大，现行栽培条件下其重金属积累量有限，因此，将驯化外地超积累植物和强化本地优势植物富集两者结合的强化植物修复便应运而生。

土壤重金属污染植物修复的效率通常以单位面积植物所能提取的重金属总量来表征，即植物提取总量 = 重金属含量 × 修复植物的生物量。为了提高植物提取总量，一方面要提高植物体内重金属的蓄积量而不使植物中毒死亡；另一方面要增加植物的生物量，尤其是地上部分的生物量。因此，强化植物修复应从土壤入手，与抑制土壤重金属进入植物的习惯作法相反，围绕增加土壤中靶重金属的植物利用性，强化土壤中靶重金属向植物体的迁移、转化与积累。强化修复还应从植物入手，在保证超积累植物与本地优势植物等不出现毒害的前提下，根据植物吸收、转运重金属的机制，采取相应的物理、化学、生物学方法提高植物地上部分对靶重金属的牵引力，促使土壤重金属顺利完成从土壤→植物根际→植物根系→植物茎叶的传输过程。同时利用农艺措施调节、控制修复植物的生长发育，以获得较高的生物产量。一般情况下，植物良好的生长可促进土壤重金属活性的提高，原因可能与根系分泌物有关。表 10-5 所示为某些超累积植物对重金属的超富集状况。

表 10-5　某些超累积植物对重金属的超富集状况

重金属元素	超累积植物种类	地上部分元素含量/ （mg/kg 干物质）	植物平均含量/ （mg/kg 干物质）
Cu	高山甘薯	12300（茎）	3.490
Cd	遏蓝菜属天蓝遏蓝菜	1800（茎叶）	0.210
Pb	圆叶遏蓝菜	8200（茎）	2.520
Zn	天蓝遏蓝菜	51600（茎）	20.990
Mn	粗脉叶澳洲坚果	51800（茎）	25.650
Co	蒿莽草属	10200（茎）	0.036
Ni	九节木属	47500	0.490
Re	铁芒属	3000（地上部分）	
Se	紫云英属	14900	5.000

（4）工程应用　应用植物修复时，可根据现场污染情况，在不同的污染带种植具有不同修复功能（吸收、降解、挥发等）的植物，以联合发挥修复作用，达到最佳修复效果。如苜蓿根系深，具固氮能力，杨树和柳树分布范围广，具有耐涝和生长迅速的特点，黑麦和一些野草则具有生长茂密和覆盖力强等特点，因此可以根据植物的不同特点搭配使用。

目前，美国、加拿大等国的植物修复技术已进入产业化初期阶段。在美国依阿华州，为防止农业径流污染河流，沿河栽种 8 m 宽、1.6 km 长、4 排、平均每公顷 10000 株的杨树缓冲地带。杨树具有速生、寿命长、抗逆性强、易成活和可耐受高浓度有机物等诸多优点。杨树的根可形成很强的根系，可以吸收大量的土壤水和地下水，从而增强土壤的吸水能力，增强对污染物的吸收并减弱污染物的迁移能力，能有效地截流和去除残留于土壤中的污染物，防止污染物对地下水和河流的污染。经检测，种植杂交杨的地表水中硝酸盐含量由原来的 50 ~ 100 mg/L 减少到 5 mg/L 以下，并有 10% ~ 20% 的莠去津被树木吸收。此外，将杨树种植于垃圾填埋场可以防止污水下渗，改善景观和吸收臭气。

我国在植物修复领域也取得重大进展，其中在砷污染土壤修复等领域已达国际水平，并成为目前国际上真正掌握植物修复核心技术且具备产业化潜力的国家。中科院地理科学与资源研究所组织多家科研院所的 60 多名研究人员进行了 863 课题"重金属污染土壤的植物修复技术与示范"研究，已经通过科技部的组织验收。科研人员开发出了超富集植物育种、栽培、管理、施肥、微生物和化学调控剂等配套措施或优化工艺，并已初步探索出了高效筛选和鉴定超富集植物的方法。他们通过对 20 多个省（市）的大规模野外调查、室内分析和盆栽试验，从 1000 多种植物、5000 多个植物样品中筛选和鉴定出了 16 种植物，开发出了三套具有自主知识产权的土壤污染风险评估与植物修复成套技术，在湘、浙、粤等省的砷、铜、铅污染土壤上，建立了三个植物修复示范工程，在广东、广西及云南等地开始了示范性推广工作，在湖南郴州建立的占地 1 hm² 的砷污染土壤植物修复示范工程，是世界上第一个砷污染土壤植物修复示范工程，已稳定运行四年多。

10.2.2.3　植物修复水体污染

修复水体污染的水生植物包括芦苇、麦草、香蒲、睡莲、菱角、芡实、莼菜、水葫芦、红树林等。

（1）水葫芦对富营养化水体的吸附作用　水葫芦也称凤眼莲，是治理水体富营养化常用的材料。由于水葫芦对水中 N、P 有很强的吸附作用，能够去除水中多余的 N、P，净化水体，因此是人类普遍采用的经济有效的净化材料。不仅能去除水中的 N、P，水葫芦与人工湿地系统相结合，还可以去除工业废水中大量污染物，使 BOD_5、COD_{Cr} 及 SS 的含量降低，去除效果极好，如表 10-6 所示。

表 10-6　水葫芦-人工湿地主要污染物去除效果

项目	进水/（mg/L）		出水/（mg/L）		去除率/%
	浓度范围	平均浓度	浓度范围	平均浓度	
BOD_5	174 ~ 589	440.5	4.19 ~ 9.69	7.74	98
COD_{Cr}	228 ~ 511	354.2	24 ~ 26	25	93
SS	166 ~ 514	290.7	12 ~ 52	33.3	89
pH	7.12 ~ 7.49	7.03	6.02 ~ 6.10	6.06	—

　　由表 10-6 可知，水葫芦与人工湿地系统相互配合起到的净化效果令人满意，并且对环境不会产生任何不良影响。

　　(2)红树林湿地在水体净化中的作用　　红树林是我国南方常见的树种，也是一种常用的水体净化生物。其根部生长在水中，对水中的 N、P 有很强的吸附作用。红树林湿地 N、P 含量低，长期以来被作为处理污水和工业废水的方便场所。红树林湿地对经稀释的有机废水具有较强的净化能力，特别在防止海湾富营养化方面有一定作用。红树林群落为多年生的白骨壤和桐花树林，还伴有秋茄。对 N、P 的吸收情况根据离污染源(排污口)距离的远近而有所不同。表 10-7 所示为近污染林带(距污染源 50 m)和远污染林带(距污染源 3000 m)对 N 的吸收结果。

表 10-7　三种红树植物体内 N 含量　　　　　　　　(%)

植物种	植物器官	近污染林带	远污染林带
秋茄	叶	1.726 ± 0.325	0.704 ± 0.162
	茎	0.273 ± 0.089	0.135 ± 0.051
	胚轴	0.672 ± 0.124	0.401 ± 0.087
	根	0.234 ± 0.083	0.142 ± 0.021
桐花树	叶	0.688 ± 0.126	0.063 ± 0.118
	茎	0.084 ± 0.018	0.019 ± 0.006
	根	0.269 ± 0.094	0.181 ± 0.063
白骨壤	叶	1.573 ± 0.148	1.247 ± 0.123
	茎	0.731 ± 0.114	0.278 ± 0.096
	根	0.210 ± 0.066	0.055 ± 0.014

　　由表 10-7 可见，近污染林带三种红树植物体内的总 N 含量均高于远污染林带相应的植物种。由此可知，废水的流入促进了三种植物对水体中 N 的吸收，但这种促进作用对不同的植物和植物器官效果不同。对秋茄的胚轴、叶及桐花树叶、根和白骨壤茎、叶中吸收 N 的促进作用显著，但对秋茄的根、茎以及桐花树的茎和白骨壤的根吸收 N 的促进作用不显著。表 10-8 列出了三种红树植物近污染林带和远污染林带对 P 的吸收结果。

表 10-8　三种红树植物体内 P 含量　　　　　　　　(%)

植物种	植物器官	近污染林带	远污染林带
秋茄	叶	0.1516 ± 0.1092	0.1106 ± 0.0845
	茎	0.0788 ± 0.0475	0.0641 ± 0.0426
	胚轴	0.0169 ± 0.0883	0.0553 ± 0.0146
	根	0.0813 ± 0.0146	0.067 ± 0.0113
桐花树	叶	0.0918 ± 0.0367	0.0896 ± 0.0354
	茎	0.0495 ± 0.1107	0.0542 ± 0.0367
	根	0.0666 ± 0.0112	0.1772 ± 0.0752

续表

植物种	植物器官	近污染林带	远污染林带
白骨壤	叶	0.2472 ± 0.1066	0.1172 ± 0.0752
	茎	0.1839 ± 0.0517	0.1709 ± 0.0643
	根	0.0716 ± 0.0018	0.565 ± 0.0114

由表 10-8 可见，近污染林带三种植物体内的 P 含量都大于远污染林带中相应植物体内的含量。废水流入对桐花树茎中的 P 含量影响显著，对秋茄、白骨壤以及桐花树其他部位影响不显著。说明红树植物通过对加入的 P 营养增加吸收和固定的作用，因而降低废水中所含的 P 营养，从而具有净化废水中 P 营养和有机物的巨大潜力。

10.3　环境修复用非金属矿物

所谓非金属矿物是指那些主要不是以提取金属元素为目的的矿物。在自然界，主要是指硅酸盐矿物和碳酸盐矿物等，由于其结构和成分特征，它们常与环境中的污染元素发生交换、吸附或沉淀作用，使环境中的有害物质（或元素）得以清除，使环境得以修复。我国非金属矿物储量大，如果使之广泛应用于环境保护与环境修复科学中，将对我国环境材料战略转移、发展我国国民经济具有重要意义。

10.3.1　非金属矿物修复环境的机理

非金属矿物修复环境主要是基于非金属矿物表面对污染物的吸附作用、过滤作用以及离子交换作用等。

10.3.1.1　离子交换吸附作用

自然界的非金属矿物，如黏土矿物、长石类矿物、磷酸盐类矿物、蛇纹石类矿物等在多元素、多相的自然体系中易发生类质同象替换，使得矿物形成永久电荷，为了平衡电荷，常要吸附环境中的异号离子。如蒙脱石矿物，在自然界有两种类型 Na-蒙脱石和 Ca-蒙脱石，前者不易溶解于水，后者则相反。当环境中有 Ca^{2+} 时，会发生如下反应：

$$2Na\text{-}蒙脱石 + Ca^{2+} === Ca\text{-}蒙脱石 + 2Na^+$$

离子交换必是按等物质的量进行，且符合能量最低法则。Ca-蒙脱石与环境污水中或污染土壤中重金属离子相遇时，发生如下吸附或离子交换反应：

$$Ca\text{-}蒙脱石 + (Cu、Pb、Zn、Cd、REE、U、Th)^{2+} === (Cu、Pb、Zn、Cd、REE、U、Th)\text{-}蒙脱石 + Ca^{2+}$$

依据这一原理，环境中的重金属元素、REE、U、Th 等易被蒙脱石固定而失去进一步污染环境的作用，达到治理环境的目的。

对于其他非金属矿物，也有类似的反应，如沸石与环境中铵离子作用，有：$NH_4^+ + Na\text{-}$沸石$===Na^+ + NH_4\text{-}$沸石；麦饭石吸附二价重金属离子，有 $(Cu、Pb、Zn、Cd、Hg)^{2+} + Ca\text{-}$麦饭石$===(Cu、Pb、Zn、Cd、Hg)\text{-}$麦饭石$+ Ca^{2+}$。

吸附的驱动力源于矿物的断键或晶格产生的永久性负电荷（个别为正电荷），因此常存在吸附位争夺问题。对于带有永久性负电荷的黏土矿物、架状硅酸盐矿物等，pH 值对其吸附交换容量(CEC)的影响非常明显。当 pH 值较低时，H^+ 可占去吸附位而使 CEC 减少，不利于污染元素的有效去除。但在碱性条件下，被吸附的离子将由简单离子变为复合离子而发生沉淀作用，或是低配位数向高配位数转变，而不利于吸附反应发生，前者如 Cr^{3+} 转变为 $Cr(OH)_3$，后者为 MoO_4^{2-} 转变为 Mo_7O_2。因此，大多数非金属矿物吸附重金属离子都有其最佳 pH 值范围(通常为 pH = 6 ~ 7)。

不同酸根离子对重金属离子吸附也有影响，实验表明，影响 H^+ 吸附作用的阴离子顺序为：$Cl^- > NO_3^- > ClO_4^-$。

除环境因素影响吸附量外，矿物本身元素组成、结构特征也会影响吸附量。如同样在 1mol NaCl 条件下，非金属矿物对 Hg 的吸附顺序为：伊利石 > 蒙脱石 > 高岭石等。

10.3.1.2　配合作用机理

(1) 表面配合作用　表面配合作用模型主要是用来描述氧化物颗粒表面的专属性吸附行为。根据表面配合模式，重金属离子在颗粒表面的吸附作用是一种表面配合反应，反应趋势随溶液 pH 值和羟基基团的浓度增高而增强。因此，表面配合反应主要受 pH 值影响。经过红外光谱分析证明，硅酸盐中有大量 SiO^-、AlO^- 基团，在固-液体系中，硅酸盐颗粒表面可以与水形成水合氧化物覆盖层，表面呈负电性，有利于配合作用产生，硅酸盐颗粒表面羟基基团 (SiOH) 离子反应可表示为：

$$SiOH \Longrightarrow SiO^- + H^+$$
$$SiOH + H^+ \Longrightarrow SiOH_2^+$$

若以 Me 代表环境中 Cu、Pb、Zn、Cd 等污染元素，则硅酸盐对重金属离子之间可能发生的配合作用可归纳为：

$$SiOH + Me^{2+} \Longrightarrow SiOMe^- + H^+$$

或

$$SiO^- + Me^{2+} \Longrightarrow SiOMe^+$$
$$SiOH + MeOH^+ \Longrightarrow SiOMeOH + H^+$$

或

$$SiO^- + MeOH^+ \Longrightarrow SiOMeOH$$
$$2SiOH + Me^{2+} \Longrightarrow SiOMe^- + 2H^+$$

或

$$2SiO^- + Me^{2+} \Longrightarrow (SiO)_2Me$$

像磷灰石这样的矿物，表面常含有大量 $(POH)^{3-}$ 和 $(CaOH)^{3-}$，从而对 Pb、Zn、Cd、Hg 等重金属离子都有配合作用。

(2) 层间配合作用　黏土矿物的层与层之间通过分子引力相连接，重金属离子可以进入层间与 SiO^- 发生配合作用。国外学者曾讨论了不同浓度 $CrCl_3$ (200 ~ 2400 mol/L)溶液与蒙脱石的作用，并考察了 Cr 在蒙脱石层间的存在状态，认为 Cr 在蒙脱石层间是与硅酸基团中的氧形成了层内球状聚合物，硅酸基中的氧属软酸，而 Cr 属于软碱，因而两者可形成牢固的配合物。Carr 的工作表明，在溶液中 Cr 周围的配位体是 OH^-，而不是 H_2O，这种 Cr—OH 配合物具有催化作用，一旦第一个 Cr—OH 配合物被嵌入层内之后，以后的 Cr—OH 就易进入层内。综上所述，溶液中 Cr 与 OH^- 形成层内球形聚合物，最终以 Cr—O—Si 形式而滞留在层内。

10.3.1.3　改性作用机理

天然黏土矿物存在亲水性无机阳离子，使黏土矿物表面常存在着一层薄的水膜，因而不能有效去除诸如酚、苯、胺类等有机物质。为了去除环境中的有机物，通过一定的改性方法，使有机阳离子进入非金属矿物中，置换出其中的水分子而形成有机黏土矿物。目前制备的有机黏土矿物的有机阳离子，一般是分子大小不等的季铵盐阳离子表面活化剂，常用 $(CH_3)_3NR$ 或 $(CH_3)_2NR^{2+}$ 来表示，其中，R 代表烷基或芳基。有机阳离子进入矿物层间，使得蒙脱石 d_{100} 间距增大，增大的程度取决于有机阳离子在层间排列的方式，如十六烷基三甲基铵离子可以单层（$d_{100} = 0.137$ nm）、双层（$d_{100} = 0.177$ nm）、准三层（$d_{100} = 0.217$ nm）或倾斜方式（$d_{100} = 0.221$ nm）排列。单层排列的有机阳离子，两面都与黏土层接触，双层排列的有机阳离子只有一面与黏土层相接触，而三层或倾斜排列的有机阳离子，它们大部分与黏土层没有直接接触，因而可明显改变有机黏土矿物对有机污染物的吸附能力。对于常见低电荷密度的蒙脱石（如 CEC = 90 mol/kg），有机相最多由两层烷基链组成，蛭石一般可以形成倾斜着的烷基链有机相。有机黏土可大大提高吸附环境有机物的能力，如黏土经十六烷基铵离子处理后，对水溶液中氯苯和三氯己烯的吸附能力增加了 100 倍左右。

研究表明，有机黏土矿物对于脂化合物吸附等温线呈向上弯的形状，而对于芳香族化合物吸附等温线呈双 S 形。脂肪化合物是通过分配而被这类有机化合物黏土矿物所吸附，层间吸附的有机相不是纯的烷基有机相，而是烷基与脂肪族化合物的混合物，导致吸附等温线呈向上弯曲的形状。此外，芳环中离域 π 键的存在，芳环与有机阳离子 N 端-黏土矿物表面之间的偶极作用产生的溶剂效应，类似于水溶液的阳离子水化而被水分子包围形成离子氛，有机阳离子吸附大量的化合物分子，这种协同性吸附的等温线呈 S 形，即溶剂化效应和分配作用同时对吸附有贡献，致使最终吸附等温线是两种等温线加和而呈双 S 形。

用短链季铵盐阳离子，如四甲基铵离子（TMA$^+$）、三甲基苯基铵离子（TMPA$^-$-）制成的六二机黏土矿物，对水中有机污染物质的吸附发生在氧硅表面上，可较好地用 Langmuir 等温式来描述，最近的研究表明，用 Langmuir 方程描述这类吸附，会产生较大的偏差，原因是该表达式没有考虑吸附表面的不均匀性问题。黏土矿物表面电荷分布具有不均匀性，有机阳离子在其表面上的分布也具有不均匀性。TMPA-蒙脱石对苯和丙苯的吸附表明，由于苯分子相对较小而吸附在大小不一的孔中，因此等温方程不能准确地描述苯的吸附，但可用能量分布函数等温式描述。由于丙苯分子相对较大而不能进入小孔中，因此吸附在较大的孔中，分布在孔的表面，可用等温方程式描述。

表面的不均匀性对吸附的影响表明，有机黏土矿物对有机化合物的吸附取决于表面上所形成的孔径大小及被吸附的有机化合物分子的大小。孔径大小取决于黏土矿物表面电荷密度及所用有机阳离子的大小。对相同的有机阳离子，黏土表面电荷密度越高，其层间有机阳离子之间的距离越小，有机阳离子本身所覆盖的表面积越大，有机黏土矿物吸附的能力越低。高电荷密度及低电荷密度蒙脱石所制得的 TMA 有机黏土矿物对苯和甲苯的吸附证明了这一点。

当黏土矿物电荷密度一定时，孔径大小取决于所用有机阳离子的大小，TEA-蒙脱石对苯的吸附远小于 TMA-蒙脱石对苯的吸附，因为 TEA 中的 3 个乙基覆盖在黏土的表面，而 TMA 中只有 3 个甲基覆盖在黏土的表面。TMPA-蒙脱石对苯的吸附高于 TMA-蒙脱石对苯的吸附，因 TMPA 中倾斜的苯环大于 TMA 中的甲基，造成 TMPA-蒙脱石的层间距大于 TMA-蒙脱石的层间距。

有机黏土矿物可吸附无机阳离子，但由于有机黏土矿物表面的憎水性，一般主要用作去除水、土壤中的有机物质，对去除环境中无机阳离子目前所知很少，有待今后进一步研究。

10.3.1.4　共沉淀机理

非金属矿物可通过自身的溶解作用产生的阴离子与污染元素产生共沉淀作用而达到修复环境的作用。自然界的磷灰石是一种分布广泛的矿物，由于成分的复杂性，常影响其化学反应类型及矿物自身的稳定性，利用溶解的磷灰石可去除溶液或矿山土壤中的 Pb，去除率可达 100%，去除 Cd 可达 37% ~99%，去除 Zn 可达 27% ~99%。以前的研究认为，磷灰石去除环境中重金属主要为吸附作用机制，现在认为污水中铅的去除基本上是通过磷灰石的溶解作用，再沉淀出 $Pb(PO_4)_3(CO_3)_3[F,OH]$ 或 $Pb_3(CO_3)_2(OH)_2$ 实现。Pb 在溶液中可以形成 $Pb_{10}(PO_4)_6(OH)_2$、$Pb_{10}(PO_4)_6C_{12}$、$Pb_{10}(PO_4)F_2$，它主要取决于环境中 Cl^-、F^- 的存在量，最近的研究进一步证明，铅的沉淀物类型严格受 pH 值控制。

假设自然界磷灰石成分为 $Ca_{10}(PO_4)_{6-x}(CO_3)F_{2+x}$，在 pH 值为 2 ~6 时，磷灰石溶解出的碳酸盐类为 H_2CO_3，此时 OH^- 和 CO_3^{2-} 浓度极低，它们很难形成沉淀物，其反应为：

$$Ca_{10}(PO_4)_{6-x}(CO_3)F + 2x(C) + 12H^+ \rightleftharpoons 10Ca^{2+} + (6-x)H_2PO_4^-$$
$$+ xH_2CO_3 + (2-x)F^-$$

$$10Pb^{2+} + 6H_2PO_4^- + 2F^- \rightleftharpoons Pb_{10}(PO_4)_6F_2(C) + 12H^+$$

当 pH 值增加，接近中性（6.6 ~6.8）时，溶液中 OH^- 浓度有所增加，可形成 $Pb_{10}(PO_4)_3(CO_3)_3[F,OH]$，即：

$$Ca_{10}(PO_4)_{6-x}(CO_3)F_{2+x}(C) + (12-x)H^+ \rightleftharpoons 10Ca^{2+} + (6-x)H_2PO_4^- +$$
$$xH_2CO_3 + (2+x)F^-$$

$$10Pb^{2+} + 6H_2PO_4^- + 2(F^-,OH^-) \rightleftharpoons Pb_{10}(PO_4)_6(F,OH)(C) + 12H^+$$

当 pH 值为 7 ~10 时，溶液中 OH^- 浓度进一步升高，同时碳酸形式向 HCO_3^- 转化，其反应为：

$$Ca_{10}(PO_4)_{6-x}(CO_3)_xF_2 + x(C) + 6H^+ \rightleftharpoons 10Ca^{2+} + (6-x)H_2PO_4^-$$
$$+ xHCO_3^- + (2+x)F^-$$

$$Pb^{2+} + 6(HPO_4^{2-},HCO_3^-) + 2(F^-,OH^-) \rightleftharpoons Pb_{10}(PO_4,CO_3)_6(F^-,OH^-)(C) + 6H^+$$

当 pH 值稍大于 7 时，溶液中会有相当数量的 Pb^{2+} 和 $PbOH^+$，但 pH >10 时溶液中 Pb^{2+} 主要以 $PbOH^+$、碳酸主要以 CO_3^{2-} 形式存在，反应为：

$$Ca_{10}(PO_4)_{6-x}(CO_3)_xF_2 + x(C) + (6-x)H^+ \rightleftharpoons$$
$$10Ca^{2+} + (6-x)H_2PO_4^- + xCO_3^- + (2+x)F^-$$

$$3Pb(OH)_3^- + 2CO_3^{2-} \rightleftharpoons Pb(CO_3)_2(OH)_2(C) + 7OH^-$$

$$10Pb(OH)_3^- + 6HPO_4^{2-} \rightleftharpoons Pb_{10}(PO_4)_6(OH)_2(C) + 6H_2O + 22OH^-$$

$$2Pb(OH)_3^- + 2F^- \rightleftharpoons Pb_2OF(C) + H_2O + 4OH^-$$

根据 pH 值与磷酸盐的溶解关系，在高 pH 值时，由于磷灰石溶解度低，导致溶液中磷酸盐、碳酸盐以及 F^- 浓度降低，而此时 Pb^{2+} 浓度相对超量。因此，在高 pH 值时，铅沉淀量由溶解出的阴离子数量来决定。在同一 pH 值时，其溶解度关系为 $Pb_{10}(PO_4)_6(OH)_2 >$

$Pb_3(CO_3)_2(OH)_2 > Pb_{10}(PO_4)_6F_2$，且在碱性条件下 $OH^- > F^-$。因此，在 $pH = 10.7 \sim 12.1$ 时，其主体沉淀物是 $Pb_3(CO_3)_2(OH)_2$ 和 Pb_2OF，上述反应产物热力学证明是稳定的，也为 X 射线光谱和 SEM 图像等所证实。

对于 Zn、Cd 两种元素有类似的沉淀反应，在酸性条件下，锌形成磷锌矿 $[Zn_3(PO_4)_{24}\cdot 4H_2O, pH = 6]$，Cd 形成 $CdCO_3(pH = 3 \sim 6)$；在碱性条件下，锌形成 $ZnO(pH = 8 \sim 12)$，而 Cd 形成 $Cd(OH)_2(pH = 8)$。

10.3.1.5 催化氧化作用机理

通过向土壤中加进强氧化剂，促使土壤中生物难降解污染物的去除，以达到修复环境的研究目前也有报道。最常用的产生氧化剂的方法是将 H_2O_2 分解为 OH^-：

$$H_2O_2 \xrightarrow{Fe^{2+}} OH + OH^-$$

羟基基团是一种最常见的氧化剂，它可与大多数有机物发生反应，如可与氯酚、甲醛、多氯联苯等发生氧化作用，使有机物转化成气态挥发物挥发，从而去除环境中的污染物。用 H_2O_2 催化氧化石英砂中的五氯化苯，在 $pH = 2 \sim 3$ 时效果最好。国外学者发现，在自然体系中，用 Fe_2O_3 尤其是用针铁矿（$FeOOH$）作为氧化剂时效果更好，H_2O_2 氧化催化五氯化苯、六氯化苯、三氟化物较用 Fe^{2+} 更为有效。通常，在氧化有机分子时可用等物质的量浓度的 H_2O_2，但有时为了氧化作用更彻底，可用高出等物质的量浓度 $2 \sim 10$ mL。的 H_2O_2 取得更好的效果。

用 Fe^{2+}、Fe_2O_3 或 $FeOOH$ 作为催化剂时，H_2O_2 可氧化土壤中的有机分子，但已有资料表明，有机物质仅在水溶液中才可得到催化氧化，并没有说明当有机分子被吸附到矿物表面上时其氧化作用是否发生。氯苯已被广泛用于制造溶剂、农药、DDT、染料介质和去油脂剂，大量证据表明，氯苯及其有关的有机物已对水体和土壤产生污染。Richarl 等利用 150 目 Fe_2O_3 作催化剂，研究了不同浓度 H_2O_2（分别为 0.1%、2.0%、5.0%）对氯苯的催化氧化，结果表明 H_2O_2 浓度 $\leqslant 2\%$ 时，H_2O_2 氧化氯苯的速率小于氯苯从矿物表面解吸的速度，表明解吸速度控制着氧化速度，而且羟基基团是氧化有机分子的主要动力；当 H_2O_2 浓度 $> 2\%$ 时，H_2O_2 氧化速率远大于解吸速率，表明氯苯至少有一部分在吸附态时被氧化，即非羟基基团氧化机理。据此提出如下反应式。当 H_2O_2 浓度 $< 2\%$ 时，$S + H_2O_2 \longrightarrow S^+ + OH\cdot + OH^-$（S 为矿物表面、$S^+$ 为矿物表面氧化区），由此产生的羟基基团可氧化水溶液中的氯苯及其相关的有机分子，如果是吸附态，则不能发生氧化：

$$PhH_nCl_{6-n}（水体的） + OH \longrightarrow 产物$$

$$PhH_nCl_{6-n}（吸附态） + OH \longrightarrow 无反应$$

当 H_2O_2 浓度 $> 2\%$ 时，或在矿物表面产生更高氧化区，或由于 H_2O_2 浓度高，产生更高的氧化还原电位：

$$S^+ + nH_2O_2 =\!=\!= S_n^+ + nOH\cdot + OH^-$$

$$S^+ + nOH\cdot + nH^+ =\!=\!= S_n^+ + nH_2O$$

S_n^+ 是矿物表面较 S^- 具有更高的氧化区域，在 H_2O_2 浓度 $> 2\%$ 时，它可降解氯苯中 C—H 键：

$$PhH_nCl_{6-n}（水体的） + S_n^+ \longrightarrow 产物$$

$$PhH_nCl_{6-n}（吸附态）+ S_n^+ \longrightarrow 产物$$

S_n^+ 对促进表面氧化的作用较羟基基团的氧化作用要弱得多，有关机理还需进一步研究。

鉴于矿物结构的复杂性，非金属矿物修复环境不可能是单一机理的作用，而应该是以某一种机理为主的联合作用机理。

10.3.2　修复环境用非金属矿物的类型及应用

目前，人们采用的净化环境非金属矿物大多为黏土矿物。黏土矿物是一类在自然界分布极为广泛的非金属矿物，因其在膨胀性、分散性、吸附性、离子交换性等方面具有优良性质，使这类矿物在催化剂、吸附剂领域得到了广泛应用。黏土矿物是可膨胀层状硅酸盐，基本结构是由硅氧四面体晶片和铝氧八面体晶片按不同结合方式构成的晶层。由于晶层内广泛存在类质同象替代，硅氧四面体中的 Si^{4+} 可被 Al^{3+}、Fe^{3+} 置换，铝氧八面体中的 Al^{3+} 可被 Mg^{2+}、Fe^{2+}、Zn^{2+}、Li^{2+}、Ni^{2+} 等离子置换，使得晶层带负电荷而呈现负电性，这种负电荷常常由层间域中水合阳离子来平衡，因此，它们的层间域具有良好的离子交换性能和分子吸附特征。

10.3.2.1　修复环境用非金属矿物的类型

目前环境修复中应用量最大的非金属矿物为膨润土黏土矿物，此外还有伊利石、蛭石、高岭石、麦饭石、凹凸棒石、蛇纹石、沸石、长石类、钙十字石等。对膨润土矿物修复环境的应用研究较多，其余矿物的应用研究大部分是近年才开始的。

（1）膨润土复合材料　膨润土复合材料是层状黏土矿物复合材料中在废水处理上应用最广泛的一种。改性膨润土可广泛应用于去除废水中的重金属离子、芳香族化合物、有毒微生物、降解有机物以及脱磷、除臭等。膨润土、镁、铝、CTMAB 等修饰并活化而制得的 BMA 和 BCM 型吸附剂，对磷、铬、COD、酚、油有较高的吸附能力。采用铝交联蒙脱石吸附脱磷，当吸附剂用量为 9 g/L 时，对磷的吸附量为 5.6 mg/g，去除率可达 100%。膨润土复合材料对印染废水的脱色处理主要是物理吸附。经钠化和无机聚合物处理的膨润土复合材料，在投加量为 0.1% 时处理红色印染废水去除率可达 88% 以上，处理蓝色废水去除率达 98%。经钠改性和羟基铁改性的膨润土吸附剂在投加量为 5~6 g/L 时，处理酸性大红 COD 去除率达 45%，活性艳红 COD 去除率达 60%。

近年来，随着核电站建设的发展，利用黏土矿物处理核废料已受到许多国家的重视，并成为黏土矿物应用于这一领域的热点之一。国际上一般采用膨润土来处理核废料，主要是利用膨润土能阻挡、缓冲放射性核废料扩散的特性，起到保护环境和防护人身免受放射性污染的作用。另外，膨润土用于室内空气净化方面的研究专利大量出现，如在日本，有人利用膨润土与氢氧化钙、含碱及其碱土金属氯酸盐混合制作净化空气的吸附剂，可较好地去除室内的 SO_x、NO_x，等污染物。

（2）凹凸棒石复合材料　凹凸棒石黏土是一种富镁硅酸盐黏土，在自然界有较丰富的蕴藏，具有较强的吸附脱色能力。用凹凸棒石黏土处理印染废水，可使 COD 降低 85%，脱色率为 95%。用十六烷基三甲基铵离子表面活性剂改性凹凸棒石，可有效吸附水中的苯系物，对苯、甲苯、二甲苯吸附系数分别为原土的 79.5 倍、106 倍和 418 倍，是一种很好的吸附剂。同时，用十六烷基三甲基铵改性的凹凸棒石吸附苯酚，当苯酚浓度为 100 mg/L 时，加入量为 4%、pH 值为 8.0 时，去除率达到 88.5%。采用在 100 ℃加热 90 min 的方法，可使有机黏土达到再生或反复利用。

（3）海泡石复合材料　海泡石是一种层状的镁硅酸盐黏土矿物，晶体呈极细纤维状，具有独特的抗热分散稳定性和很强的表面吸附能力，在石油、化工、农业、环保等领域具有广泛的应用前景。天然海泡石对甲苯、乙苯的吸附平衡时间为 10 h，吸附量约 100 μg/g（平衡浓度 1 mg/L），不具备代替活性炭应用的条件。但改性后的海泡石复合材料吸附能力大大增强，用 Fe^{3+} 改性后的海泡石，吸附阴离子的能力大幅度提高，可有效去除水中的 Cr（Ⅵ）、As（Ⅴ）离子。对 Cr（Ⅵ）去除率可达 90% 以上，对 As（Ⅴ）的吸附去除率接近 100%，表明 Fe^{3+} 改性可显著提高海泡石的吸附去除能力。将海泡石用 10% HCl 浸泡 24 h 后，甩 $MgCl_2$、$AlCl_3$ 化学试剂在 pH = 10 时改性，所得改性海泡石复合材料，对磷的去除率可达 98%，其吸附量在 27 mg/g 以上，是一种高效除磷剂。

10.3.2.2　非金属矿物——黏土治理赤潮污染

赤潮是指由海洋环境条件的改变，促使某些浮游的藻类生物爆发性的繁殖而引起的异常现象。赤潮应该说是海洋生物生长、运动中的一种自然现象。主要发生在近海水域。

关于赤潮发生的原因尚未完全查明，但根据有关报道，科学家们已取得基本一致的共识，认为基本有以下三条。

（1）水域营养化。由于城市生活用水、工业废水的大量倾入，使内湾和浅海区无机态氮、磷酸盐和铁、锰等微量元素的含量增加，为赤潮生物的大量繁殖提供了丰富的营养物质。

（2）适宜的水温和盐度。一般赤潮发生于水温 20~33 ℃、盐度一般为 27‰~37‰ 间的水域。

（3）适宜的气象条件。通常赤潮出现在闷热、风平浪静的夏季。

近几年来，有害赤潮对沿海经济产生的危害明显增大。因有害赤潮发生面积增加，有些可达几千平方千米；发生时间增长，有时可持续数十天，甚至几个月；出现的概率增大，在赤潮生物密度不太高的情况下就会对海洋生物甚至人类本身产生毒害作用。以上原因导致有害赤潮对我国沿海经济和人类健康的影响日益加重。

由于有害赤潮是一种复杂的生态异常现象，不同海域、季节和环境条件下，有害赤潮形成的原因不同，但水域富营养化一直被认为是造成赤潮频繁发生的原因之一。因为海水富营养化给赤潮生物生长和繁殖提供了必要的营养条件，当海区的水文、气象等条件适宜时，赤潮生物可爆发性增殖，导致赤潮的形成。

有害赤潮的防治通常包括预防和治理两部分。预防就是通过各种途径和方法保护环境、降低污染、修复环境、消除引发有害赤潮的诱因，达到防止有害赤潮发生、预防赤潮灾害的目的。目前预防养殖区有害赤潮发生的方法通常有通气增氧法、底泥覆盖法、海底耕耘法、混合放养、联合培植等。由于有害赤潮发生的机制至今尚不清楚，完全杜绝有害赤潮的发生还不可能，所以在有害赤潮发生后如何控制其蔓延、使损失降至最低，是有害赤潮防治中另一项重要内容。治理有害赤潮的方法通常可归纳为以下几种。

（1）化学灭杀法。主要利用一些化学药物，如硫酸铜、过氧化氢、某些天然化合物等抑制或杀死赤潮生物，该方法由于所用药品的二次污染或成本高等原因难以推广应用。

（2）利用物理方法和手段，分离或杀死赤潮生物。诸如围隔法、超声波法、紫外线法等。由于此类方法难以应用于较大面积的有害赤潮防治，所以在实际应用中受到限制。

（3）利用不同生物间相克相争性质的生物控制法。如利用大型藻吸收营养盐控制有害赤潮的发生、利用噬菌体及抑藻菌抑制赤潮藻的生长等，尽管此方法是目前修复环境、改善生存环境较为推崇的方法，但由于其实际操作的复杂性，目前大都停留在实验室阶段，尚未有实际应用的报道。

（4）天然矿物絮凝法。该方法是利用天然矿物的吸附性质，絮凝赤潮生物，控制有害赤潮的发生。用黏土治理赤潮是一种切实可行的措施，因为黏土矿物广泛存在于各种地质体中。特殊的晶体结构赋予黏土矿物许多特性，如吸水和脱水性能、膨胀和收缩性能、可塑性能、离子交换性能、吸附性能和催化性能等。由于黏土具有高的比表面积，天然黏土矿物大都具有某种活性。黏土矿物的粒级又属胶体范围，高的比表面积和表面双电层结构，使其具有胶体的特性。黏土矿物用于治理赤潮的作用如下。

① 黏土矿物具有巨大的比表面积和很强的吸附固体、气体、液体及溶于液体中的物质的能力，因而可将水体中过剩的营养物质，如 N、P、NH_4^+、Fe^{3+}、Mn^{2+} 吸附在黏土矿物表面，贫化海水，破坏赤潮海藻赖以生存、繁殖的物质基础。

② 黏土矿物的颗粒可附着于藻体的内外表面上，当这些颗粒沉积得很多的时候，藻体也就难以生存而死亡。因此，采取适当的方法喷洒经活化处理后的黏土，可以对治理赤潮起到积极的作用。它是目前比较经济而实用的治理方法。由于天然矿物具有来源广、成本低、操作方便、无二次污染等特点，此法在国际上受到广泛关注和研究，已经在日本、韩国等国家推广使用。但天然矿物的絮凝能力较低，在使用时存在用量大、淤渣多等缺点，为此许多研究人员提出了黏土矿物表面改性方法并研制出具有高絮凝能力的表面改性黏土，大大提高了该法的应用价值。

10.4　土壤改良和沙漠化控制材料

我国耕地、林地及草地的人均占有量分别为全球人均占有量的 1/3、1/5 和 1/4，土壤退化问题十分突出，由于旱涝、风沙以及冷浸等原因导致农田肥力下降，中低产田已占总耕地面积的 2/3，2000 万公顷的耕地受到干旱的威胁，沙漠化土地达到 3330 万公顷，并且以每年 15 万公顷的速度扩展。土壤退化对农业生产力、环境、食物安全和生活质量的负面影响成为 21 世纪全球关注的热点问题，保护土壤、改善土壤已是摆在人们面前的现实问题。

10.4.1　土壤改良剂

土壤不仅是人类赖以生存的物质基础和宝贵财富的源泉，而且是人类最早开发利用的生产资料，人类消耗热量的 80%、蛋白质的 75% 和大部分的纤维都来自土壤。据统计，全世界拥有耕地 7.3 亿公顷，而土壤退化面积达到 1965 万平方千米，且土壤退化以中度、严重和极严重退化为主。恢复土壤的使用功能，采用土壤改良剂是一种重要方法。

10.4.1.1　无机改良剂

所采用的无机改良剂主要有天然矿物及其改性产品、钢渣、粉煤灰等工业固体废物等。用钢渣、粉煤灰等工业固体废物作为肥料或土壤改良剂，已得到很多学者的共识。

（1）天然矿物　天然矿物包括无机膨润土、沸石、氧化铁（铝）硅酸盐等，利用它们的某一项理化性质改善土壤的结构性，如膨润土的膨胀性强，施入水田可减少水分渗漏。将膨润土和砂质土壤混合，可改善土壤的物理和化学性能，防止土壤肥料流失，改善土壤水分状况，提高作物产量。氧化铁（铝）硅酸盐改良剂的孔隙多，施入土壤可改善土壤的通透性。

早在 1976 年，美国在农业上不同方面的蛭石利用量就已超过 1.15 万吨，占蛭石总开采量的三分之一。澳大利亚、日本、德国、南非用于农业上的蛭石所占比率更大。蛭石通过离子交换保持肥力，同时提高土壤的通气性。据报道，使用蛭石可使大豆和高粱增产 56%，并减少 20% 的肥料使用，在园艺方面，可用于花卉、蔬菜等栽培、育苗以及制作草坪的维护品等方面。除用作盆栽土的调节剂外，还可用于无土栽培。在美国和巴西的绿化中，将蛭石用于松树子苗的培育。由于将蛭石用于植物的育秧、育种，可使植物从初期就能获得充足的水分和矿物质，从而使植物迅速生长或增加产量。因此，可将上述非金属矿产用于改良正在大量沙化的土壤；用于植树造林、育苗和培植草皮的土壤改良，以提高干旱地区植物的成活率，进而达到阻止土地沙化、水土流失和提高植被成活率的目的。

（2）钢渣用作肥料和土壤改良剂　钢渣是炼钢过程排出的废渣，包括转炉渣、平炉渣和电炉渣等，由钙、铁、硅、镁、铝、锰、磷等的氧化物组成。其中钙、铁、硅氧化物占绝大部分。钢渣的成分含量依炉型、钢种的不同而不同，有时相差很悬殊，表 10-9 所示为各种钢渣的成分。

表 10-9　各种钢渣的成分　　　　　　　　　　（%）

钢渣	CaO	FeO	Fe_2O_3	SiO_2	MgO	Al_2O_3	MnO	P_2O_5
转炉渣	45～55	10 左右	10 左右	20 左右	<10	5 左右	<5	1 左右
平炉前期	20～30	20 左右	20 左右	20 左右	<10	5 左右	<5	1 左右
平炉精炼	35～40	15 左右	15 左右	20 左右	<10	5 左右	<5	1 左右
平炉后期	40～45	10 左右	10 左右	20 左右	<10	5 左右	<5	1 左右
平炉氧化	30～40	20 左右	20 左右	20 左右	5 左右	5 左右	<5	1 左右
平炉还原	55～85	<10	<10	20 左右	5 左右	5 左右	<5	1 左右

可见，钢渣中不仅含有可被作物吸收的磷素，还含有钙、镁、硅、锰等多种对作物也有很好肥效的元素，因此，它可用作磷肥、硅肥和土壤改良剂。

含磷生铁炼钢时产生的废渣，可直接加工成钢渣磷肥。国外 1884 年开始使用钢渣磷肥。在磷铁矿资源丰富的西欧国家，1963 年以前，钢渣磷肥的产量一直稳占磷肥总产量的 15%～16%。我国目前已探明的中、高磷铁矿的储量非常丰富，部分钢铁厂（包头和马鞍山钢铁公司等）在使用高磷生铁炼钢时产生的钢渣，含 P_2O_5 4%～20%，完全可作为磷肥使用。钢渣用作磷肥，通常有以下两种途径。

① 生产钢渣磷肥。用中、高磷铁水炼钢时，在不加萤石造渣的情况下，回收初期的含磷炉渣。将此矿渣破碎磨细，即得钢渣磷肥。此肥一般用作基肥，每亩可施用 100～130 kg。

② 生产钙镁磷肥。平炉钢渣含 P_2O_5 3%～7%，与蛇纹石相近似，其他化学成分也与蛇纹石相近似，故可部分或全部代替蛇纹石用于生产钙镁磷肥。生产钙镁磷肥的原料，通常是磷矿石和含镁硅酸盐。生产工艺的要点是在竖炉或其他形式的炉内 1300～1500 ℃的温度下，使物料熔化并充分反应，反应完成后使熔体出炉，并用高压水急冷成玻璃体小颗粒，干燥、粉磨为钙镁磷肥产品。

钢渣也可用作硅肥。硅是农作物生长必不可少的元素，据测定，在水稻的茎、叶中 SiO_2 含量为 10% 左右。虽然土壤中含有丰富的 SiO_2，但其中 99% 以上很难被植物吸收。因此，为了使水稻长期稳产、高产，必须补充硅肥。例如，朝鲜按含有效 SiO_2 量把土壤分为缺硅的（小于 10 mg/100 g 土）、一般的（10~20 mg/100 g 土）和多硅的（大于 20 mg/100 g 土），每 100 m^2 施肥量分别为 667 kg、433 kg 和 220 kg。这样，全国的水稻增产率为 7%。我国一般的钢渣从成分上看，有 60% 以上适用于作为硅肥原料。

用一般生铁炼钢时产生的钢渣，虽然 P_2O_5 含量不高（1%~3%），但含有 CaO、SiO_2、MgO、FeO、MnO 以及其他微量元素等，而且活性较高。所以此种钢渣中 CaO 对酸性土壤起中和作用，可用作改良土壤矿质的肥料，特别适用于酸性土壤。例如，山西阳泉钢铁厂从 1976 年开始利用高炉渣、瓦斯灰作为微量元素肥料。实践证明，这种肥料增产作用显著，一般地说，粮食增产 10% 以上，蔬菜、水果增产 5%~20% 左右，棉花增产 10%~20%。当然，该厂的微量元素肥料，由于生产原料中有瓦斯灰，所以更适于酸性土壤。

钢渣肥料宜作基肥，不宜作追肥，而且宜结合耕作翻土施用，沟施和穴施均可，应与种子隔开 1~2 cm。钢渣肥料宜与有机堆肥混拌后施用。钢渣肥料不宜与氮素化肥混合施用。渣肥不仅当年有肥效，而且其残效期可达数年。施用钢渣活性肥料时，一定要区别土壤的酸碱性，以免使土壤变坏或板结。

（3）粉煤灰土壤改良剂　粉煤灰资源农用是开发利用粉煤灰的重要途径，世界各国都非常重视。国际上是从 20 世纪 50 年代开始研究和应用的，美国、澳大利亚、英国、前苏联等国已在利用粉煤灰改土培肥、提高作物产量方面取得了许多成功经验。我国自 20 世纪 70 年代开始该方面的应用研究，并取得了一定的进展。表 10-10 所示为粉煤灰的理化性质及其在农业上的利用方式。

表 10-10　粉煤灰的理化性质及其在农业上的利用

理化性质	应用功能	应用方式
化学成分 Si、Ca、Mg、K、S、Mo、B	调节 pH 值、补充中性微量元素	直接施用、复垦造地、土壤改良剂、复合肥、磁化肥、营养土
多孔、疏松、流动性好	减少摩擦、磁化	调理剂、添加剂、磁化剂

作物生长的土壤需有一定的孔度，而适合植物根部正常呼吸作用的土壤孔度下限量是 12%~15%。低于此值，将导致作物减产。粉煤灰中的硅酸盐矿物和炭粒具有多孔性，是土壤本身的硅酸盐类矿物所不具备的。此外，粉煤灰颗粒之间的孔度，一般也大于黏结了的土壤的孔度。粉煤灰施入土壤，除了其颗粒中、颗粒间的孔隙外，同土壤颗粒还可以连成无数"羊肠小道"，构成输送营养物质的交通网络，为植物根系吸收提供新的途径。粉煤灰颗粒内部的孔隙可作为气体、水分和营养物质的"储存库"。

植物生长过程所需要的营养物质，主要是通过植物根部从土壤中获得，并且是以水溶液的形式提供的。土壤中溶液的含量及其扩散运动都与土壤内部各个颗粒之间或颗粒内部孔隙的毛细管半径有关。毛细管半径越小，吸引溶液或水分的力越大，反之亦然。这种作用，使土壤含湿量得到调节。如果将粉煤灰施入土壤，能进一步改善土壤的这种毛细管作用和溶液在土壤内的扩散情况，从而调节了土壤的含湿量，有利于植物根部加速对营养物质的吸收和分泌物的排出，促进植物正常生长。

粉煤灰的施用对土壤物理性质具有影响。黏质土壤施入粉煤灰后，可以明显改善土壤结构，降低容重，增加孔隙度，提高地温，缩小膨胀率，从而显著地改善黏质土壤的物理性质，促进土壤中微生物活性，有利于养分转化，有利于保湿保墒，使水、肥、气、热趋向协调，为作物生长创造良好的土壤环境。印度坎普尔地区每公顷施粉煤灰 20 吨，土壤导水率由 0.076 mm/h 增加至 0.55 mm/h，土壤稳定性指标从 12.51 增至 14.08。南昌火力发电厂粉煤灰改土，灰土比为 6.5% 的质量比可使土壤容重由 1.36 g/cm³ 降至 1.20 g/cm³。另外，粉煤灰可通过增加土壤中大于 1 mm 水稳性团聚体的数量，改善土壤结构。水稻盆栽每公顷施 7.5 万千克粉煤灰可使黏质土壤中小于 0.01 mm 的物理性黏粒由 44.65% 降至 41.97%，土壤黏粒含量随施灰量的增加而递减，呈显著的直线负相关性；亩施灰量 4 万千克之内，土壤孔隙度随施灰量的增加而递增，呈显著的正相关性。西北农学院亩施粉煤灰 1.5 吨，土壤膨胀率由 7.1% 降为 4.99%，有利于防止土壤流失。美国宾夕法尼亚州及特拉华州研究认为，粉煤灰可以改善砂质土壤的持水性，提高其抗旱能力。

粉煤灰悬浊液的 pH 值最高可达 12.8，最低仅为 4.5，因此，它具有调节土壤 pH 值的作用，调节能力的大小取决于其本身的性质。另外，它所含的三氧化二物水解时会形成不溶的氢氧化物和可离解的酸，这些酸（即游离子 H^+）有益于改善土壤的物理和化学性质。

粉煤灰的施用对土壤化学性质也有影响。粉煤灰中 Si、Al、Fe、Ca、Mg、K、Na、Ti 的含量较高，还含有一定的对作物有益的其他元素，如磷、硼、铜、钼、锌、锰等，这些元素主要以硅酸盐、氧化物、硫酸盐和硼酸盐、少量的磷酸盐和碳酸盐的矿物形式存在。常见的钾、镁、钠和钙的硫酸盐在粉煤灰中呈可溶性盐类形式存在。因此，粉煤灰中含有多种植物可利用的营养成分。纽约州立大学 Malanchuk 的研究表明，在温室条件下每公顷施用 224 吨粉煤灰，莲藕产量显著增加。元素分析表明，植株中钙、镁、钠的浓度没有明显增加，钾的浓度在第一季有所下降，而在第二季增加 1% ~ 3%；硼、锌浓度随粉煤灰施用量的增加而增加，锰浓度则随粉煤灰用量的增加而减少。蔬菜试验表明，粉煤灰用量 0 ~ 12% 范围内，随施用量增加，植物组织中铁、锌浓度下降，钼、锰浓度增加，而铜、镍浓度保持不变，没有产生植株毒害症状。这些元素浓度的变化与土壤 pH 值显著相关。山西省在潮土上每公顷施灰 75 ~ 900 t，94 个施灰土壤测定平均有效磷含量为 26.2 mg/kg，比无灰对照土壤（平均 19.4 mg/kg）增加 35.1%。用粉煤灰改良砂质土壤后，对磷的最大吸附量发生在高用量粉煤灰改良的土壤上，这对保持土壤磷的有效性有重要意义。然而，高 pH 值的干灰可使改良后土壤 pH 值明显上升，造成磷、锌的缺乏。由于粉煤灰富含硼，是油料作物的良好肥源，生长在粉煤灰改良的土壤上，花生、大豆的产量及品质均有明显提高。另外，粉煤灰同腐殖酸结合施用，可以提高土壤中有效硅的含量，吉林市农科所在三种土壤上种植水稻，每公顷施粉煤灰 22.5 ~ 30 t，土壤有效硅含量由 1.07 mg/kg、0.52 mg/kg、1.4 mg/kg，分别提高到 1.9 mg/kg、2.0 mg/kg、7.4 mg/kg。

粉煤灰的化学组成使粉煤灰可用作植物的养料源。同时高量的污染元素存在也可能造成土壤、水体与生物的污染。在储灰场纯灰种植条件下，苜蓿、玉米、黍、兰草、洋葱、胡萝卜、甘蓝、高粱等都有砷、硼、镁和硒的明显积累趋势。种植于纽约电厂粉煤灰上的三叶草表现出以硒为主的有毒元素积累，冬小麦含硒 5.7 mg/kg，而对照冬小麦含硒 0.02 mg/kg，故需按照有关工业废物利用方面的现行法规控制其施用率，以防有害金属在农业土壤中的积累。在有机土、风化土和冲积土三种土壤上小麦盆栽试验表明，粉煤灰施用量在 0 ~ 5%（质量比）条件下，不同加灰比的土壤上麦苗总产量大于未加灰土壤的麦苗产量。土壤重金属元素的生物效应与土壤的 pH 值密切相关，在加灰 5% 时，风化土 pH 值从 6.1 上升到 8.3，故对麦苗中的重金属来说，其总量积累规律是随着施灰量的增加而递减。对于有机土来说，土壤有机物含量高，离子交换能力强，土壤的缓冲能力强，加灰仅增加 pH 值 0.4，故一些重金属的总量增加。粉煤灰还能改善土壤生物活性，对白浆土微生物活性的提高具有显著的效应。

（4）矿业固体废物用作微量元素肥料　过去，人们曾认为只要有 C、O、H、N、P、K、Ca、Mg、Fe 和 S 十种元素，就足够维持植物正常生长和发育需要。但后来的研究证明，植物生长除上述常量元素外，还需要其他微量元素，如 B、Mn、Cu、Zn、Mo、Cl、Na 等。为了满足植物生长对某些微量元素的需要，就必须施用一定的微量元素肥料。

锰矿床采选所产生的废石及尾矿是极好的锰肥，它和锰的纯盐比较，对植物有更多的作用，因为它们往往是一种综合肥料，除了锰之外还可含有磷酐、氯离子、硫酸盐离子以及氧化镁、氧化钙等。尤其是废石及尾矿中锰往往呈 MnO_2 状态，它进入土壤中可使土壤中的有机体迅速氧化，而使有机体所含营养物质迅速析出，变成易被吸收状态。又如，土壤若极度缺钼，对庄稼生长和对人体也很不利。据有关单位对河南某些食道癌发病区环境地质调查，土壤中极度缺钼就是引起食道癌的主要原因。如能将某些钼矿的尾矿作为微量化学肥料施用于缺钼土壤，不仅有助于农业增产，而且有助于降低食道癌发病率。

（5）煤矸石土壤改良剂　煤矸石是煤矿生产过程中排放的固体废物，煤矸石中含有较高的 Si、Al、Fe、Ca、Mg、K、Na 等氧化物，还含有 Ga、Be、Co、Cu、Mn、Ni 等元素。据日本调查，长期施用氮、磷、钾肥的农田，土壤中缺乏硼、硅、镁等物质，煤矸石中正好含有这些成分，因此，煤矸石可作为这类农田的土壤改良剂使用。

10.4.1.2　有机制剂

有机改良剂包括天然和合成两大类。

（1）天然有机制剂　由天然有机物制成的土壤改良剂主要有以下几类：多糖类、木质素类、树脂胶类、腐殖酸类、沥青类等。这类土壤改良剂原料来源充足，制备简单，施用方便，经济可行。但由于这类物质自身结构及性质的原因，要使土壤获得良好的结构，必须大量施入，这给使用带来很大的不便。另外，由于天然有机物较易被微生物分解，尤其是多糖类，而被微生物分解的天然有机物会减小或失去对土壤的改良作用，即使用周期短。施用量大、使用周期短，限制了天然制剂在改良土壤中的应用。

天然有机制剂作为土壤改良剂已广泛用于各类土壤的改良，并取得了较好的效果。含有丰富天然腐殖酸的褐煤、风化煤、泥炭在土壤改良中应用较多。用褐煤腐殖酸改良干旱、半干旱及热带地区因土壤侵蚀过度而导致的土壤快速流失和土壤退化，可稳定土壤水分，增加可供植物吸收的水。腐殖酸可改善土壤结构，提高土壤水稳性团粒的含量。把泥炭施于低肥力、低产出的白浆土，改良后土壤的物理和保肥性能好转。土壤中一定含量的泥炭可降低土壤容重，提高土壤有效水的含量。褐煤与磷酸氢二铵改良盐碱土效果良好，褐煤中的有效成分腐殖酸与土壤粒子发生作用，改良土壤，而磷酸氢二铵可加速腐殖酸的自动氧化（碱性物质的作用），提高腐殖酸羟基、羧基的数量及活性，同时磷酸氢二铵又是植物的无机养分，其中的氮、磷易被植物吸收，并参与交换而改善土壤的物理及化学性质，降低易水溶性盐的数量，使土壤的 pH 值降到正常范围。用腐殖酸改良土壤，有机质含量显著增加，土壤肥力提高。

（2）合成有机制剂　合成有机制剂包括天然-合成聚合物制剂的土壤改良剂、合成高聚物土壤改良剂两类。

为了克服天然改良剂的不足，发挥其优势，采用天然聚合物与有机单体共聚的方法，制得天然-合成聚合物土壤改良剂。这类土壤改良剂利用了原来天然聚合物分子的特点，有目的地引入各种有机官能团，使共聚产物具有更优异的综合性能，改良土壤效果更佳，使用周期更长。主要品种有腐殖酸、淀粉、纤维素、壳聚糖等与丙烯酸、丙烯酰胺等单体的共聚物。

天然-合成聚合物制剂由于原料来源、原料配比、制备条件以及施用量的不同，加之各地土壤的成土母质的差异，因此对土壤的改良效果不同。腐殖酸与丙烯酰胺进行接枝共聚[丙烯酰胺与腐殖酸的比例是 1:(5~10)]得到的产物作为土壤改良剂，有效地阻止了土壤的盐碱化。10 份腐殖酸与 1 份丙烯酰胺单体在引发剂的作用下进行共聚得到黑色的水溶性粉末，其溶液黏度为 15~20 mL/g，羟基含量 10~13 mg/g，用含 5%（质量分数）的共聚物土壤改良剂按 2%（质量分数）改良轻度侵蚀的栗土，三个月以后，顶层 5 cm 土壤大于 0.25 mm 的团聚体从 8.20% 增加到 72.00%，土壤腐殖质从 1.94% 增加到 3.99%，土壤的 pH 值（土层 5cm）从 8.5 降到 8.0。通过腐殖酸和丙烯酰胺混合物在 NaOH 溶液中的电解作用，获得腐殖酸接枝丙烯酰胺共聚物。当丙烯酰胺含量（质量分数）为 33% 和 12 h 电解，得到的接枝共聚物的相对分子质量最高，电荷密度 50~60 mA/cm^2，此时共聚物含 4.5%~5.9% 的 N。电化学合成的接枝共聚物能很好地改善土壤的结构性能。在灰钙土土壤中，添加土壤质量的 3%~5% 该共聚物时，水稳团粒从 1.2% 可提高到 26.7%~94.2%，提高幅度取决于共聚物的类型及使用量。用乙烯基单体与腐殖酸（来自褐煤）接枝共聚，乙烯基单体包括乙烯基醚、乙烯乙二醇单一醚或丙烯酰胺。当单体与腐殖酸的比例为 0.1（研究范围从 0.05~1.0）时，共聚物对土壤改良效果最好，形成的土壤结构最佳。

合成高聚物土壤改良剂的研究工作始于 20 世纪 50 年代，并在当时引起人们的极大关注。许多化学公司以及政府支持这方面的研究工作，并取得了一定的进展。由于受当时技术条件的限制，高聚物土壤改良剂价格极高，限制了它的广泛使用。20 世纪 60~70 年代这方面的研究工作很少，几乎无这方面的工作报道。直到 20 世纪 80 年代，随着科学技术的进步以及世界人口的急剧增长导致的粮食问题，人们再次预料到高聚物土壤改良剂可能给人们带来的贡献，这方面的研究工作再次受到重视。作为土壤改良剂的合成高聚物主要有以下几类：聚丙烯酰胺类（包括阴离子型聚丙烯酰胺、阳离子型聚丙烯酰胺和非离子型聚丙烯酰胺）、聚乙烯醇类、聚丙烯腈类、聚丙烯酸（盐）类等。

聚丙烯酰胺是一种溶于水的高分子人工合成高聚物制剂，其分子上带有许多活性基团（酰氨基），可以发生多种反应，容易制得带有不同电荷种类、数量的产物。聚丙烯酰胺独特的结构和性能，使其成为最早改良土壤的合成高聚物品种之一。在诸多种合成聚合物土壤改良剂中，对聚丙烯酰胺（或丙烯酰胺单体与其他单体、物质共聚）的研究、使用最多。聚丙烯酰胺的离子类型、施用方式、施用量及与不同添加剂配合使用，对土壤产生不同的效果。聚丙烯酰胺在土壤中用量低时，能稳定土壤的团粒结构，这是作为土壤改良剂最为关键的条件。肇普海等在土壤中使用不同剂型、不同浓度的聚丙烯酰胺考察其对土壤物理性质的影响，结果表明，土壤经聚丙烯酰胺处理后一般沉降系数增大 9%，分散系数减少 7%~19%，结构性能增强 3%~8%，土壤渗透性能增大 32%。Nadler 和 Letey 研究了水解度 20% 的聚丙烯酰胺对土壤的吸附后发现，水解度 20% 的聚丙烯酰胺对土粒的吸附作用较强，而水解度 2% 的聚丙烯酰胺可更好地改善团粒的稳定性。聚丙烯酰胺的类型（非离子型、阴离子型）对土壤渗透性及团聚体的稳定性有影响，阴离子聚合物有利于土壤粒子形成团聚体，非离子聚合物对防止土壤板结的作用较强。在相对分子质量相同的条件下，由于分子间作用力的差别，非离子聚合物的分子尺寸小，在溶液中的黏度低，可能更容易渗进团聚体中。低浓度阴离子聚丙烯酰胺溶于灌溉水中可显著减少灌溉沟的土壤侵蚀，增加净渗透量。

聚乙烯醇分子中含有大量极性的羟基（—OH），可与土壤粒子发生作用，达到改善土壤的目的。聚乙烯醇亲水性强，易溶于水，化学性质比较稳定，并具有抗微生物侵袭的能力。聚乙烯醇对土壤的改良效果与土壤的性质有关。聚乙烯醇改善土壤的微团粒结构及其尺寸的分布，其相对分子质量的大小对土壤的微团粒的量及其尺寸分布有较大的影响。将聚乙烯醇用于改良土壤结构很差的砂性土壤，当用量为耕层土（0~20 cm）质量的 0.05% 时，可将分散的土粒胶结成为蜂窝状结构，水稳性团粒也显著增加。在 0~10 cm 的土层中施用聚乙烯醇后，水稳性团粒总量为 38.50%，未施聚乙烯醇的土壤水稳性团粒仅占总量的 7.36%，水稳性团粒总量提高 31%。在 10~20 cm 土层中施用聚乙烯醇后水稳性团粒总量为 17.62%，未处理的仅为 4.32%，水稳团粒提高了 13%。此外，土壤容重由原来的 1.54 g/cm^3 降低为 1.30 g/cm^3，总孔隙度由 42.1% 增加到 51.2%，浸水容重由原来的 1.08 g/mL 下降为 0.83 g/mL，土壤的板结程度得到了改善。

丙烯酸及丙烯酸盐的均聚物和其他单体的共聚物广泛用于土壤改良剂。反悬浮法制得的丙烯酸钠-丙烯酸钙共聚物可提高土壤的保水性。在土壤中使用量为 0、1%、2% 时，土壤含水量分别为 29.2%、36.9%、58.0%。两种丙烯酸盐共聚物按 7:3（质量比）比例混合，对旱地土壤有很好的改良效果。丙烯酸-甲基丙烯酸甲酯的碱金属、碱土金属的共聚物在砂土中形成不渗透膜，防止水向深层渗透，节约灌溉水。丙烯酸钠-丙基磺酸钠-丙烯酰胺的三元共聚物是一种超强吸水树脂，该树脂具有高的保水性能，施加该树脂于土壤中，改善土壤的结构，土壤的含水量增加，且有刺激作物生长的功效。以侧烯丙基胺作为交联剂，合成丙烯酸钠-丙烯酸共聚物（质量比 70:30），该共聚物是一种性能优良的吸水剂，用于改良土壤可发挥其良好的吸水保水作用。乙烯醇-丙烯酸钠共聚物在盆栽试验中施用于花岗岩衍生砂土、轻黏稻田土中，发现施用聚合物的土壤表面变干但中底层包埋大量的水，说明吸水树脂抑制了水从下层渗漏及从上层的蒸发。

除上述土壤改良剂外，还有多种合成聚合物用于改良土壤，土壤的性能得到不同的改善。聚环乙亚胺和多价金属盐具有增加土壤稳定性、抑制风和水对土壤的侵蚀作用。苯酚树脂能改善耕种土壤的空气和水分状况，改良后的土壤总孔隙度明显增加，土壤的含水量提高。聚环氧乙烷可促进水在土壤中的迁移，提高土壤水的利用率。酚醛树脂与硫酸亚铁等的混合物施用于砂土，土壤的稳定系数和稳定墒分别从 0.53、21.29 增至 7.9、519.27，粒径大于 2 mm 团粒从 40.18% 增至 65.73%。聚苯乙烯也是一种很好的土壤改良剂，改良后的土壤通气性孔隙增加，改善了土壤的空气渗透性。交联磺化聚苯乙烯用于改良砂土，改良后的土壤有益于太阳花的生长，土壤有效水含量增加。聚丙烯胺在不同 pH 值及 E_c 条件下，对土壤具有明显的团聚絮凝效应，是一种具有实用价值的土壤改良剂。

10.4.2 控制沙漠化材料

目前世界面临的最大环境问题之一就是土地沙漠化。沙漠化土地面积的迅速增加，造成环境恶化和巨大的经济损失，以至引发某些地区的社会问题，成为全球广泛关注的热点。要遏制日益猖獗的沙漠化势头，就必须进行固沙，现今固沙方式主要有三种：工程固沙、植物

（生物）固沙、化学固沙。工程固沙就是根据风沙移动的规律，采用工程技术，阻挡沙丘移动，达到阻沙固沙的目的，应用较为普遍的是建立沙障。因为防护高度有限，容易被流沙掩埋，防护年限有限，这种固沙措施只能作为一种临时性、辅助性的固沙手段。生物固沙技术是目前沙漠治理中最普遍的技术，具有经济、持久、有效、稳定的特点，但由于恶劣的自然环境，难以提供植物赖以生存的基本要素水、土、肥。多年来，尽管国家投入大量人力、物力、财力营林造地，收效甚微，树木成活率低，有的地方甚至寸草不生。化学固沙就是利用化学材料与工艺，对易发生沙害的沙丘或沙质地表建造能够防止风力吹扬又具有保持水分和改良沙地性质的固结层，以达到控制和改善沙害环境、提高沙地产力的目的。由此可见，化学固沙包含了沙地固结和保水增肥两方面，它和植物固沙相结合可大大提高植物的成活率。化学固沙可机械化施工，简单快速，固沙效果立竿见影，尤其适宜于缺乏工程固沙材料和环境恶劣、降雨稀少、不易使用生物固沙技术的地区。

国外化学固沙研究始于20世纪30年代，到50年代已有较大发展，国内始于20世纪60年代，至今已有近50年的历史。目前的化学固沙材料主要有两大类，一类是高吸水性树脂，另一类是高分子乳液。这些材料主要用于沙漠与荒漠化地区交通干线沿线的护路以及荒坡固定等。以高吸水性树脂为例，其用于沙漠治理的主要原理是将其制成颗粒或溶液，与土壤按一定比例混合，提高土壤的保水性、透水性和透气性，达到改进劣质土壤的目的。将高吸水性树脂配制成0.3%~0.4%凝胶液，埋入10~15 cm深的沙漠中，可在上边种植草籽、耐旱灌木甚至蔬菜和一般农作物。在水土流失严重的沙性土壤中，添加0.2%左右的高吸水性树脂可使羊茅草增产40%。在干旱地区，新栽的幼苗由于得不到适量的水分，成活率极低，如果苗木出土后，在其根部蘸上0.1%~0.5%的高吸水性树脂溶液，可使苗木成活率达到50%以上。如果用1%高吸水性树脂溶液蘸根，并将树苗在空气中放置1个月再栽入土中，成活率可达99%以上。

目前技术已经成型的固沙材料具有固结速度快、强度高、无毒害、易于操作等优点，但通常成本较高。

水泥浆用于固沙是利用了其喷洒在沙面上凝结固化后的覆盖作用。沙漠地区气候炎热干燥，沙面温度高，水泥浆喷洒在沙面上后，其中的水分迅速蒸发，水泥由于缺乏足够的水分而无法完全水化，生成的水化产物量少，只能形成薄且强度很低的固结层。同时硬化水泥浆体属于脆性材料，几乎没有柔性，在沙漠中受恶劣气候和沙丘迁移的影响，硬化水泥浆体很快就会发生干缩、龟裂，失去固沙和保水作用，所以现阶段很少单独使用水泥浆进行固沙。

水玻璃浆液作为价廉、无毒的固沙材料使用历史已近百年。过去所采用的水玻璃浆是由水玻璃和酸性反应剂构成的，在强碱性条件下发生胶凝固结。胶凝时间不能延长，浸透性差，固化反应不完全，固结层强度不高，易为外力所破坏，而且会受到较强的碱性影响，使生成的SiO_2胶体逐渐溶出，抗水性变差，耐久性降低，并造成环境的二次碱污染，所以目前国内外研究者都致力于各种改性水玻璃浆液的研究，对水玻璃添加有机胶凝材料（如乙二醛、碳酸乙烯酯等）、无机胶凝材料进行复合，获得了适于喷洒施工的液态复合水玻璃浆液固沙剂，但这些固沙剂有的需要双液灌浆，胶凝时间不易控制，胶凝也不均匀，有的具有一定的毒性，还有的固结强度不高。

高吸水树脂类固沙材料是当今化学固沙材料的研究热点之一，用它来治理流沙，能使分散的无结构沙粒聚合成大的富有一定弹性、不易破碎的稳定体，从而达到稳定沙丘的目的，其固沙效果较其他普通化学材料显著和稳定。许多国家都在研究开发高吸水性树脂进行固沙试验，已开发出的高吸水树脂有淀粉接枝丙烯腈、淀粉接枝聚丙烯酸类、纤维素类、聚丙烯酸盐类、醋酸乙烯类等。我国对高吸水性树脂的研究起步较晚，有数十家科研单位将高分子吸水树脂用于固沙。使用高分子聚合物高吸水树脂进行固沙具有固结强度较高、吸水保水性好、耐水性好、固化迅速、粘结性好的特点，有的还具有良好的弹性和高温稳定性等特点。但高分子化学材料会受热老化和光氧老化，发生链断裂和交联反应。这种分子链的裂解和交联可使固结层遭到破坏而降低治沙效果。高分子聚合物因其成本很高、生产工艺及原料来源等方面受到限制，未能广泛应用。另外，一些有机高分子材料有毒，也限制了该类材料的使用，但它具有未来化学固沙的发展潜力。石油产品类固沙剂固沙就是喷洒适量的石油产品在沙地表面，借助石油产品的粘结作用使沙面固结，用于治沙的石油产品主要有原油、重油、渣油、沥青，直接把这些产品加热或者制成相应的乳化液喷洒在沙面即可。其中乳化沥青是当前世界各国化学固沙应用最广泛的材料。使用石油产品固沙不仅能固定沙面，而且在保持沙漠水分的同时能吸收太阳热，起到沙地增温剂的功能，提高植物的成活率，且其成本较低，原料来源广泛。但石油产品在使用中也存在许多问题，如抗老化性能差，其中的物质和树脂易被大气中的氧、光、热、水分和微生物破坏，油分减少，这种变化逐渐加剧并导致其性能变坏，致使固结层慢慢变脆、发硬，发生老化，以致最后开裂被风掏蚀，只能固结沙面20 年左右。另外，由于受沙粒强烈吸附作用和电性作用，绝大部分沥青被阻挡在沙面，渗透深度很小，只能在沙面形成极弱而薄的封闭层，所以固结强度不高、稳定性不好。

思考题

1. 常见的修复材料有哪些？
2. 微生物在环境污染修复中有哪些作用？
3. 简述植物修复环境污染的机理。
4. 简述非金属矿物修复环境的机理。
5. 土壤改良与沙漠化控制材料有哪些？
6. 与其他治理大气污染的方法比较，大气污染的植物修复具有哪些优点？

参考文献

［1］ 梁彦秋，刘婷婷，铁梅，等. 镉污染土壤中镉的形态分析及植物修复技术研究［J］. 环境科学与技术，2007，30(20)：57-58.

［2］ 韩照祥. 植物修复污染水体和土壤的研究进展［J］. 水资源保护，2007，23(1)：9-12.

［3］ 刘拥海. 重金属污染的植物修复技术及其生理机制［J］. 肇庆学院学报，2006，27：(5)：42-45.

［4］ 杨启地. 西部大开发必须把生态环境保护与建设放在首位［J］. 世界科技研究与发展，2001，23 (3)：73-76.

［5］ 贾玉山，田青松，格根图，等. 西部大开发战略——生态环境保护和建设之我谈［J］. 内蒙古农业大学学报：社会科学版，2001，3(1)：22-28.

［6］ 杨越，汪力，柴天星. 非金属矿物在环境保护中的应用研究进展［J］. 中国非金属矿工业导刊，2002，(2)：31-33.

［7］ 彭同江，刘福生. 蛭石的应用矿物学研究与开发利用现状［J］. 建材地质，1977，增刊26-29.

［8］ 彭同江，刘福生，李国武，等. 几种通道结构非金属矿物在环保中的应用［J］. 中国建材，2001，(8)：

74-76.

[9] 彭同江，刘福生，张宝述，等．非金属矿物材料与生态环境保护[J]．中国建材，2001，(4)：68-70.

[10] 王涛，赵哈林．中国沙漠化研究的进展[J]．中国沙漠，1999，9 (4)：299-310.

[11] 龚福华，何兴东．塔里木沙漠公路不同固沙体系的性能和成本比较[J]．中国沙漠，2001，21(1)：45-49.

[12] 吴启堂，陈同斌．环境生物修复技术[M]．北京：化学工业出版社，2007.

[13] 赵景联．环境修复原理与技术[M]．北京：化学工业出版社，2006.

[14] 韩致文，胡英娣，陈广庭．化学工程固沙在塔里木沙漠公路沙害防治中的适宜性[J]．环境科学，2000，2 (5)：86-88.

[15] 包亦望，苏盛彪．白色污染废料研制开发固沙胶结材料治理沙漠化[J]．中国建材，2001，6 (9)：55-58.

[16] 胡孟春．独联体利用有机粘合剂固定沙漠现状[J]．世界沙漠研究，1993 (4)：47-51.

[17] 吴玉英，张力平．流沙和半流沙区化学法固沙的研究[J]．北京林业大学学报，1998，20 (5)：42-46.

[18] 丁庆军，许祥俊，陈友治，等．化学固沙材料研究进展[J]．武汉理工大学学报，2003，25 (5)：27-29.

[19] 黄秀梨．微生物学[M]．北京：高等教育出版社，1998.

[20] 杨慧芬，陈淑祥，等．环境工程材料[M]．北京：化学工业出版社，2008.

中国建材工业出版社
China Building Materials Press